U0266540

"十二五"国家重点图书出版规划项目

中国土系志

Soil Series of China

总主编　张甘霖

河　北　卷
Hebei

龙怀玉　雷秋良　著

科学出版社

北　京

内 容 简 介

本书是关于河北土壤发生发育、系统分类的一部专著。根据景观上具有代表性、空间分布具有均匀性的167个样区的野外调查和土层取样分析的结果，进行了土壤系统分类高级分类单元（土纲-亚纲-土类-亚类）的鉴定和基层分类单元（土族-土系）的划分。本书的上篇论述区域概况、成土因素、成土过程、诊断层与诊断特性、土壤分类的发展以及本次土系调查的概况；下篇重点介绍建立的河北省典型土系，内容包括每个土系所属的高级分类单元、分布与环境条件、土系特征与变幅、代表性单个土体及其理化性质、对比土系、利用性能综述以及参比土种。最后附河北省土系与土种参比表。

本书的主要读者为土壤学相关的学科包括农业、环境、生态和自然地理等学科的科学研究人员和教学工作者，以及从事土壤与环境调查的部门和科研机构人员。

图书在版编目（CIP）数据

中国土系志·河北卷/张甘霖主编；龙怀玉，雷秋良著. —北京：科学出版社，2017.8

"十二五"国家重点图书出版规划项目

ISBN 978-7-03-054315-8

I. ①中… II. ①张… ②龙… ③雷… III. ①土壤地理–中国 ②土壤地理–河北 IV. ①S159.2

中国版本图书馆 CIP 数据核字（2017）第 214071 号

责任编辑：胡 凯 周 丹/责任校对：钟 洋
责任印制：张 倩/封面设计：许 瑞

科 学 出 版 社 出版
北京东黄城根北街 16 号
邮政编码：100717
http://www.sciencep.com

中国科学院印刷厂 印刷

科学出版社发行 各地新华书店经销

*

2017 年 8 月第 一 版 开本：787×1092 1/16
2017 年 8 月第一次印刷 印张：27 3/4
字数：658 000

定价：198.00 元
（如有印装质量问题，我社负责调换）

《中国土系志》编委会顾问

孙鸿烈　赵其国　龚子同　黄鼎成　王人潮
张玉龙　黄鸿翔　李天杰　田均良　潘根兴
黄铁青　杨林章　张维理　郧文聚

土系审定小组

组　长　张甘霖
成　员（以姓氏笔画为序）

王天巍　王秋兵　龙怀玉　卢　瑛　卢升高
刘梦云　杨金玲　李德成　吴克宁　辛　刚
张凤荣　张杨珠　赵玉国　袁大刚　黄　标
常庆瑞　章明奎　麻万诸　隋跃宇　慈　恩
蔡崇法　漆智平　翟瑞常　潘剑君

《中国土系志》编委会

《中国土系志·河北卷》作者名单

主要作者　龙怀玉　雷秋良

编写人员（以姓氏笔画为序）

方　竹　冯洪恩　吕英华　曲潇琳　刘　颖

刘克桐　刘叔桥　安红艳　李　军　张认连

张里占　陈印军　陈润兰　杨瑞让　赵慧芳

段霄燕　徐爱国　曹祥会　谢　红　穆　真

顾　问　黄鸿翔　龚子同　杜国华

丛 书 序 一

土壤分类作为认识和管理土壤资源不可或缺的工具，是土壤学最为经典的学科分支。现代土壤学诞生后，近 150 年来不断发展，日渐加深人们对土壤的系统认识。土壤分类的发展一方面促进了土壤学整体进步，同时也为相邻学科提供了理解土壤和认知土壤过程的重要载体。土壤分类水平的提高也极大地提高了土壤资源管理的水平，为土地利用和生态环境建设提供了重要的科学支撑。在土壤分类体系中，高级单元主要体现土壤的发生过程和地理分布规律，为宏观布局提供科学依据；基层单元主要反映区域特征、层次组合以及物理、化学性状，是区域规划和农业技术推广的基础。

我国幅员辽阔，自然地理条件迥异，人为活动历史悠久，造就了我国丰富多样的土壤资源。自现代土壤学在中国发端以来，土壤学工作者对我国土壤的形成过程、类型、分布规律开展了卓有成效的研究。就土壤基层分类而言，自 20 世纪 30 年代开始，早期的土壤分类引进美国 C. F. Marbut 体系，区分了我国亚热带低山丘陵区的土壤类型及其续分单元，同时定名了一批土系，如孝陵卫系、萝岗系、徐闻系等，对后来的土壤分类研究产生了深远的影响。

与此同时，美国土壤系统分类（soil taxonomy）也在建立过程中，当时 Marbut 分类体系中的土系（soil series）没有严格的边界，一个土系的属性空间往往跨越不同的土纲。典型的例子是 Miami 系，在系统分类建立后按照属性边界被拆分成为不同土纲的多个土系。我国早期建立的土系也同样具有属性空间变异较大的情形。

20 世纪 50 年代，随着全面学习苏联土壤分类理论，以地带性为基础的发生学土壤分类迅速成为我国土壤分类的主体。1978 年，中国土壤学会召开土壤分类会议，制定了依据土壤地理发生的"中国土壤分类暂行草案"。该分类方案成为随后开展的全国第二次土壤普查中使用的主要依据。通过这次普查，于 20 世纪 90 年代出版了《中国土种志》，其中包含近 3000 个典型土种。这些土种成为各行业使用的重要土壤数据来源。限于当时的认识和技术水平，《中国土种志》所记录的典型土种依然存在"同名异土"和"同土异名"的问题，代表性的土壤剖面没有具体的经纬度位置，也未提供剖面照片，无法了解土种的直观形态特征。

随着"中国土壤系统分类"的建立和发展，在建立了从土纲到亚类的高级单元之后，建立以土系为核心的土壤基层分类体系是"中国土壤系统分类"发展的必然方向。建立我国的典型土系，不但可以从真正意义上使系统完整，全面体现土壤类型的多样性和丰富性，而且可以为土壤利用和管理提供最直接和完整的数据支持。

在科技部基础性工作专项项目"我国土系调查与《中国土系志》编制"的支持下，以中国科学院南京土壤研究所张甘霖研究员为首，联合全国二十多大学和相关科研机构的一批中青年土壤科学工作者，经过数年的努力，首次提出了中国土壤系统分类框架内较为完整的土族和土系划分原则与标准，并应用于土族和土系的建立。通过艰苦的野外工作，先后完成了我国东部地区和中西部地区的主要土系调查和鉴别工作。在比土、评土的基础上，总结和建立了具有区域代表性的土系，并编纂了以各省市为分册的《中国土系志》，这是继"中国土壤系统分类"之后我国土壤分类领域的又一重要成果。

作为一个长期从事土壤地理学研究的科技工作者，我见证了该项工作取得的进展和一批中青年土壤科学工作者的成长，深感完善这项成果对中国土壤系统分类具有重要的意义。同时，这支中青年土壤分类工作者队伍的成长也将为未来该领域的可持续发展奠定基础。

对这一基础性工作的进展和前景我深感欣慰。是为序。

中国科学院院士

2017 年 2 月于北京

丛 书 序 二

土壤分类和分布研究既是土壤学也是自然地理学中的基础工作。认识和区分土壤类型是理解土壤多样性和开展土壤制图的基础，土壤分类的建立也是评估土壤功能，促进土壤技术转移和实现土壤资源可持续管理的工具。对土壤类型及其分布的勾画是土地资源评价、自然资源区划的重要依据，同时也是诸多地表过程研究所不可或缺的数据来源，因此，土壤分类研究具有显著的基础性，是地球表层系统研究的重要组成部分。

我国土壤资源调查和土壤分类工作经历了几个重要的发展阶段。20 世纪 30 年代至 70 年代，老一辈土壤学家在路线调查和区域综合考察的基础上，基本明确了我国土壤的类型特征和宏观分布格局；80 年代开始的全国土壤普查进一步摸清了我国的土壤资源状况，获得了大量的基础数据。当时由于历史条件的限制，我国土壤分类基本沿用了苏联的地理发生分类体系，强调生物气候带的影响，而对母质和时间因素重视不够。此后虽有局部的调查考察，但都没有形成系统的全国性数据集。

以诊断层和诊断特性为依据的定量分类是当今国际土壤分类的主流和趋势。自 20 世纪 80 年代开始的"中国土壤系统分类"研究历经 20 多年的努力构建了具有国际先进水平的分类体系，成果获得了国家自然科学二等奖。"中国土壤系统分类"完成了亚类以上的高级单元，但对基层分类级别——土族和土系——仅仅开始了一些样区尺度的探索性研究。因此，无论是从土壤系统分类的完整性，还是土壤类型代表性单个土体的数据积累来看，仅仅高级单元与实际的需求还有很大距离，这也说明进行土系调查的必要性和紧迫性。

在科技部基础性工作专项的支持下，自 2008 年开始，中国科学院南京土壤研究所联合国内 20 多所大学和科研机构，在张甘霖研究员的带领下，先后承担了"我国土系调查与《中国土系志》编制"（项目编号 2008FY110600）和"我国土系调查与《中国土系志（中西部卷）》编制"（项目编号 2014FY110200）两期研究项目。自项目开展以来，近百名项目参加人员，包括数以百计的研究生，以省区为单位，依据统一的布点原则和野外调查规范，开展了全面的典型土系调查和鉴定。经过 10 多年的努力，参加人员足迹遍布全国各地，克服了种种困难，不畏艰辛，调查了近 7000 个典型土壤单个土体，结合历史土壤数据，建立了近 5000 个我国典型土系；并以省区为单位，完成了我国第一部包含 30 分册、基于定量标准和统一分类原则的土系志，朝着系统建立我国基于定量标准的基层分类体系迈进了重要的一步。这些基础性的数据，无疑是我国自第二次土壤普查以来重要的土壤信息来源，相关成果可望为各行业、部门和相关研究者，特别是土壤质量提升、土地资源评价、水文水资源模拟、生态系统服务评估等工作提供最新的、系统的数据支撑。

我欣喜于并祝贺《中国土系志》的出版，相信其对我国土壤分类研究的深入开展、对促进土壤分类在地球表层系统科学研究中的应用有重要的意义。欣然为序。

中国科学院院士

2017 年 3 月于北京

丛 书 前 言

土壤分类的实质和理论基础，是区分地球表面三维土壤覆被这一连续体发生重要变化的边界，并试图将这种变化与土壤的功能相联系。区分土壤属性空间或地理空间变化的理论和实践过程在不断进步，这种演变构成土壤分类学的历史沿革。无论是古代朴素分类体系所使用的颜色或土壤质地，还是现代分类采用的多种物理、化学属性乃至光谱（颜色）和数字特征，都携带或者代表了土壤的某种潜在功能信息。土壤分类正是基于这种属性与功能的相互关系，构建特定的分类体系，为使用者提供土壤功能指标，这些功能可以是农林生产能力，也可以是固存土壤有机碳或者无机碳的潜力或者抵御侵蚀的能力，乃至是否适合作为建筑材料。分类体系也构筑了关于土壤的系统知识，在一定程度上厘清了土壤之间在属性和空间上的距离关系，成为传播土壤科学知识的重要工具。

毫无疑问，对土壤变化区分的精细程度决定了对土壤功能理解和合理利用的水平，所采用的属性指标也决定了其与功能的关联程度。在大陆或国家尺度上，土纲或亚纲级别的分布已经可以比较准确地表达大尺度的土壤空间变化规律。在农场或景观水平，土壤的变化通常从诊断层（发生层）的差异变为颗粒组成或层次厚度等属性的差异，表达这种差异正是土族或土系确立的前提。因此，建立一套与土壤综合功能密切相关的土壤基层单元分类标准，并据此构建亚类以下的土壤分类体系（土族和土系），是对土壤变异精细认识的体现。

基于现代分类体系的土系鉴定工作在我国基本处于空白状态。我国早期（1949年以前）所建立的土系沿用了美国系统分类建立之前的 Marbut 分类原则，基本上都是区域的典型土壤类型，大致可以相当于现代系统分类中的亚类水平，涵盖范围较大。"中国土壤系统分类"研究在完成高级单元之后尝试开展了土系研究，进行了一些局部的探索，建立了一些典型土系，并以海南等地区为例建立了省级尺度的土系概要，但全国范围内的土系鉴定一直未能实现。缺乏土族和土系的分类体系是不完整的，也在一定程度上制约了分类在生产实际中特别是区域土壤资源评价和利用中的应用，因此，建立"中国土壤系统分类"体系下的土族和土系十分必要和紧迫。

所幸，这项工作得到了国家科技基础性工作专项的支持。自2008年开始，我们联合国内20多所大学和科研机构，先后组织了"我国土系调查与《中国土系志》编制"（项目编号2008FY110600）和"我国土系调查与《中国土系志（中西部卷）》编制"（项目编号2014FY110200）两期研究，朝着系统建立我国基于定量标准的基层分类体系迈进了重要的一步。自项目开展以来，近百名项目参加人员，包括数以百计的研究生，以省区为单位，依据统一的布点原则和野外调查规范，开展了全面的典型土系调查和鉴定。经过 10 多年的努力，参加人员足迹遍布全国各地，克服了种种困难，不畏艰辛，调查了近 7000 个典型土壤单个土体，结合历史土壤数据，建立了近 5000 个我国典型土系，并以省区为单位，完成了我国第一部基于定量标准和统一分类原则的土系志。这些基础性的数据，无疑是自我国第二次土壤普查以来重要的土壤信息来源，可望为各行业部门和相关研究者提供最新的、系统的数据支撑。

项目在执行过程中，得到了两届项目专家小组和项目主管部门、依托单位的长期指导和支持。孙鸿烈院士、赵其国院士、龚子同研究员和其他专家为项目的顺利开展提供了诸多重要的指导。中国科学院前沿科学与教育局、科技促进发展局、中国科学院南京土壤研究所以及土壤与农业可持续发展国家重点实验室都持续给予关心和帮助。

值得指出的是，作为研究项目，在有限的资助下只能着眼主要的和典型的土系，难以开展全覆盖式的调查，不可能穷尽亚类单元以下所有的土族和土系，也无法绘制土系分布图。但是，我们有理由相信，随着研究和调查工作的开展，更多的土系会被鉴定，而基于土系的应用将展现巨大的潜力。

由于有关土系的系统工作在国内尚属首次，在国际上可资借鉴的理论和方法也十分有限，因此我们对于土系划分相关理论的理解和土系划分标准的建立上肯定会存在诸多不足乃至错误；而且，由于本次土系调查工作在人员和经费方面的局限性以及项目执行期限的限制，文中错误也在所难免，希望得到各方的批评与指正！

张甘霖

2017 年 4 月于南京

前　言

作为一个土壤学科技工作者，我坚信土壤调查、土壤分类是土壤学，特别是运用土壤学的基础，土壤剖面观测与描述是土壤学科技工作者必备的专业技能之一。我们国家对土壤调查及其分类工作是非常重视的，中华人民共和国成立后仅全国性的土壤普查就搞了两次，区域性的、专题性的土壤调查工作更是多得很，取得的成果非常丰富，特别是第二次土壤普查建立的《中国土壤分类系统》已经是指导我国土壤相关科研、生产的基本工具。然而这个《中国土壤分类系统》也时常让人感到迷茫，同一剖面，即使经验丰富的土壤学家得到的土壤类型名称经常不相同，这显然是不好的。碰巧 1993 年我在中国农业大学（原北京农业大学）攻读研究生学位时，张凤荣先生概要地讲授了《美国土壤系统分类》、新疆八一农业大学钟骏平先生介绍了《新疆土壤系统分类》，其诊断定量分类思想让人兴奋无比，认为这是解决同土异名、异名同土的根本之道，可一看到那些烦琐、枯燥、难以把握的诊断层、诊断特性的界定，又让人沮丧万分，十分怀疑这样的系统分类是否能够科学正确地进行土壤分类。2000 年左右，听说中国科学院南京土壤研究所出了个《中国土壤系统分类》，比《美国土壤系统分类》具有了很多创造性的改进，很是感兴趣，但终因工作关系没有好好学习之。直到 2009 年春，科技部即将启动"我国土系调查与《中国土系志》编制"科技基础性工作专项，领导和项目负责人认为，中国农业科学院农业资源与农业区划研究所作为一个全国性的专业土壤科研机构应当参与一下，具体负责河北的工作，因一时间难以找到愿意干又有一定基础的人选，加上又想学习《中国土壤系统分类》，不荒废土壤剖面观测与描述的专业技能，就勉强应承了这项工作，想不到一干就是 9 年，远远超出了原先预期的 5 年，其中的艰辛苦涩难以尽说。其过程大致是，2009～2011 年主要是完成了 175 个土壤剖面的现场观测和基于气象数据的土壤水分、土壤温度数据的获取与计算。2012 年完成了 522 土层样品、81 个土壤属性指标、12 499 个理化数据的实验室测试，2013 年完成了各项数据的初步分析归纳，初步拟定了各个土壤剖面的土族名称，完成了《中国土系志·河北卷》初稿。2014～2017 年主要是对各个剖面的土族名称进行反复讨论与审定，对《中国土系志·河北卷》进行反复修改，直到 2017 年 7 月定稿。一个仅 80 万经费的科技基础性工作项目，竟然耗费了 9 年时间，其原因是多方面的，一是作者的业务水平不够强，全国好久没有搞土壤普查了，作者也是第一次系统地从事土壤调查与分类工作，很多业务需要学习，剖面描述就有不少地方与其他专家有偏差。二是此项工作本身的艰巨性，河北省是全国唯一同时具有滨海、平原、高原、丘陵、山地、湖泊的省份，环境条件复杂，地区广阔。为了使得本次调查具有最大的代表性，剖面的空间布局要充分考虑气候、地质地貌、成土母质、土地利用以及行政区划，剖面点高度分散，而且大多数交通不便，平均每天仅能完成2～3个剖面的观测。需要测定的土壤理化指标绝大多数不是常规指标，一般实验室不能测试，需要额外准备试剂和仪器设备。三是《中国土壤系统分类》本身还不够成熟，比如把环境条件土壤水分、土壤温度作为重要诊断特性，它们的确定是通过对气象数据的空间插值，不同插值方法结果不同，在山区也不适用，只能主观判断。有些指标（比如黏化层）难以通过看定义就能理解到位，必须要和专家反复讨论才能理解确定。有些指标主观性太强（比如雏形层），昨是今非的现象不少。

令人欣慰的是，《中国土系志·河北卷》终于成稿了，她与中华人民共和国成立初期土壤调查工作形成的《华北平原土壤》、全国第一次土壤普查形成的《河北农业土壤》与《河北土壤分类概况》、全国第二次土壤普查形成的《河北土壤》与《河北土种志》等历史著作既有紧密的联系，又有显著的不同。所谓紧密联系体现在，《中国土系志·河北卷》与以上历史著作是继承和发展的关系，历史著作比较清楚地论述了河北土壤的形成条件、成土过程、发生发育规律、土壤肥力、生产特点、改良利用等，是指导《中国土系志·河北卷》土壤调查的基本依据，《中国土系志·河北卷》中的成土因素、河北省土壤调查与分类简史、成土过程等章节的大部分内容直接引自《河北土壤》。所谓不同主要体现在土壤分类指导思想的不同，历史著作属于地理发生学分类，土壤类型是根据各种理化指标、剖面形态、成土条件、成土过程等综合出来的，不同类型之间缺乏明确的界线，《中国土系志·河北卷》是诊断定量化分类，土壤类型是根据一定的规则检索出来的，不同土壤类型之间具有明确的界限。

作者认为，土壤分类是不断发展的，现在的《中国土壤系统分类》还有很多不如人意的地方，可读性也不是很强，一般人难以真正读懂、操作，将来肯定还会继续完善，而系统地进行一次土壤调查工作不是一件容易的事情。因此，在撰写《中国土系志·河北卷》初稿时，我们把所有的测试数据都放在里面，以便后人充分利用，同时加上我们自己对各个土壤剖面的解读，使得稿件显得十分臃肿。此后历次审稿会议上，有些专家认为这是一家之言，很可能会误导读者，而且形式也和其他省份不一样，不好。我们认为这个建议很好，并且项目组要求在形式上要和其他省份保持一致，我们将原稿中每个土系代表性剖面的成土过程、每个土层的发生学名称和所具备的诊断层与诊断特性、亚类以上名称的检索、同一土族不同土系的区分、每个土系的可能空间分布等内容尽数删除，将对比土系、改良与利用等内容也进行了大幅度压缩，这样显得简洁多了，当然带来一个不利现象就是降低了可读性，比如终稿中只是说明了每个土系具备哪些诊断层和诊断特性，却没有阐述依据。

河北土系调查工作以及《中国土系志·河北卷》的撰写，凝聚着我国众多老一辈专家、从事土壤学研究工作的同仁和研究生、本科生的辛勤劳动。必须提及的是，亚类名称是土系审定委员会共同分析、检索后确定的，委员会里的专家或多或少对河北土系的土族名称的确定做出了贡献，不再一一列举。在历次的年度总结会议、中期检查会议、课题验收会议上，赵其国院士、龚子同研究员、杜国华研究员等众多专家提出许多有益建议，不再一一列举。中国农业大学张凤荣教授和王数教授专门为作者课题组进行了土壤剖面描述、母岩母质辨识技术培训，中国科学院南京土壤研究所张甘霖研究员、李德成研究员，中国农业大学张凤荣教授，沈阳农业大学王秋兵教授，中国地质大学吴克宁教授，黑龙江八一农垦大学张之一教授和辛刚副教授，华南农业大学卢瑛教授，中国农业科学院农业资源与农业区划研究所的黄鸿翔研究员等众多专家全文或者部分审阅了《中国土系志·河北卷》，提出了许多重要修改意见。研究生安红艳、刘颖、穆真、李军、高琳、娄庭，本科生罗华、陈亚宇参加了野外土壤调查工作。研究生安红艳、刘颖、穆真、李军，本科生罗华、陈亚宇、唐妮、夏邦婷、江燕青、李思、潘瑶、胡杨俊、胡常辉、张莹、闵琛、刘帅磊参加了实验室土壤样品测试工作。研究生安红艳、刘颖、李军、曹祥会参加了数据分析总结工作。研究生曲潇琳编制了土壤理化数据表格。陈润兰女士对不同阶段稿件进行了多次通读，修改了大量字词错误和数据逻辑错误。河北省土壤肥料总站提供了第二次土壤普查调查资料，并就如何使用本书提出了建议。国家气象信息中心气象资料室提供了气象数据。以上许多人的姓名无法体现在编委会中，在此深表感谢！

龙怀玉

2017 年 7 月 18 日

目　　录

上篇　总　　论

下篇 区域典型土系

上篇 总 论

第1章 区域概况

1.1 地理位置与行政区划

河北省简称"冀",位于东经 113°27′~119°50′,北纬 36°05′~42°40′,南北最长距离约 750km,东西最长距离约 650km,总面积 18.88 万 km²,海岸线长 487km,岛岸线长 178km,有 132 个大小岛屿。河北省地处华北,北依燕山,南望黄河,西靠太行,东临渤海,是全国唯一兼有高原、山地、丘陵、平原、湖泊和海滨的省份。河北省也是我国所有省份中邻省(直辖市、自治区)最多的省份之一,它内环京津,西与山西毗连,西北部、北部与内蒙古自治区接壤,东北部与辽宁省接连,东南与山东省相交,南与河南省为邻(河北省地方志编撰委员会,1993;陈贵,2008)。

河北省省会为石家庄市,现有石家庄、张家口、承德、秦皇岛、唐山、廊坊、保定、沧州、衡水、邢台、邯郸 11 个省辖市、39 个市辖区、20 个县级市、106 个县、6 个自治县(合计 171 个县级行政区划单位)(中华人民共和国民政部,2015)。全省各设区的市中,人口最密集的是邯郸,人口密度超过 700 人/km²;其次是石家庄、廊坊,人口密度均超过 600 人/km²;再次是邢台、唐山、沧州,人口密度均超过 500 人/km²;之后是保定、衡水、秦皇岛,人口密度在 350 人/km² 以上、500 人/km² 以下;人口最稀少的是张家口和承德,张家口人口密度在 100 人/km² 左右;承德最低,只有 85 人/km²(胡启慧,2010;河北省人民政府新闻办公室,2009;陈贵,2008)。

根据 2010 年第六次全国人口普查数据,河北省总人口 7185.4 万,居全国各省、市、自治区第六位。河北省是个以汉族为主体,并有多个少数民族居住的省份。除汉族外,还有满族、回族、蒙族、壮族、朝鲜族、苗族、土家族等 53 个少数民族,少数民族人口约占总人口数的 4%。

1.2 经济概况

2015 年,河北地区生产总值 29 806.1 亿元,其中第一产业生产总值 3439.4 亿元,第二产业生产总值 14 386.9 亿元,第三产业生产总值 11 979.8 亿元。人均生产总值达 4.03 万元(河北省人民政府办公厅,2016)。

河北省是农业大省,全省总土地面积 18.88 万 km²,其中耕地占 34.60%,园地占 4.44%,林地占 24.40%,草地占 14.68%,城乡居民点用地及工矿用地占 10.03%,交通用地占 2.27%,水域占 4.52%,其余用地占 5.06%。其中耕地包括坝上高原开垦草坡、山区陡坡开垦、河谷造田、修筑梯田、盐碱荒地改造以及沙荒开发利用等措施增加的耕地。河北省是中国粮、棉、油主要的生产区之一,粮食作物主要有小麦、玉米、谷子、水稻、高粱、豆类等,经济作物主要有棉花、油料、麻类等。2015 年,全省粮食播种面积 9588 万亩,粮食总产 3363.8 万 t。全省夏粮播种面积 3526.06 万亩，总产量为 1450.2 万 t，亩产达 411.28kg，其中冬小麦播种面积为 3478.3 万亩，总产量为 1435.0 万 t，亩产 412.56kg。全省秋粮播种面积为 6260.69 万亩，总产量为 1913.6 万 t，亩产达 315.63kg，其中玉米播种面积为 4872.12 万亩，总产量为 1670.3 万 t，亩产达 342.84kg。全年蔬菜种植面积 2035 万亩，总产量 8240.2 万 t，其中设施蔬菜播种面积 1040 万亩。棉花播种面积 538.9 万亩，总产量 37.3 万 t。油料作物播种面积 692.4 万亩，总产量 151.5 万 t（河北省人民政府办公厅，2016）。

河北省的地形条件为发展林业产业提供了有力保障。河北省森林资源分布不均衡，主要分布在北部和西部山区，用材树种主要有云杉、油松、柏树和华北落叶松等。河北省干鲜果树具有悠久的栽培历史，干果种类主要有板栗、核桃、柿子和红枣等，鲜果种类主要有梨、苹果、红果、杏、桃和葡萄等。全省森林面积 439.53 万 hm^2，林木蓄积量 13 082.23 万 m^3，森林覆盖率为 23.41%（国家统计局环境保护部，2016）。

河北省是畜牧业大省，畜禽饲养量位居全国前列。2015 年，全年肉类产量 462 万 t，禽蛋产量 373.6 万 t，奶类产量 481 万 t。河北省水产业是其重要的农业生产活动之一。2015 年，全省水产品总量达到 129.3 万 t，渔业总产值达到 198.7 亿元（河北省人民政府办公厅，2016）。

2015 年，全省公路总里程达 18.5 万 km，其中高速公路通车总里程达 6333.5km，普通干线公路达 18 000km，公路网密度达 98.3km/100km^2（河北省人民政府办公厅，2016）。

1.3　成　土　因　素

1.3.1　气候

河北省气候的突出特点是季风现象显著。冬季时，在蒙古高压控制下，上空盛行西北方向的气流，特点是风速大而干冷，为时持久。夏季时，印度低压笼罩我国大陆，气压降至最低，夏季风频频入境。气候具体表现为：冬日寒冷、少雪、多风；春日干燥、风沙盛行；夏日炎热、多雨；秋日晴朗，冷暖适中（苏剑勤，1996）。

1）日照

光照充足，年日照时数为 2400～3100h。与其他省份相比，仅次于青藏高原和新疆一带，比西南、华南、长江中下游、黄河中下游和东北广大地区都高。从地区分布看，长城以北大部分地区和渤海沿岸为两个稳定的多日照区，年日照时数为 2800～3100h；燕山、太行山山麓及其附近平原是少日照区，年日照时数不足 2700h。四季日照百分率除夏季 50%～60%外，其他季节为 60%～70%，对作物生长十分有利。从辐射看，3～6月份太阳辐射较强，日均总辐射量达 2093J/cm^2 以上，这对小麦生长极为有利。7～8月份虽然辐射较少但热量充足，对作物生长影响不大。9～10月份辐射量又有增加，对于有机物质积累有利。

2）温度

冬夏温差大。北部高原御道口 1 月份及 7 月份平均气温分别为−21.1℃及 17.4℃，两者相差 38.5℃。

南北温差悬殊，以御道口及邯郸为例，两地年平均气温分别为–0.3℃及13.6℃，温差为13.9℃；1月份平均温差更大，达19.3℃；7月份温差小些，达9.4℃。由于南北温差大，热量资源差异悬殊，大致以长城为界，北部属中温带，南部属暖温带。

昼夜温差大，有利于提高农产品的品质。大部分地区平均昼夜温差>10℃，坝上及山区最大，为13~16℃；沿海地区为10~11℃。白天气温较高，有利于同化过程的进行；夜间温度低，使得植物因呼吸而消耗的有机物质减少。这种大的昼夜温差对于植物有机物质和糖分的积累极其有利。因此，河北省的农作物生长成熟较快，品质优良。

3）降水

年均降水量为 371~819mm，年均降水量的空间分布不均匀，总趋势是东南部多于西北部，沿海多、内陆少，山区多、平原少，山地的迎风坡多、背风坡少（图 1-1）。全省有两个少雨区，一个为冀北高原，是河北省最干旱的地区，年均降水量不足 400mm；另一个为新乐、栾城、宁晋一带，年均降水量不足 500mm。全省有两个多雨中心，一个为燕山南麓，年均降水量达到 700~819mm；另一个为紫荆关、涞水一带，年均降水量在 600mm 以上（唐金江，2009）。全省年内降水时间分配也不均匀，降水变率大，强度也大，以夏季降水量最多，为 234~561mm，占全省年降水总量的 65%~75%，一些地

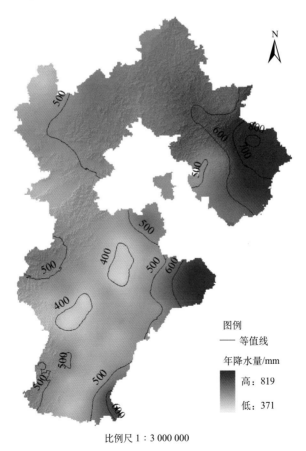

图 1-1　河北省多年平均降水量分布图

区夏季降水往往集中于几次暴雨；冬季受蒙古干冷高压控制，降水稀少，为 6~17mm，仅占全年降水量的 1%~3%；秋季稍多于春季，春季降水量为 48~91mm，占全年降水量的 10%~14%，秋季各地降水量为 59~124mm，占全年降水量的 13%~22%。河北省是全国降水变率最大的地区之一，多雨年和少雨年的降水量有时相差 15~20 倍，一般也有 4~5 倍，致使境内经常出现旱涝灾害（唐金江，2009）。

1.3.2 地形地貌

最高海拔 2855m，最低海拔 0，平均海拔 551m（图 1-2）。从分布面积比例来看，海拔低于 100m 所占比例为 41.1%，海拔 100~500m 所占比例为 13.5%，海拔 500~1000m 所占比例为 19.4%，海拔 1000~1500m 所占比例为 20.5%，海拔大于 1500m 所占比例为 5.5%（徐全洪，2011）。

在大地构造上属于内蒙古—大兴安岭褶皱带和华北台地两个一级构造单元，以华北台地为主。地势特征与我国整体地势相似，东西海拔高差大，呈阶梯状由西北向东南逐渐降低。地貌复杂多样，高原、山地、丘陵和平原类型齐全，有坝上高原、燕山和太行山山地、河北平原三大地貌单元（徐全洪，2011）。西北部山地和高原海拔多在 1000m 以上，部分山峰在 2000m 以上，如小五台、雾灵山、云雾山等，其中小五台最高点 2882m；东部平原大部分地区海拔不足 50m，渤海沿岸平原多在 10m 左右。在漫长的地质历史中，河北地势的构造主要受以下地质活动影响：在距今 17 亿年左右的吕梁运动之前，地壳形成结晶基底，之后进入相对稳定的阶段；至石炭纪和二叠纪时期，太行山与燕山上升，东部和南部相对沉降，形成渤海凹陷；侏罗纪至白垩纪，燕山运动剧烈，北部、西部山地上升；新生代喜马拉雅运动，燕山再度上升，太行山拗曲加强，渤海凹陷剧烈下降到海平面以下；新近纪—古近纪时，渤海凹陷周围形成 300~400m 厚的陆相沉积层；第四纪更新世，太行山、燕山洪积物覆盖于新近纪—古近纪地层之上，形成冲积扇，其上堆积马兰黄土，冲积扇以下为近代河流填充的层状冲积物。经上亿年的地质活动和众多外界因素综合影响，塑造了今天的河北独特地形地貌，河北省主要的地貌类型有：高原、山地、丘陵、盆地和平原（王卫，2008）。

1）高原地貌

（1）波状高原。波状高原是坝上高原的主要地貌类型，位于坝上高原西部，包括康保、张北和沽源三县的全部，尚义县北部以及丰宁县北部区域，面积约为 10 800km²。该区域海拔 1400m 左右，地面起伏在 50m 以内。地貌主要呈现为波状起伏浑圆的岗梁和宽阔平坦的河川谷地相间分布的景观格局，其间还有少量湖淖和滩地，以及在波状高原东部的少量沙丘。丘顶上多数基岩裸露，康保县一带花岗岩残丘最为典型，尚义县和张北县内以玄武岩残丘为主要代表；谷地中冲积物、坡积物、风积物、湖积物等多种母质发育，土层深厚、土壤肥沃、草被生长旺盛，多为优良牧草；高原湖淖主要分布在张家口北部各县，湖泊湖盆宽浅，多为构造沉陷或风蚀洼地，部分因河流堵塞形成，其中较具有代表性的有安固里淖、张飞淖、黄盖淖；滩地为常年无积水的古代湖淖，滩地土壤多具有盐化现象；波状高原东部有固定、半固定和少数流动沙丘，高度一般为 10m 左右，最高可达 70m，长 100~300m，呈新月形或链带状分布。

图例

高程/m

高: 2855

低: 0

比例尺 1 : 3 000 000

图 1-2　河北省数字高程图

（2）山地高原。位于坝上高原东部，包括承德市丰宁、围场两县北部，面积约为
4310km²，海拔 1300～1800m，地势由东南向西北倾斜，构成宽谷、低山和丘陵。宽谷
谷底海拔约为 1300m，地表多为风化残积物、风积物或冲积物，谷底平坦，多为沼泽湿
地发育；低山或丘陵海拔 1600～1800m，相对高程 200～300m，山体上半部分森林茂密，
多为林场，山体下半部分多为茂盛的草被；山地高原最南部为高原边缘山地，俗称坝缘
山地，海拔一般在 1600m 以上，山势陡峭，坡度一般为 20°～40°，主要基岩为玄武岩和
凝灰岩，局部有黄土母质。

2）山地地貌

河北山地基本由燕山和太行山两大山脉构成，主要分布在省域北部、西北部和西部。

（1）冀北山地。即为广义的燕山山地，呈东西走向，为阴山山脉向东延伸部分。在
承德隆化一带山群海拔 1500m 左右，部分山峰如桦皮岭、冰山梁、东猴岭、大光顶子山
等海拔均超过 2000m，最高峰为海拔 2293m 的东猴岭。冰山梁是内陆水系与外流水系的
分水岭，大光顶子山和七老图山为滦河水系和西辽河水系的分水岭。冀北山地岩性复杂，
地貌类型众多：石灰岩山地多为尖锐山峰，玄武岩山地多呈桌状，变质岩和花岗岩山地
多为浑圆，细粒花岗岩山峰呈锯齿状，中生代红土层发育丹霞地貌等。

（2）冀西北间山盆地。属祁连山吕梁山构造体系、新华夏构造体系和燕山沉降带的

复合部，处于太行山、燕山与恒山交界处，山体走向为自北向东。区域内山体较高，多数山峰海拔 2000m 以上，海拔最高的为小五台山，海拔 2882m，为河北省最高峰；山间主要为怀安-宣化盆地、怀来-涿鹿盆地、阳原盆地和蔚县盆地等。盆地内四面环山，中间平坦，气候温和，土壤肥沃，为农田、果园所在地和区域性社会、经济中心，其中阳原盆地为距今 200 万年的原始人类聚集地，涿鹿盆地为中华五千年文明的发源地。

（3）冀西山地。属于黄土高原的东部边缘的太行山，呈北东—北北东走向，山脊为冀晋省界，北起拒马河，南至漳河。山地海拔大多为 1100~2000m，少数山峰超过 2000m。太行山主脉东侧主要为丘陵，丘陵间有部分小的断陷盆地或河谷盆地。

3）平原地貌

河北平原位于省域东南部，西部与北部都为弧形山地，大致以太行山前海拔 100m 以东和燕山前海拔 50m 以南为界，南邻河南，东南接山东，东至渤海的广大区域，面积为 95 637km²，为华北平原的主体。地处新华夏构造体系中沉降带的北部，是中生代、新生代以来的凹陷区，新生代以来下降幅度尤其大。随后经黄河、海河、滦河等带来了大量泥沙在此沉积，覆盖了原有群山、河谷和盆地，形成了今天的河北平原。地势自山麓向渤海倾斜，地面坡度极为平缓，至滨海地带时仅高出海平面 2m 左右。区域内依据地面坡度、地表水文特征和所处位置可分为山前倾斜平原、冲积平原和滨海平原。

（1）山前倾斜平原。包括太行山前倾斜平原和燕山前倾斜平原，主要由漳河冲积扇、滹沱河冲积扇、永定河冲积扇、滦河冲积扇及位于各冲积扇之间的洼地构成。冲积扇下部地势平坦开阔，土层深厚，土壤质地均匀，以壤土或砂壤土为主，排水良好。山前倾斜平原上还有各种类型洼地，一是冲积扇间洼地，它分布在各个冲积扇中下部之间，扇缘水落汇合而成缓岗间的洼地，徐水、容城、安国、栾城均有此种洼地，呈狭条状分布，这些洼地有季节性积水，常发育有沼泽型土壤；二是较大型的交接洼地，它是冲积扇以下与冲积扇平原间出现的洼地，如有名的大陆泽、宁晋泊、文安洼、白洋淀等，这种洼地边缘主要是河流沉积物，在洼地中心为湖泊的静水黏质沉积物，加之有积水且地下水位高，往往易发育沼泽型土壤，若排水条件改善，则又生成脱沼泽型土壤；三是河间洼地，系冲积扇上部河谷出路堵塞或因河流改道而形成积水洼地，定兴县城西大团柳洼属此种洼地。

（2）冲积平原。位于太行山前倾斜平原以东和燕山前倾斜平原以南。主要由海河、滦河和古黄河等水系冲积物组成，区域内地势平坦，海拔 5~20m。冲积平原地形的演变符合河流沉积的规律，如一些古河道及决口大溜处，经水流冲刷，在冲积平原上形成槽状洼地，河床两侧沉积物堆积很多，形成缓缓高超的缓岗。缓岗之间为相对低平的洼地，缓岗与洼地之间则是过渡类型的微斜平地（二坡地），除此以外还有沙丘、河漫滩以及小型冲积锥。

（3）滨海平原。大体分布于津浦铁路以东，沿渤海湾西岸呈半环状分布，海拔低于 5m。本区域是黄河、滦河、海河古三角洲或古河口分布区域，地貌组合为冲积海积平原和海积平原，地面坡降为 1∶5000~1∶10 000，地表组成物质主要为砂质黏土。这些地貌单元的形态包括：现代河流三角洲、滨海洼地、滨海沙堤、潮滩、海滩以及岩滩。滨海平原受海潮和高潜水位、高矿化度的影响，往往使滨海土壤盐化，但在缓岗和脱离海潮影响时期较长或人为耕作开垦改良后的地区土壤已部分脱盐,因此滨海平原内也有大量非盐化的土壤分布。

1.3.3 成土母质

成土母质是地表岩石经风化作用使其破碎形成的松散碎屑,物理性质改变,形成疏松的风化物,是形成土壤的基本原始物质,是土壤形成的物质基础和植物矿物养分(除氮外)的最初来源(全国土壤普查办公室,1998)。河北省土壤母质类型多样,在太行山、燕山和坝上,裸露岩石经风化形成残积风化物,在山坡下部有坡积物,山麓盆地和河谷地带还有黄土母质。平原、盆地和谷地的土壤母质主要是第四纪沉积物所组成。冲积扇主要由洪积冲积物组成。冲积平原为冲积物,在平原湖沼、洼地可见湖积物,在滨海地区有滨海沉积物(河北省土壤普查办公室,1990,1992)。

1)残积物

残积风化物是由母岩风化碎屑残留原地的堆积物,碎屑大小不一,通常具有棱角。根据风化作用方式和风化作用强度的不同,残积物可分为机械风化残积物和化学风化残积物两类。前者主要由母岩机械破碎的岩屑或矿物碎屑组成;后者主要由化学风化形成,除具有母岩机械破碎的岩屑或矿物碎屑外,母岩化学分解后还会形成一些新生矿物,如各种黏土矿物(如水云母、蒙脱石、高岭石等)及硅、铝、铁、锰等的含水氧化物矿物(如蛋白石、水铝石、褐铁矿、水锰矿等)。残积物一般保存在不易受到外力剥蚀的比较平坦的地形部位,而且常常被后期的其他成因类型的沉积物所覆盖。残积物的性质直接取决于母岩的性质,如石灰岩残积物通常较为黏重,形成的土壤干旱缺水、肥力偏低、石灰性强,此类土壤在西部太行山山地有较多分布;而花岗岩残积物形成的土壤往往质地疏松、肥力较高,在北部燕山山地有较多分布,我国最大的板栗种植区就分布在这类土壤上。

2)坡积物

山地中下部通常以坡积物为主。它的产生是由于坡面上的片状流水在运动中的洗刷作用,由洗刷和重力影响,风化物质移动并堆积在山坡和山麓处,生成疏松沉积层,即为坡积物。坡积物组成物质大小不一,通常碎屑与土壤混合,石块棱角分明,其物质成分主要决定于山坡上部的岩石特征,与下覆基岩没有直接关系,这是它与残积物明显的区别。

3)洪积物

由洪水堆积的物质,简称洪积物,它是组成洪积扇的堆积物。洪积物是山区溪沟间歇性洪水挟带的碎屑物质,一般堆积在山前沟口。属快速流水搬运,因此一般颗粒较粗,除砂、砾外,还有巨大的块石,分选性也差,常为粗大的砾石和泥、沙等透镜状的层理尖层所构成,形成谷地内洪积锥地貌。因为洪流搬运距离不长,碎屑磨圆度不好,多呈次棱角状。燕山和太行山山前冲积洪积扇上的堆积物即为此种洪积物。

4)冲积物

河流沉积作用形成的堆积物,叫做冲积物,它是组成冲积平原的堆积物。冲积物具有良好的分选性,随着搬运能力的减弱,总是粗的、比重大的先沉积,细的、比重小的后沉积。因此，在河谷内随着水流的变化，冲积物呈有规律的分布。如在河流的纵向分布上，冲积物粒径从上游到下游逐渐减小。沿河流横向分布，冲积物粒径从河床中部到岸边逐渐变细。冲积物的颗粒具有良好的磨圆度，一般都有比较清晰的层理。河流沉积物的特点，随着在河流的不同地段而不同，并且表现在不同的地貌形态上。如河床沉积、河漫滩沉积和河口区沉积等。

5）湖积物

在湖滨浅水地带以颗粒较粗的砂砾沉积为主，常见斜层理和波痕，厚度较小；在湖心深水地带以细粒的粉砂、黏土沉积为主，具水平层理，厚度较大，一般达数十米至数百米。湖积物和其他陆相沉积物比较，一般颗粒较细，颗粒的分选性、砂砾的磨圆度、砾石的扁平度较好。以水平层理为主，层理比较清晰、规则、稳定，有时可见微薄水平层理，具有对称型波痕，有的具有韵律构造，厚度比较均匀，原始产状自湖岸向湖心微微倾斜。

6）滨海沉积物

滨海沉积物又称沿岸沉积物。受波浪、潮汐及激浪流的作用，在潮间带及激浪带附近形成的沉积物。其类型与来源物质、水动力条件以及海岸地形等密切相关：在基岩岬角海岸，由于激浪流、拍岸浪等作用强烈，通常在高潮位形成砾石或砂砾沉积；在半封闭的港湾地区，波浪作用较弱，沉积物主要为泥、细砂及粉砂；在河口附近或丘陵地带的滨海，多以砂为主，且常形成沙堤、沙嘴和沙洲等地貌；平原大河口的砂、粉砂及泥质沉积物则多形成三角洲前缘和滨海平原。它常夹有大量贝壳和其他生物碎屑，个别地区还形成贝壳堤，在砂砾质海岸地区往往形成滨海砂矿。

7）风积物

风积物是指经风力搬运后沉积下来的物质。主要是砂粒和更细的粉砂。风成砂的分选性较好，砂粒均匀，圆度和球度较高，表面常有一些相互撞击而形成的麻坑，常堆积成砂丘和砂垄等地形，砂层常形成高角度的斜交层理，厚度从数米到近百米。在湿润地区的海岸、湖岸地带，有时也可见到风成砂丘，有的还形成风成砂矿。风积物在坝上高原和河北平原都有分布。坝上高原风积物多是当地岩石风化后的残积物、湖积物和冲积物经风的吹扬而形成的固定和半固定的砂丘；河北平原则是洪积物、河流冲积物及海岸质地粗、松散的砂土经风力搬运堆积成砂丘，因此在沿河一带，沿海砂岸一带和古河道旁砂丘很多。

8）黄土

黄土是第四纪的一种特殊沉积物，我国广泛分布的黄土大都是风成的。河北省一些大的盆地和河谷内尚保存有这种原生黄土。原生黄土包括新黄土（马兰黄土）、老黄土（离石黄土）和古黄土（午城黄土），后两者又称红黄土。原生黄土因为受流水侵蚀，一般分布都很零散，原生黄土再经流水搬运沉积的称为次生黄土或黄土状物质，平原冲积扇上多分布此黄土。

9）红土

红土是新生代期间的堆积物，侵蚀后露出地表。其形成时期主要为下更新世和中更新世，亦可追溯至新近纪—古近纪下上新世的保德期。河北省冀东丘陵、太行山山地丘陵可零星见到。红土质地黏重，呈红色或棕红色，干时坚硬，为棱块状或柱状结构，常见有铁锰斑纹或结核在剖面中下部。部分土壤有石灰反应，但石灰含量低，大多呈中性反应。

1.3.4 水文条件

河北省河流较多，长度在10km以上的河流大约300条，分外流河和内陆河两大类，外流河包括海河水系和滦河水系等（王春泽等，2012）。

1）海河水系

（1）漳卫南运河。漳卫南运河水系由漳河、卫河、卫运河、漳卫新河和南运河组成。其中漳河发源于山西高原和太行山山区，在徐万仓处与卫河汇合后至四女寺枢纽河段称为卫运河，至临清入南运河，南运河经过沧州至天津入海河。漳卫南运河水系位于112.00°～118.00°E，35.00°～39.00°N，地处太行山东，黄河和徒骇河之间，马颊河以北，滏阳河以南，流域面积37 700km^2，占海河流域面积的11.9%，流经山西、河北、河南、山东和天津，其中河北省约占总流域面积的10%。

（2）子牙河。位于112.00°～117.35°E，36.15°～39.30°N。西起太行山东麓，东临渤海，南邻南运河，北至大清河，总流域面积68 908km^2，河北省占总流域面积72.6%。子牙河水系包括滹沱河、滏阳河、黑龙港及运东平原。滹沱河、滏阳河在献县汇合后称为子牙河，在天津与西河闸、南运河和大清河相交，最后入海。

（3）大清河。位于113.40°～117.00°E，38.00°～40.00°N。地处海河流域中部，西起太行山，东临渤海，北临永定河，南界子牙河，流域面积43 000km^2，占海河流域面积的13.5%，其中河北省约占该流域总面积的81%。大清河水系为扇形分布的支流河道，由南北两支和清南、清北平原组成。大清河北支包括北拒马、白沟河、南拒马及其支流中易水、北易水等。大清河南支包括由滋河和沙河等汇流而成的潴龙河以及唐河、府河、曹河、萍河、瀑河、方顺河、孝义河等，这些河流均注入白洋淀，过枣林庄闸和十方院溢流堰，经赵王新河在东淀与北支汇合，随海河入海。

（4）永定河。位于112.00°～117.45°E，39.00°～41.20°N。处于北运河、朝白河西南，大清河以北，流经内蒙古、山西、河北、北京、天津，永定河长761km，流域面积47 016km^2，是全国重点防洪河道之一。永定河是由内蒙古高原的洋河和山西高原的桑干河组成，在怀来朱官屯汇合后流至官厅水库，流至屈家店分为永定新河和北运河，分两支入海。

（5）北三河。位于115.17°～119.75°E，39.16°～42.66°N。水系包括蓟运河、潮白河和北运河，流域面积35 808km^2，河北约占51.5%。北端潮白河起源于沽源县石人山，西端潮白河上游及北运河与永定河相邻，东端的蓟运河与滦河及陡河流域接壤。蓟运河有两源头，兴隆县境内青灰岭发源的泃河和遵化县北部燕山山脉的州河。

2）辽河水系

位于117.00°～125.50°E，40.50°～45.50°N。发源于河北省平泉县七老图山脉，流经河北、内蒙古、吉林、辽宁，全长1345km，河北省流域面积为4413km^2。辽河上游为老哈河，沿东北流至海流图后称为西辽河，西辽河东流至吉林境内南折，在辽宁昌图县与东辽河汇合后称为辽河。

3）徒骇马颊河水系

位于漳卫南运河以南，黄河下游北岸，海河流域最南端，由徒骇河、马颊河、德惠新河组成，发源于豫鲁交界处文明寨，于山东沾化区进入渤海。流经河北只有 4km。

4）滦河水系

位于 115.75°～119.75°E，39.16°～42.66°N，滦河发源于内蒙古高原，东临渤海，西界潮白、蓟运河，东与辽河相邻。流经内蒙古、辽宁、河北三地，流域面积 54 500km²，其中河北占 84.1%。滦河发源于河北省丰宁县，最早称为闪电河，流经内蒙古正蓝旗至大河口纳吐力根河后称为大滦河，至隆化县附近与小滦河汇合称为滦河，流经桑园峡口进入迁安县，于乐亭县进入渤海，全长 877km。

5）内陆河水系

河北省境内内陆河是指分布在张家口坝上地区没有入海通道的河流和湖淖，总面积 11 656km²，内陆河流短小众多，多为季节性河流，积水成淖。因地势不平形成的湖淖多达 100 来处，面积都不大。坝上最大的湖淖为安固里淖，正常蓄水量 1.2 亿 m³。河北省内内陆河域主要分布在张家口坝上地区的张北县、康保县、沽源县和尚义县，张北县有湖淖 51 个，较大的河流有安固里淖、十大股河、东洋河、三台河、黑水河；康保县有湖淖 81 个，均为咸水淖；沽源县有湖淖 12 个，皆为咸水淖；尚义县有 125 个，常年有水的只有 39 个，较大的河流有大青沟河、五台河。

6）地下水

坝上高原区坝缘山地一带，裂隙泉水较丰富，水质亦佳，其储量为坝上高原地下水总资源的 79%，波状高原和盆地部分地下水埋深 3～30m 不等，矿化度小于 2g/L；湖淖周边埋深小于 2m，矿化度介于 2～5g/L。燕山、太行山山地丘陵区地下水贫富不均，其取决于裂隙水所处的岩性和岩层构造状况。冀西北间山盆地底部和河谷地带地下水水量较丰；黄土堆积区和泥河湾湖积台地地下水埋深大，水量少。平原区，从山麓平原—冲积平原—滨海平原，地下水位由深到浅，水质由好到差分异明显，山麓平原水量丰富、水质好。

平原区的地下水状况主要分三个区，沿魏县、肥乡、鸡泽、巨鹿、安平、高阳、安新、霸州、安次、丰南、乐亭至海滨一线为咸淡水分界线，这条线以西北为淡水区，水量较丰，矿化度小于 1g/L；这条线以东南为咸淡水混杂区，储量较少，矿化度从西南往东北，由 2～5g/L 增至 5～10g/L，90%的地段，地面 10～50m 以下分布着 50～100m 的咸水体，咸水体之上，分布条带状的浅层淡水，矿化度小于 2g/L，可供采用，咸水层之下深层淡水开采补给较为困难；第三条线是唐海—丰南以南，青县、沧县、南皮、盐山以东的滨海区，是全咸水区，地面以下 200～300m 以内绝大多数地下水的矿化度为 10～30g/L，浅层淡水储量少，补给差、成井难，用于灌溉的潜力小，仅能作为人畜用水。近年来，河北平原地下超采严重，水位急剧下降，出现多处水位下降漏斗区。如冀州市、枣强、衡水漏斗区面积 5000km²，每年向外扩展 200km²。

1.3.5　植被

河北省自然环境复杂多变，植被资源种类多、分布广、数量大，是我国植被资源较为丰富的省区之一（河北植被编辑委员会，1996）。按照植被类型及植物区系成分，河北省植被可以分为温带草原地带（Ⅰ）和暖温带落叶阔叶林地带（Ⅱ），温带草原地带又可以分为坝上西部干草原区、坝上东部森林草原区，暖温带落叶阔叶林地带可分为冀西北间山盆地灌木草原区、燕山山地落叶阔叶林温性针叶林区、冀西山地落叶阔叶林灌草丛区、河北平原农作物栽培植被区、滨海平原盐生植物栽培植被区。

1）温带草原地带

温带草原地带位于张家口、承德两市的北部，西、北、东三面与内蒙古自治区为邻，南界西起尚义附近，经狼窝沟、独石口北面、骆驼沟、西龙口、姜家店向东至省界，面积 17 455km²，被当地人习惯称为"坝上"。本地带位于北半球中纬内陆，气候大部分属温带半干旱地区，部分属半湿润地区，具有明显大陆性特点。

（1）坝上西部干草原区。坝上西部干草原区北邻内蒙古，西靠山西，东以万胜永、大滩与高原东部森林草原区接壤，南以永胜地、套里庄、狼窝沟、塞罕坝、独石口、丰元店、骆驼沟与山地相连。本地区地带性植被为干草原，是内蒙古草原的一部分。它主要包括针茅草原和羊草草原。针茅草原主要优势作物为阿尔泰针茅（*Stipa krylovii*）、兼生短花针茅（*Stipa breviflora* Griseb.）、大针茅（*Stipa grandis*）、西伯利亚针茅（*Stipa sibirica*）、贝加尔针茅（*Stipa baicalensis*）等。羊草草原以羊草（*Aneurolepidium chinense*）为主，其次有冰草（*Agropyron cristatum*）、隐子草、冷蒿（*Artemisia frigida*）、百里香（*Thymus mongolicus*）、花苜蓿（*Medicago ruthenica*）、矮韭（*Allium anisopodium*）等。药用植物主要有麻黄（*Ephedra sinica*）、知母（*Anemarrhena asphodeloides*）、防风、远志、甘草、北柴胡（*Bupleurum chinense*）、黄芩（*Scutellaria baicalensis* Georgi）、益母草（*Leonurus heterophyllus*）、桔梗（*Platycodon grandiflorus*）等。

（2）坝上东部森林草原区。坝上东部森林草原区北邻内蒙古，西以万胜永、大滩为界，与高原西部干草原区接壤，南部与丰宁、围场接坝地段相接，海拔一般在 1450～1700m，地势东南高、西北低，属外流区域。本区优势植被为草甸草原和森林，还有零星的草甸和沼泽。森林以次生林为主，大部分是中华人民共和国成立以来在原来森林迹地上进行封育的产物，组成森林的树种主要有华北落叶松、白桦、榛子松（*Corylus heterophylla*）、山杨、蒙古栎（*Quercus mongolica*）、蒙椴（*Tilia mongolica*）、榆树等。草甸草原主要分布在本区东部，主要层片的优势植被以羊草占优势，下层植被以线叶菊（*Filifolium sibiricum*）占优势，杂类草成分在草原中占有很大比重。

2）暖温带落叶阔叶林地带

暖温带落叶阔叶林地带东邻内蒙古自治区、辽宁省和渤海湾，北连温带草原地带，西接山西省，东南邻山东省，南接河南省。本地带处于北半球的中纬度及东亚海洋季风边缘，冬季严寒而晴燥，盛行西北风，夏季酷热而多雨，雨量从海洋向西北地递减。

（1）冀西北间山盆地旱生灌木草原区。冀西北间山盆地旱生灌木草原区北靠坝上西部干草原区，东以丰宁县界与燕山山地落叶阔叶林温性针叶林区为邻，东南与北京市相接，南与冀西北山地落叶阔叶林灌草丛区相接，其分界线是小矾山、辉耀、西合营、下关村等地。本区植被有温带半湿润落叶阔叶林向温带草原过渡的特征，在低山和黄土丘陵区，分布有干旱灌木草原，其中灌木主要有荆条（*Vitex negundo* var. *heterophylla* Rehder）、马棘（*Indigofera pseudotinctoria* Matsum.）、虎榛子（*Ostryopsis davidiana*）、酸枣（*Ziziphus jujuba*）、鼠李（*Rhamnus davurica*）等，草本植物主要有长芒草（*Stipa bungeana*）、线叶菊、白羊草（*Bothriochloa ischaemum*）、黄背草（*Themeda triandra*）等。石质山地以桦树为主，伴生山杨、栎类等天然次生林，人工林则以油松、落叶松为主，黄土丘陵区仅局部范围有少量次生林，盆地河谷为栽培树种所代替，如青杨、榆树、刺槐、核桃、葡萄等。

（2）燕山山地落叶阔叶林温性针叶林区。燕山山地落叶阔叶林温性针叶林区位于河北省东北部的山地、丘陵部分，北以坝头与温带草原地带相接，东以省界及七老图山与辽宁省相接，西以冀西北间山盆地灌木草原区和北京市接壤，南以海拔 100m 等高线为界与河北平原栽培植被农作物区相接。本区自然植被呈垂直地带性，在 1200～1600m 为山地落叶阔叶林带，主要以白桦、山杨林为主，1600～1700m 为山地温性针叶林带，主要有华北落叶松、白扦（*Picea meyeri* Rehd. et Wils.）、青扦（*Picea wilsonii* Mast.）、油松（*Pinus tabulaeformis*）、侧柏（*Platycladus orientalis*）、樟子松（*Pinus sylvestris* var. *mongolica*）等，1700m 以上为山地草甸带，主要有西伯利亚橐吾（*Ligularia sibirica*）、柳兰（*Epilobium angustifolium*）、瞿麦（*Dianthus superbus*）、热河乌头（*Aconitum jeholense* Nakai & Kitagawa）、华北耧斗菜（*Aquilegia yabeana* Kitagawa）、翠雀（*Delphinium grandiflorum*）等植被。

（3）冀西山地落叶阔叶林、灌草丛区。冀西山地落叶阔叶林、灌草丛区位于河北省西部，北连冀西北间山盆地旱生灌木草原区，东邻北京市，东部大致以 100m 等高线与河北平原栽培植被农作物区相接，西靠山西省，南邻河南省，本区属恒山、太行山脉，包括蔚县、涿鹿的南山及其以南的全部山地。冀西山区植被主要有以下特征：①本区地带性的自然植被类型为落叶阔叶林，有的区域山地海拔较高，植被的垂直变化比较明显；②本区的太行山南段有喜温的南方植物入侵，如泡桐（*Paulownia* spp.）、漆树（*Toxicodendron verniciiluum*）、领春木（*Euptelea pleiosperma*）、苦木（*Picrasma quassioides*）等；③冀西山区总体景观植被变化差异是海拔 800m 以上的中山区受人为影响较小，多为落叶阔叶林，海拔 1000～1500m 主要为松栎林，并混生有桦树、山杨等，海拔 1500m 以上分布有以华北落叶松占优势的针叶林。

（4）河北平原农作物栽培植被区。河北平原农作物栽培植被区位于河北省中南部，北部是燕山山地落叶阔叶林温性针叶林区，西界大致以 100m 与冀西山地落叶阔叶林、灌草丛相连，东连滨海平原盐生植物栽培植被区。本区原生地带性植被为落叶阔叶林，随着人类的开垦，原始植被已遭到破坏，目前仅在村庄附近、河岸、路边墓地和古河道的沙岗地有栽培的树木，常见的有槐、刺槐、臭椿（*Ailanthus altissima*）、榆树、旱柳（*Salix matsudana*）、毛白杨（*Populus tomentosa*）、青杨（*Populus cathayana*）等。人工培育的板材树木有杨、柳、榆、槐等。目前该区为河北省主要农业产地，全省绝大部分是两年三熟制，少部分为一年一熟制，粮食作物主要有小麦、玉米、谷子、高粱、豆类等，经济作物主要有棉花、麻类、花生、芝麻、烟草等，果树以苹果、梨为主，其次有桃、杏、沙果、葡萄、枣等。

（5）滨海平原盐生植物栽培植被区。滨海平原盐生植物栽培植被区在河北东部滨海地带，境内有大面积盐碱土，常见的植被有盐角草、翅碱蓬、猪毛蒿、碱蒿、米口袋等。村庄附近有较抗盐的树种如柳树、枸杞等。经济价值较高的植被有盐地碱蓬（*Suaeda salsa*）、枣、田菁（*Sesbania cannabina*）、紫穗槐（*Amorpha fruticosa*）、芦苇（*Phragmites australis*）等。本区为一年一熟制，栽培作物以水稻、高粱、小麦为主。

1.3.6　人为活动

影响土壤形成的人为活动，包括耕作施肥、淤灌与污灌、地下水超采、植被破坏与水土流失，草场利用与退化等，又可分为自觉的直接影响和自发的间接影响。自觉的直接影响主要是人为活动具有预期的目的和预见的后果，主要是对土壤的耕作管理和改良整治。耕作管理包括垦殖、耕种、施肥、淤灌与污灌（河北省土壤普查办公室，1990）。对土壤的影响一般是比较缓慢的渐变的积累过程，在大多数情况下，促进土壤趋向良性发展。改良整治包括平整土地、淤地造田、客土掺沙、修筑梯田、挖沟排水、植树造林以及施用石膏、石灰、化学药剂等。改良整治对土壤的影响一般是比较迅速的突变过程，在大多数情况下，使土壤在短时间内趋向良性发展，甚至可以人为地改变土壤形成演变的方向。自发的间接影响包括焚林而猎、毁林等，导致植被破坏与水土流失，草场的退化，进而导致土壤生态破坏，造成土壤质量的恶化。

1）耕作施肥与灌溉

河北平原在中华人民共和国成立初期到 20 世纪 50 年代中期，适应土壤条件，沿袭传统经验，在低洼易涝区种植避涝、抗涝作物；在旱薄区，引水灌溉，适时蓄墒、防旱、抗旱；在盐碱地区，围埝平地、巧耕巧种、防盐保苗。这些措施能改善土壤性状，增加产量或提高产品品质；合理轮作倒茬，合理休闲以及合理施肥、耕作等措施改善了耕层土壤的肥力和物理性状；又如对沼泽地进行人工排水，改善了土壤的水、气、热状态，促进土壤熟化，成为高产土壤；在盐化土壤区，通过深沟排水，降低地下水位，引淡洗盐改良了盐化土壤，这些活动都促使土壤向高肥力水平和高生产力方向发展。

1957 年到 60 年代初期，修筑平原水库，拦河打坝，强调蓄水，在冲积平原大面积发展水稻，有灌无排，大水漫灌，提高了地下水位，盐化面积急剧扩大。不少耕地荒芜，土壤肥力减退。1963 年以后，根治海河，修挖排水工程，改良盐化土壤，盐化土壤面积减少。20 世纪 80 年代起，强调因地制宜，调整产业结构，推行节水灌溉，科学施肥，培肥地力，土壤肥力趋于稳定。

2）地下水超采与土壤水分状况和盐渍土的消失

20 世纪 70 年代发展井灌，平原区大规模超量开采地下水，地下水位下降，利用深层碱水灌溉，引起土壤碱化，土壤包气带逐年增厚，入渗损失增加。由于大部分区域地下水埋深较大，因而平枯年份基本不产地表径流或产流量很少。

3）草原利用与退化

坝上高原，70 多年前以牧为主，耕地很少，牧民逐水草而居。后来移民逐渐增多，开始垦殖草滩。中华人民共和国成立初期，草场占坝上土地面积的 70% 以上。1959 年草场占 53%，由于大规模开垦草场，1979 年草场面积下降，为土地面积的 15.8%。由于草场载畜量过高，放牧过度，草原严重退化。草原植被破坏后，固定和半固定草原风沙土变为流动草原风沙土。地面失掉植被覆盖，冬春季土壤蒸发量大，土层盐分随土壤水上升，低洼草滩开垦3～5年就严重盐碱化。风蚀使表土逐年剥蚀，钙积层越来越靠近地表。开荒扩种，粗放经营，导致土壤肥力下降。

4）山林过度砍伐引起水土流失及其治理

河北省历史上曾是森林繁茂之地，山区、丘陵、坝上、平原遍布原始森林，栗、楸、桐、槐及松柏等树木十分旺盛。从春秋战国开始，河北省的森林迅速减少，到1949年中华人民共和国成立前几乎破坏殆尽，只残存天然次生林788万亩，森林覆盖率2.8%。据全国第二次土壤侵蚀遥感调查结果，河北省水土流失面积为62 957 km²，其中轻度侵蚀面积为33 101 km²，中度侵蚀面积为27 381 km²，强度侵蚀面积2303 km²，极强度侵蚀面积为172 km²（钱金平，2003）。

对森林的破坏，造成土壤生态失调，水、旱灾害频繁。据历史记载和考据，河北省水灾，在唐代平均每31年发生一次，元代平均每5年发生一次。旱灾，唐代平均每百年发生6.6次。近代几乎十年九旱，水土流失、山洪、泥石流灾害趋于加剧，粗骨土、石质土大片分布。

中华人民共和国成立后，山区采取了封山育林，加强抚育管理，全省森林面积开始逐步回升。1949～1966年，是河北省林业的恢复、调整阶段，全省有林地面积增加1017万亩，森林覆盖率达到6.38%。1967～1978年，是河北林业建设在困难中发展的阶段，全省有林地面积增加920万亩，森林覆盖率达到9.64%。1978～2000年，是河北林业振兴发展时期，全省有林地面积5483万亩，森林覆盖率19.48%。中华人民共和国成立以来，修建了官厅、岗南、王快、于桥、黄壁庄、岳城、西大洋、洋河、横山岭等80多座大中型水库和1500多座小型水库，在平原开挖人工骨干河道30多条，修筑防洪堤4300km，全省洪涝灾害减轻，盐碱地面积缩小，脱潮土面积增大。

1.4　土壤温度状况

在系统分类中，土壤温度状况和土壤水分状况是非常重要的诊断特性，是不少亚纲、土类、亚类的划分指标，但是它们又难以得到实际测定的数据，往往需要通过气象条件来加以确定。

1.4.1　温度带的划分

1）温度带的划分方法

由于日平均气温是否达到10℃对自然界的第一性生产具有极为重要的意义，因而日平均气温稳定≥10℃期间的积温以往一直被作为我国气候区划与农业气候资源评价中一个非常通用的指标，如中国科学院、中央气象局以及中国农业区划委员会等部门编制气候和农业气候区划时，都以日平均气温稳定≥10℃期间的积温作为温度带划分指标（中央气象局，1979；张宝堃等，1959；中国科学院自然区划工作委员会，1959）。自《中国气候区划新探》发表后，学者们逐渐认识到，以日平均气温稳定≥10℃期间的积温作为指标划分温度带时，对于地势高低悬殊和幅员辽阔的中国而言，有一定的局限性，而采用日平均气温稳定≥10℃的天数（积温天数）作为指标，能更准确地刻画出我国温度条件的地域分异，这一指标在 20 世纪 80 年代以后就被中国科学院和中国气象局编制的气候区划所采用（陈咸吉，1982；中国科学院中国自然地理编辑委员会，1985；中国气象局，1994）。

河北省温度带的划分采用日平均气温稳定≥10℃的积温天数作为划分温度带的指标，同时也采用一些辅助指标如平均气温等以及一些参考指标如日平均气温稳定≥10℃的积温等（表 1-1）。

表 1-1 温度带划分的标准

温度带	主要指标 日平均气温稳定 ≥10℃的天数/d	辅助指标 1 月平均气温/℃	参考指标 日平均气温稳定≥10℃积温/℃
寒温带	<100	<−30	<1600
中温带	100～170	−30 至−12～−6	1600 至 3200～3400
暖温带	170～220	−12～−6 至 0	3200～3400 至 4500～4800
北亚热带	220～240	0～4	4500～4800 至 5100～5300
中亚热带	240～285 （云贵，4000～5000）	4～10	5100～5300 至 6400～6500
南亚热带	285～365	10～15	6400～6500 至 8000

2）温度带的分布

河北省可以分为中温带和暖温带两个温度带（图 1-3）。1951～2010 年河北省的中温带地区年连续≥10℃的天数为 108～169d，在此期间≥10℃积温为 1755～3449℃，年平均气温在 6～9℃，1 月份平均气温在–15～–6℃，7 月份平均气温在 14～18℃；而暖温带地区的年连续≥10℃的天数 171～208d，在此期间≥10℃积温为 3567～4659℃，年平均气温在 9～14℃，1 月份平均气温在–11～–8℃，7 月份平均气温在 19～24℃。

1.4.2 大气气温校正

气温指标主要包括年平均气温、年平均最低气温、年平均最高气温。采样点温度指标主要通过河北省 142 个气象站点插值获得，由于温度受地形及海拔的影响，插值时进行 DEM 校正，能提高所在位置的温度数据精度，一般情况下，海拔每升高 1000m 温度下降 6℃左右。具体计算方法为：基于气象站点多年平均数据插值生成温度插值图，基于气象站点高程值插值生成气象站点高程图，利用河北省 DEM 高程图与气象站点高程图进行差减计算，计算出下降的温度，最后再与温度插值图进行差减运算，即可获得地形校正的温度空间分布图（图 1-4～图 1-6）。

图例
中温带
暖温带

比例尺 1 : 3 000 000

图 1-3　河北省温度带分布图

图例
年均气温/℃
高: 14.4
低: 2.1

比例尺 1 : 3 000 000

图 1-4　河北省地形校正后的多年平均温度分布图

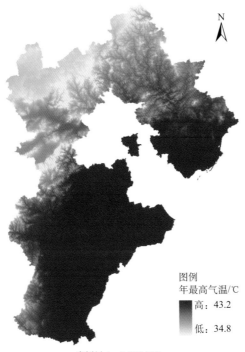

比例尺 1 : 3 000 000

图 1-5 河北省地形校正后的多年最高温度分布图

比例尺 1 : 3 000 000

图 1-6 河北省地形校正后的多年最低温度分布图

1.4.3 土壤温度的计算与分区

1）土壤温度的分区方法

依据《中国土壤系统分类检索》中对土壤温度定义来看，土壤温度指土表下 50cm 处或浅于 50cm 的石质或准石质接触面的土壤温度（中国科学院南京土壤研究所土壤系统分类课题组等，2001）。土壤温度可分为永冻、寒冻、寒性、冷性、温性、热性、高热性 7 种土壤温度状况。通过计算河北多年平均气温与土壤温度的关系，50cm 处土壤温度与平均气温有很好的相关性（R^2=0.9304），利用多年平均气温能够较准确地推算土壤温度，多年回归方程为 y=0.7832×T（年平均气温）+3.4698（张慧智等，2008；曹祥会等，2015）。依据《中国土壤系统分类检索》的划分标准（表 1-2），冷性土壤温度状况指年均土温＜8℃，但夏季平均土温高于寒性土壤温度状况。温性土壤温度状况指年均土温≥8℃，但＜15℃（中国科学院南京土壤研究所土壤系统分类课题组等，2001）。从 50cm 深度处土壤温度来看，河北地区的土壤温度变化范围为 6.1～14.3℃，参考上述标准，河北省可划分为冷性和温性土壤温度状况，河北大多数地区属于温性土壤温度状况，冷性土壤温度状况主要分布在河北的北部。

表 1-2 土壤温度状况划分的标准

土壤分类	土壤温度（50cm）	矿质土壤中夏季平均土温	有机土壤
永冻土壤	常年≤0℃		
寒冻土壤	年平均土温≤0℃		
寒性土壤	0℃＜年平均土温＜8℃	若某时期土壤水分不饱和，无 O 层者＜15℃，有 O 层者＜8℃；若某时期土壤水分饱和，无 O 层者＜13℃，有 O 层者＜6℃	大多数年份，夏至后 2 个月土壤中某些部位或土层出现冻结；或大多数年份 5cm 土壤下不冻结
冷性土壤	年平均土温＜8℃（但夏季平均土温高于寒性的夏季平均土温）		
温性土壤	8℃≤年平均土温＜15℃		
热性土壤	15℃≤年平均土温＜22℃		
高热土壤	年平均土温≥22℃		

2）土壤温度状况的分布

根据 50cm 处的土温状况，可以将河北土壤划分为冷性和温性两种类型（图 1-7）。1951～2010 年河北的冷性土壤主要包括康保、尚义、围场等地区，土壤温度 5.1～7.7℃，多年平均为 6.2℃；温性土壤温度状况主要分布在河北省东北部至河北省西部一线的大部分地区以及太行山的阜平、涞源以南等地区，该区域的土壤温度 8.5～15.0℃，多年平均为 13.1℃。

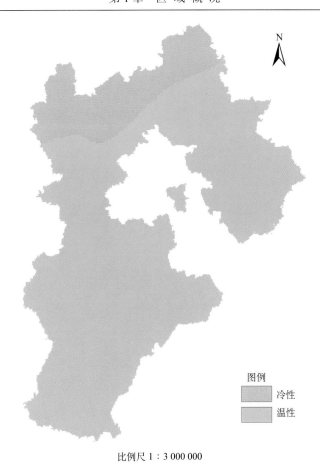

比例尺 1∶3 000 000

图 1-7 河北省 1951～2010 年土壤温度状况分布图

1.5 土壤水分状况

1.5.1 基于气象的土壤水分状况的求算方法

在《中国土壤系统分类检索》（第三版）中规定了干旱、半干润、湿润、常湿润、滞水、人为滞水、潮湿等 7 种土壤水分状况类型。土壤水分状况本质上是土壤来水与土壤去水之间的动态平衡，其中干旱、半干润、湿润、常湿润土壤水分状况主要取决于降水与潜在蒸散之间的平衡，这几个土壤水分状况在目前技术条件下，还只能通过气象条件加以确定。本文按照联合国粮农组织（FAO）推荐的 Penman-Monteith 公式确定潜在蒸散量 ET_0，将之与降雨量的比值作为干燥度，凡年干燥度＞3.5 者，相当于干旱土壤水分状况。年干燥度在 1～3.5 之间，相当于半干润土壤水分状况，当年干燥度＜1，但每月干燥度并不都＜1 时，相当于湿润土壤水分状况。

1.5.2　土壤水分状况的空间分布

　　图 1-8 为河北省土壤水分状况的空间分布，从图上看，主要分为半干润、湿润两种类型，其中半干润土壤水分状况所占比例较大，所占面积为 99%，年干燥度范围为 1～2.82；湿润土壤水分状况主要分布在兴隆县，所占比例仅仅为 1%，年干燥度范围为 0.94～1。

图例

土壤水分状况

■ 湿润

▨ 半干润

比例尺 1：3 000 000

图 1-8　河北省 1951～2010 年土壤水分状况分布图

第 2 章　河北省土壤调查与分类简史

土壤是农业的基础,是人类进行各项生产和赖以生存的基地。河北省位于京畿要地,政治、军事和经济都处于重要战略位置。在中华民族的形成和发展历史过程中,对中原大地土壤状况很早就给予重视。河北省土壤普查历史可以追溯到数千年前,迄今历经了六个发展阶段。

2.1　古代的土壤调查

远古时代,洪水为患,中华民族的祖先在治水实践中,对各地土壤状况进行了解。以这些知识为基础,于公元前二三世纪战国时代,形成《尚书·禹贡》和《管子·地员》等古典文献。《禹贡》内记载"冀州"土壤"厥土惟白壤,厥赋惟上上错,厥田惟中中"。《逸周书·职云解》内评价"冀州"土壤"其畜宜牛羊,其谷宜黍稷"。说明冀中平原当时土壤概貌是:第一,有机质含量较低,土色浅淡,质地以壤质为主;第二,土壤评级为中等中级,《禹贡》把全国土壤分上、中、下三等,每等分上、中、下三级,中等中级居于三等九级的第二等第五级;第三,土壤生产力较高,收上上等赋税,夹杂低产田;第四,当时种植业宜于发展耐旱耐瘠作物,畜牧业宜于发展食草动物。这是全世界记载最早的古代土壤分类、土壤评级、土壤生产力和适宜性评价,也是我国最早的"土壤志"。

秦始皇统一中国,随即丈量全国土壤总面积、不可垦面积、可垦面积和已垦面积。丈量数据载于班固所著《汉书》,当时全国土壤总面积 145 亿亩,其中不可垦土壤 102.5 亿亩,已垦土壤 8.27 亿亩,可垦未垦土壤 30 亿亩,体现了数据的完整性。明代洪武四年(公元 1371 年)开展全国土地丈量,历时 20 年,编制成鱼鳞图册。其中,鱼鳞总图按州、县、乡、都、里行政单位绘制,地块状如鱼鳞;鱼鳞分图按地块写明土壤、地形、面积、四至、税收等级和农户姓名。这是我国第一集综合性土壤图册。明弘治十五年(1502年)和嘉靖二十一年(1542 年)再次进行全国土地丈量。中国国家博物馆保存着明代土地调查资料。明代洪武二十四年,鱼鳞图册从地块面积开始,逐级统计记载,最后得出当时北直隶府州县(河北省主要范围)耕种土壤面积 58 249 951 亩,全国耕种土壤面积880 462 368 亩,体现了数据的系统性。

2.2　中华人民共和国成立前的土壤调查

20 世纪初,出国留学的科学家引进欧美土壤调查技术。20 世纪 20 年代末期,谢家荣、常隆庆首先在河北省三河、平谷、蓟县开展土壤调查,开始应用地形图、手持罗盘、土钻等新的技术手段。调查成果以"三河平谷蓟县土壤约测"为题,于 1929 年在《地质专报》上发表,附有彩色土壤图幅,并将土壤深层埋藏泥炭分布范围于土壤图上详细绘出。

20 世纪 30 年代，土壤学家侯光炯、李庆逵、李连捷、朱莲青、马溶之、熊毅等在河北省进行土壤调查，并得到美国土壤学家梭颇的指导。首次在河北省提出栗钙土、盐土、碱土、石灰性冲积土、山东棕壤等土类，对河北省部分土样进行质地、胶粒、有机质、硝态氮、亚硝态氮、酸碱度、碳酸钙、硅、铁、铝、可溶盐、碳酸根、碳酸氢根、氯根、硫酸根、钾、钙、镁以及持水量、透水性等理化分析。这些调查成果，集中反映于梭颇编著，李庆逵、李连捷翻译的 1936 年出版的土壤特刊第一号《中国之土壤》一书中。

1936 年，侯光炯、朱莲青、李连捷等在河北省定县进行土壤详查，成果资料图幅以"定县土壤"为题，于 1937 年在《土壤专报》上刊出。土壤分类命名采用当时美制土类土系土相三级制。定县土壤调查成果代表了这一时期的国内土壤调查科研水平。这一阶段的三次土壤调查资料现存国家图书馆。

2.3　中华人民共和国成立初期的土壤调查

20 世纪 50 年代，我国开始运用苏联经验进行土壤调查。1955 年，由农业行政部门主持，在苏联土壤专家柯夫达、克勒琴尼柯夫指导下，对河北省唐山市滦南县柏各庄 68 万亩土壤进行调查。土壤分类命名按苏联四级体系，划分 8 个亚类，13 个土种变种。资料成果有 1∶10 000 土壤图、土壤说明书。1956~1957 年，完成黄骅市中捷农场、静海农场 52 万亩土壤调查和围场御道口牧场、张北察北牧场、沽源牧场的 450 万亩土壤和植被调查。

20 世纪 50 年代在河北省进行的土壤调查，规模和成果最为突出的是华北平原土壤调查。1955~1956 年，由水利部和中国科学院主持，熊毅、席承藩领导，在河北平原及山东、河南部分地区进行。参加人员有河北及有关省区干部 500 余人，调查面积 13.2 万 km^2，采用发生分类原则，全区划分为 4 个土类，23 个亚类，284 个土种变种。工作成果包括 1∶20 万土壤图集；1∶150 万土壤、养分、盐分、质地、地下水、积水、土地利用现状、土壤改良利用分区图集；20 章 48 万字的《华北平原土壤》。华北平原土壤调查为河北省土壤普查工作提供了典范，解决了一系列有关华北平原土壤形成演变、分类命名、改良利用等方面的重大理论问题，首次提供了河北平原土壤的全面系统资料数据。通过工作实践，培养了一大批土壤科技骨干。《华北平原土壤》中引用了 1929 年《三河平谷蓟县土壤约测》文献中的埋藏泥炭资料，在此基础上写出《华北平原东北部泥炭的埋藏情况及其形成》一文，对河北省 17 个县 32 处泥炭埋藏情况和化验结果以及泥炭形成与利用等问题进一步深入论述，较之文献资料有重大发展。

在此期间，文振旺在当时的热河省进行土壤调查，1957 年在《土壤专报》上发表《热河省土壤地理概要》，在现属河北省的承德地区范围内，划分出棕壤、褐土、栗钙土、黑沙土和灰沙土等土类。对河北省山区、高原土壤分类具有指导作用。

2.4　全国第一次土壤普查

1958 年冬，在全国和河北省土壤普查办公室领导下，开展全国第一次群众性土壤普查。专业技术人员和有经验的老农以及基层干部共同协力，调查当时的耕地土壤，进行土壤制图和简易化验，注意总结群众识土、辨土、改土经验，运用群众土壤命名语言。外业调查从乡、县、地区逐级汇总，历时一年。省级成果汇总由农业行政、科研、教学单位协作，于 1959 年底完成。首次印出 1:50 万河北省彩色土壤图和土壤肥力图及《河北农业土壤》和《河北省土壤分类概况》。河北省土壤图反映全省 4 个土区、13 个土片、74 个土组。河北省土壤肥力图反映全省土壤速效氮 7 个等级和 100 多个养分点位的土壤有机质，速效氮、磷、钾含量。《河北农业土壤》分上、下两部 8 章 20 万字。内容包括：复杂的自然条件，无穷的增产潜力；农民培养地力、改良土壤的主要经验；土壤分类及制图；平原土壤；滨海土壤；山区土壤；坝上土壤。土壤类型介绍每个土区、土片、土组，进一步叙述到 218 个土种。《河北省土壤分类概况》共 2 万字，集中介绍每个土区、土片、土组的面积、地形、土壤特点、生产特点、土壤肥力、宜种作物、耕作技术要点。上述资料经河北省农业科学院审定为科研成果，并于 1978 年获全国科学大会奖。

2.5　全国第二次土壤普查

为适应社会主义现代化建设需要，根据国务院 111 号文件部署，河北省于 1979~1988 年开展了第二次土壤普查。此次土壤普查区别于历次土壤普查的突出特点是：第一，各级政府均以正式文件部署和落实此项任务，全省 160 个县级土壤普查单位先后分 6 批开展普查；第二，省、地、县逐级设立专职机构，包括土壤普查办公室、土肥处、土肥站；第三，具有专用的普查经费；第四，制订了统一的技术规程和检查验收制度；第五，逐级成立了技术顾问组，由农业科研、教学单位和行政部门的科技骨干组成，保证各项技术规程的执行和落实；第六，逐级进行了土壤普查技术培训，培养和造就了一大批土壤科技骨干和专业人才；第七，在外业普查、内业汇总中应用了航片，在县、地（市）级土壤图幅检查验收，地（市）级土壤图幅编汇和检查验收，以及省级土壤图幅编绘和校核过程中，运用了卫星相片，对土壤养分、盐分及物理、化学性质进行了测定；第八，自下而上，逐级汇总图件、数据、标本和文字资料；第九，重视和坚持了土壤普查成果应用，促进了因土种植、因土施肥、因土改良、因土利用；第十，省、地、市、县分别建立了土壤普查档案馆（室）。

在河北省第二次土壤普查中，共挖土壤主剖面 221 978 个，每个主剖面代表面积：平原为 618 亩，山地为 2810 亩，高原为 2162 亩。共取得有效化验数据 1 503 495 个。绘制了《1:50 万河北省土壤图》、《河北省土壤断面图》、《1:100 万河北省土壤有机质、全氮、速效磷、速效钾、全钾、全磷图》、《1:50 万河北省土地利用现状图》、《1:100 万河北省土壤改良利用分区图》、《1:100 万河北省土壤微量元素分布图》（包括有效铜、锰、铁、锌、硼、钼六种图）、《1:100 万河北省土壤酸碱度和碳酸钙分布图》，出版了《河北土壤》、《河北省土种志》、《河北省土地现状与利用》、《河北省第二次土壤普查成果应用论文选编》、《河北省第二次土壤普查工作报告》、《河北省第二次土壤普查数据资料汇编》，以及采集了大量的土壤纸盒标本、土壤整段标本、岩石和植物标本，拍摄了彩色土壤剖面与景观照片。

2.6　我国土系调查与《中国土系志》编制

二次土壤普查结束后，全国性土壤调查与土壤发生分类研究转入了一个低潮时期，而基于定量诊断分类的系统分类在逐步兴起。《中国土壤系统分类（首次方案）》、《中国土壤系统分类（修订方案）》先后于 1991 年、1995 年出版，标志着中国自己的土壤系统分类已经逐步建立。此后 2001 年又出版了《中国土壤系统分类检索》（第三版），2007 年出版了《土壤发生与系统分类》。与全国形势相呼应，河北省自二次土壤普查后，也开始了土壤系统分类研究，黄勤、张凤荣等（1999）将曲周土壤划分为人为土、淋溶土、雏形土 3 个土纲，张保华和刘道辰等（2004）对秦皇岛市石门寨区域土壤进行系统分类研究，确定了该地区系统分类土壤类型。朱安宁和张佳宝等（2003）对河北省栾城县的土壤进行了基层分类研究。曹祥会和雷秋良等（2015）基于河北省 142 个气象观测站 1951～2010 年的日值气象数据，利用 GIS 空间分析技术，对河北省近 60 年的土壤温度和干湿状况的时空变化规律进行了分析。安红艳和龙怀玉等（2012，2013）对冀北 13 个具有典型代表性的土壤剖面进行了研究，发现它们可以归属为 3 个土纲（雏形土、有机土、新成土），进一步拟定了 13 个土系。李军和龙怀玉等（2013）对冀北地区 7 个盐碱化土壤进行了分类，共划分了 4 个土纲，6 个亚纲，6 个土类，7 个亚类，并拟建立和描述了平地脑包系等 7 个土系。

2009 年，国家科技基础性工作专项"我国土系调查与《中国土系志》编制（第一阶段）"正式启动，其目标是建立我国东部地区 16 个省市主要土壤类型的 2500 个以上的土系，为我国数字土壤建设和土壤信息在农业、环境、国土资源等方面的应用提供重要的依据。其中河北省的工作由中国农业科学院农业资源与农业区划研究所负责，其目标是在河北省开展系统的土系调查和基层分类研究，按照统一的土系研究技术规范，完成河北省土系建立，获得典型土系的完整信息和部分典型土系的整段模式标本。根据定量化分类的总体要求，确立河北省土壤从土纲到土系的完整分类，编制出版《中国土系志·河北卷》，本书就是对这一工作的系统总结。

2.6.1　样点布设

本研究是在省级尺度下开展的土系调查，为了使调查结果最大限度地代表河北省的整体情况，尽量减少重复工作，如何布置样点及提高其代表性是至关重要的。土系是发育在相同母质上，具有类似剖面土层排列的一组土壤。根据土壤发生学理论，土壤是在地形、母质、气候、生物（植被）、农业利用等环境要素的影响下发生发育的，因此在样点布设中必须要充分考虑，本书是在 GIS 平台上对这些要素的空间分布进行分析、叠加的基础上，再结合行政区划来确定土系调查的采样参考单元，然后经过野外踏勘，确定每个采样单元的最终采样位置。

为了选择具有典型性的采样点，首先收集了河北省 1∶50 万土壤图、1∶50 万地质图、1∶10 万土地利用图、1∶25 万 DEM 及行政区划图、1961～2010 年 142 个气象站点数据（逐日平均气温、日蒸发量、20～20 时土壤温度和 20～20 时降水量）。利用气象数据生成土壤温度分布图、气候带图，利用 DEM 生成坡度图，然后将土壤图、地质图、土地利用图、坡度图、土壤温度图、气候带图等图件在 GIS 平台上进行叠加，获得不同类型的叠加单元，即不同土壤类型、地质类型、景观类型、土地利用类型等因素的景观组合体。本次调查只是考虑累积面积 100km²、出现频率 10 次以上的景观组合体，然后结合行政区划图、公路交通图，考虑到交通的便捷性、可达性和样点的分布均匀性等原则，将确定的采样单元叠加到道路交通图和 Google Earth 上，筛选和调整采样点的位置，进一步确定预计采样点，最终确定 175 个预计采样点（图 2-1）。

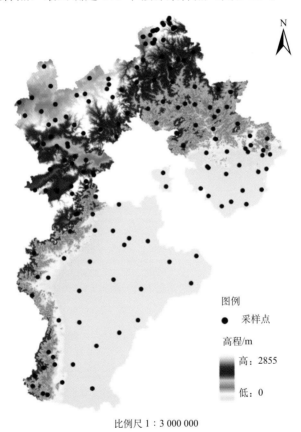

比例尺 1∶3 000 000

图 2-1　河北省土系调查采样点分布图

2.6.2　野外土壤调查及采样

按照确定的预计采样点图，于 2009 年、2010 年、2011 年进行了 11 次野外调查，对以上样点的土壤剖面、环境条件、生产性能进行了观测和记录。主要包括采样点气候、地形、植被等环境条件的调查以及土壤剖面的挖掘、观察描述和分层土壤样品的采集等。调查中，到达预计采样点后，在 1km 的范围内进行现场踏勘，以代表性最大化为原则，确定最终的野外剖面点，挖取剖面后，先对每个剖面及周围的环境进行了拍照，采集纸盒样品，再按《野外土壤描述与采样手册》（中国科学院南京土壤研究所土系调查课题组内部资料）、《中国土壤普查技术》（全国土壤普查办公室，1992）、《土壤剖面描述指南》（马步州和张凤荣，1989），对每个土壤剖面进行了剖面野外观察描述，记录野外现场观测的剖面属性，最后按发生学层次采集土壤样品。

（1）土壤剖面观察、描述和记录。剖面挖掘后，左半边用剖面刀自上而下修成自然面，右半边保留为光滑面；自上而下放置并固定好标尺，观察面上部放置土壤标本盒（已写好剖面号或地点名称、时间），然后进行剖面拍摄（包括全剖面拍摄和局部特写拍摄，尤其是特征土层的拍摄）；根据土壤颜色、紧实度、质地及特有现象等，用剖面刀划出土壤发生层的界线；按照项目组分发《野外土壤描述与采样规范》（中国科学院南京土壤所，2009 年）所述程序进行逐项观察和描述，并翔实、准确地填写土壤剖面描述表。描述项目包括土壤颜色、质地、孔隙度、根系分布、结持性、土壤结构、干湿度、新生体和侵入体、土壤反应（石灰反应、氟化钠反应等），其中，土壤颜色采用芒塞尔比色卡进行比色；土壤质地由有经验的人员进行初步判定；pH 的测定采用 pH 试纸、速测 pH 计进行；石灰反应采用 10%的稀 HCl 滴加到土壤进行测定，根据气泡的多少及反应声音的大小判断石灰反应的强弱等级；氟化钠反应采用先滴加 pH=7.5 的 NaF 溶液，2min 左右后滴加酚酞试剂，根据颜色的变化判断反应强弱，或滴加酚酞试剂后用 pH 试纸测定 pH，根据反应前后 pH 的变化来判断反应的强弱。土壤颜色比色依据《中国土壤标准色卡》（中国科学院南京土壤研究所和中国科学院西安光学精密机械研究所，1989）。

（2）环境的描述与记录。在剖面挖掘的同时，其他人员可以对剖面周围的环境进行描述和记录。包括剖面号、剖面地点、调查人及单位、调查日期、天气情况、经纬度等基本信息；地势、地形、海拔、坡度、坡形、坡向等地形地貌特征；土地利用情况（土地利用类型、植被类型、植被覆盖度、人类影响程度等）；地表特征（岩石露头、地表粗碎块、地表黏闭板结、地表裂隙、地表盐斑等情况）；水文状况（排水等级、泛滥情况、透水性或保水率、地下水深度及水质等）。环境信息记录后，使用数码照相机对环境进行拍摄，包括植被、周围地形等都应拍摄，以便记录全部的环境信息。

（3）土壤样品的采集。包括布袋样品和标本盒土样的采集。布袋样品用于实验室土壤属性指标的测定，采集布袋土样时，由下而上分层采取（防止下层土壤被上层土壤污染），每个发生层取样均匀，并去除其中的根系成分和大的石块，布袋上应写清楚采样地点、剖面号、层次深度、采样日期、采集人等信息；标本盒土样的采集尽量保持土壤剖面原有的状态，保持土壤结构和根系成分，便于后期的查看和比对，标本盒正面应标清剖面号、采样地点、土壤名称、采样日期等信息，侧面应标清采样深度。

（4）其他相关信息的收集。包括该地区气候变化、土地利用变化、植被类型变化、施肥、放牧等情况的调查收集，这些情况可以查阅文献或向当地居民询问请教。

2.6.3　测试分析方法

将采集的土壤样品于阴凉通风的室内自然风干，然后混匀、磨细、过筛，用于土壤化学性质的测定。分析测定方法主要依据《土壤调查实验室分析方法》。

1）土壤 pH 的测定

采用 pH 计测定。称取通过 2mm 筛的风干土壤样品 10g 于 50mL 烧杯中，加入 25mL 去 CO_2 蒸馏水（质量比为 1∶2.5），用搅拌器搅拌 1min，静置 30min 后，用 pH 计测定。

静置时应用封口膜或保鲜膜密封烧杯口以防止二氧化碳溶入而影响土壤 pH（鲁如坤，2000；鲍士旦，2000；张甘霖和龚子同，2012）。

2）土壤阳离子交换量的测定

采用乙酸铵法（pH 为 7.0）测定阳离子交换量（鲁如坤，2000；吕贻忠和李保国，2006；张甘霖和龚子同，2012）。称取通过 0.25mm 筛的风干土样 2.00g 于 100mL 离心管中，沿离心管壁加入少量 1.0mol/L NH$_4$OAc 溶液，用橡皮头玻璃棒搅拌土样，使其成为均匀泥浆状，再加入 1.0mol/L NH$_4$OAc 溶液至总体积为 60mL 左右，充分搅拌均匀（1～2min），然后用 1.0mol/L NH$_4$OAc 溶液洗净橡皮头玻璃棒，洗液置于离心管中；将离心管置于离心机（3000r/min）内离心 3～5min，倾去上清液，如此重复 3～5 次，直至洗出液中无钙离子为止；向装有土样的离心管中加入少量 95%乙醇（C$_2$H$_5$OH），用橡皮头玻璃棒充分搅拌，使土壤呈均匀泥浆状，再加 95%乙醇（C$_2$H$_5$OH）约 60mL，再次搅拌均匀后，于离心机中离心，倾去上清液，如此重复 3～4 次，直至洗出液中无铵离子为止（以奈斯勒试剂检查）；将离心管内土样无损失地转移到蒸馏管内，于定氮装置上进行蒸馏，用足量的硼酸吸收，将蒸馏后的溶液吸入三角瓶内，用 0.05mol/L 的 HCl 标准溶液滴定，根据所用的 HCl 量计算阳离子交换量。

3）土壤腐殖质总碳量的测定

土壤腐殖质总碳量的测定采用重铬酸钾容量-外加热法（李西开，1983；鲁如坤，2000）。土壤样品需先用放大镜仔细去除其中的植物残根及杂物，再用有机玻璃棒与绸布摩擦所产生的静电作用将土壤样品杂质进一步去除干净，尽量避免未分解的有机质混入，然后将土壤样品磨细，通过 0.25mm 筛。

称取通过 0.25mm 筛孔的风干土壤样品 0.1～1.0g，放入一干燥的硬质试管中，用移液管准确加入 K$_2$Cr$_2$O$_7$ 和 H$_2$SO$_4$ 的混合液 10mL，充分摇匀，放入 190～200℃的油浴锅中加热，并保持温度在 170～180℃，待试管内液体沸腾时开始计时，煮沸 5min，每次消煮时放 1～2 个空白试管作为对照。冷却后，将试管内物质全部转移到 250mL 的三角瓶中，滴入 2～3 滴邻菲啰啉指示剂，用 FeSO$_4$ 滴定，当溶液由橙黄经蓝绿变成砖红色时为滴定终点，记下 FeSO$_4$ 消耗的体积。每次标定时，FeSO$_4$ 溶液均要用 0.1mol/L 的 K$_2$Cr$_2$O$_7$ 标准溶液标定其浓度。本书中腐殖质总量以碳的形式表示。计算公式如下：

$$W = \frac{\dfrac{C \times V_1}{V_2} \times (V_3 - V_0) \times 0.003 \times 1.08}{m} \times 1000 \qquad (2\text{-}1)$$

式中，W 为土壤腐殖质总量，g/kg；C 为重铬酸钾标准溶液的浓度，0.1mol/L；V_0 为空白滴定时消耗硫酸亚铁的体积，mL；V_1 为标定硫酸亚铁的重铬酸钾标准溶液的体积，20mL 或 25mL；V_2 为标定硫酸亚铁时消耗的硫酸亚铁的体积，mL；V_3 为样品滴定时消耗的硫酸亚铁的体积，mL；1.08 为氧化校正系数；0.003 为 1/4 碳原子的摩尔质量，g/mmol。

4）土壤腐殖质组成的测定

采用焦磷酸钠-氢氧化钠提取法测定（鲁如坤，2000；吕贻忠和李保国，2006）。

称取通过 0.25mm 筛的风干土样 10.00g 置于 200mL 三角瓶中，加入 100mL 的 Na$_4$P$_2$O$_7$ 和 NaOH 混合液（土液比为 1∶10），加塞后在振荡机上振荡 10min，使土液充分混合，放置提取14～16h（20～25℃），再次摇匀溶液并将溶液转移至100mL 离心管中，用离心机（4000r/min）离心5min，将离心后的上清液收集于三角瓶中待测。吸取样品待测液2～15mL，置于硬质试管中，用1mol/L的1/2 H_2SO_4溶液中和到颜色突然变浅（此时 pH=7.0，用 pH 试纸检验），将试管置于80～90℃恒温水浴锅中加热至蒸干为止，按照土壤腐殖质总量的测定方法进行测定，即可得到腐殖酸总量。

吸取样品待测液10～50mL，移入100mL三角瓶中，在电炉加热的情况下，用1mol/L的1/2 H_2SO_4溶液调节溶液pH至1.5左右（用pH试纸检验），此时出现胡敏酸絮状沉淀，在80℃左右保温30min，然后将溶液放置过夜，使胡敏酸与富里酸充分分离。将浸提液转移至100mL离心管中，置于离心机（4000r/min）内离心15min后，弃去上清液。沉淀物用0.05mol/L 热的NaOH溶液溶解，溶解后的溶液接收于100mL容量瓶中，即为胡敏酸的待测液。吸取此待测液10～20mL，置于硬质试管中，用1mol/L的1/2 H_2SO_4溶液中和至pH为7.0（pH试纸检验），再将试管置于80～90℃恒温水浴锅中加热蒸至近干，然后按土壤腐殖质总量的测定方法测定胡敏酸含碳量。

腐殖酸总量与胡敏酸含碳量的差值即为富里酸含碳量；土壤腐殖质总碳量与腐殖酸总量的差值即为胡敏素含碳量。

5）土壤颗粒组成的测定

采用吸管法测定（李酉开，1983；鲁如坤，2000；张甘霖和龚子同，2012）。

（1）>1mm 石砾和粗砂的处理。将>2mm 的石砾和>1mm 的粗砂分别置于铝盒中，加热煮沸，并不断搅拌，然后弃去上部浑浊液，重复数次，直至弃去的液体澄清为止，将铝盒置于105℃的恒温烘箱中烘至恒重后称重。

（2）<1mm 土样的分级。称取 4 份通过 1mm 筛的风干土壤样品10g，1 份用于吸湿水的测定，1 份用于洗失量的测定，另 2 份制备颗粒分析悬浊液。对于腐殖质总量含量较高的土壤样品，分散前应去除腐殖质总量。腐殖质总量的去除使用 15%的 H_2O_2 溶液在电热板加热的情况下进行，当加入 H_2O_2 溶液后不再出现气泡则说明腐殖质总量去除完毕；然后使用 0.2%及 0.05%的 HCl 溶液去除碳酸盐，直至检测不到 Ca^{2+}为止；去除碳酸盐后，用蒸馏水数次洗涤土样以去除 Cl^-。将去除 Cl^-的土壤样品中的 2 份转移至三角瓶中，加入 10mL 的 5% NaOH 溶液（分散剂），置于电热板上加热至沸腾，并保持沸腾1h。第 3 份土样置于铝盒中，于电热板上蒸干水分后于 105℃烘箱中烘至恒重，称重。将消煮后的土壤样品悬浊液通过 0.2mm 的小筛转移至 1000mL 容量瓶中，定容（过滤出来的细沙转移至铝盒中，蒸干后于 105℃烘箱中烘至恒重，称重）。根据实验室当时的水温，用斯托克斯定律计算 0.1mm、0.05mm、0.005mm、0.002mm 土粒沉降至量筒 10cm 处所需要的时间，根据计算的时间准确地吸样并置于铝盒中，将铝盒放在加热板上蒸干水分（特别小心防止悬液溅出），再移至 105℃的烘箱内烘至恒重，称重。然后根据所得的数据分别计算各级颗粒的含量。

6）土壤无定形铁、铝、硅的测定

土壤中无定形铁、铝、硅的提取采用草酸-草酸铵溶液提取法，测定时分别采用邻菲咯啉比色法、铝试剂比色法及硫酸亚铁铵比色法（朱韵芬等，1986；许祖诒等，1980；鲁如坤，2000；Mckeague et al.，1966；张甘霖和龚子同，2012）。

称取通过 0.25mm 筛的风干土样 2.00g，置于 250mL 三角瓶中，在 20～25℃时，按土液比 1∶50 加入 100mL 草酸（$H_2C_2O_4$）和草酸铵（$(NH_4)_2C_2O_4$）提取液，加塞，将三角瓶放入外黑里红的双层布袋中，于振荡机上遮光振荡 2h，然后将混合液转入 100mL 离心管中，于 3000～4000r/min 的离心机中离心，上清液可直接转入塑料瓶或三角瓶中，加塞，用作无定形铁、铝、硅的待测液。吸取 2～5mL 待测液采用邻菲咯啉比色法测定无定形铁（FeO_x）；无定形铝（AlO_x）的测定需先用浓 H_2SO_4 和 H_2O_2 消化待测液后，再用铝试剂进行比色；吸取样品待测液 2～5mL 于 50mL 容量瓶中定容，采用硫酸亚铁铵比色法测定无定形硅（SiO_x）。

7）土壤游离态铁、铝的测定

土壤中游离态铁、铝的测定采用枸橼酸钠-连二亚硫酸钠-碳酸氢钠法提取待测液，分别用邻菲咯啉比色法、铝试剂比色法进行测定（何群等，1983；李学垣，1997；鲁如坤，2000；Mehra et al.，1960； Mckeague et al.，1966；张甘霖和龚子同，2012）。

称取通过 0.25mm 筛的风干土样 0.50～1.00g 于 100mL 离心管中，加入 20mL 的 $Na_3C_6H_5O_7$ 溶液和 2.5mL 的 $NaHCO_3$ 溶液，水浴加热至 80℃（±5℃），用骨勺加入 0.5g 左右的 $Na_2S_2O_4$，不断搅拌，保持 15min。冷却后，将离心管置于离心机中（3000～4000r/min）离心分离。然后将清液倾入 250mL 容量瓶中，如此重复浸提 1～2 次，此时离心管中的残渣呈灰色或灰白色，最后用 1mol/L NaCl 溶液洗涤离心管中的残渣 2～3 次，洗液合并倾入容量瓶中，再加水稀释定容至刻度，摇匀，作为待测液备用。然后采用邻菲咯啉比色法测定游离态铁（Fed）；游离态铝（Ald）的测定需先用浓 H_2SO_4 和 H_2O_2 消化待测液后，再用铝试剂进行比色。

8）土壤络合态铁、铝、碳的测定

土壤中络合态铁、铝待测液采用焦磷酸钠提取，络合态铁用邻菲咯啉比色法测定，络合态铝采用铝试剂法测定，络合态碳按照腐殖质总量的测定方法进行测定（何群等，1983；朱韵芬等，1985；鲁如坤，2000；van Reeuwijk，1995；张甘霖和龚子同，2012）。

准确称取通过 0.25mm 筛的风干土样 2.00～5.00g，置于 250mL 锥形瓶中，按土液比为 1∶20 的比例加入 $Na_4P_2O_7$ 溶液，然后于振荡机上振荡 2h（25℃）。振荡结束后，将混合液转入 100mL 离心管中，于离心机（3000～4000r/min）进行离心，将上清液置于 250mL 锥形瓶或塑料瓶中，加塞或加盖，用作络合态铁、铝的待测液。然后用邻菲咯啉比色法测定络合态铁（Fep）；络合态铝（Alp）仍然需要先用浓 H_2SO_4 和 H_2O_2 加热消化去除腐殖质总量后再用铝试剂比色测定。络合态碳的测定按照土壤腐殖质总量的测定方法进行。

2.6.4 土壤系统分类归属确定方法

土壤系统分类高级单元确定依据《中国土壤系统分类检索》（第三版）（中国科学院南京土壤研究所土壤系统分类课题组等，2001）。

第3章 成土过程与主要诊断特征

土壤是成土母质在自然环境与人为因素综合影响下，经历一系列成土过程才逐渐发育成的。在特定的生物、气候、地形等成土条件下，土壤的主导成土过程及辅助成土过程是相对稳定的，从而形成了特定的土壤属性。河北省土壤形成过程主要有：腐殖质化过程、碳酸盐移动和淀积过程、黏化过程、铁锰氧化还原过程、盐分淋溶与累积过程和熟化过程。这些土壤形成过程发育强弱以及彼此间的相互组合影响了土壤属性，并在土壤剖面、土壤层次的性状和生产性能上不同程度地反映出来。

3.1 成 土 过 程

3.1.1 土壤腐殖化过程

土壤腐殖质的形成过程是土壤形成的重要过程，几乎每一种土壤的形成都存在土壤腐殖质的形成过程，它的主要表现形式是形成土体上部的腐殖质层。河北省地处华北地区，北依燕山，南望黄河，西靠太行，东坦沃野，外环渤海，是全国唯一兼有高原、山地、丘陵、平原、湖泊和海滨的省份，生物气候条件多样，土壤类型丰富，因此，河北省土壤的腐殖质化过程也有其自身的特征。

1）土壤腐殖质含量特征

河北省不同地点的土壤腐殖质碳含量相差悬殊，在 2.6～207.0g/kg 之间变化，全省平均为 18.4g/kg，变异系数达到了 107.7%。从表 3-1 可以看出，河北省不同土纲的腐殖质碳含量有着明显差别，其中含量最高的是只有一个土系的有机土，为 207.0g/kg。其次是潜育土，平均含量为 56.1g/kg。再次是均腐土，平均含量为 29.9g/kg。其他土纲腐殖质碳均在 20g/kg 以下，最低是人为土，平均仅为 10.8g/kg，盐成土平均含量也仅为 10.9g/kg。但是腐殖化过程在相同土纲内还有较大的差异，变异系数为 32.8%～68.6%，其中最大的是雏形土、新成土、淋溶土，分别为 68.6%、59.3%、53.4%，相对较小是人为土和潜育土，分别为 36.2%、32.8%。可见，不同土纲腐殖质累积过程有着明显差别，腐殖质化过程最强的是有机土，潜育土、均腐土腐殖质化过程也比较强，人为土腐殖质化过程最弱，内部变异也最小，雏形土腐殖质化过程较弱，但内部却有着比较大的变异。

表 3-1 河北省不同土纲腐殖质碳含量统计

特征	有机土	潜育土	均腐土	新成土	淋溶土	雏形土	盐成土	人为土
平均值	207.0	56.1	29.9	19.3	12.7	12.6	10.9	10.8
最大值	—	72.0	53.4	45.1	29.3	42.1	17.9	16.4
最小值	—	29.5	8.2	2.6	4.5	2.8	5.3	5.7
变异系数	—	32.8	45.5	59.3	53.4	68.6	44.3	36.2
样品数	1	4	19	38	21	61	9	6

2）土壤腐殖质组成

腐殖质由分子质量较大的胡敏酸、分子质量较小的富里酸组成，腐殖质含量高的土壤，分子质量较大的胡敏酸所占比例较高，胡富比是衡量土壤腐殖化程度的标志之一（王秀红，2001）。在农业领域，通常以腐殖质中的胡富比来衡量腐殖质的质量，肥力较高的土壤，有机质含量以及有机质中的胡富比较高。自然土壤经过人为垦殖，有机质含量下降，但土壤有机质中的胡富比相对稳定。从表 3-2 可以看出，不同土纲的胡富比是不同的，平均而言，有机质大量累积的均腐土中胡富比最高，为 1.61，其次为新成土 1.22，最小的为淋溶土 1.09。

表 3-2 河北省不同土纲腐殖质碳胡富比特征

土纲	平均值	最大值	最小值	变异系数	剖面数
雏形土	1.13	2.85	0.51	42.1	32
新成土	1.22	2.72	0.47	52.6	26
淋溶土	1.09	1.88	0.39	42.1	10
均腐土	1.61	2.51	0.74	42.8	5

3）土壤有机质积累形态

河北省不同区域土壤有机质积累存在明显差别，主要存在以下几种形态（河北省土壤普查办公室，1990）。

（1）枯枝落叶层。是一些植物凋落物，植物组织基本保持原状，除了在接触矿质土壤表层之处略有分解外，几乎看不到腐烂分解，也基本上看不到矿质土壤物质。这些凋落物层还算不上是个土壤发育层次，在其下的土壤表层一般是黑色腐殖质层或者黑暗色腐殖质层。河北的枯枝落叶层厚度一般为 2～10cm。在冀北的森林植被、草原植被下经常出现，冀西山区的灌木林下也时有出现。

（2）草根结皮层。是由 60%（体积分数）以上新鲜草根、半腐烂草根和不到 40%（体积分数）矿质土壤颗粒组成的土壤层次，草根以新鲜草根为主，其湿态彩度≤5，亮度 1～3，具有一定的弹性，较下层土壤要难于铲开。矿质土粒的腐殖质碳含量为 9～45g/kg，胡富比 1.6 左右，全氮含量为 0.69～3.12g/kg，碳氮比 12～14。在这个层次之下一般是腐殖质碳含量较高的腐殖质层。河北的草根结皮层厚度一般为 2～5cm，主要出现在高寒的冀北山地山体中上部的高山草甸植被下。

（3）极淡色腐殖质表层。在比较干旱、沙性母质、稀疏沙生植被等条件下所特有，土壤发育初步趋于稳定。一般为母质特征十分明显的雏形 A 层。干态亮度>5.5，湿态彩度>3.5；土壤腐殖质碳含量<3.5g/kg，胡富比 0.6～0.8，碳氮比 8～9。

（4）淡色腐殖质表层。比较稳定的土层，有着比较稳定的草被、稳定的 A 层。干态亮度 4.0～5.5，湿态彩度 2.5～3.5；土壤有机质含量为 3.5～12.0g/kg，胡富比 0.9～1.2，碳氮比 8～9。

（5）黑暗色腐殖质表层。腐殖质化过程比较强的条件下所形成的腐殖质含量较高的表层，团粒结构比较发达，湿态彩度≤3，亮度 1～3；土壤有机质含量为 10.0～48.0g/kg，胡富比 1.0～2.8，碳氮比 10～16。

（6）半腐烂有机质层。在冀北山地杂草类草甸密集草被下，由于半年湿冻，死亡草根等物质往往分解不是很完全，不少草根虽然已经腐烂分解了，但是仍然可以看出其原来的形态，厚度 10～30cm，湿态彩度≤3，亮度≤2；矿质土壤有机碳含量 60～300g/kg，胡富比 1.6～2.7，碳氮比 15～19。

（7）高腐烂有机质层。在芦苇、蒲草沼泽地带，在长期滞水情况下，残根败叶形成黑灰色腐泥，死亡根系基本上已经高度腐烂，看不出原来的形态，通常具有腥臭味。干态亮度≤3，湿态彩度<1.5；有机质含量为 10～30g/kg，胡富比 1.0～1.5，碳氮比 10～13。

（8）埋藏暗色层。由于地质过程所形成的腐殖质层次。一个原来正在进行的有机质累积过程，形成当时的暗色表层，快速地被洪冲物所淤积覆盖，引起地貌、水文条件变化，在土壤剖面内，成为埋藏暗色层。色调灰暗，杂有螺壳、蚌壳。与上层土壤层突然平整过渡，腐殖质含量显著比覆盖层要高，经常会有后来的物质淀积，如黏粒、碳酸钙、铁锰结核等。

（9）耕作淡色层。在人为耕种、熟化条件下，形成的人为表层。

3.1.2 碳酸盐移动和淀积过程

土壤碳酸钙的迁移过程是指土壤上部土层中的石灰以及植物残体分解释放出的钙以碳酸氢盐形式向剖面下部移动，到达一定深度后以碳酸钙形式淀积的过程（龚子同等，2007）。研究发现，碳酸钙在剖面中不同层次淀积和母质类型有关，非钙质母质上发育的土壤，剖面通体没有石灰反应，而在石灰岩母质上发育的土壤，通体或下层有石灰反应，有钙积层出现（张凤荣等，1988），虽然钙积层中土壤的石灰淋溶淀积机制相同，但是其形态各异，有假菌丝、斑状、结核及层状等形态。

1）野外速测石灰反应特征

在此次调查所挖掘的 175 个剖面、653 个有效土层（即不包括处于底层的风化碎屑层、母岩层、粗岩块层）中，有 83 个剖面、349 个土层具有石灰反应，其中 20 个剖面的石灰反应强度在整个剖面上下基本保持一致，即从石灰反应角度看，土壤碳酸钙没有发生明显淋溶淀积；25 个剖面的石灰反应强度在表层强于土体，即从石灰反应角度看，碳酸钙发生了表聚运动；38 个剖面的石灰反应强度在剖面中部强于上和下部，即从石灰反应角度看，碳酸钙发生了淋溶淀积过程。

2）土层碳酸钙含量特征

本次调查测定了 260 个具有石灰反应的土层的碳酸钙含量，其值在 0.1～322.8g/kg之间，平均为 56.1g/kg。从分布区间看，含量小于等于 50.0g/kg 的占 54.6%，含量在50.0～150.0g/kg 的占 48.1%，含量大于等于 150.0g/kg 的占 7.3%。有 82 个剖面的上下土层的壤碳酸钙含量不一致，有 37 个剖面的碳酸钙含量自上向下逐渐增加，至底层累积增加量超过 50.0g/kg 的有 13 个。有 4 个剖面的碳酸钙含量自上向下逐渐减小，其中一个的累积减小量达到了 64.7g/kg 的。有 39 个剖面的碳酸钙含量表现出先增加后减小的变化特征，含量最高土层的碳酸钙比上覆土层高出 0.3～269.7g/kg，其中有 12 个高出了 50.0g/kg 以上。含量最高土层的碳酸钙比下覆土层高出 5.3～147.8g/kg，其中有 7

个高出了 50.0g/kg 以上。

3）土壤碳酸盐的剖面运动

根据以上所述土层石灰反应特征和土层碳酸钙含量特征，可以推断出河北省土壤剖面碳酸盐的运动情况主要有：

（1）维持原状，由于母质沉积时间短暂，成土作用微弱，土壤剖面碳酸盐基本保持母质的原来状态，新成土、雏形土上时常发生这种情况。原状的碳酸盐剖面，在均质土体中呈均质分布。土壤剖面上碳酸钙含量有高低变化，由于多次冲积而冲积母质不同或者因砂质、壤质、黏质土壤的层位变化而相应增减。

（2）淋溶淀积，在雨水自上而下垂直渗透的影响下，土壤剖面上层碳酸盐不同程度地下移，剖面下层碳酸盐有不同程度的增加和淀积。

（3）彻底脱钙，由于较长时间的持续淋溶作用，土体碳酸盐类淋失，1.5m 深度内土层无石灰反应。

（4）外源复钙，在经过不同程度淋溶、脱钙过程的土壤上，由于风积、水积或人为活动影响，在土壤表层重新覆盖含碳酸盐类的物质，土壤上部碳酸盐含量由无变有，由少增多。土体碳酸盐分布表层高、底层低。

4）土壤碳酸盐淀积形态

碳酸盐淀积形态，因碳酸钙运动形式、母质种类以及碳酸钙含量等因素的差异，表现为以下几种形式：

（1）假菌丝状钙积层。菌丝体直径为 0.1～2.0mm，长为 2.0～30.0mm，碳酸钙含量一般为 10～150g/kg。

（2）斑状钙积层。碳酸钙含量 150～200g/kg。

（3）层状钙积层。碳酸钙含量 200～300g/kg。

（4）隐形钙积层。因为与黏粒共同淋溶淀积，或者人为耕作等因素，碳酸钙没有与其他土壤物质分离，而是和矿质土壤混合在一起，外表看不到碳酸钙的淀积，但是有强烈的石灰反应，碳酸钙含量明显地高于或低于下层土壤。

（5）砂姜层。本质上不是土壤形成过程的产物，而是一个地质过程，是富含钙质的地下水侧向径流滞缓、碳酸盐凝聚的产物，碳酸钙凝聚成核状、大而密集，河北省的砂姜往往覆盖较多的铁锰氧化物而呈现为褐黄色。土体碳酸钙含量 100～300g/kg，砂姜本身钙酸钙含量在 300g/kg 以上。

3.1.3　黏化作用

黏化就是土壤中由于次生层状硅酸盐黏粒的生成、淋移、淀积而导致黏粒含量在某些土层中相对集中的过程。黏化层的形成，既有在原土层中黏粒就地形成且积聚的残积黏化作用，又有形成于上层土壤中的黏粒分散于水中而随着水分运动，最终被淋洗下迁到一定土层深度发生淀积的淋溶淀积黏化作用。如果由于残积黏化或者淋溶淀积黏化的作用使得某个土层的黏粒含量显著地超过上部淋溶层或下部母质的 20%，则可以认为该层土壤为发生学上的黏化层 Bt，即 Bt/A 或 Bt/C≥1.2（式中 Bt、A、C 分别代表黏化层、表土层、母质层的黏粒含量）。在一般情况下，黏化层在形态上典型表现为：颜色棕褐、鲜艳，结构面上有胶膜。

　　1）黏化作用类别

　　一般认为残积黏化的黏粒直接来源于同一层次的粉粒，即 0.002～0.050mm 级别的颗粒，因此残积黏化层次的黏粒/粉粒比值上下层次明显偏高，如果某一层次的黏粒/粉粒比值明显比母质层偏高，表明可能具有残积黏化现象（张凤荣等，1999）。如果以母质作为黏化过程的参照，在 130 个剖面各土层母质同源的土系中，有 86 个发生了黏化过程，其中 50 个形成了黏化层。在 86 个发生了黏化过程的剖面中有 42 个存在土壤黏粒/粉粒比值明显大于上下层的土层，40 个剖面的表土层黏粒/粉粒比值明显大于下层土壤。即如果以母质作为黏化过程的参照，河北所有发生了黏化过程剖面均存在残积黏化现象。如果以表层作为黏化过程的参照，130 个剖面土层母质同源的土系中，有 83 个存在黏化过程，其中 40 个形成了黏化层。其中有 34 个剖面存在土壤黏粒/粉粒比值明显大于上下层的土层，即使有 34 个剖面存在残积黏化现象，但真正形成了黏化层的只有 18 个。在这次土系调查中，河北共计鉴定出黏化层 22 个，可见残积黏化是河北省土壤黏化层成因的主要方面，淋溶淀积黏化很少，在野外剖面观测中也只是在具备了黏磐的窑洞系、黄峪铺系剖面上看到了显著的淋溶淀积黏化特征。

　　2）黏粒存在形态

　　黏化作用本质上就是土壤颗粒物质逐渐变细并移动的过程，一般情况下应该形成黏粒胶膜。河北省位于东亚季风区边缘，属中温带、暖温带下的半干旱半湿润季风气候区，全年中处于淋溶状态的时期较短，多数土壤属于半淋溶土壤，但是在冀东北高原山地，山高雾大，冷凉湿润，淋溶条件较强，形成了淋溶土壤，而在一些局部地区，气候比较干燥，淋溶作用轻微，形成钙层土。由于以上因素，河北土壤黏化作用所形成的黏粒也有多种剖面存在形态，大致有以下三种：

　　（1）无胶膜。在河北省许多残积黏化过程发生在表层土壤，黏化过程中所形成的黏粒没有明显的迁移过程，而是就地聚集，和腐殖质累积过程复合在一起，使得土壤形成疏松多孔的团粒、团块结构，具有较强的黏着性和可塑性，在结构体面上几乎看不到黏粒胶膜，但如果有发育的下层土壤，则往往在下层土层能看到少量模糊的黏粒胶膜。

　　（2）疏松覆盖物。在较弱的黏化条件下，上层土壤黏粒间歇性淋洗并在下层土壤淀积的结果，在结构体面上形成一层疏松的约 1mm 厚的黏粒覆盖物，与土体结合不紧密，干旱季节很容易用毛刷将它们分离下来，湿润季则与土壤紧密吸附。这些疏松的黏粒胶膜一般没有光泽，颜色以淡黄色、灰白色较多，往往与土体颜色形成鲜明对比。

　　（3）致密胶膜。在较强的黏化条件下，不仅发生了黏化过程，而且同时发生了铁锰的淋溶淀积，上层土壤黏粒发生了较强的淋溶并在下层土壤中淀积下来，经常和高价无定形铁锰氧化物混合在一起，形成了一层与土壤结构体面紧密结合在一起的致密胶膜，具有明显的光泽性，也难以将黏粒胶膜从土体上分离下来，土壤结构体棱角明显，干时具有硬或极硬的土壤结持性，湿润时的土壤结持性呈现为坚实或极坚实，胶膜颜色与土体颜色基本一致，一般为艳丽的棕色、红棕色。

3.1.4　铁锰氧化还原过程

由于土壤有机质、微生物的存在，土壤形成了一个复杂的氧化还原体系，存在着氧化态与还原态物质之间的相互转化过程，称为氧化还原过程。

河北省土壤的氧化还原过程主要是铁锰的氧化还原过程。河北具有广阔的冲积平原、滨海平原、山间平原，受地下水影响的土壤比例相当大，加上地形滞水、冻土层滞水、人为灌水等情况，因此河北省土壤铁锰氧化还原过程是普遍存在的，在所有的系统分类土纲均有发现。其基本原理是：在地下水浸渍和地上水淹渍的闭气缺氧条件下，土体中易变价元素铁和锰的氧化物水合物进行化学还原和生物还原，由高价铁锰变为低价铁锰，可溶性提高，移动性增强。在地上水排干、地下水位下降的通气供氧条件下，由于氧化作用，低价铁锰又变为高价铁锰，溶解度降低，一部分铁锰氧化物从土壤溶液中离析出来，凝聚为固态。土壤铁锰氧化还原过程的作用，将会在土体内形成不同性状的层次。

1) 潜育层 G

土层常年持续饱和滞水，处于闭气状态。在缺氧条件下，有机质进行嫌气分解的同时，促进还原作用，使土层中高价铁转化为低价铁，土粒被低价铁染成蓝灰色、青灰色，色调比 10Y 更蓝，主彩度≤1。如果土层受到植物根系穿插，根部周围的土壤受到自根孔透入空气的影响，引起低价铁锰局部氧化，在蓝灰色土层内有一部分高价铁锰凝聚而形成的锈纹、锈斑和铁锰结核。

2) 锈斑层 Br

低平、低洼地区，地下水位雨季抬高，旱季下降，雨季地面积水，旱季地面脱干。土体中一定层段，一年中有一段时间为地下水毛管水或上层下渗水分饱和，另一段时间处于水分不饱和甚至脱干状态，造成这一土层干湿交替。土层在滞水充水阶段，铁锰元素以还原迁移为主；在少水缺水阶段，铁锰元素以氧化凝聚为主。由于铁锰氧化还原作用，逐年重复在土体内某一层段交互进行，在土层内和土壤结构面上形成锈纹锈斑、铁锰结核或管状铁锰氧化物。

3.1.5　盐分淋溶与累积

母岩风化和成土过程中产生的钾、钠、钙、镁等元素为易溶性盐分，随着雨水下渗移向深层和排离土体，为土壤盐分的淋溶特征。地下水和土壤底层中的盐分，随土壤毛管水升至地表，水分蒸发，盐分留存于地表；海水或含盐地表水中的盐分随海潮或地表水的浸渍进入土壤，为土壤盐分的累积特征。

1) 盐分运行变化类型

河北省土壤盐分运行变化可概括为以下几种情况：

（1）淋失型。受到地下水、海水影响的山地、平原和高原土壤，土体深层盐分不断随雨水垂直下渗，随侧向径流转移到别处。土体溶性盐类总量<0.6g/kg。

（2）交替型。受地下水影响的盐渍化土壤，盐分随着一年中雨季旱季的交替，进行季节性的盐分淋溶和累积的交替。雨季，土壤表层盐分被降水淋洗，从表土下移，表层盐分下降，地下水位相应抬高；旱季，地下水中和土壤深层盐分随毛管水上升累积于地表。一年中土壤盐分变化一般为 5 个阶段：7～8 月份迅速淋溶；9～10 月份缓慢累积；11 月份至次年 2 月份相对稳定；3～4 月份迅速累积；5～6 月份缓慢累积。

（3）累积型。直接受海潮浸渍的滩涂土壤和含盐湖淖积水影响的湖淖周边土壤，盐分不断在土体累积。在上述盐分补给来源排除之前，不具备盐分淋溶条件。此种类型的土壤，剖面盐分分布比较均一，上下土层含盐量差异不大。

（4）碱化型。土壤中钠质碳酸氢盐和钠质碳酸盐增加，一部分钠离子进入土壤，置换出钙镁离子，土壤中代换性钠离子占代换性盐基总量的 5%以上，pH 升高，土壤物理性恶化，湿时膨胀，干时胶结、龟裂、渗水滞缓。

2）盐分累积形态

土壤盐分有以下几种累积形态：

（1）盐结皮层 As。干旱季节盐分在地表聚集，结皮厚度 1～3cm，与下层土体衔接不紧。蓬松状结皮含盐以硫酸盐为主，潮湿状结皮以氯化物为主。

（2）盐化层 Bs。盐分以硫酸盐为主的土壤含盐量在 0.2%以上，盐分以氯化物为主的土壤含盐量在 0.1%以上。

（3）碱化结皮层 An。洼处地表红棕色黏粒结皮、裂缝，下为 1～3cm 结壳，背面有较多海绵状气孔。

（4）碱化层 Bn。本土层内钠离子占土壤交换性阳离子总量的 5%以上，pH>8.5。

3.1.6　熟化过程

土壤熟化是指人为耕种过程中，土壤障碍因素的克服，土壤生产力性能的改善和土壤肥力的提高。自然土壤经过长期耕作，引起土壤理化、生物性状的变化，在土体上部，逐步形成人为土壤层次。

1）旱耕熟化

在旱作和水浇条件下，种植大田作物，对土壤的影响较轻，形成以下层次：

（1）耕作层 Ap1。厚度 10～25cm。土壤孔隙因耕锄而增加，容重减低。人为培肥较好、耕作层养分和结构性全面改善。一般耕种土壤，耕作层有机质较自然土壤降低，腐殖质胡富比增加，碳氮比降低。脱钙和酸性的自然土壤，因有机肥的连年施用，缓慢复钙，酸性回降。

（2）犁底层 Ap2。耕层底部土壤经长期机械磨压而形成，厚度约 10cm。板结紧实，层状结构、孔隙减少，容重增加。黏性、壤性土壤犁底层障碍根系生长。砂性土壤犁底层有利于保水保肥，减缓渗漏。

2）堆垫熟化

在耕种过程中，大量施用土粪，常年重复叠加，形成人为客土培肥的表层、亚表层。此外，在人为垫地造田、修筑梯田、台田过程中，一次性堆垫厚层客土，可以形成深厚的人为堆垫剖面。

堆垫表层 Ap 厚度>30cm。50cm 内土壤有机质含量 10～15g/kg，50cm 深度内，杂有煤渣、木炭、砖瓦及人类生活用品碎屑。

3）菜园熟化

长期种植蔬菜，大量施用有机肥、人粪尿、城市杂肥、炉灰垃圾，精耕细作，频繁灌溉，在旱耕熟化、堆垫熟化基础上，进一步高度熟化形成的土壤表层。

菜园熟化表层 Ap 熟化层厚度大于 50cm，土壤有机质含量大于 20g/kg，土壤速效磷大于 30mg/kg，蚯蚓粪、蚯蚓穴占 0～50cm 土层体积 5%以上，含有多量煤渣、木炭、砖瓦及人类生活用品碎屑。

4）灌淤熟化

旱作过程中，长期引洪灌溉，灌溉水中携带的物质逐年淤积加厚，同时进行耕作施肥，掺混形成的特殊人为熟化表层。

灌淤熟化表层 Ap 土层厚度大于 50cm，最薄者不少于 30cm，通体质地一致的均质剖面，土壤有机质>10g/kg，全层杂有煤渣、木炭、砖瓦及人类生活用品碎屑。

5）水耕熟化

在连年种稻、长期淹灌，收获前排水、水田耕作，大量施肥条件下，对土壤发生比较深刻的影响，形成不同于旱耕熟化土壤的表层和亚表层。

稻田熟化表层 Ap1。水耕过程中，土粒和微团聚体分散，呈糊泥状态。干时粒状、块状结构，暗棕灰色，稻根较多。

稻田犁底层 Ap2。浸水条件下，犁具挤压形成。紧实板结，层状片状结构，具有一定保水缓渗作用。

稻田淀积层 B。灌溉水下渗，所携黏粒、盐基、钙质淀积而成，比较黏重，柱状结构。

3.2　河北省土壤的诊断层和诊断特性

诊断层、诊断特性是土壤系统分类学理论体系中的基本概念，是实现系统化、定量化土壤分类的基础。所谓诊断层就是用于鉴别土壤类别的、在性质上有一系列定量规定的特定土层，所谓诊断特征就是用于鉴别土壤类别的、在性质上有一系列定量规定的土壤理化性质。此外，把那些理化性质接近诊断层或诊断特性却又不能完全满足诊断层或诊断特性的量化规定的，但是足以作为划分土壤类别依据的土层或者土壤理化性质称为诊断现象。

在《中国土壤系统分类检索》（第三版）中规定了 31 个诊断层（11 个诊断表层、20 个诊断表下层）、25 个诊断特性、20 个诊断现象。通过对河北省 167 个土壤剖面 743 个土层的测试分析，共鉴定出诊断表层 8 个，出现频率由高到低分别是：淡薄表层、暗沃表层、水耕表层、灌淤表层、肥熟表层、草毡表层、半腐有机表层；共鉴定出诊断表下层 9 个：雏形层、黏化层、钙积层、盐积层、黏磐、漂白层、水耕氧化还原层、磷质耕作淀积层、碱积层；共鉴定出诊断特性 14 个，出现频率由高到低分别是：石灰性、氧化还原特征、石质接触面、准石质接触面、均腐殖质特性、岩性特征、钠质特性、潜育特征、盐基饱和度、半腐有机土壤物质、高腐有机土壤物质、n 值、冻融特征、铁质特性，其中岩性特征包括了碳酸盐岩岩性特征、砂质沉积物岩性特征、冲积物岩性特征、北方红土岩性特征、红色砂岩岩性特征、红色砂页岩岩性特征、黄土状沉积物岩性特征。

共鉴定出诊断现象 8 个：盐积现象、钙积现象、钠质现象、碱积现象、耕作淀积现象、潜育现象、水耕现象。

3.2.1 诊断层

1）有机表层

有机表层在河北省内分布范围很小，仅分布在冀北高原围场县、丰宁县内，由河流冲积而形成的涝洼地上。在 167 个剖面中，仅仅在潜育土的 2 个剖面上鉴定出有机表层。剖面点沼泽植被茂盛，长期水分饱和，加上气温较低，土壤有机质累积较多，分解缓慢，而且分解不完全，有腥臭味，有大量的新鲜草根、半腐烂草根，有大量半腐有机土壤物质，土壤亚铁反应明显。具有以下特点：

（1）大多数年份至少有 6 个月以上的时间土壤水分处于饱和状态。

（2）厚度 20～50cm。

（3）半腐烂根系占体积的 50%～80%，除去半腐烂根系后的矿质土壤有机碳含量 62～72g/kg，包含半腐烂根系土层的有机碳含量 300～600g/kg，碳氮比 18～30。

（4）亚铁反应强烈。

2）草毡表层

草毡表层在河北省分布范围很小，主要分布在冀西北高寒草甸植被下，在 167 个剖面中，仅仅在"石质湿润正常新成土"的 2 个剖面上鉴定出草毡表层。这是一个由活根与死根根系交织缠结的草毡状表层，除了具备《中国土壤系统分类检索》（第三版）中规定的条件外，还具有以下野外容易辨识的特征：

（1）厚度 5～15cm，缠结的草根占体积的 50%～80%。

（2）矿物土壤颗粒分散在根系交织物中，呈团粒结构，黑棕色（10YR3/1，润）-黑棕（10YR3/2，润）。

（3）其下面一般为一个黑暗色腐殖质层。

3）暗沃表层

暗沃表层在河北省分布范围较广，在 167 个剖面中共鉴定出暗沃表层 50 个，主要分布在冀北冷凉的草原、草甸、森林植被下，在平原地区也有少量分布。这些暗沃表层绝大部分分布在自然土壤上，只有 5 个分布在耕作土壤中。从在土壤类型上分布情况看，除了盐成土纲外，河北各个土纲均有可能存在暗沃表层，但是出现的频率相差甚大，出现频率较高的是均腐土、雏形土，出现频率最少的是有机土、人为土。所鉴定出的 50 个暗沃表层分别分布在均腐土（19 次）、雏形土（15 次）、新成土（9 次）、淋溶土（3 次）、潜育土（2 次）、有机土（1 次）、人为土（1 次）7 个土纲中。河北土壤中的暗沃表层，具有以下特征：

（1）有机碳含量较高，其中有机土二间房系暗沃表层的有机碳含量达到了 139～207g/kg，在其他土壤中暗沃表层的有机碳含量在 7.0～60.8g/kg，平均为 28.7g/kg。

（2）土层比较深厚，50 个暗沃表层的下界平均深度为 55cm，但在具有石质接触面、准石质接触面的新成土上的暗沃表层深度较浅，在 15～30cm，而在均腐土上的暗沃表层深度较深，一般在 50cm 以上，其中子大架系的竟然达到了 150cm。

（3）土壤结构发育较好，一般为中发育的 1～3cm 的团块结构。颜色暗黑，干态、润态明度一般≤3，彩度≤2。

4）淡薄表层

淡薄表层是河北省数量最多、分布范围最广的诊断表层，在 167 个剖面中共鉴定出 103 个，分布在各种气候、植被条件下，其中耕作土壤中 37 个，其余 66 个在自然土壤上。就土壤类型而言，在河北省 8 个土纲中，只是在雏形土、新成土、淋溶土、盐成土 4 个土纲中发现了淡薄表层，在所鉴定出的 103 个淡薄表层中，雏形土占 48 个，新成土占 31 个，淋溶土占 17 个，盐成土仅占 7 个。

河北省淡薄表层厚度平均只有 23cm，但变幅较大，在 5～80cm，80%的≤30cm，≥50cm 的仅有 5 个。土层浅薄是河北淡薄表层形成的主要因素。

河北省淡薄表层有机碳含量 2.2～33.3g/kg，平均为 11.4g/kg，其中≤6.0g/kg 的不到 25%。

河北省淡薄表层颜色有 30 余种，但 85%以上为浊黄棕色、浊黄橙色、棕色、亮红棕色、亮棕色、浊橙色、黄棕色、浊黄色、浊棕色、灰黄棕色等明亮的颜色，而暗棕色、暗橄榄色、黑棕色、橄榄色、暗红棕色、暗红褐色等暗颜色不到 15%。出现最多的色调是 10YR，其次是 7.5YR 和 2.5Y，此外还有少量的 5YR、5Y、2.5YR 三种色调。明度在 2.5～7，≥4 的占 93%，最多是 4、6、5，最少是 3 和 2.5。所有的彩度等级均有，但最多的是 4、6、3，1、2、8 等级也有少数几个。土壤颜色较亮、明度和彩度较高是河北省淡薄表层形成的主要因素。

5）暗瘠表层

在此次调查中，仅仅发现两个潜育土（马蹄坑脚系、神仙洞系）具有暗瘠表层，其上均覆盖有一个有机表层，土层深厚，有机碳含量高。马蹄坑脚系暗瘠表层厚 40cm，有机碳含量 15～31g/kg，盐基饱和度 35%～50%。神仙洞系暗瘠表层厚 20cm，有机碳含量约 60g/kg，盐基饱和度 42%。

6）水耕表层与水耕现象

在河北，水耕表层主要存在于水稻田上，由于河北省的水稻田面积很少，水耕表层分布也很少，主要区域性地分布在唐山、秦皇岛、张家口等地。尽管只有水稻田上才有可能存在水耕表层，但是具有水耕表层的水稻田并不一定具有水耕氧化还原层，因此在系统分类中并不都属于人为土。在此次土系调查中所发现的 3 个具有水耕表层的土系中，只有留守营系具有水耕氧化还原层，属于人为土，而另外两个土系，则不具有水耕氧化还原层，而且自表层起就有较高的钠离子和盐分含量，属于盐成土。

在此次确定的 162 个土系中，仅在阳台系、曹家庄系上发现了水耕现象，在阳台系的高级分类单元的确定中没有得到运用，曹家庄系因为具有水耕现象，使得其亚类为水耕淡色潮湿雏形土。阳台系上的水耕现象土层厚 25cm，中发育团块状结构，有中量锈纹锈斑，干颜色为浊黄棕色（10YR5/4），壤土，pH 为 7.7，有机碳含量 15.8g/kg，全氮含量 1.32g/kg，速效磷含量 41.6mg/kg，强石灰反应。曹家庄系上的水耕现象土层厚 33cm，中发育的 2～5cm 团块结构-棱块结构，润颜色黑棕色（10YR3/2）-暗棕色（10YR3/3），干颜色浊黄橙色（10YR 6/3）-浊黄橙色（10YR 7/3），砂质壤土，有少量砖块，强石灰反应，无亚铁反应。不同亚层，土壤 pH 为 8.0～8.2，有机碳含量 7.8～15.2g/kg，黏粒含量 139～170g/kg，砂粒含量 312～707g/kg。

7）灌淤表层

灌淤表层主要分布在张家口地区坝下中西部的河谷阶地地带。河北的灌淤表层有两种基本类型，一种是发育在河床相的卵石层上，灌淤表层下面便是卵石层，中间没有过渡层；另一种是发育在原来为草甸植被下的土壤上，中间至少有一个埋藏的黑暗色腐殖质层，甚至还有一个淀积层，然后才是河床相的卵石层。河北灌淤表层的厚度一般为 50～70cm，呈现为橄榄棕色、浊黄橙色、黑棕色，一般具有淤积微层理，土壤质地一般为壤土，土壤结构大多为中发育团粒结构和弱发育的团块结构，一般能看到少量蚯蚓粪和极少量炭块，石灰反应强烈，pH 为 8.0～8.6，不同亚层有机碳 4.3～12.3g/kg，整个层次加权平均 5.5～8.3g/kg，不同亚层有效磷含量 1.3～7.3mg/kg。此次土系调查中鉴定出 4 个灌淤表层，均属于旱耕人为土，3 个普通灌淤旱耕人为土，1 个弱盐灌淤旱耕人为土。

8）肥熟表层

肥熟表层在河北是一个分布面积不大但分布范围比较广阔的诊断表层，山区冲积扇、山区河谷阶地、季节性河流两岸、河漫滩上、滨海平原微斜地形、黑龙港低平原等均有星状分布。河北的肥熟表层基本上发育在蔬菜地上，但是只有少数情况下，在肥熟表层下面才有磷质耕作淀积层存在，因此具有肥熟表层的土壤只有为数不多的才属于人为土。在此次土系调查中所发现的 2 个具有肥熟表层的土系，1 个为人为土，另外 1 个为淋溶土。

9）雏形层

雏形层是河北土壤最为广泛存在的一个诊断表下层，在此次调查确定的 162 个土系的 167 个土壤剖面中，有 90 个剖面在土表至根系限制层或 150cm 土体内鉴定到雏形层，其中雏形土 60 个，淋溶土 15 个，均腐土 9 个，人为土 5 个，盐成土 1 个。如果是在雏形土、均腐土、人为土中，雏形土一般直接位于诊断表层下面，如果是在淋溶土中，雏形层往往和黏化层相连，即可出现在黏化层（黏磐）上面，也可以出现在黏化层（黏磐）下面。这些雏形层的上界变幅相当大，在 10～145cm，但 90% 比较均匀地分布在 10～70cm，在 70～145cm 的分布不到 10%。河北省雏形层往往和诊断特性相伴存在，在这 90 个雏形层中有 32 个还有氧化还原特征，有 11 个或者具有钙积现象，或者具有盐积现象，或者具有钠积现象，或者具有碱积现象。

10）黏化层

黏化层数量是仅次于雏形层的诊断表下层，在此次调查确定的 162 个土系的 167 个土壤剖面中，有 22 个剖面在土表至根系限制层或 150cm 土体内鉴定到黏化层，其中淋溶土 19 个，盐成土 2 个，均腐土 1 个。河北黏化层有两种基本情况，一是由于黏粒的淋移淀积，使得孔隙壁和结构体表面有厚度>0.5mm、丰度>5% 的黏粒胶膜；二是由于黏粒的淋移淀积，或者残积黏化，使得该层次的黏粒含量高于其他土层（具体参见《中国土壤系统分类检索》（第三版）中的规定）。第一种情况很少，以第二种情况为主。

这次调查所鉴定出的河北黏化层大多呈现为中发育、强发育的 1～5cm 棱块结构，但也有少数块状结构。结构面上的胶膜几乎全部为黏粒胶膜，数量较多，但是大多数与基质的对比度比较模糊，也有少量对比度明显的，对比度显著的极少。黏化层的上界在

5～80cm，其中后东峪系黏化层上界最浅，长岭峰系之上界最深。黏化层厚度在 15～135cm，最薄的是沟门口系，最厚的是洪家屯系。砂粒含量 53～571g/kg，黏粒含量 191～460g/kg，土壤质地为粉砂壤土、砂黏壤土、粉砂黏壤土、黏壤土、粉砂黏土、壤黏土、黏土。河北黏化层呈现出 11 种颜色，出现频率从高到低依次为：黑棕色、棕色、浊红棕色、红棕色、浊黄棕色、浊棕色、橙色、暗棕色、亮红棕色、灰黄棕色、暗红棕色。色调有 6 种，出现频率从高到低依次为：10YR、2.5YR、7.5YR、5YR、2.5Y、10R。润明度值最多的是 4 和 3，5 和 6 也有少量。润彩度最多的是 4，其次是 6，1、2、3、8 也有少量。

11）钙积层与钙积现象

钙积层也是河北分布范围较广的诊断表下层，在此次调查确定的 162 个土系的 167 个土壤剖面中，有 13 个剖面在土表至根系限制层或 150cm 土体内鉴定到钙积层，其中雏形土 8 个、均腐土 3 个、淋溶土 1 个、盐成土 1 个。这些钙积层的上界在 0～70cm，厚度 22～120cm。碳酸钙含量 62～274g/kg，pH 为 8.0～9.5，土壤质地有砂壤土、粉砂壤土、壤土、砂黏壤土、粉砂黏壤土、黏壤土等。

河北省具有钙积现象的土层厚度均大于 15cm，它们之所以只是钙积现象而不是钙积层，是因为它们的碳酸钙含量没有达到钙积层的要求，但均有明显的石灰反应，而且多数情况下能见到碳酸钙假菌丝体。在此次确定的 162 个土系中，有 28 个土系有钙积现象，分别分布在雏形土（17）、盐成土（4）、均腐土（4）、淋溶土（2）、潜育土（1）5 个土纲中。在这 28 次钙积现象中只有 1 次被用来确定了“钙积暗沃干润雏形土”亚类，其他 27 次钙积现象在高级分类中没有得到运用。

12）盐积层与盐积现象

盐积层在河北分布范围不是很广，主要分布在张家口高原的下湿滩、二阴滩地、低平洼地、湖淖周边，以及沧州、唐山、秦皇岛等地区的滨海平原。在此次调查确定的 167 个土壤剖面中，有 10 个剖面在土表至根系限制层或 150cm 土体内鉴定到盐积层，其中 9 个为盐成土，另外 1 个因为盐积层上界在 30cm 以下，使得其被检索为雏形土，而非盐成土。大部分河北土壤盐积层的上界在 30cm 以内，而且还有很多开始于地表的情况。其厚度在 40～130cm，pH 为 7.9～9.2，盐分含量 3.6～54.0g/kg，1∶1 水土比电导率 19.1～232.0dS/m，盐分含量与厚度的乘积为 38～2268，电导率含量与厚度的乘积为 344～18 560（尽管有时盐分、电导率不能同时满足盐积层的要求，但两个指标中至少有一个能够满足盐分的要求）。

盐积现象是指那些已经盐碱化土壤中，某个土层的盐分含量接近却又没有达到盐积层要求的情况。在《中国土壤系统分类检索》（第三版）中，盐积现象是个很重要的指标，共有 21 个亚类的确定需要运用它。在此次确定的 162 个土系中，有 17 个土系有盐积现象，用以确定了弱盐暗沃正常潜育土、弱盐砂姜潮湿雏形土、弱盐潮湿碱积盐成土、弱碱潮湿正常盐成土 4 个亚类，在每个亚类中出现了 1 次。还有 13 次盐积现象与亚类的确定没有关联。

13）黏磐

黏磐在河北较难见到，在此次调查确定的 167 个土壤剖面中，仅仅在冀西陡峭切割的山坡上发现了两个黏盘，一个位于河北省保定市涞水县三坡镇的黄峪铺系，另外一个位于张家口市蔚县柏树乡窑洞。它们在土体的下层，直接位于碎块状母岩层之上，结构、颜色、质地等与上覆土层差异非常明显，一般呈现为橄榄棕色（2.5Y4/3，润）-棕色（7.5YR4/4，润），黏土，强发育的小棱块状结构，结构体表面有多量显著的黏粒胶膜，极弱碳酸钙反应。pH 为 7.3～7.8，有机碳含量 6.8～6.9g/kg，黏粒含量 421～551g/kg，黏粒含量为上层的 2.0 倍以上。

14）漂白层

漂白层分布范围较小，主要在冀西北海拔 1000m 以上的山体上，这里的气候冷凉潮湿，植被茂盛。河北土壤上的漂白层要么是由于石质接触面的顶托，致使铁锰发生侧向螯合漂洗、黏粒侧向淋移而形成，在这种情况下，在剖面上看不到淀积层，所形成的漂白层非常薄，一般不会超过 3cm，而且经常和上层土壤交错存在；要么是由于季节性冻土层的顶托，致使铁锰发生螯合淋溶和氧化还原迁移、黏粒垂直淋洗而形成，一般在底层会形成一个铁锰和黏粒的淀积层，所形成的漂白层比较厚，能达到 10～20cm，但往往是漂白物质和氧化还原所形成的铁锈斑混合存在。河北漂白层一般只会出现在雏形土和淋溶土中。本次调查鉴定到 3 个漂白层，均属于雏形土。润土颜色分别为亮黄棕色（10YR6/6）、浊黄棕色（10YR5/4）、淡绿灰色（GLEY8/1），干土颜色分别为黄色（2.5Y8/6）、橙白色（10YR8/2）、灰色（N6/9）。砂粒含量 423～614g/kg，黏粒含量 72～91g/kg，质地为壤土、砂壤土。

15）碱积层与碱积现象

碱积层的区域基本上与盐积层相当，但分布区域要小得多。河北的碱积层一般具有氧化还原特征，同时也是盐积层。碱积层只出现在盐成土中。在这次土系调查中，只观测到一个碱积层，厚度80cm 以上，为黏土，强发育大柱状结构，干时极其坚硬，95%矿物颗粒被白色盐霜包裹，有 20%～30% 清晰红褐色铁锈斑，橙白色（YR8/2，干），pH 为9.2，CEC 为13.9cmol/kg，交换性钠7.39cmol/kg，盐基饱和度99%，钠饱和度53.2%，1：1水土比电导率50.4dS/m，强石灰反应，黏粒含量429g/kg，砂粒含量346g/kg。

碱积现象是指那些结构发育不如碱积层明显、钠饱和度介于 5%～30%、pH 为 8.5～9.0 的碱化土层。是确定"弱碱潮湿正常盐成土"、"舌状-弱碱钙积干润均腐土"、"弱碱钙积干润均腐土"、"舌状-弱碱简育干润均腐土"、"弱碱简育干润均腐土"、"弱碱底锈干润雏形土" 6 个亚类的指标之一。在此次确定的 162 个土系中，有 5 个土系有碱积现象（雏形土 3 个、盐成土 2 个），但只有一个在分类检索中得到了运用，用以确定了一个亚类——"弱碱潮湿正常盐成土"，其余 4 个在高级分类检索中没有得到采用。

16）水耕氧化还原层

水耕氧化还原层是与水耕表层相对应存在的，但是具有水耕表层的水稻田并不一定具有水耕氧化还原层。水耕氧化还原层只是存在于水耕还原人为土中。在这次土系调查中，只观测到 1 个水耕氧化还原层，分为 3 个亚层，从上到下依次为：①铁锰氧化还原层（犁底层），黏壤土，黄棕色（2.5Y5/3，润），黄棕色（10YR5/6，干），中发育的块状结构，丰度 60%的铁锰斑纹，丰度 40%明显的灰白色腐殖质-黏粒胶膜，丰度 2%的黑色铁瘤状结核，无亚铁反应，pH 为 6.9；②锰氧化还原亚层，壤黏土，黑棕色（2.5Y3/1，润），中发育的块状结构，土壤疏松，丰度 50%的铁锰斑纹，丰度 2%的黑色铁瘤状结核，无亚铁反应，pH 为 6.9；③铁氧化还原亚层，壤土，黄棕色（2.5Y5/4，润），中发育的块状结构，丰度 30%的铁锰斑纹，丰度 10%的黏粒胶膜，丰度 10%的黑色铁瘤状结核，无亚铁反应，pH 为 6.9。

17）磷质耕作淀积层

磷质耕作淀积层是与肥熟表层相对应存在的，但是具有肥熟表层的土壤并不一定具有磷质耕作淀积层。河北的磷质耕作淀积层一般具有氧化还原特征。在这次土系调查中，只观测到 1 个磷质耕作淀积层，16cm，棕灰色（7.5YR4/1，润），极少量 1～2cm 青灰色或土灰色的砖块，有少量蚯蚓洞穴和蚯蚓粪便，砂壤土，弱发育 2cm 块状结构，弱发育 1～2mm 鳞片状结构，结构体面上有 10%明显灰色有机-黏粒胶膜，有丰度 5%、大小 2mm 的点状铁锰结核，石灰反应强，无亚铁反应。有机碳含量 8.5g/kg，有效磷含量 37.1g/kg，pH 为 8.4。

3.2.2　诊断特性

1）石灰性

石灰性是河北省分布范围最广的土壤诊断特性，在各种气候、植被条件下均有分布。本次调查发现 35 个剖面具有石灰性，分布在雏形土（15）、新成土（8）、人为土（5）、淋溶土（4）、盐成土（2）、均腐土（1）等 6 个土纲中。

2）氧化还原特征

氧化还原特征是河北省分布范围广泛的诊断特性，其剖面形态特征与全国其他地区并没有明显差异，除了在比较干燥、温暖的山坡外，几乎在所有气候、植被条件下均有分布，尤其是在平原地区特别容易产生。此次土系调查鉴定到 51 个剖面具有氧化还原特征，分布在雏形土（30）、盐成土（8）、人为土（5）、淋溶土（3）、均腐土（3）、潜育土（2）等 6 个土纲中。

3）石质接触面、准石质接触面

石质接触面、准石质接触面反映的是成土条件，并非土壤形成的产物，也非土壤本身的性质，是泛地域的。此次土系调查中所发现的 51 个石质接触面、准石质接触面分布在新成土（29）、雏形土（12）、淋溶土（8）、有机土（1）、均腐土（1）等 5 个土纲中。

4）均腐殖质特性

均腐殖质特性是指土壤腐殖质含量较高，而且不随土壤深度增加而陡然降低的腐殖质剖面分布现象。在草原植被、森林草原植被下，由于草本植物根系分布较深而且逐渐减少，这种情况下的土壤很容易具备均腐殖质特性。在河北土系中，均腐殖质特性在草原上的出现频率是比较高的，此次土系调查所确定的 162 个土系中就有 22 个土系具有均腐殖质特性，但是分布区域仅有冀北的承德坝上高原和冀西的张家口坝上高原。在河北，均腐殖质特性是均腐土的确立依据之一，凡是均腐土必然具有均腐殖质特性。此外，在雏形土中少量出现，在盐成土和人为土中也偶尔出现，各自出现的情况为：均腐土（18）、雏形土（2）、盐成土（1）、人为土（1）。

5）钠质特性与钠质现象

钠质特性指交换性钠饱和度（ESP）≥30%和交换性 Na^+≥2cmol(+)/kg，或交换性钠加镁的饱和度≥50%的特性。在河北，钠质特性的出现频率是比较少的，此次土系调查所确定的 162 个土系中仅有 6 个土系具有钠质特性，其中盐成土 5 个，淋溶土 1 个。具有钠质特性的土层上界 0～70cm，在剖面上的累积厚度 75～130cm，交换性钠 1.75～25.35cmol/kg，其中有 5 个在 2.0cmol/kg 以上。钠饱和度 9.8%～88.1%，其中有 3 个在 30%以上。钙镁饱和度均在 50%以上。pH 为 8.0～9.2。

钠质现象是指土壤的钠饱和度＞5%，但是＜30%的情况，主要用来确定"钠质潮湿砂质新成土"。在此次确定的 162 个土系中，有 11 个土系有钠质现象，分别分布在雏形土（5）、盐成土（4）、人为土（1）、潜育土（1）等 4 个土纲中。但这 11 个土系的高级分类均没有采用过钠质现象。

6）潜育特征

潜育特征是指由于长期被水饱和，导致土壤发生强烈还原的特征。在河北主要表现为绿灰色或淡黄色，强亚铁反应，土体中有少量锈纹、锈斑、铁锰凝团。在河北，潜育特征的出现频率是比较少的，基本上出现在潜育土中，偶尔出现在有机土、雏形土中。本次调查有 6 个土系具有潜育特征，其中 4 个为潜育土，1 个为有机土，1 个为雏形土。

7）半腐有机土壤物质

半腐有机土壤物质是一些已经腐烂到辨不清植物残体形态组织，却又没有完全转化成腐殖质的土壤有机物质。半腐有机土壤物质只会出现在有机土和潜育土中，在此次土系调查所确定的 1 个有机土、2 个潜育土中具有半腐高腐有机土壤物质。

8）盐基饱和度

盐基饱和度是确定暗沃表层、暗瘠表层等诊断层，岩性特征、铝质特性等诊断特性的重要依据，也是确立均腐土，划分某些土类、亚类的重要指标，在系统分类检索中是一个运用较多的诊断特性。但是在河北省，除了极少数具有较多半腐高腐有机土壤物质的剖面外，很少能够发现盐基不饱和的土壤，在本次调查中，仅发现有机土二间房系和潜育土马蹄坑脚系、神仙洞系的矿质土层的盐基饱和度小于 50%。

9）n 值

n 值体现了田间条件下土壤含水量与无机黏粒和有机质含量之间的一种关系，所有土壤均有一个具体的 n 值，但是只有在某些情况下确定是否为雏形土时才会用 n 值。在此次所确定的 29 个雏形土中只有一个运用了 n 值。

10）冻融特征

冀北冀西高原部分中山地带天寒地冻，有些土壤是有可能存在冻融特征。在此次土系调查中发现 1 个土壤剖面具有明显的冻融特征，但是在分类检索中并没有被运用。

11）铁质特性

在此次土系调查中发现淋溶土鸿鸭屯系、山前系具有铁质特性。鸿鸭屯系的铁质特性出现在剖面 30～140cm，在孔隙壁和结构体表面有鲜明的黏粒胶膜和铁锰胶膜，游离铁含量 27.0g/kg，全铁含量 68.6g/kg，游离铁占全铁的 43.3%，强发育棱块结构，黏壤土，亮红棕色（5YR5/6，干），pH 为 6.6，阳离子交换量 27.9cmol/kg，盐基饱和度 64%，黏粒含量 380g/kg，无石灰反应。山前系的铁质特性出现在剖面 40～100cm，红棕色（5YR4/6，润），壤土，强发育 1～5cm 棱块结构，有 60%大小 5～10mm 的褐色硬质铁锰斑纹，有丰度 3%、大小 1~2mm 的黑色铁锰结核，无石灰反应。pH 为 6.5，有机碳含量 16.6g/kg，CEC 19.5cmol/kg，盐基饱和度 65%，游离氧化铁含量 20.7g/kg，黏粒含量 112g/kg，砂粒含量 529g/kg。

12）岩性特征

按照《中国土壤系统分类检索》（第三版）中的规定，所谓岩性特征是指土表至 125cm 范围内土壤性状明显或较明显保留母岩或母质的岩石性质特征。是一些土纲、亚纲、土类、亚类的划分依据。在所鉴定出来的 162 个土系中，有 18 个具有岩性特征，其中具有碳酸盐岩岩性特征的有 6 个，具有砂质沉积物岩性特征的有 4 个，具有冲积物岩性特征的有 3 个，红色砂岩岩性特征 2 个，具有北方红土岩性特征、红色页岩岩性特征、黄土状沉积物岩性特征的各 1 个。具有以上岩性特征的土系属于新成土的有 13 个，属于雏形土的有 4 个，还有 1 个属于淋溶土。

13）土壤温度状况

在系统分类中，土壤温度状况是一个非常重要的诊断特性，是不少亚纲、土类、亚类的划分指标，也是区划土族的依据之一，同时还是确定草毡表层、雏形层的依据之一。所谓土壤温度状况是指土表下 50cm 深度处或浅于 50cm 的石质或准石质接触面处的土壤温度。然而实际上不可能对每个土壤剖面的温度进行测量，因此需要根据气温来推断土壤温度。在收集到的 124 个河北气象站点中只有 19 个站点具有土壤温度数据。因此，首先建立了土壤温度与气温的回归模型，然后利用地形校正过的气温空间分布图，推算出土壤温度空间分布图，然后抽提出各种温度状况（具体见 1.4 节）。通过以上工作，发现河北仅仅具有冷性和温性两种土壤温度状况，其中冷性土壤状况有 32 956km^2，占总面积的 17.6%。温性土壤面积 154 358km^2，占比例为 82.4%。在所鉴定出来的 162 个土系中，103 个为温性土壤温度状况，59 个为冷性土壤温度状况。

14）土壤水分状况

按照《中国土壤系统分类检索》（第三版）中的描述，要确定土壤水分状况，首先要确定水分控制层段，多年测定控制层段内的土壤水分张力，然后还要结合土壤温度，才能得到土壤水分状况数据。显然直接测定土壤水分状况是不现实的，因此在此次土系调查中，以《中国土壤系统分类检索》（第三版）定义与描述为根据，通过土壤剖面形态、地下水位、气象计算等方法来估计土壤水分状况。其方法与步骤如下所述。

（1）根据土壤剖面形态、利用方式、地形部位。

①水耕种植水稻，则为"人为滞水土壤水分状况"；

②平地、洼地，在地表 100cm 内具有潜育特征，但不存在人为滞水水分状况，则为"常潮湿土壤水分状况"；

③平地、洼地，在地表 100cm 内具有氧化还原特征，但不存在人为滞水水分状况，则为"潮湿土壤水分状况"；

④地表 2m 内存在缓透水的黏土层、冻层、石质接触面，而其上面的土层具有氧化还原特征、潜育特征或潜育现象，或发生了显著的黄化作用而形成了一个 10cm 以上的黄化层，则为"滞水土壤水分状况"；

⑤高海拔的山体中上部，整年被潮湿云雾所接触缭绕，土壤含水量终年接近毛管持

水量，则为"常湿润土壤水分状况"；

⑥高海拔的坡地，降雨相对于平原有所增加，同时由于天寒地冻，一年至少有一半时间里土壤含水量接近田间持水量，则为"湿润土壤水分状况"。

（2）根据地下水位。

有研究表明，华北平原土壤的毛管水上升高度一般在 1.5～2.5m 之间，砂土低些，壤土最高，黏土居中。在这里假设，砂土类的土壤毛管水上升高度为 1.5m，壤土类、黏壤土类的土壤毛管水上升高度为 2.5m，黏土类的土壤毛管水上升高度为 2.0m。

①地下水埋深<1.0m，如果剖面上有氧化还原特征、潜育特征、潜育现象，则为"常潮湿土壤水分状况"，否则为"常湿润土壤水分状况"；

②砂土类，地下水埋深 1.0～1.5m；壤土类、黏壤土类，地下水埋深 1.0～2.5m；黏土类，地下水埋深 1.0～2.0m；如果剖面上有氧化还原特征、潜育特征、潜育现象，则为"潮湿土壤水分状况"，否则为"湿润土壤水分状况"。

（3）根据气象干燥度。

如果通过以上 8 个步骤仍然没有得到土壤水分状况，则通过气象干燥度确定，具体方法参照《中国土壤系统分类检索》（第三版）和第 1.5 节。

通过以上方法，此次河北省土系调查所确定的 162 个土系分属于 5 种土壤水分状况，99 个土系属于"半干润土壤水分状况"， 49 个土系属于"潮湿土壤水分状况"，还有 6 个土系为"常潮湿土壤水分状况"，5 个土系属于"湿润土壤水分状况"，4 个土系属于"人为滞水土壤水分状况"。

3.3　土壤系统分类归属确定

根据剖面观测、土层测试等，确定各个剖面的诊断层和诊断特性，然后依据《中国土壤系统分类检索》（第三版），通过逐步检索确定各个土纲、亚纲、土类、亚类 4 个高级单元的名称。基层单元土族和土系划分方法也严格按照《中国土壤系统分类土族和土系划分标准》（张甘霖等，2013）一文进行。土系的划分标准也基本上按照《中国土壤系统分类土族和土系划分标准》，但根据河北省的具体情况有所增减。土系的命名则完全按照《中国土壤系统分类土族和土系划分标准》中所建议的地名法。

3.3.1　系统分类归属确定

1）土纲的确定

此次土系调查所确定的 162 个土系全部没有火山灰特征，二间房系在矿质土层之上有一个厚度 40cm 的半腐有机土壤物质，而且几乎终年水分饱和。因此，二间房系属于有机土纲。

在剩余其他土系中，梓椤树系具有肥熟表层、磷质耕作淀积层；豇蚄口系、黄銮庄系、牛家窑系、双树系具有灌淤表层；留守营系具有水耕表层、水耕氧化还原层。因此，这 6 个土系属于人为土纲。

在剩余其他土系中，没有发现灰化淀积层、火山灰特征、铁铝层、变性特征、干旱表层，因此，河北土壤中没有灰土、火山灰土、铁铝土、变性土、干旱土。

在剩余其他土系中，韩毡房系、张庄子系、老王庄系、芦井系、后补龙湾系、美义城系、下平油系、平地脑包系、李肖系、周家营系，具有上界在矿质土表至 30cm 范围内的盐积层，韩毡房系还同时具有上界在矿质土表至 75cm 范围内的碱积层。因此，以上 10 个土系属于盐成土纲。

在剩余其他土系中，马蹄坑脚系、压带系、神仙洞系、南排河系 4 个土系在矿质土表至 50cm 范围内有潜育特征，属于潜育土纲。

在剩余其他土系中，安定堡系、边墙山系、大架子系、大老虎沟系、二盘系、红松洼腰系、后保安系、架大子系、芦花系、南井沟系、南太平系、热水汤顶系、热水汤脚系、塞罕坝系、瓦窑系、西长林后山系、御道口顶系、御道口腰系、子大架系 19 个土系，同时具有暗沃表层、均腐殖质特性，而且整个有效土体的盐基饱和度均＞50%。因此以上 19 个土系为均腐土纲。

在剩余其他土系中，没有发现低活性富铁层，因此在此次河北土系调查中，没有发现富铁土。

在剩余其他土系中，北虎系、北田家窑系、北杖子系、长岭峰系、沟门口系、洪家屯系、鸿鸭屯系、后东峪系、后梁系、胡太沟系、六道河系、山前系、上薄荷系、孙老庄系、下桥头系、行乐系、闫家沟系、阳坡系、仰山系 19 个土系具有黏化层，黄峪铺系、窑洞系 2 个土系具有黏磐。因此以上 21 个土系为淋溶土纲。

在剩余其他土系中，白岭系、北湾系、曹家庄系、草碾华山系、茶叶沟门系、陈家房系、城子沟系、大苇子沟系、大赵屯系、端村系、付杖子系、沟脑系、滚龙沟系、红草河系、红松洼顶系、侯营坝系、后小脑包系、胡家屯系、桦林子系、黄杖子系、九神庙系、鹫岭沟系、克马沟系、李虎庄系、李土系、李占地系、楼家窝铺系、罗卜沟门系、马圈系、木头土系、南岔系、南申庄系、南十里铺系、南张系、碾子沟系、庞各庄系、乔家宅系、热水汤腰系、三道河系、三间房系、山湾子系、淑阳系、松窑岭系、宋官屯系、王官营系、文庄系、西双台系、西直沃系、下庙系、徐枣林系、阳台系、御道口脚系、袁庄系 50 个土系具有雏形层，西赵家窑系、定州王庄系 2 个土系具有钙积层，白土岭系、大蟒沟系、富河系、刘瓦窑系、马营子系、塔儿寺系 6 个土系同时具有雏形层和钙积层，九神庙系、木头土系、南岔系 3 个土系具有漂白层。因此以上 61 个土系属于雏形土纲。

剩余的 40 个土系为新成土。

通过以上逐步检索，可见河北省存在 8 个土纲，即有机土、人为土、盐成土、潜育土、均腐土、淋溶土、雏形土、新成土。

2）亚纲的确定

有机土，二间房系没有"永冻土壤温度状况"，也没有在土表至 200cm 范围内发现永冻层次，即二间房系属于正常有机土。

在 6 个人为土中，只有留守营系同时具有"人为滞水水分状况"、"水耕表层"和"水耕氧化还原层"，属于水耕人为土，另 5 个土系属于旱耕人为土。

在 10 个盐成土中，只有韩毡房系具有碱积层，而且其上界在矿质土表至 75cm 范围内，属于碱积盐成土，而其他 8 个土系属于正常盐成土。

在 4 个潜育土的土表至 200cm 范围内没有有永冻层次，也没有滞水土壤水分状况，因此全部为正常潜育土。

在 19 个均腐土中，没有珊瑚砂岩岩性特征和碳酸盐岩岩性特征，即没有岩性均腐土。架大子系、芦花系、南太平系、瓦窑系 4 个土系具有潮湿土壤水分状况，属于湿润均腐土。剩余 15 个土系具有"半干润土壤水分状况"，属于半干润均腐土。

在 21 个淋溶土中，北田家窑系、沟门口系、后梁系、胡太沟系、下桥头系 5 个土系具有"冷性土壤温度状况"，为冷凉淋溶土。剩余土系中，北杖子系、长岭峰系、洪家屯系、鸿鸭屯系、后东峪系、黄峪铺系、山前系、上薄荷系、行乐系、阳坡系、仰山系 11 个土系有"半干润土壤水分状况"，属于干润淋溶土。剩余 7 个土系中，没有"常湿润土壤水分状况"，即没有常湿淋溶土，全部为湿润淋溶土。

在 61 个雏形土中，没有"寒性土壤温度状况"以及比它更冷的土壤温度状况，因此没有寒冻雏形土。曹家庄系、大赵屯系、定州王庄系、端村系、富河系、红草河系、红松洼顶系、李虎庄系、李土系、罗卜沟门系、马营子系、木头土系、南申庄系、南十里铺系、南张系、庞各庄系、淑阳系、宋官屯系、王官营系、文庄系、西双台系、西直沃系、徐枣林系、阳台系 24 个土系有"潮湿土壤水分状况"，并且在土表 50cm 内至少有一个 ≥10cm 的土层具有氧化还原特征，为潮湿雏形土。剩余土壤中，白岭系、白土岭系、北湾系、草碾华山系、茶叶沟门系、陈家房系、城子沟系、大蟒沟系、大苇子沟系、付杖子系、沟脑系、滚龙沟系、侯营坝系、后小脑包系、胡家屯系、桦林子系、黄杖子系、鹭岭沟系、克马沟系、楼家窝铺系、马圈系、碾子沟系、乔家宅系、热水汤腰系、三道河系、山湾子系、松窑岭系、塔儿寺系、西赵家窑系、下庙系 30 个土系具有"半干润土壤水分状况"，为干润雏形土。剩余土壤中，没有"常湿润土壤水分状况"，即全部为湿润雏形土。

在 40 个新成土中，没有土系在土表 50cm 范围内有人为扰动层次或人为淤积物质，即没有人为新成土。在剩余土系中，杨达营系、西杜系、水泉沟系 3 个土系中有砂质沉积物岩性特征，即为砂质新成土。在剩余土系中，熊户系、麻家营系 2 个土系中有冲积物岩性特征，为冲积新成土。剩余 35 土系全部为正常新成土。

通过以上逐步检索，可见河北省存在 17 个亚纲，依据所包括的土系个数从多到少依次为正常新成土（35）、干润雏形土（30）、潮湿雏形土（24）、干润均腐土（15）、干润淋溶土（11）、正常盐成土（9）、湿润雏形土（7）、旱耕人为土（5）、冷凉淋溶土（5）、湿润淋溶土（5）、湿润均腐土（4）、正常潜育土（4）、砂质新成土（3）、冲积新成土（2）、正常有机土（1）、碱积盐成土（1）、水耕人为土（1）。

3）土类的确定

仅有的 1 个正常有机土二间房系，没有落叶有机土壤物质和纤维有机土壤物质，既不是落叶正常有机土，也不是纤维正常有机土，但具有半腐有机土壤物质，为半腐正常有机土。

水耕人为土中仅有留守营系，土表 60cm 范围内没有潜育特征，水耕表层之下也没有铁渗亚层，即留守营系不是潜育水耕人为土，也不是铁渗水耕人为土。但是其水耕氧化还原层的 DCB 浸提性铁是 16.3g/kg，而水耕表层只有 9.3g/kg，前者是后者的 1.75 倍。因此，留守营系为铁聚水耕人为土。

在 5 个旱耕人为土中，梓椤树系具有肥熟表层和磷质耕作淀积层，为肥熟旱耕人为土。双树系、牛家窑系、黄銮庄系、蚄蚄口系 4 个土系具有灌淤表层，为灌淤旱耕人为土。

碱积盐成土中仅有的韩毡房系没有干旱土壤水分状况，因此不是龟裂碱积盐成土。但是，在土表 100cm 范围内具有氧化还原特征的土层超过 10cm，即为潮湿碱积盐成土。

在 9 个正常盐成土中，没有干旱土壤水分状况，即没有干旱正常盐成土。全部为潮湿正常盐成土。

在 4 个正常潜育土中，马蹄坑脚系、神仙洞系有有机表层，属于有机正常潜育土。南排河系、压带系具有暗沃表层，为暗沃正常潜育土。

在 15 个干润均腐土中，没有寒性土壤温度状况，也没有在矿质土表至 50cm 范围内的堆垫现象，即没有寒性干润均腐土和堆垫干润均腐土。安定堡系、边墙山系、大老虎沟系、二盘系、红松洼腰系、后保安系、南井沟系、热水汤顶系、热水汤脚系、塞罕坝系、西长林后山系、御道口顶系、御道口腰系、子大架系 14 土系中有一厚度至少为 50cm 的暗沃表层，属于暗厚干润均腐土。剩下的大架子系没有上界在矿质土表至 100cm 范围内的钙积层，因此属于简育干润均腐土。

在 4 个湿润均腐土中，没有"滞水土壤水分状况"，即没有滞水湿润均腐土。芦花系在土表 100cm 范围内有黏化层，为黏化湿润均腐土。剩余 3 个土系全部为简育湿润均腐土。

在 5 个冷凉淋溶土中，没有发现漂白层，没有漂白冷凉淋溶土。剩余土系中，胡太沟系具有暗沃表层，为暗沃冷凉淋溶土。其他剩余土系为简育冷凉淋溶土。

在 11 个干润淋溶土中，没有发现有碳酸盐岩岩性特征，即没有钙质干润淋溶土。阳坡系、行乐系 2 个土系具有钙积层，而且处于土表下 50~125cm，为钙积干润淋溶土。鸿鸭屯系、山前系土表至 125cm 的 B 层均有铁质特性，为铁质干润淋溶土。剩余 7 个土系全部为简育干润淋溶土。

在 5 个湿润淋溶土中，没有发现漂白层、碳酸盐岩岩性特征，即没有漂白湿润淋溶土和钙质湿润淋溶土。窑洞系具有厚度＞10cm 的黏磐，而且处于土表 125cm 内，为黏磐湿润淋溶土。剩余土系既没有铝质特性或铝质现象，也没有 pH <5.5 和盐基饱和度<50% 的情况，也没有发现铁质特性，即没有铝质湿润淋溶土、酸性湿润淋溶土、铁质湿润淋溶土，全部为简育湿润淋溶土。

在 24 个潮湿雏形土中，没有落叶有机现象，即没有叶垫潮湿雏形土。端村系、富河系、红松洼顶系、马营子系、木头土系 5 个土系具有暗沃表层，为暗色潮湿雏形土。定州王庄系、李虎庄系 2 个土系在土表 125cm 内有发现厚度≥10cm、丰度≥10%的钙质凝团或结核（砂姜），为砂姜潮湿雏形土。其余 17 个土系为淡色潮湿雏形土。

在 30 个干润雏形土中，没有灌淤现象、铁质特性，即没有灌淤干润雏形土和铁质干润雏形土。乔家宅系土表下 50~100cm 具有氧化还原特征、厚度≥10cm 的土层，为底锈干润雏形土。在剩余土系中，北湾系、城子沟系、付杖子系、克马沟系、热水汤腰系、塔儿寺系、下庙系 7 个土系具有暗沃表层，为暗沃干润雏形土。其余 22 个土系全部为简育干润雏形土。

在 7 个湿润雏形土中，李占地系、御道口脚系 2 个土系具有"冷性土壤温度状况"，为冷凉湿润雏形土。剩余 5 个土系中，没有碳酸盐岩岩性特征、珊瑚砂岩岩性特征、紫色砂页岩岩性特征、铝质特性、铝质现象、铁质特性，也没有盐基饱和度均＜50%或 pH 均＜5.5 的土层，因此没有钙质湿润雏形土、紫色湿润雏形土、铝质湿润雏形土、铁质湿润雏形土、酸性湿润雏形土，全部为简育湿润雏形土。

在 3 个砂质新成土中，没有寒性或更冷的土壤温度状况、潮湿土壤水分状况、干旱土壤水分状况，即没有寒冻砂质新成土、潮湿砂质新成土、干旱砂质新成土，但具有"半干润土壤水分状况"，即为干润砂质新成土。

熊户系、麻家营系 2 个土系为冲积新成土，没有寒性或更冷的土壤温度状况，虽有潮湿土壤水分状况，却没有氧化还原特征，即没有寒冻冲积新成土、潮湿冲积新成土、干旱冲积新成土、干润冲积新成土，而是湿润冲积新成土。

在 35 个正常新成土中，龙耳系具有黄土状沉积物岩性特征，为黄土正常新成土；达衣岩系、卑家店系具有红色砂岩岩性特征，为红色正常新成土。其余土系中，没有寒性或更冷的土壤温度状况，也没有冻融特征，也没有干旱土壤水分状况，即没有寒冻正常新成土和干旱正常新成土。北沟系、北王庄系、菜地沟系、厂房子系、城外系、大杨树沟系、高庙李虎系、关防系、姬庄系、贾庄系、姜家店系、良岗系、梁家湾系、马蹄坑顶系、庙沟门子系、平房沟系、圣寺驼系、石砬棚系、帅家梁系、司格庄系、塔黄旗系、踏山系、台子水系、小拨系、杏树园系、义和庄系、影壁山系、闸扣系 28 个土系具有半干润土壤水分状况，为干润正常新成土。剩余的鹿尾山系、羊点系、谢家堡系、南双洞系 4 个土系为湿润正常新成土。

通过以上逐步检索，共得 33 个土类，依据包含的土系个数从多到少依次为干润正常新成土（28）、简育干润雏形土（22）、淡色潮湿雏形土（17）、暗厚干润均腐土（14）、潮湿正常盐成土（9）、暗沃干润雏形土（7）、简育干润淋溶土（7）、简育湿润雏形土（5）、暗色潮湿雏形土（5）、简育湿润淋溶土（4）、湿润正常新成土（4）、灌淤旱耕人为土（4）、简育冷凉淋溶土（4）、简育湿润均腐土（3）、干润砂质新成土（3）、暗沃正常潜育土（2）、钙积干润淋溶土（2）、砂姜潮湿雏形土（2）、有机正常潜育土（2）、铁质干润淋溶土（2）、冷凉湿润雏形土（2）、湿润冲积新成土（2）、红色正常新成土（2）、铁聚水耕人为土（1）、暗沃冷凉淋溶土（1）、半腐正常有机土（1）、黄土正常新成土（1）、黏磐湿润淋溶土（1）、底锈干润雏形土（1）、肥熟旱耕人为土（1）、黏化湿润均腐土（1）、简育干润均腐土（1）、潮湿碱积盐成土（1）。

4）亚类的确定

按照《中国土壤系统分类检索》（第三版）继续对以上 33 个土类进行检索，得到了 52 个亚类，并发现有 15 个土类只包含了 1 个亚类，有 10 个土类包含了 2 个亚类，有 4 个土类包含了 3 个亚类，干润正常新成土则包括了 4 个亚类，潮湿正常盐成土包含了 5 个亚类。各土类所包含的亚类情况见表 3-3。

表 3-3　河北省土壤系统分类中土类与亚类的对应表

土类	亚类	土类	亚类
半腐正常有机土	石质半腐正常有机土（1）	简育湿润淋溶土	斑纹简育湿润淋溶土（4）
铁聚水耕人为土	普通铁聚水耕人为土（1）	砂姜潮湿雏形土	弱盐砂姜潮湿雏形土（1）
肥熟旱耕人为土	灌淤肥熟旱耕人为土（1）		普通砂姜潮湿雏形土（1）
灌淤旱耕人为土	弱盐灌淤旱耕人为土（1）	暗色潮湿雏形土	漂白暗色潮湿雏形土（1）
	普通灌淤旱耕人为土（3）		普通暗色潮湿雏形土（4）
潮湿碱积盐成土	弱盐潮湿碱积盐成土（1）	淡色潮湿雏形土	水耕淡色潮湿雏形土（1）
潮湿正常盐成土	海积潮湿正常盐成土（3）		石灰淡色潮湿雏形土（7）
	结壳潮湿正常盐成土（1）		淡色淡色潮湿雏形土（9）
潮湿正常盐成土	弱碱潮湿正常盐成土（2）	底锈干润雏形土	普通底锈干润雏形土（1）
	普通潮湿正常盐成土（3）	暗沃干润雏形土	钙积暗沃干润雏形土（1）
有机正常潜育土	纤维有机正常潜育土（1）		普通暗沃干润雏形土（6）
	普通有机正常潜育土（1）	简育干润雏形土	普通简育干润雏形土（22）
暗沃正常潜育土	弱盐暗沃正常潜育土（1）	冷凉湿润雏形土	暗沃冷凉湿润雏形土（1）
	普通暗沃正常潜育土（1）		斑纹冷凉湿润雏形土（1）
暗厚干润均腐土	钙积暗厚干润均腐土（3）	简育湿润雏形土	漂白简育湿润雏形土（2）
	普通暗厚干润均腐土（11）		斑纹简育湿润雏形土（3）
简育干润均腐土	普通简育干润均腐土（1）	干润砂质新成土	石灰干润砂质新成土（1）
黏化湿润均腐土	斑纹黏化湿润均腐土（1）		普通干润砂质新成土（2）
简育湿润均腐土	斑纹简育湿润均腐土（3）	湿润冲积新成土	普通湿润冲积新成土（2）
暗沃冷凉淋溶土	普通暗沃冷凉淋溶土（1）	黄土正常新成土	普通黄土正常新成土（1）
简育冷凉淋溶土	石质简育冷凉淋溶土（2）	红色正常新成土	饱和红色正常新成土（2）
	普通简育冷凉淋溶土（2）	干润正常新成土	钙质干润正常新成土（3）
钙积干润淋溶土	普通钙积干润淋溶土（2）		石质干润正常新成土（22）
铁质干润淋溶土	普通铁质干润淋溶土（2）	干润正常新成土	普通干润正常新成土（3）
简育干润淋溶土	普通简育干润淋溶土（7）	湿润正常新成土	石质湿润正常新成土（3）
黏磐湿润淋溶土	饱和黏磐湿润淋溶土（1）		普通湿润正常新成土（1）

5）土族的确定

土族是土壤系统分类的基层分类单元，主要反映与土壤利用管理有关的土壤理化性质的分异，特别是能显著影响土壤功能潜力发挥的鉴别特征。土族划分时应该使用区域性成土因素所形成的、相对稳定的土壤属性差异作为划分依据。根据《中国土壤系统分类土族和土系划分标准》（张甘霖等，2013），本书选用①颗粒大小级别与替代；②矿物学类型；③石灰性和酸碱反应类别；④土壤温度等级；⑤土体厚度等级（仅用于有机土）等作为土族划分标准，其具体数据的确定或计算方法也严格按照《中国土壤系统分类土族和土系划分标准》。

颗粒大小级别与替代。在 162 个土系中共得到 17 种颗粒大小级别，按出现频率由高到低依次是：黏壤质（38）、壤质（33）、砂质（30）、粗骨质（17）、粗骨壤质（13）、黏质（9）、粗骨砂质（6）、粗骨黏壤质（5）、砂质盖粗骨质（2）、粗骨壤质盖粗骨质硅质（1）、粗骨黏质（1）、多层粗骨质盖壤质（1）、黏质盖黏壤质（1）、壤质盖粗骨壤质硅质（1）、砂质盖粗骨质硅质（1）、黏质盖壤质硅质（1）、粗骨质盖粗骨壤质（1），可见河北土壤颗粒大小级别与替代类型最普遍的是黏壤质、壤质、砂质、粗骨质和粗骨壤质。

矿物学类型。在161个矿质土壤土系中共得到10种矿物类型：硅质混合型（108）、混合型（31）、长石型（11）、伊利石型（4）、蛭石混合型（2）、氧化物型（1）、蒙脱石混合型（1）、硅质型（1）、长石混合型（1）、埃洛石混合型（1），可见河北土壤的矿物类型以硅质混合型占绝对优势，混合型也较多见。

石灰性和酸碱反应类别。在矿质土壤中，4种类别都出现了，但是以非酸性、石灰性占绝对优势，分别出现了79次和77次，而酸性仅仅出现了4次，铝质只是出现了1次。只有1个有机土，其石灰性和酸碱反应类别为弱酸性。

土壤温度等级。温性出现了99次，冷性出现了63次。

通过以上4个指标的组合，得到了67个土族词头（表3-4），从表中可见，不同词头出现频率相差很大，有39个词头只是出现了1次，而"黏壤质硅质混合型石灰性温性"出现了15次，"壤质硅质混合型石灰性温性"出现了13次，"黏壤质硅质混合型非酸性冷性"也出现了10次之多。

表3-4　河北省土壤系统分类土族词头表

土族词头	频率	土族词头	频率
黏壤质硅质混合型石灰性温性	15	粗骨壤质混合型石灰性温性	3
壤质硅质混合型石灰性温性	13	砂质硅质混合型非酸性温性	3
黏壤质硅质混合型非酸性冷性	10	粗骨壤质硅质混合型非酸性温性	3
砂质硅质混合型石灰性冷性	7	壤质硅质混合型石灰性冷性	3
砂质硅质混合型非酸性冷性	7	粗骨砂质硅质混合型非酸性冷性	2
黏壤质硅质混合型非酸性温性	6	黏质混合型石灰性温性	2
壤质硅质混合型非酸性冷性	6	黏壤质混合型石灰性冷性	2
壤质硅质混合型非酸性温性	4	黏质伊利石型石灰性温性	2
粗骨质硅质混合型石灰性温性	4	壤质混合型石灰性温性	2
粗骨质硅质混合型非酸性温性	4	黏质蛭石混合型非酸性温性	2
粗骨质混合型石灰性温性	3	粗骨壤质硅质混合型石灰性冷性	2
粗骨质混合型非酸性温性	3	粗骨黏壤质长石混合型非酸性温性	1
砂质硅质混合型石灰性温性	3	粗骨质长石型非酸性温性	1
壤质混合型非酸性温性	3	粗骨黏质埃洛石混合型非酸性温性	1
粗骨砂质硅质混合型非酸性温性	3	粗骨壤质硅质混合型非酸性冷性	1
砂质长石型非酸性冷性	3	粗骨黏壤质混合型石灰性温性	1
砂质长石型石灰性冷性	3	粗骨黏壤质混合型非酸性温性	1

土族词头	频率	土族词头	频率
粗骨黏壤质硅质混合型非酸性温性	1	砂质盖粗骨质硅质混合型石灰性冷性	1
粗骨砂质硅质混合型酸性冷性	1	黏壤质长石型非酸性冷性	1
黏质盖壤质硅质混合型非酸性温性	1	黏壤质长石型非酸性温性	1
粗骨壤质混合型非酸性温性	1	黏质伊利石型非酸性温性	1
粗骨质硅质混合型非酸性冷性	1	黏质盖黏壤质伊利石型石灰性温性	1
粗骨壤质硅质混合型铝质温性	1	壤质混合型石灰性冷性	1
粗骨质硅质混合型酸性温性	1	弱酸性冷性	1
粗骨壤质盖粗骨质硅质混合型非酸性冷性	1	黏壤质硅质混合型酸性冷性	1
粗骨壤质硅质混合型石灰性温性	1	黏壤质混合型石灰性温性	1
粗骨壤质混合型石灰性冷性	1	壤质长石型石灰性温性	1
粗骨黏壤质长石型非酸性温性	1	多层粗骨质盖壤质混合型石灰性温性	1
黏壤质硅质混合型石灰性冷性	1	粗骨质盖粗骨壤质硅质混合型非酸性冷性	1
砂质硅质型非酸性冷性	1	黏质蒙脱石混合型石灰性温性	1
砂质硅质混合型酸性冷性	1	砂质混合型非酸性冷性	1
砂质混合型石灰性温性	1	黏质氧化物型非酸性温性	1
砂质盖粗骨质硅质混合型非酸性冷性	1	壤质盖粗骨壤质硅质混合型非酸性冷性	1
砂质盖粗骨质硅质混合型石灰性冷性	1		

通过以上 67 个土族词头和前面得到的 52 个亚类的组合，共得到 134 个土族，其中有 114 个土族只包含了一个土系，包含土系数最多的是"黏壤质硅质混合型非酸性冷性-普通暗厚干润均腐土"，包含 5 个土系，其次是"粗骨质硅质混合型非酸性温性-石质干润正常新成土"，包含 4 个土系。此外，"粗骨砂质硅质混合型非酸性温性-石质干润正常新成土"等 3 个土族各包含 3 个土系，"砂质硅质混合型石灰性温性-普通简育干润雏形土"等 15 个土族各包含 2 个土系。含有 2 个土系以上的土族清单如下：

①黏壤质硅质混合型非酸性冷性-普通暗厚干润均腐土（5）
②粗骨质硅质混合型非酸性温性-石质干润正常新成土（4）
③粗骨砂质硅质混合型非酸性温性-石质干润正常新成土（3）
④黏壤质硅质混合型温性-石灰淡色潮湿雏形土（3）
⑤黏壤质硅质混合型石灰性温性-斑纹简育湿润淋溶土（3）
⑥砂质硅质混合型石灰性温性-普通简育干润雏形土（2）
⑦砂质硅质混合型非酸性冷性-普通暗厚干润均腐土（2）
⑧砂质硅质混合型石灰性冷性-普通简育干润雏形土（2）
⑨粗骨质硅质混合型石灰性温性-普通简育干润雏形土（2）
⑩黏壤质硅质混合型非酸性冷性-普通暗沃干润雏形土（2）
⑪黏壤质硅质混合型石灰性温性-普通灌淤旱耕人为土（2）
⑫黏壤质硅质混合型石灰性温性-普通简育干润雏形土（2）

⑬粗骨质混合型石灰性温性-石质干润正常新成土（2）

⑭黏壤质硅质混合型非酸性温性-普通暗沃干润雏形土（2）

⑮粗骨壤质硅质混合型非酸性温性-石质干润正常新成土（2）

⑯粗骨质混合型非酸性温性-石质干润正常新成土（2）

⑰砂质长石型非酸性冷性-普通暗厚干润均腐土（2）

⑱壤质硅质混合型温性-石灰淡色潮湿雏形土（2）

⑲黏质混合型石灰性温性-海积潮湿正常盐成土（2）

6）土系的确定

土系是土壤系统分类中最基层的分类单元，是发育在相同母质上、处于相同景观部位、具有相同土层排列和相似土壤属性的土壤集合、聚合土体（张甘霖等，2000）。其划分依据应主要考虑土族内影响土壤利用的性质差异，以影响利用的表土特征和地方性分异为主（张甘霖等，2013）。具体在河北，按照以下几个指标区分土系：①表层土壤质地，当表层（或耕作层）20cm 混合不同的类别时，按照砂土类、壤土类、黏壤土类、黏土类的质地类别区分土系；②土壤盐分含量，盐化类型的土壤（非盐成土）按照表层土壤盐分含量，即高盐含量（10～20g/kg）、中盐含量（5～10g/kg）、低盐含量（2～5g/kg）3 个级别划分不同的土系；③成土母岩不同，凡是具有不同成土母岩的土壤就是不同的土系；④根系限制层深度，如果根系层的类别相同，按照 0～50cm、50～100cm、100～150cm 3 个级别区分土系；⑤诊断层、诊断特性的有无，在高级分类单元中没有使用的诊断层、诊断特性、诊断现象可以作为区分土系的依据，如果某个诊断层或诊断特性或诊断现象在某个土壤上存在，而在另一个土壤上不存在，那么这两个土壤必然是不同的土系；⑥埋藏腐殖质层，厚度＞20cm 埋藏腐殖质层的有无可以区分为不同的土系；⑦剖面质地构型差异，100cm 内质地排列不同的是不同的土系。此外，100cm 内质地没有突变的，与具有突变的也将被划分成不同的土系。

下篇　区域典型土系

第4章 有 机 土

4.1 石质半腐正常有机土

4.1.1 二间房系

土族：弱酸性冷性-石质半腐正常有机土
拟定者：龙怀玉，刘　颖，安红艳，穆　真

分布与环境条件　主要分布在冀北河流冲积而形成的涝洼地上，成土母质为砂质河流冲积物（图 4-1）。土体长期滞水，湿生草地植被。分布区域属于中温带亚湿润气候，年平均气温3.7～5.6℃，年均降水量228～666mm。

图 4-1　二间房系典型景观照

土系特征与变幅　诊断层有：暗沃表层；诊断特性有：半腐有机土壤物质、常潮湿土壤水分状况、冷性土壤温度状况、潜育特征、石质接触面。成土母质是覆盖在基岩上的河流冲积物，石质接触面的埋深为 60～120cm。矿质土层的质地为壤质砂土、砂土。长期水分饱和，气温较低，有机质分解缓慢、分解不完全，在上部表层形成由半腐烂草根为主、混有少量新鲜草根的厚度达 40～60cm 的草根盘结层，有腥臭味，矿物土粒的体积份额在 20%以下，有机碳含量超过 200g/kg。全剖面无石灰反应，亚铁反应强。

对比土系　与神仙洞系分布地点毗邻，形成条件基本一致，但神仙洞系有机碳含量 15～65g/kg，达不到有机土标准，为潜育土，而且在 150cm 深度没有石质接触面。

利用性能综述　土壤有机质含量高、养分肥力较好、水分充足，草甸植被生长旺盛，但有效土层厚度只有 80～100cm，而且砂性较重，排水落干后，有机质下降迅速，漏水漏肥，不宜于开垦成农田，可以发展畜牧业、林业。

参比土种　壤质冲积草甸沼泽土。

代表性单个土体　　位于河北省承德市围场满族蒙古族自治县姜家店乡二间房，剖面点 117°17′12.1″E，42°24′0.4″N，海拔 1538m，地势起伏，高原、中山平缓倾斜河谷中部，坡度 14°（图 4-2）。沼泽地、自然草甸，植被覆盖度 100%。地表常年积水。河流冲积物母质，通体无石灰反应。年平均气温 0.9℃，≥10℃积温为 2581℃，50cm 土壤温度年均 4.2℃；年均降水量多年平均为 432mm，年均相对湿度为 57%，年均干燥度为 1.2，年均日照时数为 2759h。野外调查日期：2010 年 8 月 27 日。理化性质如表 4-1，表 4-2。

Oeg：0～35cm，黑色（2.5Y2.5/1，润），90%以上为混有少量新鲜草根的半腐烂草根，弱亚铁反应，有腥臭味，突然平滑状过渡。

AC：35～40cm，黄棕色（2.5Y5/3，润），砂土，弱发育块状结构，松散，中量细根，强亚铁反应，突然平滑状过渡。

2Aag1：40～65cm，黑色（GLEY12.5/N，润），砂壤土，弱的团块状结构，极疏松，稍黏着，稍具可塑性，少量细根，强亚铁反应，模糊平滑状过渡。

2Aag2：65～85cm，黑色（GLEY13/N，润），砂壤土，弱的团块状结构，极疏松，稍黏着，稍塑，少量细根，强亚铁反应，突然平滑状过渡。

图 4-2　二间房系代表性单个土体剖面照

R：85cm 以下，母岩，石质接触面。

表 4-1　二间房系代表性单个土体物理性质

土层	深度 /cm	砾石[*] (>2mm，体积分数)/%	细土颗粒组成（粒径：mm）/（g/kg）			质地
			砂粒 2～0.05	粉粒 0.05～0.002	黏粒 <0.002	
Oeg	0～35	0	317	561	122	粉砂壤土
AC	35～40	0	401	278	321	黏壤土
2Aag1	40～65	0	633	119	248	砂质黏壤土
2Aag2	65～85	0	596	200	204	砂质黏壤土

表 4-2　二间房系代表性单个土体化学性质

深度 /cm	pH (H₂O)	有机碳 /（g/kg）	全氮（N） /（g/kg）	CEC /（cmol/kg）	盐基饱和度 /%	游离铁 /（g/kg）	铁活化度 /%
0～35	5.3	208.5	11.76	32.1	47.6	—	—
35～40	5.5	55.9	3.16	19.7	36.9	2.9	79.8
40～65	5.6	207.0	10.97	30.7	48.6	3.8	76.3
65～85	5.9	139.1	4.61	24.5	43.8	1.0	68.6

第5章 人 为 土

5.1 普通铁聚水耕人为土

5.1.1 留守营系

土族：黏壤质长石型非酸性温性-普通铁聚水耕人为土
拟定者：龙怀玉，穆 真，李 军

分布与环境条件 存在于洪冲积平原下部、交接洼地周围及河川阶地，河流冲积物母质，土层深厚，地下水埋深4~5m（图5-1）。分布区域属于暖温带亚湿润气候，年平均气温9.8~13℃，年均降水量338~1244mm。

图5-1 留守营系典型景观照

土系特征与变幅 诊断层有：水耕表层、水耕氧化还原层、雏形层；诊断特性有：潜育现象、氧化还原特征、人为滞水土壤水分状况、温性土壤温度状况、盐积现象。系冲积物母质在人为水耕条件和地下水共同影响下形成的人为土，有效土层150cm以上；氧化还原过程明显，在表层以下有大量的锈纹锈斑和少量铁锰结核，其游离铁含量是表层的1.5倍以上；剖面盐分含量2~8g/kg，形成了盐积现象；颗粒大小控制层段为25~100cm，层段内有黏壤质、壤质等多种颗粒大小级别，加权平均为黏壤质；层段内长石类矿物含量大于40%，为长石型矿物类型。

对比土系 留守营系与曹家庄系都是长期种植水稻的、产量较高的耕地，剖面形态相似，但是曹家庄系没有水耕氧化还原层。此外，留守营系的颗粒大小类型为黏壤质，全剖面没有石灰反应；而曹家庄系的颗粒大小类型为壤质，全剖面具有强石灰反应。

利用性能综述 耕层质地砂黏壤土，适耕期长，保水保肥性能较强，稳产性较好，肥劲平缓，适种性广，水、旱耕性均好，渠灌或井灌有保证，是一种高产土壤。

参比土种 壤质淹育水稻土。

代表性单个土体 位于河北省秦皇岛市抚宁区留守营镇西河南村，剖面点119°20′14.1″E，39°46′13.1″N，海拔0，地势平坦，平原（图5-2）。河流冲积物母质，可以分出三个明显的冲积层次。耕地，主要种植水稻。地表有阔度5mm、长约30cm、间距约50cm的连续裂隙。地下水埋深4~5m。表层长期滞水，有少量清晰的根锈。年平均气温10.7℃，

≥10℃积温为3917℃，50cm 土壤温度年均11.9℃，年均降水量多年平均为641mm，年均相对湿度为 63%，年均干燥度为 1.2，年均日照时数为 2617h。野外调查日期：2011 年 11 月 6 日。理化性质如表 5-1，表 5-2。

图 5-2　留守营系代表性
单个土体剖面照

Apg：0～20cm，向下平滑清晰过渡，润，黑棕色（2.5Y3/2，润），棕色（10YR4/4，干），粉砂壤土，无结构的糊状，少量细根极细根、极少量中粗根，疏松，黏着，中塑，无石灰反应，弱亚铁反应。

Br1：20～45cm，向下平滑渐变过渡，润，黄棕色（2.5Y5/3，润），黄棕色（10YR5/6，干），黏壤土，中发育的1～2cm块状结构，极少量细根极细根，疏松，黏着，中塑，结构体面和管状孔面上有 40%灰白色的明显的腐殖质-黏粒胶膜，结构体内有丰度 60%、对比度明显、边界清楚的铁锰斑纹，有丰度 2%的黑色铁瘤状结核，无石灰反应，无亚铁反应。

Br2：45～75cm，向下平滑模糊过渡，润，黑棕色（2.5Y3/1，润），棕色（10YR4/4，干），壤黏土，中发育的1～2cm块状结构，有明显的冲积层理，未见根系，疏松，黏着，中塑，结构体面和管状孔面上有80%灰白色的明显的腐殖质-黏粒胶膜，结构体内有丰度 50%、对比度明显、边界清楚的铁锰斑纹，有丰度 2%的黑色铁瘤状结核，无石灰反应，无亚铁反应。

Br3：75～105cm，向下平滑模糊过渡，润，黄棕色（2.5YR5/4，润），黄棕色（10Y5/6，干），壤土，中发育的块状结构，未见根系，疏松，稍黏着，稍塑，有丰度 30%、对比度明显、边界清楚的铁锰斑纹，有丰度 10%的黑色铁瘤状结核，无石灰反应，无亚铁反应。

Cr：105～120cm，润，淡黄色（2.5Y7/4，润），淡黄橙色（10YR8/3，干），砂壤土，弱发育的块状结构，极疏松，稍黏着，稍塑，有丰度 80%的铁锰斑纹、丰度 3%的黑色铁瘤状结核，无石灰反应，无亚铁反应。

表 5-1　留守营系代表性单个土体物理性质

土层	深度/cm	砾石*（>2mm，体积分数）/%	细土颗粒组成（粒径：mm）/（g/kg）			质地
			砂粒2～0.05	粉粒0.05～0.002	黏粒<0.002	
Apg	0～20	0	350	455	195	粉砂质黏壤土
Br1	20～45	0	133	601	266	粉砂黏土
Br2	45～75	0	224	497	279	粉砂黏土
Br3	75～105	0	390	490	120	粉砂壤土
Cr	105～120	0	418	470	112	粉砂壤土

表 5-2 留守营系代表性单个土体化学性质

深度 /cm	pH (H₂O)	有机碳 / (g/kg)	全氮（N） / (g/kg)	全磷（P₂O₅） / (g/kg)	全钾（K₂O） / (g/kg)	CEC / (cmol/kg)	游离铁 / (g/kg)
0～20	5.9	13.2	1.14	1.47	62.2	17.1	9.3
20～45	6.9	4.8	0.63	—	—	22.3	16.3
45～75	6.8	5.8	0.50	—	—	19.3	14.7
75～105	7.1	1.6	0.39	—	—	10.9	10.5
105～120	7.1	0.9	0.35	—	—	9.7	7.7

5.2　石灰-斑纹肥熟旱耕人为土

5.2.1　梓椤树系

土族：壤质硅质混合型石灰性温性-石灰-斑纹肥熟旱耕人为土

拟定者：龙怀玉，穆　真，李　军，罗　华

分布与环境条件　存在于山区河谷阶地、河漫滩上，多沿河流呈条带状分布，地下水埋深 2~5m（图 5-3）。分布区域属于中温带亚湿润气候，年平均气温 8.0~10.7℃，年均降水量 333~969mm。

图 5-3　梓椤树系典型景观照

土系特征与变幅　诊断层有：肥熟表层、磷质耕作淀积层、雏形层；诊断特性有：氧化还原特征、潮湿土壤水分状况、温性土壤温度状况、石灰性。成土母质系河流冲积物，有效土层厚度 50~150cm，底部为卵石和冲积砂混合物；地下水埋深较浅，土体中有少量或中量的锈纹锈斑、铁锰结核，出现的部位也高，一些甚至耕层下就可见；通体有石灰反应；土壤颗粒大小级别为壤质，矿物类型为硅质混合型。

对比土系　与西双台系的地形部位、农业利用方式、成土母质基本相同，剖面形态相似。梓椤树系为肥熟表层，其下淀积层为磷质耕作淀积层。西双台系为淡薄表层。此外，梓椤树系土壤颗粒大小级别为壤质，而西双台系土壤颗粒大小级别为砂质。

利用性能综述　土层较厚，质地适中，通透性好，土壤宜耕期长，保肥能力强，土壤肥力较高，土壤微生物活动较好，施肥后养分转化较快，水分条件较好，有水浇条件，多数熟化程度较高，但少数土壤表层掺有少量砾石影响耕作。

参比土种　砾石层壤质潮土。

代表性单个土体　位于河北省承德市承德县大营子乡梓椤树村，剖面点 117°55′17.9″E，40°41′47.6″N，海拔 328m，地势平坦，山地，低山，谷地（图 5-4）。成土母质系河流冲积物+灌溉淤积物。耕地，主要种植玉米，地表有 10%、大小 10cm 的粗碎块，地下水位 3m。年平均气温 9.2℃，≥10℃积温为 3814℃，50cm 土壤温度年均 10.7℃，年降水量多年平均为 602mm，年均相对湿度为 57%，年均干燥度为 1.2，年均日照时数为 2673h。野外调查日期：2011 年 8 月 5 日。理化性质见表 5-3，表 5-4。

Ap11：0～12cm，向下平滑模糊过渡，润，暗棕色（7.5YR3/1，润），暗棕色（7.5YR 3/2，干），有丰度 5%、大小 2cm 的次圆新鲜岩石碎屑，极少量 1～2cm 的砖块，多量细根及极细根，极少量中粗根，有较多蚯蚓洞穴和蚯蚓粪便，砂壤土，弱发育 1cm 团块结构、3mm 团粒结构，坚实，稍黏着、稍塑，石灰反应强。

Ap12：12～20cm，向下平滑模糊过渡，润，黑棕色（7.5YR3/2，润），有丰度 5%、大小 2cm 的次圆新鲜岩石碎屑，极少量 1～2cm 的砖块，中量细根及极细根，有少量蚯蚓洞穴和蚯蚓粪便，壤土，中发育 2cm 棱块结构，坚实，黏着，可塑，有丰度 10%、大小 1～5mm 的点状铁锰结核，石灰反应强烈。

Bur1：20～36cm，向下平滑模糊过渡，润，棕灰色（7.5YR4/1，润），中量细根及极细根，有丰度 5%、大小 2cm 的次圆新鲜岩石碎屑，极少量 1～2cm 青灰色或土灰色的砖块，有少量蚯蚓洞穴和蚯蚓粪便，砂壤土，弱发育 2cm 块状结构，弱发育 1～2mm 鳞片状结构，结构体面上有 10% 明显灰色有机-黏粒胶膜，坚实，黏着，中塑，有丰度 5%、大小 2mm 的点状铁锰结核，石灰反应强。

Bur2：36～55cm，向下平滑模糊过渡，潮，灰棕色（7.5YR4/2，润），有丰度 5%、大小 2cm 的次圆新鲜岩石碎屑，极少量 1～2cm 青灰色或土灰色的砖块，壤土，少量

图 5-4　梓椤树系代表性单个
土体剖面照

细根及极细根，弱发育 1cm 块状结构，结构体面上有 10% 明显灰色有机-黏粒胶膜，坚实，稍黏着，稍塑，有丰度 5%、大小 1mm 的点状铁锰结核，石灰反应强烈。

C1：55～70cm，向下平滑清晰过渡，潮，暗棕色（7.5YR3/3，润），砂土，少量细根及极细根，无结构，松散，石灰反应强，无亚铁反应。

C2：70cm 以下，90% 以上为粗石头。

表 5-3　梓椤树系代表性单个土体物理性质

| 土层 | 深度 /cm | 砾石* （>2mm，体积分数）/% | 细土颗粒组成（粒径：mm）/（g/kg） | | | 质地 |
			砂粒 2～0.05	粉粒 0.05～0.002	黏粒 <0.002	
Ap11	0～12	5	505	327	168	壤土
Ap12	12～20	5	458	368	174	壤土
Bur	20～36	5	536	312	152	粉砂壤土
C	55～70	0	560	306	134	粉砂壤土

表 5-4 梓椤树系代表性单个土体化学性质

深度 /cm	pH (H₂O)	有机碳 / (g/kg)	全氮（N） / (g/kg)	有效磷（P₂O₅） / (mg/kg)	CEC / (cmol/kg)
0～12	8	16.4	1.35	212.3	17.8
12～20	8.3	12.4	1.04	218.3	16.9
20～36	8.4	8.5	0.88	37.1	14.6
55～70	8.5	6.2	0.69	60.5	12.4

5.3　弱盐灌淤旱耕人为土

5.3.1　双树系

土族：黏壤质硅质混合型石灰性温性-弱盐灌淤旱耕人为土

拟定者：龙怀玉，穆　真，李　军

分布与环境条件　主要存在于怀来、涿鹿县和张家口市河流低阶地地势稍高处，成土母质为灌溉淤积物（图5-5）。分布区域属于暖温带亚干旱气候，年平均气温8.0～11.2℃，年均降水量197～583mm。

图 5-5　双树系典型景观照

土系特征与变幅　诊断层有：灌淤表层、雏形层；诊断特性有：钠质现象、氧化还原特征、潮湿土壤水分状况、温性土壤温度状况、石灰性。成土母质为灌溉淤积物—河漫滩沉积物，其中灌溉淤积物50cm以上，有效土层80～150cm；碳酸钙含量较高，且上下层次之间没有明显差异；砂粒含量通体小于100g/kg，黏粒含量在上下土层之间也没有明显差异，灌淤层略高；灌溉淤积物层钠饱和度、交换性钠含量均较高，形成了钠质现象；地下水影响到了土壤，在心土层、底土层有中量锈纹锈斑；颗粒大小为黏壤质，石英含量大于40%，矿物类型为硅质混合型。

对比土系　双树系和好蚄口系都是灌溉淤积物发育的耕地土壤，剖面形态相似。但是双树系在心土层、底土层有中量锈纹锈斑，而且具有钠质现象。好蚄口系只有一些因地表灌溉水作用而形成的模糊的锈斑，土壤盐分含量很低，没有钠质现象。

利用性能综述　农耕地，灌排条件一般较好，产量较高。但有盐渍化的潜在危险。

参比土种　黏壤质轻度硫酸盐盐化灌淤土。

代表性单个土体　位于河北省涿鹿县东小营乡双树村，剖面点 115°21′0.4″E，40°21′27.5″N，海拔494m，地势平坦，山地，山麓平原，谷地底部（图5-6）。母质为覆盖在冲积物的灌溉淤积物。耕地，主要种植玉米、葡萄。地下水位1m。年平均气温9.9℃，≥10℃积温为3708℃，50cm土壤温度年均11.2℃；年均降水量多年平均为390mm；年均相对湿度为51%；年均干燥度为1.8；年均日照时数为2883h。野外调查日期：2011年10月25日。理化性质见表5-5，表5-6。

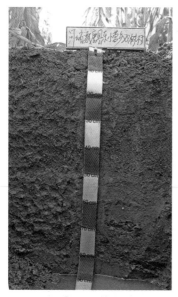

图 5-6　双树系代表性单个
土体剖面照

Aup11：0～22cm，向下平滑模糊过渡，橄榄棕色（2.5Y4/3，润），浊黄橙色（10YR7/3，干），壤土，中发育的 2～3mm 团粒结构和弱发育的 2cm 团块结构，少量细根及极细根，极少量中粗根，较多蚯蚓粪，疏松，黏着，中塑，石灰反应强烈。

Aup12：22～50cm，向下平滑渐变过渡，黑棕色（2.5Y3/2，润），壤土，中发育的 2mm 团粒结构和中发育的 2～3cm 棱块结构，淤积微层理明显，有少量细根及极细根，稍疏松，极黏着，极塑，有丰度 8%、大小 0.5m、对比度模糊、边界扩散的铁锰锈纹锈斑，石灰反应强烈。

Bur1：50～75cm，向下平滑渐变过渡，润，黄棕色（2.5Y5/4，润），黏壤土，强发育的 3cm 团块结构和强发育 4cm×8cm 棱柱结构，少量细根及极细根，疏松，极黏着，极塑，有丰度 5%、大小 0.5mm、对比度模糊、边界扩散的铁锰锈纹锈斑，石灰反应中等。

Bur2：75～95cm，向下平滑突然过渡，润，黄棕色（2.5Y5/4，润），黏壤土，中发育的 3～5cm 团块，疏松，稍黏着，极塑，有丰度 15%、大小 1mm、对比度明显、边界清晰的铁锰锈纹锈斑，石灰反应弱。

2C：>95cm，卵石层。

表 5-5　双树系代表性单个土体物理性质

| 土层 | 深度 /cm | 砾石[*] (>2mm，体积分数)/% | 细土颗粒组成（粒径：mm）/（g/kg） | | | 质地 |
			砂粒 2～0.05	粉粒 0.05～0.002	黏粒 <0.002	
Aup11	0～22	0	64	554	382	粉砂质壤土
Aup12	22～50	0	74	586	340	粉砂质壤土
Bur1	50～75	0	72	688	240	粉砂壤土
Bur2	75～95	0	93	624	282	粉砂质壤土

表 5-6　双树系代表性单个土体化学性质

深度 /cm	pH (H₂O)	有机碳 /（g/kg）	全氮（N） /（g/kg）	全磷（P₂O₅） /（g/kg）	全钾（K₂O） /（g/kg）	CEC /（cmol/kg）	交换性钠/ （cmol/kg）	游离铁 /（g/kg）
0～22	8.1	7.7	0.94	1.4	52.5	36.2	5.3	9.5
22～50	8.6	4.3	0.59	—	—	34.0	2.4	9.4
50～75	8.5	4.3	0.54	—	—	37.5	—	10.0
75～95	8.3	3.9	0.53	1.05	57.8	44.0	—	9.6

5.4　普通灌淤旱耕人为土

5.4.1　蚜蚄口系

土族：壤质硅质混合型石灰性温性–普通灌淤旱耕人为土

拟定者：龙怀玉，穆　真，李军

分布与环境条件　主要存在于张家口地区坝下中西部的河谷阶地，成土母质为灌溉淤积物（图 5-7）。分布区域属于暖温带亚干旱气候，年平均气温 8.0～11.3℃，年均降水量 198～634mm。

图 5-7　蚜蚄口系典型景观照

土系特征与变幅　诊断层有：灌淤表层、雏形层；诊断特性有：半干润土壤水分状况、温性土壤温度状况、石灰性。成土母质为灌溉淤积物，通体砾石含量很少，有效土层 120cm以上；灌溉淤积物层内土壤颜色、结构、有机质含量等没有明显变化；通体有中等碳酸钙反应，碳酸钙含量 40～70g/kg，土壤颗粒大小类型为壤质，硅质混合型矿物类型。

对比土系　蚜蚄口系和双树系都是灌溉淤积物发育的耕地土壤，剖面形态相似。但蚜蚄口系土壤盐分含量很低，没有钠质现象。双树系在心土层、底土层有中量锈纹锈斑，而且具有钠质现象。

利用性能综述　土层深厚，土壤质地适中，养分含量较高，灌溉条件较好。目前大多是农耕地或者果园，产量较高。

参比土种　壤质灌淤土。

代表性单个土体　位于河北省张家口市涿鹿县矾山镇蚜蚄口村，剖面点 115°28′2.6″E，40°7′42.9″N，海拔 930m，山地，山谷，农田（图 5-8）。成土母质为淤积物。耕地，主要种植玉米。由于人为引用含大量泥沙的水流进行灌溉或由于洪涝灾害的影响，在 30～50cm土层可见较明显的细波浪形灌淤层理。土体中还有少量炭块。通体强石灰反应。年平均气温6.9℃，≥10℃积温为 3792℃，50cm 土壤温度年均 8.9℃；年均降水量多年平均为 409mm。野外调查日期：2011 年 10 月 28 日。理化性质见表 5-7，表 5-8。

图 5-8　蚜蚄口系代表性单个
土体剖面照

Aup11：0～20cm，向下平滑模糊过渡，橄榄棕色（2.5Y4/3，润），极少量岩石碎屑，壤土，中发育的团粒和团块结构，少量细根极细根、很少量中粗根，有蚯蚓 1 条，疏松，稍黏，稍塑，土体中有 1%的炭块，强石灰反应。

Aup12：20～50cm，向下平滑模糊过渡，橄榄棕色（2.5Y4/4，润），有丰度为 2%、大小 5～10mm 的角状新鲜岩石碎屑，壤土，中发育的块状结构，结构体面上有 20%的模糊黏粒胶膜，很少量细根极细根，有明显灌淤积层理，疏松，稍黏着，稍塑，少量蚯蚓粪便，有 1%的炭块，强石灰反应。

Aup13：50～85cm，向下渐变平滑过渡，暗灰黄色（2.5Y4/2，润），岩石碎屑丰度为 2%、大小 10～30mm、角状、新鲜状态，壤土，中强发育的块状结构，很少量细根极细根，疏松，稍黏着，稍塑，土体中有 1%的炭块，强石灰反应。

Br：85～120cm，暗橄榄棕色（2.5Y3/3，润），极少岩石碎屑，中发育的块状结构，砂壤土，很少量细根极细根，疏松，稍黏着，稍塑，强石灰反应。

表 5-7　蚜蚄口系代表性单个土体物理性质

土层	深度 /cm	砾石* (>2mm，体积 分数) /%	细土颗粒组成（粒径：mm）/（g/kg）			质地
			砂粒 2～0.05	粉粒 0.05～0.002	黏粒 <0.002	
Aup11	0～20	1	313	541	146	粉砂壤土
Aup12	20～50	2	299	554	148	粉砂壤土
Aup13	50～85	2	315	546	140	粉砂壤土
Br	85～120	0	331	517	153	粉砂壤土

表 5-8　蚜蚄口系代表性单个土体化学性质

深度 /cm	pH (H₂O)	有机碳 /（g/kg）	全氮（N） /（g/kg）	有效磷（P₂O₅） /（mg/kg）	CEC /（cmol/kg）
0～20	8	12.3	1.00	4.7	15.7
20～50	8.1	6.9	0.63	2.1	14.3
50～85	8	5.7	0.38	1.3	11.5
85～120	8.2	3.3	0.24	1.6	11.7

5.4.2 黄銮庄系

土族：黏壤质硅质混合型石灰性温性-普通灌淤旱耕人为土

拟定者：龙怀玉，穆 真，李 军

分布与环境条件 主要分布于张家口地区坝下河谷低阶地，均为耕地（图 5-9）。分布区域属于中温带亚湿润气候，年平均气温 8.0～9.3℃，年均降水量 236～613mm。

图 5-9 黄銮庄系典型景观照

土系特征与变幅 诊断层有：灌淤表层、雏形层；诊断特性有：半干润土壤水分状况、氧化还原特征（50cm 以上）、温性土壤温度状况、均腐殖质特性、石灰性、氧化还原特征。系覆盖在原土壤之上的灌溉淤积物经过腐殖质化过程、黏粒淋溶淀积等成土过程发育而成的土壤，通体砾石含量很少，有效土层 120cm 以上，剖面具有明显的二元母质，上部为现代灌溉淤积物层，下部为埋藏土壤的腐殖质层；灌溉淤积物层内土壤颜色、结构、有机质含量等没有明显变化；埋藏腐殖质层的土壤有机碳含量、碳酸钙显著高于上层灌淤层，有明显的黏粒胶膜；土壤颗粒大小类型为黏壤质，矿物类型为硅质混合型。

对比土系 与牛家窑系同属一个土族，但表土质地不同，黄銮庄系表土层粉砂壤土，牛家窑系表土粉砂黏壤土。剖面质地构型也不同，黄銮庄系剖面颗粒类型有砂质、壤质、黏壤质，牛家窑系剖面颗粒类型有黏质、黏壤质。

利用性能综述 农耕土壤，土壤质地适中，灌溉条件较好，产量较高。但土壤有机质含量不高，应继续培肥土壤。

参比土种 壤质灌淤土。

代表性单个土体 位于河北省张家口市万全县北沙城乡黄銮庄村，剖面点 114°26′11.4″E，40°42′49.4″N，海拔 795m，地势较平坦，盆地，冲积平原，平地（图 5-10）。耕地，主要种植玉米。成土母质为覆盖在埋藏土壤上的灌溉淤积物，剖面呈现出明显的二元母质，土表 20cm 为现代灌溉淤积物层，20～50cm 是以灌溉淤积物为主混有部分埋藏土层的混合层（可能为翻耕所致），50cm 以下为埋藏土壤的腐殖质层，50cm 以上有模糊的潮化斑和少量软质黑色结核。地下水位 30m。每年 12 月至翌年 2 月土壤冻结，深度 120cm，持续 120 天。年平均气温 8.0℃，≥10℃积温为 3069℃，50cm 土壤温度年均 9.6℃；年均降水量多年平均为 399mm；年均相对湿度为 52%；年均干燥度为 1.6；年均日照时数为 2815h。野外调查日期：2011 年 9 月 23 日。理化性质见表 5-9，表 5-10。

图 5-10　黄銮庄系代表性单个
土体剖面照

Aup1：0～20cm，向下波状清晰过渡，橄榄色（5Y5/6，润），有丰度 1%、大小 5～10mm 的片状矿物，砂壤土，中发育的 3mm 片层结构和 1～5cm 块状结构，少量细根及极细根、很少量中粗根，极少量 3mm 左右黑色炭块，有少量模糊潮化斑，疏松，中石灰反应。

Aup2：20～50cm，向下平滑清晰过渡，橄榄色（5Y5/4，润），壤土，中发育的 1～5cm 块状结构，少量细根及极细根、很少量中粗根，疏松，稍黏着，稍塑，极少量 1～3mm 软质黑色瘤状结核，少量斑纹，有少量蚯蚓，蚯蚓粪便丰度为 5%，中石灰反应。

Ahb：50～100cm，埋藏腐殖质层，橄榄黑色（5Y3/1，润），粉砂黏壤土，中发育的 1～5cm 团块状结构，少量细根及极细根，有丰度为 1%、大小为 5～10mm 的片状矿物，有少量蚯蚓，蚯蚓粪便丰度 5%，坚实，黏着，可塑，中石灰反应。

表 5-9　黄銮庄系代表性单个土体物理性质

| 土层 | 深度 /cm | 砾石* (>2mm，体积分数) /% | 细土颗粒组成（粒径：mm）/（g/kg） | | | 质地 |
			砂粒 2～0.05	粉粒 0.05～0.002	黏粒 <0.002	
Aup1	0～20	1	561	318	120	砂壤土
Aup2	20～50	0	357	447	196	壤土
Ahb	50～100	1	170	496	334	粉砂黏壤土

表 5-10　黄銮庄系代表性单个土体化学性质

深度 /cm	pH (H₂O)	有机碳 /（g/kg）	全氮（N） /（g/kg）	全磷（P₂O₅） /（g/kg）	全钾（K₂O） /（g/kg）	CEC /（cmol/kg）
0～20	8.3	5.2	0.68	1.95	43.4	11.5
20～50	8.1	5.7	0.57	—	—	17.5
50～100	7.9	8.7	0.78	1.93	38.8	30.2

5.4.3　牛家窑系

土族：黏壤质硅质混合型石灰性温性-普通灌淤旱耕人为土

拟定者：龙怀玉，穆　真，李　军

分布与环境条件　主要存在于张家口地区坝下中西部的河谷阶地，成土母质为灌溉淤积物-河漫滩静水沉积物（图 5-11）。分布区域属于暖温带亚干旱气候，年平均气温 8.0～11.2℃，年均降水量 208～597mm。

图 5-11　牛家窑系典型景观照

土系特征与变幅　诊断层有：灌淤表层；诊断特性有：潮湿土壤水分状况、温性土壤温度状况、氧化还原特征、石灰性。成土母质为灌溉淤积物-河漫滩沉积物，其中灌溉淤积物 50cm 以上，有效土层 100cm 以上；碳酸钙含量较高，且上下层次之间没有明显差异；黏粒含量 30g/kg 以上，在上下土层之间也没有明显差异；土壤颗粒控制层段为 25～100cm，颗粒大小为黏壤质，矿物类型为硅质混合型。

对比土系　与黄銮庄系属于同一土族，但表土质地不同，黄銮庄系表土层粉砂壤土，牛家窑系表土粉砂黏壤土。

利用性能综述　土层深厚，土壤质地适中，养分含量较高，灌溉条件较好。全部为农耕地，现在有些改成了果园，主要栽种葡萄。

参比土种　黏壤质灌淤土。

代表性单个土体　位于河北省涿鹿县武家沟镇牛家窑村，剖面点 115°01′23.6″E，40°19′48.6″N，海拔 617m，地势起伏，山地，山谷平原，河谷中部（图 5-12）。母质为淤积物和冲积物。耕地，主要种植玉米、葡萄。地下水位 3m。≥10℃积温为 3581℃，50cm 土壤温度年均 9.9℃；年均降水量多年平均为 392mm；年均相对湿度为 51%；年均干燥度为 1.7；年均日照时数为 2860h。野外调查日期：2011 年 10 月 25 日。理化性质见表 5-11，表 5-12。

　　Aup11：0～35cm，向下平滑模糊过渡，暗棕色（10YR3/3，润），浊黄橙色（10YR7/3，干），中量细根及极细根、很少量中粗根，粉砂黏壤土，中发育的 3～5mm 团粒和弱发育的 2～3cm 团块，有极少量碎砖块、炭块，有少量蚯蚓粪，疏松，黏着，可塑，石灰反应强烈。

图 5-12　牛家窑系代表性单个
　　　　土体剖面照

Aup12：35～50cm，向下平滑模糊过渡，浊黄棕色（10YR4/3，润），少量细根及极细根、很少量中粗根，粉砂黏壤土，中发育的2cm团块结构，有极少量碎砖块、炭块，有少量蚯蚓粪，疏松，黏着，可塑，石灰反应强烈。

Aup13：50～70cm，向下平滑模糊过渡，棕色（10YR4/4，润），润，少量细根及极细根，粉砂黏壤土，中发育的 3～5mm 团粒，土体中有丰度 40%、大小 3～10cm 的新鲜岩石碎屑，疏松，稍黏着，稍塑，石灰反应强烈。

Bur：70～100cm，向下波状清晰过渡，润，浊棕色（7.5YR5/4，润），少量细根及极细根，粉砂黏壤土，强发育的 3mm 片状结构，稍紧，黏着，可塑，土体内有明显的丰度 10%、大小 3mm×5mm 的红色铁锰斑纹，石灰反应强烈。

2Cr：100～120cm，润，浊黄棕色（10YR5/4，润），少量细根及极细根，粉砂黏壤土，强发育的 3mm 沉积层理，石灰反应强烈。

表 5-11　牛家窑系代表性单个土体物理性质

| 土层 | 深度 /cm | 砾石* (>2mm，体积分数)/% | 细土颗粒组成（粒径：mm）/（g/kg） | | | 质地 |
			砂粒 2～0.05	粉粒 0.05～0.002	黏粒 <0.002	
Aup11	0～35	0	119	526	355	粉砂黏壤土
Aup13	50～70	40	225	469	306	粉砂黏壤土
Bur	70～100	0	68	558	375	粉砂黏壤土
2Cr	100～120	0	69	582	349	粉砂黏壤土

表 5-12　牛家窑系代表性单个土体化学性质

深度 /cm	pH (H$_2$O)	有机碳 /（g/kg）	全氮（N） /（g/kg）	全磷（P$_2$O$_5$） /（g/kg）	有效磷（P$_2$O$_5$） /（mg/kg）	全钾（K$_2$O） /（g/kg）	CEC /（cmol/kg）
0～35	8.3	9.6	0.96	2.00	6.3	55.3	40.0
50～70	8.3	6.0	0.68	—	1.7	—	37.1
70～100	8.3	4.8	0.43	—	—	—	35.9
100～120	8.3	4.3	0.35	1.71	—	97.8	43.5

第6章 盐 成 土

6.1 弱盐潮湿碱积盐成土

6.1.1 韩毡房系

土族：壤质混合型石灰性冷性-弱盐潮湿碱积盐成土

拟定者：龙怀玉，李 军，穆 真

分布与环境条件 存在于张家口地区坝上高原的湖淖周边，地下水埋深一般在2~4m，底土受到地下水浸润，生长少量稀疏矮小的耐盐碱植物（图6-1）。分布区域属于中温带亚湿润气候，年平均气温0.5~3.7℃，年均降水量245~591mm。

图6-1 韩毡房系典型景观照

土系特征与变幅 诊断层有：淡薄表层、碱积层、盐积层；诊断特性有：氧化还原特征、潮湿土壤水分状况、冷性土壤温度状况。成土母质系河流冲积物，有效土层厚度大于120cm；表层轻度盐化，形成了盐积现象；盐分、钠离子、碳酸钙等在表下层聚集，形成了碱化层、盐积层，盐分以硫酸盐占优势；地下水影响到了土壤，形成大量铁锰锈纹锈斑；颗粒大小控制层段为25~100cm，颗粒大小级别为黏质，混合型矿物类型。

对比土系 韩毡房系和李占地系在地理位置上比较接近，成土母质相同。但韩毡房系盐碱化较严重，具备了碱积层，而李占地系盐碱化略轻，只是具备了盐积现象。

利用性能综述 盐碱化严重，难以农业利用，只能生长少量稀疏矮小的耐盐碱植物。

参比土种 黏质深位硫酸盐草甸碱土。

代表性单个土体 位于河北省张家口市张北县两面井乡韩毡房村,剖面点114°17′18.5″E，41°31′30.7″N，海拔1293m，地势平坦，高原，冲积平原（图6-2）。母质为冲积物。盐碱地，植被主要为耐盐碱植物，覆盖度50%，放牧对植被中度扰乱，植被已由草甸退化为稀疏的草地，但仍可见少量草甸植物，表层已经沙化，厚0.5cm。地下水位20m，水质偏碱。年平均气温2.6℃，≥10℃积温为2287℃，50cm土壤温度年均5.5℃，年均降水量多年平均为412mm，年均相对湿度为57%,年均干燥度为1.3，年日照时数为2798h。野外调查日期：2011年9月19日。理化性质见表6-1，表6-2。

图 6-2　韩毡系代表性单个
土体剖面照

Az：0～25cm，清晰波状过渡，干，黄灰色（2.5Y4/1，干），有丰度为 20%、大小约 5mm 半风化的不规则形状石英，壤土，弱发育 2cm 块状结构，中量细根及极细根、很少量中粗根，松散，黏着，中塑，有丰度约 70%、大小约 10mm、对比清晰、边界扩散的铁锰斑纹，有丰度 5%、大小 1mm、硬度为 3 的黑色圆形铁子，有弱石灰反应，无亚铁反应。

Bnk1：25～40cm，清晰波状过渡，干，灰白色（2.5Y8/2，干），黏土，中发育 5cm 棱柱状结构，极硬，有丰度为 50%、对比度清晰、边界明显的大块铁锰斑纹，有间断的不规则白色碳酸钠-氯化钠盘层胶结物，强石灰反应，无亚铁反应。

Bnk2：40～80cm，干，黄灰色（2.5Y4/1，干），黏土，中发育 5cm 棱柱状结构，极硬，有丰度为 70%、对比度清晰、边界明显的大块铁锰斑纹，有间断的不规则白色碳酸钠-氯化钠盘层胶结物，中强石灰反应，无亚铁反应。

表 6-1　韩毡房系代表性单个土体物理性质

土层	深度 /cm	砾石* （>2mm，体积 分数）/%	细土颗粒组成（粒径：mm）/（g/kg）			质地
			砂粒 2～0.05	粉粒 0.05～0.002	黏粒 <0.002	
Az	0～25	0	395	337	260	壤土
Bn	40～80	0	346	223	429	黏土

表 6-2　韩毡房系代表性单个土体化学性质

深度 /cm	pH （H₂O）	有机碳 /（g/kg）	全氮（N） /（g/kg）	钾离子 /（cmol/kg）	钠离子 /（cmol/kg）	氯根离子 /（cmol/kg）	硫酸根离子 /（cmol/kg）	盐分 /（g/kg）	CEC /（cmol/kg）	交换性钠 /（cmol/kg）
0～25	8.3	16.7	1.47	0.02	0.36	0.23	0.5	3.1	21.2	0.9
40～80	9.2	2.3	0.34	0.09	3.04	0.78	1.77	33.6	13.9	7.4

6.2 海积潮湿正常盐成土

6.2.1 张庄子系

土族：黏质盖壤质硅质混合型非酸性温性-海积潮湿正常盐成土

拟定者：龙怀玉，穆 真，李 军

分布与环境条件 主要存在于冀东滨海低平原，成土母质系海积物-冲积物（图6-3）。分布区域属于暖温带亚湿润气候，年平均气温9~12.3℃，年均降水量284~1170mm。

图6-3 张庄子系典型景观照

土系特征与变幅 诊断层有：水耕表层、盐积层；诊断特性有：氧化还原特征、碱积现象、钠质特性、人为滞水土壤水分状况、温性土壤温度状况。成土母质系近代多次河流冲积物+海积物，多次"壤"、"黏"相间排列，且多数"壤土层"、"黏土层"的厚度小于10cm，总体表现为上下壤、中间黏；有效土层厚度150cm以上；盐分含量较高，且以氯化钠镁为主，表土层盐分含量1.0~8.0g/kg，心土层盐分含量10.0~50.0g/kg，底土层盐分含量又显著降低；心土层交换性钠离子2.0cmol/kg以上，且钠离子饱和度在30%~50%，形成了钠质特性、碱积现象；通体无石灰反应；受地表淹水和地下水的影响，心土层、底土层具有中量的铁锰锈纹锈斑；颗粒大小控制层段为25~100cm，层段内有壤质、黏壤质、黏质等颗粒大小级别，其中至少有一个层次的黏粒含量比下垫层黏粒含量多250g/kg以上，形成强对比颗粒大小类型，即黏质盖壤质；颗粒大小控制层段内，石英含量50%~51%，为硅质混合型矿物类型。

对比土系 和芦井系在地理位置上比较靠近。但成土母质不同，张庄子系的母质为近代多次河流冲积物-海积物，形成了多层"壤"、"黏"相间排列的剖面构型，颗粒大小类型为黏质盖壤质。芦井系成土母质为海积物，质地上下较为均一，颗粒大小类型为黏质。此外，张庄子系没有石灰反应，芦井系有较明显的石灰反应。

利用性能综述 地势平坦，土层深厚，耕层砂壤土，心、底土为黏壤土，能减缓水肥渗漏，故保水保肥性强，供肥性能亦强，水、旱耕性均好，适耕期长。但是容易发生盐渍化。

参比土种 黏层砂壤质盐渍水稻土。

代表性单个土体 位于河北省乐亭县马头营乡张庄子村，剖面点118°46′36.3″E，39°14′5.5″N，海拔6m，地势平坦，滨海平原（图6-4）。母质为海积物、冲积物相间。耕地，主要种植水稻。地表有宽5mm、长20cm的连续裂隙。年平均气温11.1℃，≥10℃

积温为 4054℃，50cm 土壤温度年均 12.2℃；年均降水量多年平均为 589mm；年均相对湿度为 66%；年均干燥度为 1.3；年均日照时数为 2555h。野外调查日期：2011 年 11 月 7 日。理化性质见表 6-3，表 6-4。

Apg：0～15cm，向下平滑模糊过渡，黑棕色（7.5YR2.5/1，润），粉砂壤土，糊状结构，中量细根及极细根，坚实，黏着，中塑，有丰度 50%、大小 20mm 的青色斑纹，无石灰反应，弱亚铁反应。

Apz：15～20cm，向下波状突变过渡，黑棕色（7.5YR2.5/1，润），粉砂壤土，糊状结构，中量细根及极细根，坚实，黏着，中塑，有丰度 50%、大小 20mm 的青色斑纹。

图 6-4　张庄子系代表性单个土体剖面照

Czr1：20～30cm，砂质冲积物，向下平滑突变过渡，浊黄棕色（10YR5/4，润），浊黄橙色（10YR6/4，干），2mm 厚的海积物层理，壤土，无黏着，无塑，有丰度 30%、大小 20mm 的褐色铁锰斑纹，无石灰反应，无亚铁反应。

Czr2：30～40cm，向下平滑突变过渡，浊黄棕色（10YR5/4，润），2mm 厚的层状结构，壤土，坚实，无黏着，无塑，有丰度 30%、大小 20mm 的褐色铁锰斑纹，无石灰反应。

Czr3：40～55cm，向下平滑突变过渡，黑棕色（7.5YR3/2，润），黏壤土，强发育的 3cm 棱柱结构，松散，黏着，中塑，石灰反应极弱，无亚铁反应。

Cr1：55～80cm，向下平滑突变过渡，浊黄棕色（10YR4/3，润），砂壤土，2mm 厚的冲积层理，松散，无黏着，无塑，有丰度 30%、大小 20mm 的褐色铁锰斑纹，无石灰反应，亚铁反应弱。

Cr2：80～120cm，海积物，灰黄棕色（10YR4/2，润），黏壤土，1cm 厚的片状层理，松散，黏着，中塑，有丰度 80%、大小 20mm 的褐色铁锰斑纹，无石灰反应。

表 6-3　张庄子系代表性单个土体物理性质

| 土层 | 深度 /cm | 砾石* （>2mm，体积分数）/% | 细土颗粒组成（粒径：mm）/（g/kg） | | | 质地 |
			砂粒 2～0.05	粉粒 0.05～0.002	黏粒 <0.002	
Ap	0～20	0	114	690	195	粉砂壤土
Czr2	30～40	0	63	752	185	粉砂壤土
Czr3	40～55	0	36	560	404	粉砂黏土
Cr1	55～80	0	323	606	71	粉砂壤土
Cr2	80～120	0	461	362	177	壤土

表 6-4 张庄子系代表性单个土体化学性质

深度 /cm	pH （H₂O）	有机碳 / （g/kg）	全氮（N） / （g/kg）	全磷（P₂O₅） / （g/kg）	全钾（K₂O） / （g/kg）	CEC / （cmol/kg）	交换性钠 / （cmol/kg）	游离铁 / （g/kg）	盐分 / （g/kg）
0～20	8.0	9.4	0.87	1.43	62.5	17.9	2.8	8.4	7.5
30～40	8.8	5.3	0.62	—	—	18.9	9.5	9.8	30.1
40～55	8.8	9.6	0.50	—	—	32.0	9.4	12.1	30.1
55～80	9.2	1.5	0.29	1.34	60	11.7	4.2	6.7	12.4
80～120	7.2	1.8	0.09	—	—	14.6	—	—	—

6.2.2 老王庄系

土族：黏质混合型石灰性温性-海积潮湿正常盐成土
拟定者：龙怀玉，穆　真，李　军

图 6-5　老王庄系典型景观照

分布与环境条件　主要存在于滨海地区，由海堤向陆地延伸 10km 左右范围内的海积平原、海退地，成土母质系海积物（图 6-5）。植被类型以矮化芦苇、獐茅、盐地碱蓬、柽柳、盐角菜、二色补血草、白刺为主，土壤形成以积盐过程为主。分布区域属于暖温带亚湿润气候，年平均气温 9.7～12.7℃，年均降水量 285～1120mm。

土系特征与变幅　诊断层有：淡薄表层、盐积层；诊断特性有：氧化还原特征、潮湿土壤水分状况、温性土壤温度状况、钠质特性。成土母质系海积物，上下质地较为均一，为黏壤土、黏土，有效土层厚度 150cm 以上；自表土盐分含量就较高，且以氯化钠、氯化镁为主，心土层盐分含量略高，底土层盐分含量又显著降低；心土层、底土层钠离子 2.0cmol/kg 以上，且钠离子饱和度在 30%～50%，具钠质特性；通体弱石灰反应；心土层、底土层具有中量的铁锰锈纹锈斑；颗粒大小控制层段内有黏壤质、黏质等颗粒大小级别，加权平均为黏质；矿质类型为混合型。

对比土系　芦井系具有水耕表层，而老王庄系具有淡薄表层。

利用性能综述　大部分为长有盐生植被的盐碱荒滩，但土质较肥沃，地势平坦开阔，可以考虑改良种稻、发展芦苇。

参比土种　黏壤质滨海盐土。

代表性单个土体　位于河北省丰南区滨海镇老王庄，剖面点 118°14′16.1″E，39°15′34.1″N，海拔 4m，地势平坦，平原（图 6-6）。母质为湖积物。荒地，植被为碱蓬，覆盖度 50%。地表有厚度 3mm、硬黏闭板结，有宽度 1cm、长度 20cm 的连续裂隙。年平均气温 11.6℃，≥10℃积温为 4204℃，50cm 土壤温度年均 12.6℃；年降均降水量多年平均为 590mm；年均相对湿度为 64%；年干燥度为 1.4；年日照时数为 2563h。野外调查日期：2011 年 11 月 8 日。理化性质见表 6-5，表 6-6。

Apz：0～10cm，灰红色（2.5YR6/2，润），向下平滑模糊过渡，弱发育的大小1cm左右的团块结构，中量细根及极细根、很少量中粗根，粉砂黏壤土，坚实，稍黏着，稍塑，有贯穿整个土体的宽度5mm、间距20cm连续裂隙，石灰反应弱，亚铁反应极弱。

Bznr1：10～40cm，红灰色（2.5YR4/1，润），向下模糊波状过渡，粉砂黏壤土，1～3cm棱块结构，极坚实，极黏着，极塑，有铁锰斑纹，石灰反应弱，亚铁反应极弱。

Bznr2：40～95cm，向下平滑清晰过渡，红灰色（2.5YR4/1，润），粉砂黏壤土，很大的棱柱结构，极坚实，极黏着，极塑，有铁锰锈纹锈斑，有3%的腐烂根系，石灰反应弱，亚铁反应极弱。

Cr：>95cm，暗红灰色（2.5YR3/1，润），壤土，中发育1～2cm的团块结构，疏松，黏着，中塑，有丰度10%、大小20mm×30mm的锈纹锈斑，有丰度3%大小1mm的铁锰结核，石灰反应弱，亚铁反应极弱。

图 6-6 老王庄系代表性单个
土体剖面照

表 6-5 老王庄系代表性单个土体物理性质

土层	深度/cm	砾石*（>2mm，体积分数）/%	细土颗粒组成（粒径：mm）/（g/kg）			质地
			砂粒 2～0.05	粉粒 0.05～0.002	黏粒 <0.002	
Apz	0～10	0	122	550	328	粉砂黏壤土
Bznr1	10～40	0	103	562	335	粉砂黏壤土
Bznr2	40～95	0	110	521	369	粉砂黏壤土

表 6-6 老王庄系代表性单个土体化学性质

深度/cm	pH（H$_2$O）	有机碳/（g/kg）	全氮（N）/（g/kg）	K/（cmol/kg）	钠离子/（cmol/kg）	氯根离子/（cmol/kg）	硫酸根离子/（cmol/kg）	CEC/（cmol/kg）	盐分/（g/kg）
0～10	7.9	6.9	0.46	0.85	13.2	16.3	3.8	16.8	11.6
10～40	8.1	4.2	0.43	0.75	16.8	18.7	6.7	17.8	14.3
40～95	8.1	4.6	0.41	0.51	11.9	11.8	1.8	20.7	8.2

6.2.3 芦井系

土族：黏质混合型石灰性温性-海积潮湿正常盐成土

拟定者：龙怀玉，穆　真，李　军

图 6-7　芦井系典型景观照

分布与环境条件　主要存在于冀东滨海低平原，成土母质系海积物，地下水埋深 1～2m，野生植被一般为黄须、盐蓬、马绊草等（图 6-7）。分布区域属于暖温带亚湿润气候，年平均气温 9.7～12.7℃，年均降水量 289～1125mm。

土系特征与变幅　诊断层有：水耕表层、盐积层、黏化层；诊断特性有：氧化还原特征、钠质现象、钙积现象、人为滞水土壤水分状况、温性土壤温度状况。系海积物成土母质在水耕过程下形成的土壤，上下质地较为均一，为黏壤土、黏土，有效土层厚度 150cm以上；心土层黏粒含量是表土层的 1.2 倍以上；自表土起盐分含量就在 10g/kg 以上，形成了盐积层；钠离子饱和度在 5%～15%之间，形成了钠质现象；通体弱石灰反应；受地表淹水和地下水的影响，心土层、底土层具有中量的铁锰锈纹锈斑；颗粒大小类型为黏质；矿物类型为混合型。

对比土系　和老王庄系属于同一土族，成土母质、剖面形态、理化性质、分布环境也基本差不多，但芦井系是一种农耕地，具有水耕表层，而老王庄系是非农耕地，具有淡薄表层。此外，质地构型也不同，芦井系具有黏化层，而老王庄系上下层黏粒含量相差不大。

利用性能综述　土壤质地黏重，耕性差，水耕性较好，水稻产量较高，由于土壤持水量大，土性阴凉，水稻缓秧慢，养分后劲足，作物后期易旺长晚熟。但是通体黏重板结，并有不同程度盐害。

参比土种　黏质盐渍水稻土。

代表性单个土体　位于河北省唐海县唐海镇芦井庄村，剖面点 118°27′13.9″E，39°19′0.2″N，海拔 6m，地势平坦，平原，海岸平原，平地（图 6-8）。母质为海积物。耕地，主要种植水稻，地表有宽度 1cm、长度 80cm、间距 50cm 连续的裂隙，地下水位 1m。年平均气温 11.4℃，≥10℃积温为 4133℃，50cm 土壤温度年均 12.4℃；年均降水量多年平均为 592mm；年均相对湿度为 64%；年均干燥度为 1.3；年均日照时数为 2559h。野外调查日期：2011 年 11 月 8 日。理化性质见表 6-7，表 6-8。

Apz1：0～15cm，向下渐变平滑过渡，黑棕色（5YR3/1，润），灰黄棕色（10YR6/2，干），中量细根及极细根，黏壤土，强发育的 10cm 块状结构，坚实，黏着，极塑，土体内有宽 5mm、长 20cm、间距 30cm 的连续裂隙，有斑纹，石灰反应弱，亚铁反应弱。

Apz2：15～25cm，向下平滑清晰过渡，暗灰色（GLEY13/N，润），灰黄棕色（10YR6/2，干），中量细根及极细根，黏壤土，强发育的 10cm 块状结构，坚实，黏着，极塑，土体内有宽 5mm、长 20cm、间距 30cm 连续的裂隙，石灰反应弱，亚铁反应弱。

Bz：25～70cm，向下渐变平滑过渡，黑棕色（5YR3/1，润），中量细根及极细根，粉砂黏壤土，强发育的 5cm×10cm 棱柱状结构，坚实，黏着，极塑，土体内有宽 5mm、长 20cm、间距 30cm 连续的裂隙，有丰度 5%、大小 10mm×30mm 的褐色斑纹，有丰度 5%、大小 1mm 的铁锰瘤状结核，石灰反应弱。

图 6-8　芦井系代表性
单个土体剖面照

表 6-7　芦井系代表性单个土体物理性质

土层	深度 /cm	砾石[*] （>2mm，体积分数）/%	细土颗粒组成（粒径：mm）/（g/kg）			质地
			砂粒 2～0.05	粉粒 0.05～0.002	黏粒 <0.002	
Apz1	0～15	0	213	498	289	黏壤土
Apz2	15～25	0	205	507	288	黏壤土
Bz	25～70	5	135	509	356	粉砂黏壤土

表 6-8　芦井系代表性单个土体化学性质

深度 /cm	pH （H_2O）	有机碳 /（g/kg）	全氮（N） /（g/kg）	全磷（P_2O_5） /（g/kg）	全钾（K_2O） /（g/kg）	CEC /（cmol/kg）	交换性钠 /（cmol/kg）	游离铁 /（g/kg）	盐分 /（g/kg）
0～15	8.0	11.5	1.03	1.05	77.1	23.9	1.3	5.4	3.6
15～25	8.3	8.5	0.90	—	—	20.5	1.4	6.0	3.8
25～70	8.5	3.9	0.56	1.49	53.7	23.2	1.8	5.8	4.7

6.3　结壳潮湿正常盐成土

6.3.1　后补龙湾系

土族：黏壤质混合型石灰性冷性-结壳潮湿正常盐成土
拟定者：龙怀玉，李　军，穆　真

图 6-9　后补龙湾系典型景观照

分布与环境条件　存在于坝上高原低平洼地，地下水埋深一般在 1～2m，底土受到地下水浸润，不仅土壤盐分含量高，而且还有中度以上碱化，生长着矮小的耐盐碱植物（图 6-9）。分布区域属于中温带亚湿润气候，年平均气温 2.6～5.0℃，年均降水量 256～622mm。

土系特征与变幅　诊断层有：淡薄表层、盐积层，诊断特性有：钠质特性、潮湿土壤水分状况、冷性土壤温度状况、石灰性。成土母质系河湖相沉积物，有效土层厚度大于 150cm；表层盐结壳明显，有黏闭板结和连续裂隙；盐分、钠离子、碳酸钙等在表层聚集，形成了盐积层、钙积层、钠质特性，盐分以氯化物为主；地下水影响到了土壤，形成铁锰锈纹锈斑层；颗粒大小控制层段为 25～100cm，颗粒大小级别为壤质，混合型矿物类型。

对比土系　后补龙湾系和美义城系都是含盐分较高的自然土壤。后补龙湾系的成土母质系湖相沉积物，而美义城系土壤母质系河流冲积物。此外，美义城系中的碳酸钙发生了淋溶淀积过程，剖面中下部上有明显的假菌丝体。

利用性能综述　地下水埋深仅 1～2m，地势低洼、沥涝，加之受河流侧渗影响，土壤盐碱化严重，可开挖坑塘，蓄水养鱼，发展养殖业。

参比土种　壤质氯化物碱化盐土。

代表性单个土体　位于河北省张家口市尚义县大营盘乡后补龙湾村，剖面点 113°59′0.5″E，41°28′23″N，海拔 1279m，地势平坦，高原，湖成平原，平地（图 6-10）。盐碱荒地，植被是耐盐碱的碱蓬，覆盖度 60%；地表有 5mm 厚的黏闭板结，有 5mm 宽的连续裂隙，裂隙长度 100cm，地下水深度 1m。年平均气温 3.7℃，≥10℃积温为 2345℃，50cm 土壤温度年均 6.4℃；年均降水量多年平均为 427mm；年均相对湿度为 58%；年均干燥度为 1.3；年均日照时数为 2794h。野外调查日期：2011 年 9 月 19 日。理化性质见表 6-9，表 6-10。

Azn：0～10cm，向下平滑模糊过渡，浊黄棕色（YR4/3，润），亮黄棕色（2.5Y6/6，润），中发育的 3mm 团粒结构和弱发育的 2～3cm 团块结构，少量细根及极细根，松散，黏着，极塑，强石灰反应，无亚铁反应。

Bzn1：10～40cm，向下平滑模糊过渡，黄棕色（2.5Y5/4，润），中发育的 3～5cm 棱块状结构和弱发育的 2～3cm 团粒结构，疏松，黏着，极塑，强石灰反应，无亚铁反应。

Bzn2：40～120cm，黄棕色（2.5Y5/3，润），弱发育的 3cm 团块状结构和弱发育的 3mm 团粒结构，疏松，黏着，极塑，强石灰反应，无亚铁反应。

Cr：>120cm，母质胶泥层。

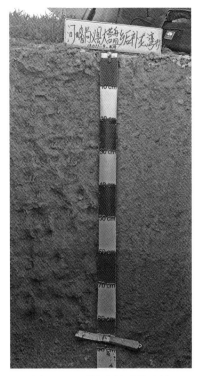

图 6-10 后补龙湾系代表性
单个土体剖面照

表 6-9 后补龙湾系代表性单个土体物理性质

土层	深度 /cm	砾石* （>2mm，体积分数）/%	细土颗粒组成（粒径：mm）/（g/kg）			质地
			砂粒 2～0.05	粉粒 0.05～0.002	黏粒 <0.002	
Azn	0～10	0	230	530	239	粉砂壤土
Bzn	10～90	0	233	478	289	黏壤土

表 6-10 后补龙湾系代表性单个土体化学性质

深度 /cm	pH （H₂O）	有机碳 /（g/kg）	全氮（N） /（g/kg）	钠离子 /（cmol/kg）	钾离子 /（cmol/kg）	CEC /（cmol/kg）	游离铁 /（g/kg）	盐分 /（g/kg）
0～10	8.8	7.1	0.65	21.8	0.02	28.6	4.6	12.4
10～90	8.8	5.5	0.45	21.1	0.02	29.3	4.5	13.1

6.4 弱碱潮湿正常盐成土

6.4.1 美义城系

土族：砂质硅质混合型石灰性冷性-弱碱潮湿正常盐成土
拟定者：龙怀玉，李　军，穆　真

分布与环境条件　主要存在于坝上高原下湿滩和二阴滩地，土壤母质系河流冲积物，地下水埋深 1～3m（图 6-11）。分布区域属于中温带亚湿润气候，年平均气温 2～5.1℃，年均降水量 242～573mm。

图 6-11　美义城系典型景观照

土系特征与变幅　诊断层有：淡薄表层、钙积层、盐积层；诊断特性有：碱积现象、钠质现象、氧化还原特征、潮湿土壤水分状况、冷性土壤温度状况。成土母质系河流冲积物，有效土层厚度大于 150cm；碳酸钙、盐分、钠离子在表层和次表层聚集；表层、次表层盐分以氯化物为主，心土层、底土层以硫酸盐为主；碳酸钙表聚性强，且由上至下快速减少，在底土有时可见明显的白色碳酸钙假菌丝体，全剖面强石灰反应；表层土壤有机碳含量较高，并随剖面深度增加快速下降；地下水影响到了土壤，在底土层形成了极多量的红褐色铁锰锈纹锈斑和少量的黑色铁锰结核；颗粒大小控制层段内有壤质、砂质等颗粒大小级别，加权平均的颗粒大小级别为砂质，矿物类型为硅质混合型。

对比土系　美义城系和后补龙湾系都是含盐分较高的自然土壤。后补龙湾系的成土母质系湖相沉积物，而美义城系土壤母质系河流冲积物。此外，美义城系中的碳酸钙发生了淋溶淀积过程，剖面中下部上有明显的白色碳酸钙假菌丝体。

利用性能综述　土层深厚，表层有机质含量较高，适宜牧草生长，但由于过度放牧和垦殖，土壤盐渍化加重，草场退化问题突出。已垦殖为农田的一般属中低产土壤，主要种植胡麻、莜麦。

参比土种　壤质硫酸盐盐化草甸盐土。

代表性单个土体　位于河北省张家口市张北县二台镇美义城村，剖面点 114°48′10.9″E，41°22′3.6″N，海拔 1346m，地势较平坦，坝上高原，冲积波状平原，河间地（图 6-12）；草地，植被为天然牧草，覆盖度 80%，地表有 2mm 厚的黏闭板结，宽度 1mm、长度 10cm 的连续裂隙；地下水位 4m。整个剖面石灰反应强烈，在 10～20cm 处盐分较高，土体微白；50cm 以下铁锰斑纹逐渐增多，在 80cm 以下可见铁子。年平均气温 3.3℃，≥10℃ 积温为 2344℃，50cm 土壤温度年均 6.1℃；年均降水量多年平均为 397mm；年均相对湿度为57%；年均干燥度为1.3；年均日照时数为2805h。野外调查日期：2011年9月20日。理化性质见表6-11，表6-12。

Ahz：0～18cm，向下平滑模糊过渡，暗橄榄色（5Y4/3，干），中量细根及极细根、很少量中粗根，壤土，中发育的2～5cm团块结构，有丰度2%、大小5mm半风化的次圆矿物，硬，稍黏着，稍塑，有宽度为5mm、长度为20cm的裂隙，强石灰反应，无亚铁反应，弱酚酞反应。

Bzk：18～40cm，向下平滑模糊过渡，浊黄橙色（10YR7/2，干），中量细根及极细根，壤土，中发育的1～3cm块状结构，有丰度2%、大小1mm半风化的次圆矿物，极硬，稍黏着，稍塑，强石灰反应，无亚铁反应，弱酚酞反应。

Bkr：40～67cm，向下平滑渐变过渡，淡黄色（5Y7/4，干），橙白色（10YR8/2，干），中量细根及极细根，砂质壤土，强发育的5～10cm块状结构，极硬，稍黏着，稍塑，有丰度10%、大小10mm×50mm、对比度模糊、边界扩散的铁锰斑纹，强石灰反应，无亚铁反应，弱酚酞反应。

Ckr：67～110cm，浅淡黄色（2.5Y8/3，润），亮黄棕（10YR6/8，干），稍润，砂质壤土，弱发育的2～5cm块状结构，土壤松散，有丰度80%、大小10mm×50mm的粉末，对比度模糊，边界扩散，结构体表面有清晰、丰度为8%、大小2mm、硬度3的球形黑色铁子，强石灰反应，无亚铁反应。

图6-12 美义城系代表性单个土体剖面照

表6-11 美义城系代表性单个土体物理性质

土层	深度/cm	砾石*（>2mm，体积分数）/%	细土颗粒组成（粒径：mm）/（g/kg）			质地
			砂粒 2～0.05	粉粒 0.05～0.002	黏粒 <0.002	
Ahz	0～18	2	278	591	125	粉砂壤土
Bzk	18～40	2	282	547	163	粉砂壤土
Bkr	40～67	0	570	321	102	砂质壤土
Ckr	67～110	0	586	310	97	砂质壤土

表6-12 美义城系代表性单个土体化学性质

深度/cm	pH（H₂O）	有机碳/（g/kg）	全氮（N）/（g/kg）	全磷（P₂O₅）/（g/kg）	全钾（K₂O）/（g/kg）	CEC/（cmol/kg）	交换性钠/（cmol/kg）	盐分/（g/kg）
0～18	9.3	16.3	1.39	1.76	59.7	13.1	2.4	12.8
18～40	8.7	6.4	0.57	—	—	7.6	1.5	21.2
40～67	8.8	2.4	0.21	—	—	4.6	0.3	3.3
67～110	8.4	1.2	0.10	—	—	7.7	0.3	2.9

6.4.2　下平油系

土族：壤质硅质混合型石灰性温性—弱碱潮湿正常盐成土
拟定者：龙怀玉，穆　真，李　军

图 6-13　下平油系典型景观照

分布与环境条件　主要存在于山区河川阶地和冲积平原河流两侧，湖淀周边及古河道滩地，河流冲积物母质（图 6-13）。地下水埋深 2～3m，地下水质不良，多以碳酸氢盐型水为主。分布区域属于暖温带亚干旱气候，年平均气温 5.8～9.4℃，年均降水量 222～615mm。

土系特征与变幅　诊断层有：淡薄表层、盐积层；诊断特性有：钠质现象、氧化还原特征（50cm 以下）、潮湿土壤水分状况、温性土壤温度状况、石灰性。土壤颗粒大小控制层段为 25～100cm，颗粒大小为壤质；成土母质系河流冲积洪积物，有效土层厚度 100～150cm；地下水参与成土过程，底土层有少量或中量的铁锰锈纹锈斑；心土层具有盐积层和钠质现象；土体有机质含量较低，并且自表层到下层锐减；通体有中或强石灰反应，碳酸钙含量 80～120g/kg，并随深度增加而缓慢降低。

对比土系　和袁庄系成土母质相同，剖面形态类似，但袁庄系为非盐化土壤，表土层盐分含量小于 2.0g/kg，而下平油系为轻度盐化土，表土层盐分含量 2.0～5.0g/kg。此外，袁庄系表层土壤质地为粉砂壤土，下平油系表层土壤质地为粉砂黏壤土。

利用性能综述　土壤质地砂黏适中，耕性较好，养分含量较低，土壤水分较充足，大部分地区已开垦为农田，主要种植小麦、玉米、棉花、甘薯等作物。不利因素是土壤轻微碱化，土粒分散，雨后易板结，渗水性差，旱季易返盐，容易死苗。

参比土种　壤质轻度苏打盐化潮土。

代表性单个土体　下平油系典型单个土体剖面位于河北省张家口市蔚县杨庄窠乡下平油村，剖面点 114°36′40.1″E，39°53′59.5″N，海拔 893m，地形为平原，地势平坦，河流冲积物母质、淤积物（图 6-14）。耕地，主要种植玉米。由于人为引用含大量泥沙的水流进行灌溉或洪涝，在 20～40cm 土层可见明显的灌淤层理。年平均气温 7.3℃，≥10℃积温为 3277℃，50cm 土壤温度年均 9.2℃；年降水量多年平均为 404mm；年均相对湿度为 55%；年干燥度为 1.6；年日照时数为 2838h。野外调查日期：2011 年 10 月 27 日。理化性质见表 6-13，表 6-14。

Ap1：0～20cm，向下平滑清晰过渡，稍润，灰黄棕色（10YR4/2，润），浊黄棕色（10YR5/4，干），岩石矿物碎屑丰度 2%、大小约 5mm、角状、次圆、新鲜状态，粉砂质黏壤土，中发育的团粒结构，弱发育的团块结构，少量细根及极细根、很少量中粗根，疏松，稍黏着，稍塑，强石灰反应。

Ap2：20～40cm，向下平滑清晰过渡，稍润，浊黄棕色（10YR5/4，润），浊黄橙色（10YR6/4，干），极少岩石矿物碎屑，次圆、新鲜状，粉砂质黏壤土，中发育的团块结构，有明显灌淤层理，少量细根及极细根、很少量中粗根，疏松，无黏着，无塑，强石灰反应。

Bzn1：40～55cm，向下平滑渐变过渡，稍润，浊黄棕色（10YR5/4，润），浊黄棕色（10YR5/4，干），岩石矿物碎屑丰度 2%、大小约 2～5mm、次圆、新鲜状态，粉砂质黏壤土，弱发育的棱块结构，少量细根及极细根，疏松，稍黏着，稍塑，土体中有少量炭块，强石灰反应。

Bzn2：55～70cm，向下平滑渐变过渡，稍润，浊黄橙色（10YR6/4，润），岩石矿物碎屑丰度 2%、大小约 3mm、角状、新鲜状态，壤土，中发育的棱块结构，少量细根及极细根、很少量中粗根，疏松，无黏着，无塑性，强石灰反应，中氟化钠反应。

图 6-14 下平油系代表性单个土体剖面照

Bznr：70～130cm，向下平滑突变过渡，稍润，浊黄棕色（10YR5/4，润）岩石矿物碎屑丰度 2%、大小约 3mm、角状、新鲜状态，砂壤土，弱发育块状结构，有丰度 40%模糊的铁锰斑纹，少量细根及极细根，松散，无黏着，无塑性，强石灰反应，无亚铁反应，中等氟化钠反应。

C：>130cm，为卵石层。

表 6-13 下平油系代表性单个土体物理性质

土层	深度 /cm	砾石* (>2mm，体积 分数) /%	细土颗粒组成（粒径：mm）/（g/kg）			质地
			砂粒 2～0.05	粉粒 0.05～0.002	黏粒 <0.002	
Ap1	0～20	2	246	543	211	粉砂质黏壤土
Ap2	20～40	2	272	540	188	粉砂质黏壤土
Bzn1	40～55	2	307	510	183	粉砂质黏壤土
Bzn2	55～70	2	436	446	118	壤土
Bznr	70～130	2	632	274	94	砂壤土

表 6-14　下平油系代表性单个土体化学性质

深度 /cm	pH (H₂O)	有机碳 / (g/kg)	全氮（N） / (g/kg)	碳酸钙 / (g/kg)	CEC / (cmol/kg)	盐分 / (g/kg)	交换性钠 / (cmol/kg)
0～20	8.3	8.7	0.90	81.6	23.4	4.9	0.18
20～40	8.2	4.0	0.48	79.8	18.3	14.7	0.88
40～55	8.1	3.9	0.36	79.3	18.5	25.5	1.66
55～70	8.3	2.3	0.28	67.1	12.1	19.3	1.22
70～130	8.9	1.8	0.21	65.6	9.3	13.8	0.82

6.5 普通潮湿正常盐成土

6.5.1 平地脑包系

土族：粗骨壤质硅质混合型石灰性冷性-普通潮湿正常盐成土

拟定者：龙怀玉，李 军，穆 真

分布与环境条件 主要存在于坝上高原的湖淖周边和汇水洼地边缘（图6-15）。分布区域属于中温带亚湿润气候，年平均气温2~5.1℃，年均降水量249~570mm。

图6-15 平地脑包系典型景观照

土系特征与变幅 诊断层有：淡薄表层、盐积层、雏形层；诊断特性有：钠质现象、半干润土壤水分状况、冷性土壤温度状况、钙积现象、均腐殖质特性。成土母质系河流冲积物，壤质、黏质、砂质、粗骨质的冲积物并存，以壤质为主；有效土层厚度大于150cm；盐分、钠离子在次表层聚集；碳酸钙含量不高，在底土可见假菌丝体，全剖面强石灰反应；颗粒大小控制层段为25~100cm，层段内有黏质、壤质、砂质等多种颗粒大小级别，加权平均为粗骨壤质，控制层段内石英加权平均大于40%、小于90%，属于硅质混合型矿物类型。

对比土系 平地脑包系和马营子系均是存在于坝上高原的盐碱化土壤，成土母质相同，地表植被也基本相同，剖面形态也很相似。但是平地脑包系已经基本上脱离了地下水的影响，在底土可见明显的白色碳酸钙假菌丝体。马营子系还没有脱离地下水的影响，在土壤剖面上能看到显著的锈纹锈斑。

利用性能综述 土壤盐碱化，土壤黏粒分散，耕性差，缺磷严重，不适宜农业，可以适当发展牧业。已经开垦成耕地的，无灌溉条件，产量低而不稳。仍为自然草场的，土壤碱性较重，草场严重退化，植物覆盖率不足50%，产草量少，载畜能力低。

参比土种 壤质轻度氯化物盐化栗钙土。

代表性单个土体 位于河北省张家口市张北县海流图乡平地脑包村，剖面点114°28′0″E，41°16′37.3″N，海拔1354m，成土母质系河流冲积物，地势较平坦，高原，冲积平原，阶地（图6-16）。弃耕后草地，植被为天然牧草，覆盖度90%，地表有30%、大小0.5~1cm的地表粗碎块。年平均气温3.4℃，≥10℃积温为2295℃，50cm土壤温度年均6.1℃；年均降水量多年平均为396mm；年均相对湿度为57%；年均干燥度为1.3；年均日照时

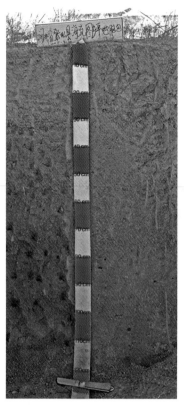

图 6-16　平地脑包系代表性
单个土体剖面照

数为 2807h。野外调查日期：2011 年 9 月 20 日。理化
性质见表 6-15，表 6-16。

Ahz1：0～10cm，向下平滑模糊过渡，橄榄色（5Y5/4，干），
少量细根及极细根、很少量中粗根，砂质壤土，中发育的 1～2cm
团块结构，有丰度 40%、大小 1cm 半风化的次圆矿物，硬，稍黏着，
稍塑，有间距 20cm、宽度 1mm、长度 20cm 的裂隙，强石灰反应。

Ahz2：10～30cm，向下平滑清晰过渡，橄榄色（5Y5/4，干），
有丰度 40%、大小 10mm 半风化的次圆矿物，黏壤土，强发育的
3～5cm 块状结构，少量细根及极细根、很少量中粗根，极硬，
稍黏着，稍塑，强石灰反应，无亚铁反应。

Bz：30～60cm，向下平滑渐变过渡，稍润，暗灰黄色（2.5Y4/2，
润），有丰度 40%、大小 5mm 半风化的次圆矿物，弱发育的 2～
3cm 团块状结构和中发育的 1～2mm 团粒结构，壤土，很少量细
根及极细根，疏松，稍黏着，稍塑，无石灰反应。

2Bhk：60～110cm，向下平滑模糊过渡，黑棕色（2.5Y3/1，
润），有丰度 30%、大小 3mm 半风化的次圆矿物，砂质壤土，
弱发育的 2～3cm 团块状结构和中发育的 1～2mm 团粒结构，结
构体面有 20% 左右的白色碳酸钙假菌丝体，疏松，中等石灰反应。

2Ck：>110cm，黑棕色（2.5Y3/2，润），砂土，基本上无
结构，有丰度 10、大小 5mm 半风化的次圆矿物，20% 左右的碳
酸钙假菌丝体，疏松，有弱的石灰反应。

表 6-15　平地脑包系代表性单个土体物理性质

土层	深度 /cm	砾石* (>2mm，体积分数)/%	细土颗粒组成（粒径：mm）/（g/kg）			质地
			砂粒 2～0.05	粉粒 0.05～0.002	黏粒 <0.002	
Ahz1	0～10	40	531	357	107	砂质壤土
Ahz2	10～30	40	368	338	305	黏壤土
Bz	30～60	40	479	388	132	壤土
2Bhk	60～110	50	666	272	66	砂质壤土

表 6-16　平地脑包系代表性单个土体化学性质

深度 /cm	pH (H₂O)	有机碳 /（g/kg）	全氮（N） /（g/kg）	钾离子 /（cmol/kg）	钠离子 /（cmol/kg）	氯根离子 /（cmol/kg）	硫酸根离子 /（cmol/kg）	CEC /（cmol/kg）	盐分 /（g/kg）
0～10	8.5	17.9	1.27	0.23	0.12	0.10	0.22	14.9	39.1
10～30	8.0	17.4	1.50	0.69	3.20	3.75	0.79	18.7	46.6
30～60	7.7	11.8	0.98	0.72	2.47	1.50	1.00	12.1	—
60～110	9.1	9.0	0.56	0.22	0.32	0.20	0.18	8.2	—

6.5.2 李肖系

土族：壤质硅质混合型石灰性温性-普通潮湿正常盐成土

拟定者：龙怀玉，穆 真，李 军

分布与环境条件 主要存在于低平原缓岗靠下的二坡地上和山区丘陵地带的河川阶地上，土壤母质为近代河流冲积物，地下水埋深 2.5m 左右，矿化度 2.5~5.0g/L，地表常见碱蓬、盐莲、海蔓荆、剪刀股等自然植被(图6-17)。分布区域属于暖温带亚湿润气候，年平均气温 11.0~13.6℃，年均降水量 258~1189mm。

图 6-17 李肖系典型景观照

土系特征与变幅 诊断层有：淡薄表层、盐积层；诊断特性有：钠质特性、氧化还原特征、潮湿土壤水分状况、温性土壤温度状况、钙积现象。成土母质系河流冲积物，质地上下均为壤土类，有效土层厚度 150cm 以上；盐分含量较高，且以氯化钠为主，表土层盐分含量 4~6g/kg，随深度增加缓慢降低，但 100cm 土体内 1:1 水土比电导率均在 50dS/m 以上，钠镁饱和度均在 50%以上；土体石灰反应较强，碳酸钙含量表层略低于心土层和底土层；地下水影响到了心土层、底土层，使其具有中量的铁锰锈纹锈斑、少量铁锰结核；土体有机碳含量一般低于 6.0g/kg；颗粒大小控制层段为 25~100cm，颗粒大小为壤质；颗粒大小控制层段内，石英含量 53%~55%，为硅质混合型矿物类型。

对比土系 和周家营系的地形部位相似，土壤母质均为近代河流冲积物，剖面形态比较相似。但李肖系的颗粒大小为壤质，土壤酸碱反应为石灰性，周家营系的颗粒大小为黏壤质，土壤酸碱反应为非酸性。此外，李肖系通体强石灰反应，周家营系通体没有石灰反应。

利用性能综述 土壤含盐量高，作物产量低，地表生长少量盐生植被，地下水位高，雨季土壤水分饱和，土壤物理性状差。要注意排水降低地下水位，以减轻盐碱危害，防止返盐。

参比土种 壤质重度氯化物盐化潮土。

代表性单个土体 位于河北省沧州市盐山县边务乡李肖村，剖面点 117°19′19.3″E，38°2′36.9″N，海拔 3m，地势平坦，平原，冲积平原，河间地、洼地（图 6-18）。母质为冲积物；耕地，主要种植小麦。年平均气温 13℃，≥10℃积温为 4561℃，50cm 土壤温度年均 13.7℃；年均降水量多年平均为 575mm；年均相对湿度为 63%；年均干燥度为 1.6；年均日照时数为 2588h。野外调查日期：2011 年 10 月 30 日。理化性质见表 6-17，表 6-18。

图 6-18　李肖系代表性单个
土体剖面照

Az1：0～20cm，向下平滑渐变过渡，黑棕色（10YR3/2，润），浊黄橙色（10YR7/3，干），粉砂壤土，中发育 1～2cm 块状结构，很少量细根及极细根，疏松，稍黏着，稍塑，石灰反应中，无亚铁反应。

Az2：20～45cm，渐变不规则过渡，灰黄棕色（10YR4/2，润），浊黄橙色（10YR7/3，干），粉砂壤土，中发育的 2～5cm 块状结构，很少量细根及极细根，疏松，稍黏着，稍塑，在结构体表面有丰度 10%、对比度模糊的黏粒胶膜，有石灰反应，无亚铁反应。

Bzr1：45～75cm，向下平滑清晰过渡，浊黄棕色（10YR4/3，润），浊黄橙色（10YR7/4，干），粉砂壤土，中发育的 2～5cm 块状结构，疏松，稍黏着，稍塑，有丰度 10%、大小 5mm×5mm 的铁锰锈斑，结构体表面有丰度 2%、大小 1mm 的黑色铁锰结核，石灰反应中，无亚铁反应。

Btr2：75～130cm，向下平滑清晰过渡，浊黄棕色（10YR4/3，润），浊黄橙色（10YR7/4，干），粉砂壤土，中发育的 2～5cm 块状结构，疏松，稍黏着，稍塑，有丰度 5%、大小 5mm×5mm 的铁锰锈纹锈斑，有丰度 2%、褐色的 1mm 铁锰结核，石灰反应中等，无亚铁反应。

Cr：>130cm，浊黄棕色（10YR5/4，湿），壤土，疏松，稍黏着，稍塑，有丰度 20%、大小 5mm×5mm 的铁锰锈纹锈斑，石灰反应。

表 6-17　李肖系代表性单个土体物理性质

土层	深度 /cm	砾石* （>2mm，体积分数）/%	细土颗粒组成（粒径：mm）/（g/kg）			质地
			砂粒 2～0.05	粉粒 0.05～0.002	黏粒 <0.002	
Az1	0～20	0	160	714	125	粉砂壤土
Az2	20～45	0	179	679	142	粉砂壤土
Btr1	45～75	0	131	757	112	粉砂壤土
Btr2	75～130	0	234	655	112	粉砂壤土

表 6-18　李肖系代表性单个土体化学性质

深度 /cm	pH (H₂O)	有机碳 /（g/kg）	全氮（N） /（g/kg）	全磷（P₂O₅） /（g/kg）	全钾（K₂O） /（g/kg）	CEC /（cmol/kg）	游离铁 /（g/kg）	盐分 /（g/kg）
0～20	7.6	5.3	0.48	1.26	49.1	7.6	5.2	4.2
20～45	8.0	3.7	0.39	—	—	8.5	7.6	3.6
45～75	8.0	2.3	0.22	—	—	7.9	7.9	2.6
75～130	8.0	2.0	0.15	1.58	51.9	7.8	8.3	2.2

6.5.3 周家营系

土族：黏壤质硅质混合型非酸性温性-普通潮湿正常盐成土

拟定者：龙怀玉，穆 真，李 军

分布与环境条件 主要存在于滨海平原微斜地形和二坡地以及黑龙港低平原的局部低平地上（图6-19）。分布区域属于暖温带亚湿润气候，年平均气温 9～12.3℃，年均降水量 301～1202mm。

图 6-19 周家营系典型景观照

土系特征与变幅 诊断层有：淡薄表层、盐积层、黏化层；诊断特性有：钠质现象、氧化还原特征、潮湿土壤水分状况、温性土壤温度状况。成土母质系河流冲积物，质地为壤土类，有效土层厚度150cm以上；心土层黏粒含量300g/kg以上，且是表土层 1.2 倍以上，盐分含量较高，且以氯化钠镁为主，表土层盐分含量 0.8～4.0g/kg，心土层盐分含量一般是表土层的 2 倍以上，底土层盐分含量又显著降低；除表土层外，土壤钠镁饱和度均在 50%以上；通体无石灰反应；地下水影响到了心土层、底土层，有中量的铁锰锈纹锈斑；颗粒大小控制层段为 25～100cm，层段内有壤质、黏壤质、黏质等颗粒大小级别，加权平均为黏壤质；颗粒大小控制层段内，石英含量 53%～55%，为硅质混合型矿物类型。

对比土系 和李肖系的地形部位相似，土壤母质均为近代河流冲积物，剖面形态比较相似，但李肖系的颗粒大小为壤质，土壤酸碱反应为石灰性，周家营系的颗粒大小为黏壤质，土壤酸碱反应为非酸性。此外，李肖系通体强石灰反应，周家营系通体没有石灰反应。

利用性能综述 地势平坦，土层深厚，土壤质地较适中，宜于耕作。土壤潜在肥力一般，盐化中等，对作物出苗、保苗和生长有较大的影响。

参比土种 壤质中度氯化物盐化潮土。

代表性单个土体 位于河北省乐亭县姜各庄乡周家营村，剖面点 119°9′19.9″E，39°26′24.3″N，海拔−4m，地势平坦，平原（图6-20）。母质为海积物；耕地，主要种植玉米。地表无盐斑、裂隙和黏闭板结。年平均气温 10.8℃，≥10℃积温为 3958℃，50cm土壤温度年均 11.9℃；年均降水量多年平均为 605mm；年均相对湿度为 65%；年均干燥度为 1.3；年均日照时数为 2572h。野外调查日期：2011 年 11 月 7 日。理化性质见表6-19，表6-20。

图 6-20　周家营系代表性
单个土体剖面照

Ap：0～8cm，向下平滑渐变过渡，稍润，棕色（10YR4/4，润），棕色（10YR4/4，干），少量细根及极细根，壤土，强发育 2～3cm 块状结构，疏松，稍黏着，稍塑，有丰度 1%的砖头侵入体，有少量蚯蚓，无石灰反应。

Btr1：8～35cm，向下平滑模糊过渡，稍润，灰黄棕色（10YR4/2，润），暗棕色（10YR3/4，干），黏壤土，强发育 1～5cm 棱块结构，结构体表面有丰度 30%的明显黏粒胶膜，少量细根及极细根，坚实，黏着，中塑，石灰反应弱。

Btr2：35～70cm，向下平滑渐变过渡，润，黑棕色（10YR3/2，润），暗棕色（10YR3/4，干），黏壤土，强发育 1～5cm 的棱块结构，结构体表面有丰度 40%的黏粒胶膜，有丰度 5%、大小 1cm×1cm 铁锰斑纹，少量细根及极细根，坚实，黏着，中塑，石灰反应弱。

2Bzr：70～85cm，向下平滑清晰过渡，润，黑棕色（10YR2/2，润），黏壤土，中发育 2mm 厚的片层结构（沉积层理），结构体表面有丰度 60%的黏粒胶膜，有丰度 10%、大小 5mm×20mm 的铁锰斑纹，有丰度 1%、大小 1mm 的铁锰结核，坚实，黏着，中塑，石灰反应弱。

3Bzr：85～110cm，向下平滑清晰过渡，润，灰黄棕色（10YR5/2，润），壤土，中发育 2～5cm 的块状结构，结构体表面有丰度 10%的黏粒胶膜，有丰度 20%、大小 10mm×20mm 的铁锰斑纹，疏松，稍黏着，稍塑，中石灰反应。

3Br：>110cm，润，暗棕色（10YR3/3，润），壤土，中发育 22～5cm 的块状结构，结构体表面有丰度 50%的黏粒胶膜，有丰度 10%、大小 5mm×20mm 的铁锰斑纹，疏松，黏着，中塑，石灰反应中等。

表 6-19　周家营系代表性单个土体物理性质

土层	深度 /cm	砾石* （>2mm，体积 分数）/%	细土颗粒组成（粒径：mm）/（g/kg）			质地
			砂粒 2～0.05	粉粒 0.05～0.002	黏粒 <0.002	
Ap	0～8	0	441	380	179	壤土
Btr1	8～35	0	248	423	329	黏壤土
2Bzr	70～85	0	91	510	400	粉砂黏壤土
3Bzr	85～110	0	387	458	155	壤土

表 6-20 周家营系代表性单个土体化学性质

深度 /cm	pH (H$_2$O)	有机碳 / (g/kg)	全氮（N） / (g/kg)	CEC / (cmol/kg)	交换性钠 / (cmol/kg)	游离铁 / (g/kg)	盐分 / (g/kg)
0～8	7.0	7.5	0.66	19.1	0.3	9.5	0.8
8～70	8.2	7.5	0.62	29.0	1.9	12.5	4.7
70～85	8.4	10.7	0.63	37.8	3.7	15.1	10.8
85～110	8.6	3.1	0.50	13.9	1.7	6.0	3.8

第7章 潜 育 土

7.1 普通有机正常潜育土

7.1.1 马蹄坑脚系

土族：砂质硅质混合型酸性冷性-普通有机正常潜育土

拟定者：刘 颖，穆 真，李 军

图 7-1 马蹄坑脚系典型景观照

分布与环境条件 主要存在于坝上高原积水洼地，排水不畅，土体经常滞水，草甸植被茂密，主要植物有青蒿、委陵菜、裂叶菊等（图7-1）。分布区域属于中温带亚湿润气候，年平均气温 3.7～5.6℃，年均降水量 228～668mm。

土系特征与变幅 诊断层有：有机表层、暗瘠表层；诊断特性有：半腐有机土壤物质、潜育特征、常潮湿土壤水分状况、冷性土壤温度状况。成土母质系冲积细沙（中、基性火山岩风化搬运物），土层厚度 50～100cm；沼泽植被茂盛，表层为半腐草根层，可闻到腥臭味，腐殖质含量高，盐基饱和度小于50%；地下水影响到了土壤形成，亚铁反应较强；通体砂质，颗粒大小类型为砂质；石英含量40%以上，为硅质混合型矿物类型。

对比土系 与压带系的环境条件、景观部位、成土母质基本相同，剖面形态相似，但马蹄坑脚系颗粒大小类型为砂质，而压带系颗粒大小类型为粗骨砂质。

利用性能综述 多为天然牧草地，生产多种宜口性牧草，牧草繁茂，土壤肥力较高。但土壤质地粗，水分过多，通透性差，有盐渍化、沼泽化的威胁，而排干水分后，又容易沙化。马蹄坑系不宜开垦成农耕地，而重点要发展牧草地。

参比土种 冲积砂质草甸沼泽土。

代表性单个土体 位于承德市围场满族蒙古族自治县塞罕坝机械林场马蹄坑作业区山脚处，剖面点 117°20′24.7″E，42°23′45.7″N，海拔 1601m，积水洼地，40cm 左右即可见水（图 7-2）。成土母质系中、基性火山岩风化搬运物。草甸植被，夹杂有松树、白桦等乔木以及黄柳等灌木。表层为半腐草根层，可闻到腥臭味，其下的矿质土层质地偏砂，pH 为 5.0 左右。年平均气温 0.3℃，≥10℃积温为 2592℃，年均降水量多年平均为 432mm；年均相对湿度为 57%，年均干燥度为 1.2，年均日照时数为 2758h，50cm 土壤温度年均 3.7℃。野外调查日期：2011 年 8 月 22 日。理化性质见表 7-1，表 7-2。

Ae：0～20cm，向下平滑清晰过渡，橄榄黑色（5Y2.5/2，润），矿质土粒的质地为砂壤土，混有少量新鲜根系的半腐烂草根约占土壤体积的 80%，有腥臭味。

Ah：20～40cm，向下平滑模糊过渡，橄榄黑色（5Y2.5/2，润），砂壤土，大量中根和细根，可见极少量的角状岩石碎屑，疏松，黏着，中塑。

Ahg：40～60cm，向下平滑清晰过渡，橄榄黑色（5Y3/1，润），砂土，极少量的角状岩石碎屑，中量根系，疏松，稍黏着，稍塑，亚铁反应中等。

Cg：>60cm，灰色（5Y5/1，润），砂土，极少量根系，松散，稍黏着，稍塑，亚铁反应中等。

图 7-2 马蹄坑脚系代表性
单个土体剖面照

表 7-1 马蹄坑脚系代表性单个土体物理性质

土层	深度 /cm	砾石* (>2mm，体积分数)/%	细土颗粒组成（粒径：mm）/（g/kg）			质地
			砂粒 2～0.05	粉粒 0.05～0.002	黏粒 <0.002	
Ae	0～20	0	741	106	154	砂壤土
Ah	20～40	5	858	46	96	壤砂土
Ahg	40～60	5	896	31	73	砂土

表 7-2 马蹄坑脚系代表性单个土体化学性质

深度 /cm	pH (H₂O)	有机碳 /（g/kg）	全氮（N） /（g/kg）	全磷（P₂O₅） /（g/kg）	全钾（K₂O） /（g/kg）	CEC /（cmol/kg）	游离铁 /（g/kg）
0～20	5.9	72.0	4.86	—	—	48.9	7.2
20～40	5.0	31.0	2.36	1.73	78.9	7.3	2.0
40～60	5.0	14.9	0.96	1.71	72.5	5.2	0.9

7.2　普通暗沃正常潜育土

7.2.1　压带系

土族：粗骨砂质硅质混合型非酸性冷性-普通暗沃正常潜育土
拟定者：龙怀玉，刘　颖，安红艳，穆　真

分布与环境条件　主要分布在冀北坝上高原下湿滩地、河漫滩地（图 7-3）。土壤母质系砂性洪冲积物，由于河流上游地区多为风积母质，河流携带物多为砂质、砂壤质。地下水埋深 0.5～1.0m，矿化度小于 1.0g/L，绝大部分时间整个土体处于水分饱

图 7-3　压带系典型景观照

和状态。植被覆盖度一般在 50%～70%。分布区域属于中温带亚湿润气候，年平均气温 3.7～5.6℃，年均降水量 226～659mm。

土系特征与变幅　诊断层有：暗沃表层；诊断特性有：常潮湿土壤水分状况、冷性土壤温度状况、氧化还原特征、潜育特征。成土母质系河流冲积物，长期水分饱和，通体为砂土，有较多粗石块。土壤有效土层较薄，一般为 50～80cm。有较多的铁锰锈纹锈斑，亚铁反应较强。全剖面无石灰反应，土壤颗粒大小类型为粗骨砂质，控制层段内二氧化硅含量 60%以上，为硅质混合型矿物类型。

对比土系　与马蹄坑脚系的环境条件、景观部位、成土母质基本相同，剖面形态相似，但马蹄坑脚系颗粒大小类型为砂质，而压带系颗粒大小类型为粗骨砂质。

利用性能综述　多已垦为农田，主要种植豆类。土壤地温低，有机质分解慢，供肥性能差。由于地下水位高，土壤通透性能差，需要修建排水渠道，确保农作物正常生长。

参比土种　砂性潜育性草甸土。

代表性单个土体　位于河北省承德市围场满族蒙古族自治县御道口乡压带村，剖面点 42°11′54.1″N，117°02′341″E，海拔 1301m，地势较平坦，高原，山麓平原，沟谷地，小河旁边的洼地（图 7-4）。河流冲积物母质。草甸植被，主要植物有刺菜、寸草、蒿草等，覆盖度接近 100%。地下水位浅，可见大量的铁锰锈斑，有亚铁反应。年平均气温 2.5℃，≥10℃积温为 2618℃，50cm 土壤温度年均 5.4℃，年均降水量多年平均为 432mm；年均相对湿度为 56%，年均干燥度为 1.2，年均日照时数为 2759h。野外调查日期：2010 年 8 月 26 日。理化性质见表 7-3，表 7-4。

Ahg1：0～20cm，向下渐变平滑过渡，润，黑棕色（7.5YR2.5/1，润），少量半风化状态的安山岩石块，壤质砂土，中等团块状结构，多量细根、中量中根，坚实，黏着，中塑，结构体面和石块表面有显著的铁锈，亚铁反应中等。

Ahg2：20～50cm，向下平滑清晰过渡，润，黑棕色（5YR2.5/1，润），多量半风化的安山岩石块，壤质砂土，中等团块状结构，向下平滑清晰过渡，多量细根、中量中根，疏松，黏着，稍塑，结构体面和石块表面有显著的铁锈，在石块表面有明显的黏粒胶膜，亚铁反应强烈。

Cgr：>50cm，润，黑色（GLEY12.5/N，润），半风化的安山岩粗石块达到80%，砂土，少量细根，松散，稍黏着，稍塑，石块表面有显著的铁锈，亚铁反应强烈。

图 7-4　压带系代表性单个
土体剖面照

表 7-3　压带系代表性单个土体物理性质

土层	深度/cm	砾石*（>2mm，体积分数）/%	细土颗粒组成（粒径：mm）/（g/kg）			质地
			砂粒 2～0.05	粉粒 0.05～0.002	黏粒 <0.002	
Ahg1	0～20	5	725	148	127	壤质砂土
Ahg2	20～50	40	775	119	107	壤质砂土

表 7-4　压带系代表性单个土体化学性质

深度/cm	pH（H_2O）	有机碳/（g/kg）	全氮（N）/（g/kg）	全磷（P_2O_5）/（g/kg）	全钾（K_2O）/（g/kg）	CEC/（cmol/kg）
0～20	6.5	60.8	3.74	0.66	20.6	28.0
20～50	6.5	19.4	0.68	—	—	12.8

7.3　纤维有机正常潜育土

7.3.1　神仙洞系

土族：砂质硅质型非酸性冷性-纤维有机正常潜育土
拟定者：龙怀玉，刘　颖，安红艳，穆　真

分布与环境条件　主要分布在河流冲积而形成的涝洼地上，成土母质为砂质河流冲积物（图7-5）。地下水埋深一般在50～80cm，雨季时则可以达到地表；土体长期滞水，土壤潮湿，湿生草原植被生长旺盛。分布区域属于中温带亚湿润气候，年平均气温3.7～5.6℃，年均降水量228～665mm。

图7-5　神仙洞系典型景观照

土系特征与变幅　诊断层有：有机表层、暗瘠表层；诊断特性有：常潮湿土壤水分状况、冷性土壤温度状况、潜育特征、半腐有机土壤物质、纤维有机土壤物质。河流冲积物母质，壤质砂土、砂土。长期水分饱和，气温较低，有机质分解缓慢，土壤有机质累积较多，在地表则形成由新鲜草根、半腐烂草根交织而成的草垛状纤维有机表层；土壤亚铁反应极强；土壤颗粒大小类型为砂质，二氧化硅含量60%以上，矿物类型为硅质混合型。

对比土系　与二间房系的分布地点、形成条件基本一致，大部分理化性质也非常接近，但二间房系地表40cm内为体积占80%以上的半腐有机土壤物质，其有机碳含量200g/kg以上，为有机土。此外，二间房系具石质接触面，其埋深小于120cm。

利用性能综述　土壤有机质含量高、养分肥力较好、水分充足，草原植被生长旺盛，有利于发展畜牧业，但是要防止过度放牧，而引起土壤退化。通过修建排水工程，降低地下水位，神仙洞系可以改良成优质农田，但是土壤质地砂性重，有机质分解快，如果不注意有机肥料施用，土壤有机质退化迅速，甚至沙化。

参比土种　砂壤质冲积沼泽土。

代表性单个土体　位于河北省承德市围场满族蒙古族自治县燕格柏乡前神仙洞，剖面点42°14′22″N，117°16′17.2″E，海拔1479m，地势平坦，高原，冲积平坦平原，沼泽地，地表常年积水，通体饱和（图7-6）。自然草地，覆盖度100%，植物生长茂盛，向土壤产生大量的有机质，但是由于土壤长期处于滞水状态，有机质得不到充分的分解，而以粗有机质和半腐有机质的形式在地表积累，在地表形成间距 50～100cm、大小 50～100cm 的垛状半腐烂草根层，有腥臭味。河流冲积物母质。通体无石灰反应，亚铁反应强烈。年平均气温 0.9℃，≥10℃积温为 2624℃，50cm 土壤温度年均 4.2℃，年均降水量多年平均为 433mm，年均相对湿度为 56%，年均干燥度为 1.2，年均日照时数为 2758h。野外调查日期：2010 年 8 月 27 日。理化性质见表 7-5，表 7-6。

Oi：+11～0cm，向下平滑清晰过渡，暗棕色（10YR3/3，润），含有少量壤土，90%以上为草根，土体松软，富有弹性，亚铁反应弱。

Ahg1：0～39cm，向下平滑清晰过渡。黑色（GLEY12.5/N，润），壤质砂土，弱团块状结构，有较多半腐根系、多量中根，两者约占土体 50%，松散，黏着，中塑，亚铁反应强烈。

Ahg2：39～59cm，深暗灰色（GLEY13/5GY，润），高分解有机质层，母质层，砂土，有少量高腐烂根系，极少量中根，松散，稍塑，稍黏着，亚铁反应强烈。

图 7-6 神仙洞系代表性单个土体剖面照

表 7-5 神仙洞系代表性单个土体物理性质

土层	深度 /cm	砾石* （>2mm，体积分数）/%	细土颗粒组成（粒径：mm）/（g/kg）			质地
			砂粒 2～0.05	粉粒 0.05～0.002	黏粒 <0.002	
Ahg1	0～39	0	673	196	132	壤质砂土

表 7-6 神仙洞系代表性单个土体化学性质

深度 /cm	pH （H₂O）	有机碳 /（g/kg）	全氮（N） /（g/kg）	CEC /（cmol/kg）	盐基饱和度 /%	游离铁 /（g/kg）
0～39	5.78	62.2	3.30	26.3	43.0	9.8

7.4　弱盐暗沃正常潜育土

7.4.1　南排河系

土族：黏壤质硅质混合型石灰性温性-弱盐暗沃正常潜育土
拟定者：龙怀玉，穆　真，李　军

图 7-7　南排河系典型景观照

分布与环境条件　主要存在于滨海洼地、湖淖下湿滩和坝下河流两岸洼地，成土母质系壤质湖相沉积物或壤质海相沉积物，地下水埋深小于 1m，而且矿化度较高（图7-7）。分布区域属于暖温带亚湿润气候，年平均气温 10.9～13.8℃，年均降水量 250～1310mm。

土系特征与变幅　诊断层有：暗沃表层、雏形层；诊断特性有：氧化还原特征、盐积现象、钠质现象、潜育特征、常潮湿土壤水分状况、温性土壤温度状况、钙积现象。成土母质系壤质海相沉积物，有效土层厚度 150cm 以上；土壤长期水分饱和，表土层和心土层有明显亚铁反应；土体有机碳含量一般高于 6.0g/kg，且随深度增加而锐减；盐分含量较高，且以氯化钠为主，表土层盐分含量 6～10g/kg、钠镁饱和度均在 50%以上；土体石灰反应中等，碳酸钙含量表层明显高于心土层和底土层；地下水影响到了心土层、底土层，有中量的锈纹锈斑和铁锰结核；颗粒大小控制层段为 25～100cm，颗粒大小类型为黏壤质；颗粒大小控制层段内石英含量 48%～55%，为硅质混合型矿物类型。

对比土系　与端村系的环境条件、成土母质基本相同，剖面形态相似，很多情况下地表植被也一样。南排河系靠近滨海，土壤盐分含量较高，具有盐积现象和钠质特征，颗粒大小类型为黏壤质。端村系没有盐积现象和钠质特征，颗粒大小类型为黏质。

利用性能综述　由于地表积盐和土体中含水过多，只能生长耐盐植物。如需要引水洗盐种稻时，必须完善田间排灌系统，不能垦殖农用者，只能围捻蓄水，发展养鱼和植苇、蒲等。

参比土种　壤质湖积盐化沼泽土。

代表性单个土体　位于河北省沧州市黄骅市南排河镇畜牧场，剖面点 117°31′2.7″E，38°29′33.7″N，海拔 1m，地势平坦，平原，海成平原（图 7-8）。母质为湖积物；植被为芦苇，覆盖度100%，终年土壤水分饱和。年平均气温 12.5℃，≥10℃积温为 4451℃，

50cm 土壤温度年均 13.3℃，年均降水量多年平均为 588mm，年均相对湿度为 63%，年均干燥度为 1.5，年均日照时数为 2588h。野外调查日期：2011 年 10 月 31 日。理化性质见表 7-7，表 7-8。

Ahg1：0～10cm，向下平滑清晰过渡，润，黑棕色（2.5Y3/2，润），粉砂壤土，中量细根及极细根、少量中粗根，中发育的 1cm 团块结构，疏松，黏着，中塑，有丰度 5%左右、大小 1mm×2mm 的铁锰斑纹，中等石灰反应、弱亚铁反应。

Ahg2：10～30cm，向下平滑清晰过渡，润，黑棕色（2.5Y3/2，润），中量细根及极细根、很少量中粗根，粉砂质黏壤土，中发育大小 1cm 的棱块结构，坚实，黏着，中塑，有丰度为 70%、大小约 1cm 的铁锰斑纹，有丰度为 2%、大小约 1mm 点状的黑色铁锰结核，石灰反应中等。

Ahg3：30～100cm，向下平滑清晰过渡，湿，红黑色（2.5YR2/1，湿），粉砂质黏壤土，中量细根及极细根、很少量中粗根，中等偏强发育 2cm 块状结构，坚实，黏着，中塑，有丰度 2%、大小 3mm×5mm 的铁锰斑纹，石灰反应弱，亚铁反应弱。

Cr：100～140cm，湿，灰红色（2.5YR4/2，湿），壤土，无结构的糊状，黏着，中塑，有丰度 70%、大小 3mm×5mm 铁锰斑纹，石灰反应中等，无亚铁反应。

图 7-8 南排河系代表性
单个土体剖面照

表 7-7 南排河系代表性单个土体物理性质

土层	深度 /cm	砾石* （>2mm，体积 分数）/%	细土颗粒组成（粒径：mm）/（g/kg）			质地
			砂粒 2～0.05	粉粒 0.05～0.002	黏粒 <0.002	
Ahg1	0～10	0	139	612	248	粉砂壤土
Ahg2	10～30	0	139	536	325	粉砂质黏壤土
Ahg3	30～60	0	101	608	291	粉砂质黏壤土

表 7-8 南排河系代表性单个土体化学性质

深度 /cm	pH （H₂O）	有机碳 /（g/kg）	全氮（N） /（g/kg）	全磷（P₂O₅） /（g/kg）	全钾（K₂O） /（g/kg）	CEC /（cmol/kg）	交换性钠 /（cmol/kg）	游离铁 /（g/kg）	盐分 /（g/kg）
0～10	8.0	29.5	2.21	—	—	23.1	3.2	6.8	9.1
10～30	8.4	9.9	0.87	2.00	67.9	19.8	3.7	9.4	10.7
30～60	8.3	8.8	0.83	—	—	18.3	2.4	8.3	6.3

第8章 均 腐 土

8.1 钙积暗厚干润均腐土

8.1.1 边墙山系

土族：粗骨壤质硅质混合型冷性-钙积暗厚干润均腐土
拟定者：龙怀玉，刘　颖，安红艳，穆　真

分布与环境条件　主要分布在冀北山地、丘陵区的陡坡地带，成土母质为安山岩（夹杂砂岩）坡残积物，海拔一般在 800～1200m，坡度一般在 5°～14°（图 8-1）。分布区域属于中温带亚湿润气候，年平均气温 3.7～5.6℃，年均降水量 252～709mm。

图 8-1　边墙山系典型景观照

土系特征与变幅　诊断层有：暗沃表层、雏形层；诊断特性有：半干润土壤水分状况、均腐殖质特性、冷性土壤温度状况。是在安山岩残坡积风化碎屑物上发育的土壤，有效土层厚度 50～100cm，通体为壤土，但砾石含量较高；有机质累积较强，有时地表有一层半腐烂状的枯枝落叶层，厚度 1～3cm，土壤有机碳含量较高，并向下缓慢减少，具有均腐殖质特性；碳酸钙含量不高，但有明显的碳酸钙分凝物，通体有较强石灰反应；土壤颗粒控制层段为 25～100cm，颗粒大小类型为粗骨壤质；控制层段内二氧化硅含量 60%～90%，为硅质混合型矿物类型。

对比土系　与楼家窝铺系的地形部位、成土母质、剖面形态相似，但边墙山系有明显的碳酸钙分凝物，通体有较强石灰反应。楼家窝铺系通体没有碳酸钙分凝物和石灰反应，但在淀积层的结构体面上能看到模糊的黏粒胶膜、铁锰胶膜。

利用性能综述　表层疏松多孔，但地处低山丘陵，坡度大，土层薄，易水土流失；通体含砾石多，水分条件差，干旱严重。适合发展林牧业。

参比土种　中性粗骨土。

代表性单个土体　位于河北省承德市围场县腰站乡边墙山村，剖面点 41°49′23″N，117°52′7.3″E，海拔 924m（图 8-2）。山地，中山，坡中部，坡度为 43°。自然杂生灌丛和稀疏乔木，乔木主要为松树、杏树等，草本植物主要为蒿草等。地表有大量岩石碎块。

土壤母质为安山岩坡残积物，土体中含有大量的石块。
年平均气温 3.9℃，≥10℃积温为 2861℃，50cm 土壤
温度年均 6.5℃；年降水量多年平均为 458mm；年均相
对湿度为 56%；年干燥度为 1.2；年日照时数为 2744h。
野外调查日期：2010 年 8 月 29 日。理化性质见表 8-1，
表 8-2。

　　Ah：0～30cm，向下平滑清晰过渡，橄榄棕色（2.5Y4/3，
干），约有 50% 的 2mm 以上新鲜的不规则石块，壤土，弱团
块结构，多量细根、极少量粗根，松散，无黏着，无塑，蚂蚁
较多，1～2 只蚰蜒，石灰反应中，石块表面有明显的碳酸钙粉
末，强石灰反应。

　　AB：30～60cm，向下平滑状渐变过渡，2mm 以上新鲜砾
石含量 70%，橄榄黑色（5Y3/1，润），壤土，弱团块结构，
少量细根、少量中根，疏松，无黏着，无塑，明显的碳酸钙分
凝物，石灰反应中等。

图 8-2　边墙山系代表性单个
土体剖面照

　　C：60～110cm，安山岩大碎块及其风化物（成土母质）的
混合层，其中安山岩大碎块占 90% 以上，橄榄黑色（5Y3/1，润），无石灰反应。

表 8-1　边墙山系代表性单个土体物理性质

土层	深度 /cm	砾石* (>2mm，体积分数)/%	细土颗粒组成（粒径：mm）/（g/kg）			质地
			砂粒 2～0.05	粉粒 0.05～0.002	黏粒 <0.002	
Ah	0～30	50	501	322	177	壤土
AB	30～60	70	415	383	202	壤土

表 8-2　边墙山系代表性单个土体化学性质

深度 /cm	pH (H₂O)	有机碳 /（g/kg）	全氮（N） /（g/kg）	全磷（P₂O₅） /（g/kg）	全钾（K₂O） /（g/kg）	CEC /（cmol/kg）
0～30	7.7	19.0	1.61	0.60	19.4	20.7
30～60	7.7	22.1	1.50	0.59	20.8	26.5

8.1.2 大老虎沟系

土族：砂质硅质混合型冷性-钙积暗厚干润均腐土

拟定者：龙怀玉，刘　颖，安红艳，穆　真

分布与环境条件　主要分布于丰宁县坝缘山地及疏缓丘陵的沟谷滩地，海拔 1500～1700m，成土母质为河流冲积洪积物（图 8-3）。分布区域属于中温带亚湿润气候，年平均气温 0.4～3.7℃，年降水量 224～631mm。

图 8-3　大老虎沟系典型景观照

土系特征与变幅　诊断层有：暗沃表层、雏形层；诊断特性有：钙积现象、半干润土壤水分状况、冷性土壤温度状况、均腐殖质特性、石灰性。成土母质系河流冲积物，有效土层厚度大于 100cm，质地较为均一，通体砂质壤土或者壤质砂土，土壤 pH 为 7.5～8.5；表层土壤有机碳含量较高，并随深度增加而逐渐减少；碳酸钙淋溶淀积过程比较明显，在心土层、底土层有中量或多量的白色碳酸钙假菌丝体，并在底土层形成钙积层，石灰反应中或强，并随深度增加而增强；颗粒大小控制层段为 25～100cm，颗粒大小级别为砂质；控制层段内二氧化硅含量 60%～90%，为硅质混合型矿物类型。

对比土系　和瓦窑系相邻分布，成土母质均为河流冲积洪积物，地表植被类似，剖面形态相似。大老虎沟系在心土层、底土层有中量或多量的白色碳酸钙假菌丝体，并在底土层形成钙积层。瓦窑系在剖面上没有碳酸钙假菌丝体，但由于地下水的影响，在底土层形成了中量或多量的铁锰锈斑。

利用性能综述　草原植被生长旺盛，自然肥力较高。土性疏松，通透性较好，养分含量较高，由于土壤质地粗，部分土壤处风口地带，风蚀严重。

参比土种　砂壤质洪冲积暗栗钙土。

代表性单个土体　位于河北省丰宁县大二号乡大老虎沟村，剖面点 41°10.3′0.0″N，116°5′5″E，海拔 1495m，高原山地，中山，阶地下部，坡度 15°（图 8-4）。草原植被，覆盖度大于 80%，地表可见中度的面蚀现象。河流冲积物母质。土壤 pH 为 7.5～8.0，石灰反应强烈。年平均气温 1.7℃，≥10℃积温为 2709℃，50cm 土壤温度年均 4.8℃；年降水量多年平均为 426mm；年均相对湿度为 55%；年干燥度为 1.3；年日照时数为 2779h。野外调查日期：2010 年 8 月 22 日。理化物质见表 8-3，表 8-4。

Ah1：0～30cm，向下平滑模糊过渡，稍润，黑棕色(7.5YR3/2，润)，含有 2～20mm 的砾石 2%左右，壤质砂土，中发育团块结构，中量细根，疏松，稍黏着，稍塑，弱石灰反应。

Ah2：30～58cm，渐变波状过渡，稍润，浊黄棕色(10YR5/4，干)，含有 2～20mm 的砾石 2%左右，壤质砂土，弱的团块结构，中量细根，松软，稍黏着，稍塑，石灰反应中等。

AB：58～90cm，向下平滑模糊过渡，稍润，浊黄橙色（10YR7/3，干），含有 2～20mm 的砾石 2%左右，壤质砂土，弱块状结构，少量细根，有 5%左右清晰的白色碳酸钙假菌丝体，松散，稍黏着，稍塑，石灰反应强烈。

Bk：90～140cm，稍润，浊黄橙色（10YR7/3，干），少量的石块，砂质壤土，弱块状结构，极少量细根，有 25%左右清晰的白色碳酸钙假菌丝体，松散，稍黏着，稍塑，强石灰反应。

图 8-4　大老虎沟系代表性
单个土体剖面照

表 8-3　大老虎沟系代表性单个土体物理性质

土层	深度 /cm	砾石* (>2mm, 体积 分数) /%	细土颗粒组成（粒径：mm）/ (g/kg)			质地
			砂粒 2～0.05	粉粒 0.05～0.002	黏粒 <0.002	
Ah1	0～30	2	647	203	149	壤质砂土
Ah2	30～58	2	618	255	128	壤质砂土
AB	58～90	7	662	208	131	壤质砂土
Bk	90～140	25	471	337	192	砂质壤土

表 8-4　大老虎沟系代表性单个土体化学性质

深度 /cm	pH (H₂O)	有机碳 / (g/kg)	全氮（N） / (g/kg)	全磷（P₂O₅） / (g/kg)	全钾（K₂O） / (g/kg)	碳酸钙 / (g/kg)	CEC / (cmol/kg)
0～30	7.9	15.7	1.31	1.09	35.7	—	17.5
30～58	8.0	9.7	0.87	1.12	32.4	11.1	15.4
58～90	8.3	6.2	0.61	—	—	42.5	11.9
90～140	8.5	2.7	0.44	1.09	56.5	76.5	15.7

8.1.3 南井沟系

土族：砂质长石型冷性-钙积暗厚干润均腐土

拟定者：龙怀玉，李　军，穆　真

分布与环境条件　存在于高原明显起伏地区，海拔一般在 1500～1900m，成土母质系花岗岩残坡积物（图 8-5）。分布区域属于中温带亚湿润气候，年平均气温 0.5～3.7℃，年降水量 249～619mm。

图 8-5　南井沟系典型景观照

土系特征与变幅　诊断层有：暗沃表层、钙积层；诊断特性有：半干润土壤水分状况、冷性土壤温度状况、均腐殖质特性。成土母质系花岗岩残积风化物，土壤层次清晰，有效土层厚度 80～150cm，并且腐殖质层厚度至少占 2/3 以上；碳酸钙淋溶淀积过程比较明显，并在底土层形成钙积层；石灰反应随深度增加而增强；颗粒大小控制层段为 25～100cm，颗粒大小级别为砂质，石英含量<40%，长石含量 40%～50%，为长石型矿物类型。

对比土系　和后保安系的剖面形态相似。但南井沟系在底土层形成钙积层。后保安系碳酸钙已经淋溶殆尽，全剖面无石灰反应，但在底土层形成黏化层。此外，南井沟系颗粒大小级别为砂质，后保安系颗粒大小级别为黏壤质。

利用性能综述　大部分为天然牧场，土层较深厚，多分布在阳坡，土壤水分条件较好。但是坡度较大，容易发生水土流失。

参比土种　厚腐厚层粗散状暗栗钙土。

代表性单个土体　位于河北省张家口市康保县照阳河镇南井沟村，剖面点 114°39′5.3″E，42°2′16.2″N，海拔 1442m，地势陡峭切割，山地，中山，凸形坡中部，坡度 38°～110°（图 8-6）。母质为花岗岩残积物；草地，主要植被为天然牧草，覆盖度为 60%，放牧中度扰乱植被；地表有沟蚀和片蚀，侵蚀强度为中等，占地表面积 20%；有占地表 20% 的岩石露头，平均距离 10m；有丰度 10%、大小为 5～10cm 的地表粗碎块，平均距离 50cm。年平均气温 2.1℃，≥10℃ 积温为 2262℃，50cm 土壤温度年均 5.1℃；年降水量多年平均为 434mm；年均相对湿度为 58%；年干燥度为 1.2；年日照时数为 2790h。野外调查日期：2010 年 8 月 22 日。理化性质见表 8-5，表 8-6。

Ah1：0～20cm，稍干，向下平滑模糊过渡，黑棕色（7.5YR3/1，干），有丰度10%、大小5cm高度风化的块状花岗岩，砂质壤土，中发育的3mm团粒结构和强发育的2cm团块结构，中量细根及极细根、很少量中粗根，稍硬，黏着，中塑，有弱石灰反应。

Ah2：20～70cm，向下平滑渐变过渡，棕灰色（7.5YR4/1，干），有丰度20%、大小5～10cm高度风化的块状花岗岩，砂质壤土，中等偏强发育的4cm棱块结构，少量细根及极细根，极硬，黏着，中塑，有弱石灰反应。

BAk：70～110cm，向下平滑清晰过渡，黑棕色（7.5YR5/1，干），有丰度15%、大小5～10cm高度风化的块状花岗岩，砂质壤土，中发育的3cm棱块结构，少量细根及极细根，有10%左右清晰的斑点状白色碳酸钙粉末，极硬，黏着，中塑，强石灰反应。

Bk：110～140cm，向下平滑渐变过渡，橙色（7.5YR6/6，干），有丰度15%、大小5～10cm高度风化的块状花岗岩，壤土，强发育的3mm×10cm棱柱结构，很少量细根及极细根，有10%左右清晰的斑点状白色碳酸钙粉末，极硬，黏着，中塑，强石灰反应。

C：140～180cm，母岩碎块与母质混合物。橙色（7.5YR7/6，干），有丰度50%、大小5～10cm高度风化的块状花岗岩，砂壤土，极硬，黏着，中塑，矿质瘤状结核物质为丰度为10%、大小2mm白色球形的碳酸钙结核，强石灰反应。

图 8-6 南井沟系代表性单个
土体剖面照

表 8-5 南井沟系代表性单个土体物理性质

| 土层 | 深度/cm | 砾石*（>2mm，体积分数）/% | 细土颗粒组成（粒径：mm）/（g/kg） | | | 质地 |
			砂粒 2～0.05	粉粒 0.05～0.002	黏粒 <0.002	
Ah1	0～20	10	625	194	181	砂质壤土
Ah2	20～70	20	640	179	181	砂质壤土
BAk	70～110	25	—	—	—	砂质壤土
Bk	110～140	25	—	—	—	壤土

表 8-6　南井沟系代表性单个土体化学性质

深度 /cm	pH (H₂O)	有机碳 / (g/kg)	全氮（N） / (g/kg)	全磷（P₂O₅） / (g/kg)	全钾（K₂O） / (g/kg)	碳酸钙 / (g/kg)	CEC / (cmol/kg)
0～20	7.7	15.9	1.07	1.51	38.3	1.8	23.2
20～70	8.0	18.4	1.17	—	—	7.8	23.1
70～110	8.8	11.8	0.86	1.48	23.9	67.5	21.2
110～140	8.4	3.0	0.38	1.71	40.0	79.4	17.2

8.2 普通暗厚干润均腐土

8.2.1 红松洼腰系

土族：黏壤质硅质混合型非酸性冷性-普通暗厚干润均腐土

拟定者：刘 颖，穆 真，李 军

分布与环境条件 主要存在于坝上高原北部平缓丘陵，成土母质为玄武岩残坡积物，土层深厚，所处地形平缓（图8-7）。分布区域属于半湿润寒温型气候条件，年平均气温 3.7～5.6℃，年降水量233～693mm。

图 8-7 红松洼腰系典型景观照

土系特征与变幅 诊断层有：暗沃表层；诊断特性有：均腐殖质特性、半干润土壤水分状况、冷性土壤温度状况。成土母质系玄武岩坡残积风化物，有效土层厚度60～100cm，土壤质地上下较为均一，一般为黏壤土，土壤有机质累积较强，表层腐殖质含量高而且淋溶淀积过程明显，腐殖质染色层穿过整个土体剖面，腐殖质含量随深度增加而缓慢减少，碳氮比 12～17；具有一定的腐殖质–硅酸螯合淋溶过程，在土体上部可以见到少量亮白色的二氧化硅粉末；土壤疏松多孔，全剖面为弱团块结构，上下层黏粒含量没有明显差异，在250～300g/kg；在底土层有微弱石灰反应；土壤颗粒控制层段为25～100cm，颗粒大小类型为黏壤质；控制层段内，石英含量40%以上，为硅质混合型矿物类型。

对比土系 和后保安系、御道口腰系、御道口顶系均属于相同土族，剖面形态相似，与它们的差别主要体现在下垫母岩上，红松洼腰系为玄武岩等基性岩浆岩，后保安系为安山岩、流纹岩等中性、酸性岩浆岩，御道口顶系、御道口腰系为流纹岩等酸性岩浆岩。

利用性能综述 土层深厚，有较好的团粒结构，肥力较高，土壤水分充沛，但土壤温度低，并处于风口，有风蚀威胁。原本为优良牧场，但不少地方草场已严重退化。

参比土种 厚腐厚层暗实状黑土。

代表性单个土体 位于河北省承德市围场满族蒙古族自治县红松洼牧场山腰，剖面点117°39′46.3″E，42°32′33.9″N，海拔1601m（图8-8）。地势强度起伏，高原山地，浅切割中山，山坡坡脚处，坡度21°，坡向东南。草地，覆盖度100%，经常承受放牧。地表岩石露头约占5%，粗碎块约10%。年平均气温 2℃，≥10℃积温为2651℃，50cm土壤温度年均5℃；年降水量多年平均为440mm。野外调查日期：2011 年 8 月 27 日。理化性质见表8-7，表8-8。

Ah: 0～20cm, 向下平滑模糊过渡, 稍润, 黑棕色（10YR3/1, 干）, 壤黏土, 中发育的1～3mm团粒结构和5～15mm团块结构, 多量细根及极细根、极少量中根, 极少量半风化岩石碎屑, 松软, 稍黏着, 稍塑, 无石灰反应, 氟化钠反应中等。

AB1: 20～43cm, 向下平滑清晰过渡, 稍润, 黑棕色（10YR3/1, 干）, 壤黏土, 中发育的团粒结构和团块结构, 少量细根及极细根、极少量中根, 极少量半风化岩石碎屑, 疏松, 稍黏着, 稍塑, 少量的二氧化硅粉末, 无石灰反应, 氟化钠反应中等。

AB2: 43～90cm, 向下平滑清晰过渡, 稍润, 黑棕色（10YR3/2, 干）, 壤黏土, 中发育的团粒结构和团块结构, 极少量细根及极细根、极少量中根, 极少量半风化岩石碎屑, 疏松, 黏着, 中塑, 少量的二氧化硅粉末, 石灰反应极弱, 氟化钠反应中等。

C: >90cm, 大碎块母岩与风化碎屑物的混合物。

图 8-8　红松洼腰系代表性
单个土体剖面照

表 8-7　红松洼腰系代表性单个土体物理性质

土层	深度/cm	砾石*（>2mm, 体积分数）/%	细土颗粒组成（粒径: mm）/（g/kg）			质地
			砂粒 2～0.05	粉粒 0.05～0.002	黏粒 <0.002	
Ah	0～20	2	392	337	270	壤黏土
AB1	20～43	2	408	330	262	壤黏土
AB2	43～90	2	392	341	267	壤黏土

表 8-8　红松洼腰系代表性单个土体化学性质

深度/cm	pH（H₂O）	有机碳/（g/kg）	全氮（N）/（g/kg）	全磷（P₂O₅）/（g/kg）	全钾（K₂O）/（g/kg）	CEC/（cmol/kg）
0～20	6.7	41.5	3.23	2.21	112	44.6
20～43	6.7	46.1	3.22	1.96	115	49.0
43～90	6.7	39.8	2.65	2.21	101	45.7

8.2.2 后保安系

土族：黏壤质硅质混合型非酸性冷性-普通暗厚干润均腐土

拟定者：龙怀玉，李 军，穆 真

分布与环境条件 存在于高原明显起伏地区，海拔一般在 1500～1900m，成土母质系流纹岩、安山岩残坡积物（图 8-9）。分布区域属于中温带亚湿润气候，年平均气温 0.4～3.7℃，年均降水量 225～607mm。

图 8-9 后保安系典型景观照

土系特征与变幅 诊断层有：暗沃表层、雏形层；诊断特性有：半干润土壤水分状况、冷性土壤温度状况、均腐殖质特性。成土母质系安山岩、流纹岩等岩浆岩的残积风化物，土壤层次清晰，有效土层厚度 100～150cm，并且腐殖质层厚度至少占 2/3 以上；全剖面无石灰反应，或仅仅在底土层有微弱石灰反应；颗粒大小控制层段为 25cm 至 60～100cm，颗粒大小级别为黏壤质，层段内石英含量 70%～80%，为硅质混合型矿物类型。

对比土系 和红松洼腰系、御道口顶系、御道口腰系均属于相同土族，剖面形态相似，与红松洼腰系的差别主要体现在下垫母岩上，后保安系为安山岩、流纹岩等中性、酸性岩浆岩，红松洼腰系为玄武岩等基性岩浆岩；与御道口顶系、御道口腰系的差别主要体现在剖面发育上，后保安系在心土层或底土层有多量显著的黏粒胶膜、中量显著的铁锰胶膜，御道口顶系、御道口腰系在心土层或底土层有少量二氧化硅粉末淀积。

利用性能综述 大部分为天然牧场，土层较深厚，除速效磷含量较低外，其他养分含量均丰富，土壤水分条件较好。

参比土种 厚腐厚层粗散状暗栗钙土。

代表性单个土体 位于河北省沽源县莲花滩乡后保安村，剖面点 115°34′18″E，41°20′56.2″N，海拔 1705m，地势强烈起伏，高原山地，浅切割中山，山坡中部，坡度 27°（图 8-10）。母质为安山岩坡积物；草地，植被为天然牧草，覆盖度 80%，地表有弱的沟蚀，占地表面积 2%。年平均气温 1.1℃，≥10℃积温为 2798℃，50cm 土壤温度年均 4.3℃；年均降水量为 409mm；年均相对湿度为 54%；年干燥度为 1.4；年日照时数为 2801h。野外调查日期：2011 年 9 月 17 日。理化性质见表 8-9，表 8-10。

图 8-10　后保安系代表性单个
土体剖面照

Oi：+3~0cm，黑棕色（2.5Y3/1，润）。枯枝落叶层。

Ah1：0~70cm，向下平滑模糊过渡，稍润，红灰色（2.5YR5/1，润），黑棕色（7.5YR2/2，干），黏壤土，中等强度发育的5cm团块结构和棱块结构、中量细根及极细根、很少量中粗根，有丰度为25%、大小为5cm、角状高度风化安山岩碎屑，疏松，稍黏着，中塑，有丰度为10%的有机胶膜，无石灰反应、亚铁反应。

Ah2：70~100cm，向下平滑清晰过渡，稍润，浊红棕色（2.5YR4/4 润），黑棕色（10YR2/2，干），黏壤土，中发育的3cm棱块结构，中量细根及极细根、很少量中粗根，有丰度为25%、大小为5cm、角状高度风化安山岩碎屑，疏松，稍黏着，中塑，有丰度40%的有机胶膜，无石灰反应、亚铁反应。

Bt：100~125cm，向下平滑渐变过渡，稍润，红棕色（2.5YR4/6，润），壤土，中发育的3cm棱块结构，很少量细根及极细根，有大小为10cm、丰度为20%~30%、角状高度风化块状的安山岩碎屑，疏松，稍黏着，中塑，有丰度为5%的黏粒胶膜、丰度为10%的褐色铁锰黏粒胶膜和丰度为40%的显著黄白色粉末，弱石灰反应，中氟化钠反应。

C：125~170cm，母岩碎块与母质混合物体。有丰度20%、大小为80cm、角状高度风化块状的安山岩碎屑，在石块表面有清晰丰度为40%的黏粒胶膜和丰度为20%的粉末，有弱石灰反应，中氟化钠反应。

表 8-9　后保安系代表性单个土体物理性质

土层	深度 /cm	砾石* (>2mm，体积 分数) /%	细土颗粒组成（粒径：mm）/（g/kg）			质地
			砂粒 2~0.05	粉粒 0.05~0.002	黏粒 <0.002	
Oi	+3~0	—	375	390	235	壤土
Ah1	0~70	25	364	345	291	壤黏土
Ah2	70~100	25	335	368	298	壤黏土
Bt	100~125	25	422	366	212	壤土

表 8-10　后保安系代表性单个土体化学性质

深度 /cm	pH (H$_2$O)	有机碳 /（g/kg）	全氮（N） /（g/kg）	全磷（P$_2$O$_5$） /（g/kg）	全钾（K$_2$O） /（g/kg）	CEC /（cmol/kg）
+3~0	7.1	41.2	2.78	—	—	38.6
0~70	6.9	34.6	2.27	1.76	39.8	38.0
70~100	6.8	25.1	1.45	—	—	32.7
100~125	6.9	2.7	0.10	1.82	24.7	15.8

8.2.3 御道口顶系

土族：黏壤质硅质混合型非酸性冷性-普通暗厚干润均腐土

拟定者：刘 颖，穆 真，李 军

分布与环境条件 主要存在于坝上高原东部坝缘低山岗坡。成土母质为流纹岩、花岗岩的残积风化物（图8-11）。处于半湿润寒温型气候地带，是针阔叶混交林天然产区，主要树种有落叶松、云杉、黑松、白桦、棘皮桦、柞树等。分布区域年平均气温 3.7～5.6℃，年降水量 228～664mm。

图 8-11 御道口顶系典型景观照

土系特征与变幅 诊断层有：暗沃表层；诊断特性有：均腐殖质特性、半干润土壤水分状况、冷性土壤温度状况。成土母质系流纹岩残积风化物，有效土层厚度大于 100cm，土壤质地上下较为均一，一般为黏壤土类；土壤有机质累积较强，表层腐殖质含量高而且淋溶淀积过程明显，腐殖质染色层穿过整个土体剖面，腐殖质含量随深度增加而缓慢减少，碳氮比 11～14，具备均腐殖质特性；具有一定的腐殖质-硅酸螯合淋溶过程，在土体中部可以见到少量亮白色的二氧化硅粉末；全剖面为弱团块结构，土壤疏松多孔；上下层黏粒含量没有明显差异，都在 200～300g/kg；无石灰反应；土壤颗粒控制层段为 25～100cm，颗粒大小类型为黏壤质；控制层段内，石英矿物含量 70%以上，为硅质混合型矿物类型。

对比土系 与后保安系、御道口腰系、红松洼腰系皆为相同土族，与后保安系的差别主要在于剖面发育不同，后保安系心土层或底土层有黏粒胶膜和铁锰胶膜，御道口顶系在心土层或底土层有少量二氧化硅粉末淀积；与红松洼腰系的差别主要体现在下垫母岩上，红松洼腰系为玄武岩等基性岩浆岩，御道口顶系为流纹岩等酸性岩浆岩；与御道口腰系的区别在于根系限制层出现的深度不同，御道口顶系在 100～150cm 之间出现根系限制层，御道口腰系在 50～100cm 之间出现根系限制层。

利用性能综述 具有较好的造林条件，土层深厚，通体砂质黏壤土，土壤通透性能好，微生物活动较强，土壤有机质含量较高，大多数年份降水量 400～500mm，适宜针阔混交林生长，是优良的森林土壤资源。

参比土种 厚腐厚层粗散状灰色森林土。

代表性单个土体 位于河北省承德市围场满族蒙古族自治县御道口牧场（山顶），剖面点

42°11′5.3″N，117°13′17.1″E，海拔 1662m，地势较为陡峭，高原山地，浅切割中山，山顶附近，坡度为 35°，坡向东南（图 8-12）。林地，为针叶林，主要植被为落叶松，并夹杂有大量灌木，如榛子树等，林下生长有蒿草等草本植物，覆盖度 100%。春冬季会出现冻层，一般每年的 10 月份山上就开始出现冻层；山上冻层约 3m 深，到第二年 4 月份才开始解冻，基本上到 7 月份才能完全解冻。地表枯枝落叶层约 10cm，绝大部分为落叶松的针叶，A 层上部比较松软，有大量的细根及少量中粗根。土体稍润，60cm 以下，土壤手感很凉。灰色偏黑，质地以砂壤土为主，土体中间夹杂有极少量的新鲜石块。20～60cm 处可见少量的二氧化硅粉末，周围多有石英。年平均气温 0.9℃，≥10℃积温为 2636℃，50cm 土壤温度年均 4.2℃；年降水量多年平均为 433mm；年均相对湿度为 56%；年干燥度为 1.2；年日照时数为 2757h。野外调查日期：2011 年 8 月 20 日。理化性质见表 8-11，表 8-12。

图 8-12　御道口顶系代表性
单个土体剖面照

O：+10～0cm，枯枝落叶层。

Ah：0～10cm，向下平滑状模糊过渡，橄榄黑色（5Y3/1，润），红黑色（10YR2/1，干），砂质黏壤土，中发育 5～15mm 团块结构，中量细根、少量中根，松散，稍黏着，稍塑，无石灰反应，氟化钠反应较弱。

AB1：10～50cm，向下平滑模糊过渡，稍润，橄榄黑色（5Y2.5/2，润），红黑色（10YR2/1，干），砂质黏壤土，中发育 5～15mm 团块结构，中量细根、少量中根，极少量角状新鲜石块，疏松，稍黏着，稍可塑，无石灰反应，氟化钠反应弱，有少量明显的二氧化硅粉末。

AB2：50～70cm，向下平滑模糊过渡，稍润，橄榄黑色（5Y2.5/2，润），黑棕色（10YR2/2，干），中发育 5～35mm 团块结构，中量细根、少量中根，极少量角状石块，新鲜状态，疏松，稍黏着，稍塑，石灰反应极弱，氟化钠反应中。

AB3：70～100cm，稍润，橄榄黑色（5Y2.5/2 润），黑棕色（10YR2/2，干），砂质黏壤土，中发育的团块结构及弱发育的棱块结构，极少量细根及粗根，少量新鲜状态的石块，坚实，稍黏着，稍塑，石灰反应极弱，氟化钠反应中。

C：>100cm，大碎块母岩体积占比例 80%以上。

表 8-11　御道口顶系代表性单个土体物理性质

土层	深度/cm	砾石*（>2mm，体积分数）/%	细土颗粒组成（粒径：mm）/（g/kg）			质地
			砂粒 2～0.05	粉粒 0.05～0.002	黏粒 <0.002	
Ah	0～10	0	511	246	242	砂质黏壤土
AB1	10～50	0	500	274	226	砂质黏壤土
AB2	50～70	0	529	232	240	砂质黏壤土
AB3	70～100	0	569	197	234	砂质黏壤土

表 8-12 御道口顶系代表性单个土体化学性质

深度 /cm	pH （H$_2$O）	有机碳 / （g/kg）	全氮（N） / （g/kg）	全磷（P$_2$O$_5$） / （g/kg）	全钾（K$_2$O） / （g/kg）	CEC / （cmol/kg）	盐基饱和度 /%
0～10	6.0	53.4	4.11	2.82	46.4	21.5	—
10～50	6.0	47.3	3.72	—	—	20.8	58.0
50～70	6.1	39.5	2.89	2.17	94.1	18.8	59.7
70～100	6.1	36.7	2.74	2.23	110.0	27.7	53.5

8.2.4　御道口腰系

土族：黏壤质硅质混合型非酸性冷性-普通暗厚干润均腐土
拟定者：刘　颖，穆　真，李　军

图 8-13　御道口腰系典型景观照

分布与环境条件　主要存在于坝上高原东部坝缘低山岗坡（图 8-13）。成土母质为流纹岩、花岗岩的残积风化物。处于半湿润寒温型气候地带，是针阔混交林天然产区，主要树种有落叶松、云杉、黑松、白桦、棘皮桦、柞树等。分布区域年平均气温 3.7～5.6℃。

土系特征与变幅　诊断层有：暗沃表层；诊断特性有：均腐殖质特性、半干润土壤水分状况、冷性土壤温度状况。成土母质系流纹岩残积风化物，有效土层厚度 50～100cm，土壤质地上下较为均一，一般为黏壤土类；土壤有机质累积较强，表层腐殖质含量高而且淋溶淀积过程明显，腐殖质染色层穿过整个土体剖面，腐殖质含量随深度增加而缓慢减少，碳氮比 11～14，具备均腐殖质特性；具有一定的腐殖质-硅酸螯合淋溶过程，在土体中部可以见到少量亮白色二氧化硅粉末；全剖面为弱团块结构，土壤疏松多孔，上下层黏粒含量没有明显差异，在 200～300g/kg；碳酸钙含量很低，无石灰反应；土壤颗粒控制层段为 25～100cm，颗粒大小类型为黏壤质；控制层段内，石英矿物含量 50% 以上，为硅质混合型矿物类型。

对比土系　与后保安系、御道口顶系、红松洼腰系皆为相同土族，与御道口顶系的区别在于根系限制层出现的深度不同，御道口腰系在 50～100cm 之间出现根系限制层，御道口顶系在 100～150cm 之间出现根系限制层；与红松洼腰系的差别在于下垫母岩不同，红松洼腰系为玄武岩等基性岩浆岩，御道口顶系为流纹岩等酸性岩浆岩；与后保安系的差别在于剖面发育不同，后保安系心土层或底土层有多量显著的黏粒胶膜、中量显著的铁锰胶膜，御道口腰系在心土层或底土层有少量二氧化硅粉末淀积。

利用性能综述　具有较好的造林条件，土层深厚，通体砂质黏壤土，土壤通透性能好，微生物活动较强，土壤有机质含量较高，大多数年份降水量 400～500mm，适宜针阔混交林生长，是优良的森林土壤资源。

参比土种　厚腐厚层粗散状灰色森林土。

代表性单个土体　位于河北省承德市围场满族蒙古族自治县御道口牧场（山腰），剖面点 42°11′0.4″N，117°13′7.8″E，海拔 1592m，地势强烈起伏，高原山地，浅切割中山，山腰处，坡度为 35°；林地，植被以白桦树为主，林下夹杂有榛子树等灌木以及委陵菜、薹草等草本植物，覆盖度 100%（图 8-14）。该剖面点在原始森林山腰处的白桦林下，成土母质可能是玄武岩坡积物或花岗岩坡积物。该地表有约 5cm 厚的枯枝落叶层，75cm 以下土壤夹杂有黄色的砂壤土，而 75cm 以上的土壤偏灰黑色；土壤腐殖质层较厚，壤土偏砂，结构多为中发育的团粒结构或弱发育的团块结构。土体下部夹杂有大量的新鲜石块，土体松散，黏着性及可塑性差；20～48cm 处可见明显的二氧化硅粉末；通体未见石灰反应，氟化钠反应弱。年平均气温 0.9℃，≥10℃积温为 2636℃，50cm 土壤温度年均 4.2℃；年降水量多年平均为 433mm；年均相对湿度为 56%；年干燥度为 1.2；年日照时数为 2757h。野外调查日期：2011 年 8 月 20 日。理化性质见表 8-13，表 8-14。

O：+5～0cm，枯枝落叶层。

Ah：0～15cm，向下平滑模糊过渡，稍润，红灰色（2.5YR2.5/1，润），黑棕色（10YR3/2，干），壤土，以团粒结构为主，夹杂中发育 5～15mm 团块结构，多量的细根及少量的中根，土体间夹杂有极少量的新鲜石块，疏松，无黏着，无塑，无石灰反应，氟化钠反应弱。

AB（q）：15～43cm，向下平滑模糊过渡，稍润，红灰色（2.5YR2.5/1，润），黑棕色（10YR3/2，干），砂质黏壤土，以中发育团粒结构为主、弱发育的团块结构，少量的细根及中根，土体间夹杂有极少量的新鲜石块，疏松，无黏着，无塑，有明显的二氧化硅粉末，无石灰反应，氟化钠反应弱。

AB：43～70cm，向下平滑突变过渡，稍润，黑色（10YR2/1，润），黑棕色（10YR3/2，干），砂质黏壤土，中发育的团块结构，极少量细根及中根，少量的新鲜石块，疏松，稍黏着，稍塑，无石灰反应，氟化钠反应弱。

C：70～110cm，稍润，黄棕色（10YR5/8，润），砂壤土，极少量中根，弱的团粒结构，大量的新鲜岩石碎块，松散，无黏着，无塑，无石灰反应，氟化钠反应弱。

图 8-14　御道口腰系代表性单个
土体剖面照

表 8-13　御道口腰系代表性单个土体物理性质

土层	深度 /cm	砾石[*] （>2mm，体积 分数）/%	细土颗粒组成（粒径：mm）/（g/kg）			质地
			砂粒 2～0.05	粉粒 0.05～0.002	黏粒 <0.002	
Ah	0～15	2	422	328	250	壤土
AB（q）	15～43	2	461	297	242	砂质黏壤土
AB	43～70	40	503	265	232	砂质黏壤土

表 8-14　御道口腰系代表性单个土体化学性质

深度 /cm	pH (H₂O)	有机碳 / (g/kg)	全氮（N） / (g/kg)	全磷（P₂O₅） / (g/kg)	全钾（K₂O） / (g/kg)	CEC / (cmol/kg)	盐基饱和度 /%
0～15	6.0	42.4	3.26	2.01	35.4	34.9	52.0
15～43	6.0	40.3	3.14	—	—	35.5	51.0
43～70	6.0	33.9	2.41	2.05	89.1	30.9	50.0

8.2.5 二盘系

土族：砂质混合型非酸性冷性-普通暗厚干润均腐土
拟定者：龙怀玉，刘　颖，安红艳，穆　真

分布与环境条件　分布于冀北坝上高原，地形部位为玄武岩熔岩台地的台面，地势平缓，以疏缓丘陵为主，海拔 1400～1700m，坡度 6°～15°（图 8-15）。草甸草原植被。分布区域属于中温带亚湿润气候，年平均气温 3.7～5.6℃，年降水量 233～681mm。

图 8-15　二盘系典型景观照

土系特征与变幅　诊断层有：暗沃表层，诊断特性有：均腐殖质特性、半干润土壤水分状况、冷性土壤温度状况。是在玄武岩残坡积物母质上发育的土壤，土层厚度 100cm 以上；有明显的腐殖质积累和螯合淋溶过程，腐殖质染色层深厚，20cm 与 100cm 的有机碳储量比为 0.21～0.25，碳氮比 10～13，具有均腐殖质特性，在心土层或底土层有明显的二氧化硅粉末淀积；土壤呈现为弱酸性，碳酸钙含量很低，通体没有石灰反应；土壤颗粒控制层段为 25～100cm，颗粒大小类型为砂质，控制层段内二氧化硅含量 60%～90%，为硅质混合型矿物类型。

对比土系　和热水汤脚系剖面形态相似。但是二盘系的成土母质为玄武岩残坡积物，通体没有石灰反应，在心土层或底土层有明显的二氧化硅粉末淀积，颗粒大小类型为砂质。热水汤脚系的成土母质为安山岩残坡积物，心土层以下有弱石灰反应，在底土层可见到少量粉末状碳酸钙新生体，颗粒大小类型为黏壤质。

利用性能综述　土层深厚，肥力较高，有较好的团粒结构，空气湿润，土壤水分充沛，土壤温度低，有利于草原草甸植被生长，可以发展成优良的牧场。但是有风蚀威胁，目前过度放牧普遍，草场退化严重。

参比土种　厚腐厚层暗实状黑土。

代表性单个土体　位于河北省承德市围场满族蒙古族自治县山湾子乡二盘村，剖面点所处地理位置坐标为42°28′24.2″N，117°40′26.1″E，海拔1508m（图8-16）。地势陡峭切割，山地，中切割中山，山坡坡下部，坡度19.5°。成土母质为玄武岩残积风化物。草地，植被以矮草为主，周围山坡还有耕地和林地，生长玉米、土豆以及松树等，覆盖度50%，地表有中等强度的风蚀，有少量的岩石露头和粗碎块。成土母质为玄武岩残积风化物，有效土层厚度为120cm，通体无石灰反应，颜色较暗，有机质含量较高，但表层颜色要浅于下层，主要是因为过度放牧，导致植被破坏，土壤水分蒸发加快，使得有机质分解加快。50～80cm处有一块三角状的黄土，和周围土壤不同，其可能是一块石头风化产生

图 8-16　二盘系代表性
单个土体剖面照

的，与周围黑土的母质不同。由于过度放牧，植被有
所变化，由原来的森林或草甸植被变成现在的草地。
年平均气温1℃，≥10℃积温为2615℃，50cm土壤温度
年均4.3℃；年降水量多年平均为436mm。野外调查日
期：2010年8月28日。理化性质见表8-15，表8-16。

Ah：0~25cm，向下平滑清晰过渡，浊黄棕色（10YR5/3，
干），少量强风化的安山岩石块，砂质壤土，小团块结构，多
量细根、少量粗根，稍硬，黏着，中塑，大量蚂蚁，无石灰反
应，氟化钠反应微弱。

AB：25~120cm，向下平滑清晰过渡，黑棕色（10YR3/2，
干），中量的强风化玄武岩石块，砂质壤土，小团块结构，中
量细根，稍硬，黏着，中塑，大量蚂蚁，有少量二氧化硅粉末，
无石灰反应，氟化钠反应弱。

C：120~150cm，灰黄棕色（10YR5/2，干），玄武岩残
积风化物，80%为风化碎屑物，石块上有模糊的铁锰锈斑。

R：>150cm，玄武岩母岩。

表 8-15　二盘系代表性单个土体物理性质

土层	深度 /cm	砾石* (>2mm，体积分数) /%	细土颗粒组成（粒径：mm）/（g/kg）			质地
			砂粒 2~0.05	粉粒 0.05~0.002	黏粒 <0.002	
Ah	0~25	2	500	330	170	砂质壤土
AB	25~120	10	599	270	131	砂质壤土

表 8-16　二盘系代表性单个土体化学性质

深度 /cm	pH (H₂O)	有机碳 /（g/kg）	全氮（N） /（g/kg）	全磷（P₂O₅） /（g/kg）	全钾（K₂O） /（g/kg）	CEC /（cmol/kg）
0~25	6.7	20.0	1.87	—	—	24.2
25~120	6.6	19.0	1.52	0.59	20.5	19.2

8.2.6　热水汤脚系

土族：黏壤质硅质混合型石灰性冷性-普通暗厚干润均腐土
拟定者：刘　颖，穆　真，李　军

分布与环境条件　主要存在于坝上高原北部平缓丘陵、下湿滩地，成土母质为安山岩残坡积物，土层深厚，所处地势平缓（图 8-17）。分布区域属于半湿润寒温型气候条件，年平均气温 3.7～5.6℃，年降水量 233～693mm。

图 8-17　热水汤脚系典型景观照

土系特征与变幅　诊断层有：暗沃表层；诊断特性有：半干润土壤水分状况、冷性土壤温度状况、$n<0.7$。成土母质系安山岩坡残积风化物，有效土层厚度 100～150cm，土壤质地上下较为均一，一般为壤土，土壤有机质累积较强，表层腐殖质含量高而且淋溶淀积过程明显，腐殖质染色层穿过整个土体剖面，腐殖质含量随深度增加而缓慢减少，碳氮比一般在 18 以上；全剖面为弱团块结构，土壤疏松多孔，上下层黏粒含量没有明显差异，都为 200～250g/kg；25cm 以下有弱石灰反应，在底土层可见到少量粉末状碳酸钙新生体；除表土层、底土层的田间持水量略小外，其他土层的田间持水量一般为 28%～35%，n 为 0.4～0.7；土壤颗粒控制层段为 25～100cm，颗粒大小类型为黏壤质；控制层段内，石英含量在 40% 以上，为硅质混合型矿物类型。

对比土系　和二盘系剖面形态相似。但是二盘系的成土母质为玄武岩残坡积物，通体没有石灰反应，在心土层或底土层有明显的二氧化硅粉末淀积，颗粒大小类型为砂质。热水汤脚系的成土母质为安山岩残坡积物，心土层以下有弱石灰反应，在底土层可见到少量粉末状碳酸钙新生体，颗粒大小类型为黏壤质。

利用性能综述　土层深厚，肥力较高，有较好的团粒结构，土壤水分充沛，但土壤温度低，并处于风口，有风蚀威胁。为优良牧场，但过度放牧普遍，不少地方草场已严重退化。

参比土种　厚腐厚层暗实状黑土。

代表性单个土体　位于河北省承德市围场满族蒙古族自治县山湾子乡热水汤村南沟南山的山脚处，剖面点 117°45′1.8″E，42°23′3.3″N，海拔 1248m，地势显著起伏，高原山地，浅切割中山，山坡，坡度 17.3°，坡向西北（图 8-18）。草地，主要植被为嵩草等草本植物，并夹杂有白桦、榆树等乔木，覆盖度 100%。地表可见极少量的粗碎块。年平均气温 2℃，≥10℃ 积温为 2651℃，50cm 土壤温度年均 5℃；年降水量多年平均为 440mm；年均相对湿度为 57%；年干燥度为 1.2；年日照时数为 2754h。野外调查日期：2011 年 8 月 26 日。理化性质见表 8-17，表 8-18。

图 8-18　热水汤脚系代表性
单个土体剖面照

Ah1：0～10cm，向下平滑清晰过渡，干，黄棕色（2.5Y5/3，干），棕色（10YR4/4，干），壤土，中发育 5～15mm 团块结构，多量细根及极细根、极少量中根，极少量半风化岩石碎屑，硬，无黏着，无塑，无石灰反应。

Ah2：10～24cm，向下平滑清晰过渡，稍干，黄灰色（2.5Y4/1，润），黑棕色（10YR3/2，干），极少量半风化岩石碎屑，壤土，中发育 5～15mm 团块结构，多量细根及极细根、极少量中根，团粒和团块结构中等，硬，无黏着，无塑，无石灰反应。

Ah3： 24～50cm，向下平滑模糊过渡，稍干，黄灰色（2.5Y4/1，润），黑棕色（10YR3/2，干），极少量半风化岩石碎屑，壤土，中发育 5～15mm 团块结构，中量细根及极细根、极少量中根，疏松，稍黏着，稍塑，弱石灰反应，n 值 0.45。

AB1：50～75cm，向下平滑模糊过渡，稍润，黑棕色（2.5Y3/1，润），黑棕色（10YR3/2，干），多量半风化岩石碎屑，壤土，中发育 5～15mm 团块结构，少量细根及极细根、极少量中根，疏松，稍黏着，稍塑，石灰反应弱，n 值 0.70。

AB2：75～120cm，向下平滑模糊过渡，稍润，黑棕色（2.5Y3/1，润），极少量半风化岩石碎屑，黑棕色（10YR3/3，干），壤土，中发育 5～15mm 团块结构，极少量细根及极细根、极少量中根，有 10%左右明显但很薄的碳酸钙粉末，疏松，稍黏着，稍塑，中石灰反应。

C：>120cm，为母岩风化碎屑层与大碎块母岩的混合物。

表 8-17　热水汤脚系代表性单个土体物理性质

土层	深度 /cm	砾石* (>2mm，体积分数) /%	细土颗粒组成（粒径：mm）/（g/kg）			质地
			砂粒 2～0.05	粉粒 0.05～0.002	黏粒 <0.002	
Ah1	0～10	0	434	354	212	壤土
Ah2	10～24	0	378	393	229	壤土
Ah3	24～50	0	362	408	229	壤土
AB1	50～75	0	355	415	230	壤土
AB2	75～120	10	363	412	225	壤土

表 8-18　热水汤脚系代表性单个土体化学性质

深度 /cm	pH (H$_2$O)	有机碳 /（g/kg）	全氮（N） /（g/kg）	全磷（P$_2$O$_5$） /（g/kg）	全钾（K$_2$O） /（g/kg）	CEC /（cmol/kg）
0～10	6.1	17.8	1.13	2.0	108.4	22.4
10～24	6.2	29.1	1.54	—	—	28.4
24～50	6.3	28.2	1.34	1.9	112.5	29.2
50～75	6.3	28.7	1.47	2.0	115.5	28.6
75～120	6.4	19.9	0.98	—	—	24.7

8.2.7 安定堡系

土族：砂质长石型非酸性冷性-普通暗厚干润均腐土

拟定者：龙怀玉，李军，穆真

分布与环境条件 主要分布于张家口坝缘山地的坡基及山谷，地势明显起伏，海拔一般在 1400～1600m，成土母质系玄武岩残坡积物，植被为松草、冰草、线叶菊、花苜蓿等牧草（图 8-19）。分布区域属于中温带亚湿润气候，年平均气温 2～5.1℃，年降水量 241～576mm。

图 8-19 安定堡系典型景观照

土系特征与变幅 诊断层有：暗沃表层、雏形层；诊断特性有：半干润土壤水分状况、冷性土壤温度状况、均腐殖质特性。成土母质系风力短距离搬运来的玄武岩残积风化物，土层深厚，基岩的深度至少在 150cm 以上，腐殖质层厚度至少在 50cm 以上；碳酸钙淋溶淀积强烈，土表至 120cm 深度内的碳酸钙淋溶殆尽，无石灰反应，但在 120cm 以下碳酸钙陡然增加，强石灰反应；腐殖质层深厚，有机碳含量较高，且随深度增加逐渐下降，形成了暗沃表层和均腐殖质特性；颗粒大小控制层段为 25～100cm，颗粒大小级别为砂质，控制层段内长石类矿物含量 40%～70%，为长石型矿物类型。

对比土系 与西长林后山系属于同一土族。西长林后山系剖面上部有少量的二氧化硅粉末，安定堡系看不到二氧化硅粉末。安定堡系在 120cm 以下，强石灰反应；西长林后山系通体没有石灰反应。

利用性能综述 土层深厚，土壤有机质含量较高，干旱少雨，质地偏砂，坡陡地带水土流失较重，为天然牧场，产草量不高。地势平缓的，大部分已经开垦成农用，无灌溉条件，产量低下。

参比土种 厚腐厚层暗实状暗栗钙土。

代表性单个土体 位于河北省张家口市张北县油篓沟乡安定堡村，剖面点114°45′41.8″E，41°5′55.2″N，海拔1455m，地势起伏，高原丘陵，低丘，山坡，坡下部，母质为经过风力短距离搬运过来的玄武岩风化物（图8-20）。草地，天然牧草，覆盖度60%，地表有中等强度的沟蚀、片蚀、风蚀，岩石露头占地表5%，平均距离为10m，地表有大小10cm、间距100cm、丰度10%粗碎块。年平均气温3.2℃，≥10℃积温为2524℃，50cm 土壤温度年均6.0℃；年降水量多年平均为390mm；年均相对湿度为55%；年干燥度为1.4；年日照时数为2808h。野外调查日期：2011年9月21日。理化性质见表8-19，表8-20。

Ah1：0～20cm，向下平滑模糊过渡，稍干，暗棕色（10YR3/3，干），黑棕色（10YR3/2，润），有丰度 2%左右、5～50mm 的砾石，砂质壤土，中发育的 2～3cm 块状结构，中量细根及极细根、很少量中粗根，壤土，极疏松，稍黏着，稍塑，无石灰反应。

Ah2：20～60cm，向下平滑模糊过渡，稍干，暗棕色（10YR3/3，干），黑棕色（10YR3/1，润），有丰度 2%、大小 5mm 半风化角状的玄武岩，砂质壤土，强发育的 2～3cm 块状结构，少量细根及极细根，壤土，硬，稍黏着，稍塑，无石灰反应。

AB：60～150cm，向下平滑渐变过渡，稍干，棕色（10YR4/4，干），黑棕色（10YR3/2，润），有大小 5mm、丰度 2%半风化角状玄武岩，砂质壤土，强发育的 3cm 棱块状结构，很少量细根及极细根，硬，稍黏着，稍塑，无石灰反应。

BCk：150～180cm，稍干，黄橙色（10YR8/4，干），淡黄橙色（10YR8/3，润），含有 2%左右、50mm 的半风化角状玄武岩，砂质壤土，强发育的 3～4cm 棱块状结构，有大小 50mm、丰度 2%半风化角状玄武岩，硬，稍黏着，稍塑，强石灰反应。

C：＞180cm，细沙土和大块母岩的混合层。

图 8-20　安定堡系代表性单个
　　　　　土体剖面照

表 8-19　安定堡系代表性单个土体物理性质

土层	深度 /cm	砾石* （>2mm，体积分数）/%	细土颗粒组成（粒径：mm）/（g/kg）			质地
			砂粒 2～0.05	粉粒 0.05～0.002	黏粒 <0.002	
Ah1	0～20	2	707	180	113	砂质壤土
AB	60～150	2	—	—	—	砂质壤土
BCk	150～200	2	—	—	—	

表 8-20 安定堡系代表性单个土体化学性质

深度 /cm	pH (H₂O)	有机碳 / (g/kg)	全氮（N） / (g/kg)	全磷（P₂O₅） / (g/kg)	全钾（K₂O） / (g/kg)	碳酸钙 / (g/kg)	CEC / (cmol/kg)
0～20	7.5	13.9	1.19	1.3	27.8	—	15.2
60～150	7.8	5.7	0.60	2.0	25.8	—	14.0
150～200	8.3	2.8	0.47	1.7	29.1	82.3	12.2

8.2.8　西长林后山系

土族：砂质长石型非酸性冷性-普通暗厚干润均腐土
拟定者：刘　颖，穆　真，李　军

图 8-21　西长林后山系典型景观照

分布与环境条件　处于森林草原植物带，主要存在于坝上高原东部玄武岩台地和坝缘山地，成土母质为玄武岩质火山喷出物，植被主要为落叶松、白桦、山杨等人工林或天然次生林（图 8-21）。分布区年平均气温 3.7～5.6℃，年降水量 227～663mm。

土系特征与变幅　诊断层有：暗沃表层；诊断特性有：均腐殖质特性、半干润土壤水分状况、冷性土壤温度状况。成土母质系玄武岩火山喷出物之风化物，有效土层厚度 100cm以上，土壤质地上下较为均一，一般为砂质壤土，土壤有机质累积较强，表层腐殖质含量高而且淋溶淀积过程明显，腐殖质染色层穿过整个土体剖面，其含量随深度增加而缓慢减少，碳氮比 11～14；具有一定的腐殖质-硅酸螯合淋溶过程，在土体上部可以见到少量亮白色二氧化硅粉末；全剖面为弱团块结构，土壤疏松多孔，上下层黏粒含量没有明显差异，在 100～200g/kg；碳酸钙含量很低，无石灰反应；土壤颗粒控制层段为 25～100cm，颗粒大小类型为砂质；控制层段内，长石类矿物含量 40%以上，为长石型矿物类型。

对比土系　和安定堡系属于相同土族，但西长林后山系剖面上部有少量的二氧化硅粉末，安定堡系剖面上看不到二氧化硅粉末。安定堡系在 120cm 以下，强石灰反应；西长林后山系通体没有石灰反应。

利用性能综述　土层深厚，呈微酸性，质地适中，土壤养分含量高，是非常好的森林土壤，适宜建设木材生产基地。但由于无霜期短，适生树种较少，目前多以落叶松纯林为主，最适宜营造云杉、华北落叶松和樟子松。

参比土种　厚腐厚层暗实状灰色森林土。

代表性单个土体　位于河北省承德市围场满族蒙古族自治县御道口牧场西长林后山（山顶），剖面点 42°19′50.0″N，117°11′6.8″E，海拔 1564m，地势起伏，高原山地，浅切割中山，山体浑圆，阴坡上部，坡度约 25°（图 8-22）。阳坡的地表可见大量的火山喷发留下的岩石，阴坡地表未见岩石露头或地表粗碎块，但土表 40cm 以下可见少量的火山喷出岩碎块，呈蜂窝状，非常硬，岩石破碎后里面可见红色的斑点。阴坡植被生长繁茂，主要为白桦树，零星有落叶松，林下草类生长茂盛，地表枯枝落叶较少，阳坡植被主要为人工落叶松，约十几年的树龄。年平均气温 1.1℃，≥10℃积温为 2593℃，50cm 土壤温度年均 4.3℃；年降水量多年平均为 431mm。野外调查日期：2011 年 8 月 21 日。理化性质见表 8-21，表 8-22。

O：+5～0cm，枯枝落叶层。

Ah：0～30cm，向下平滑模糊过渡，稍润，橄榄黑色（5Y3/2，润），黑棕色（10YR3/1，干），砂壤土，中发育 5～15mm 团块结构、1～3mm 团粒结构，大量细根及中根，松软，稍黏着，稍塑，无石灰反应，氟化钠反应弱。

AB1：30～45cm，向下平滑模糊过渡，稍润，橄榄黑色（5Y3/2，润），黑棕色（10YR3/2，干），砂质壤土，中发育 5～15mm 团块结构，中量细根、极少量中根和粗根，极少量次圆形的火山喷出岩碎块，疏松，稍黏着，稍塑，少量的二氧化硅粉末，无石灰反应，氟化钠反应弱。

AB2：45～95cm，向下平滑模糊过渡，稍润，橄榄黑色（5Y2.5/2，润），黑棕色（10YR2/3，干），砂质壤土，中发育 5～15mm 团块结构，中量细根、极少量中根和粗根，团块结构和棱块结构发育较好，极少量次圆形的火山喷出岩碎块，疏松，稍黏着，稍塑，少量的二氧化硅粉末，无石灰反应，氟化钠反应弱。

C：95～130cm，大碎块母岩与风化碎屑物的混合物，橄榄黑色（5Y3/2，润），少量细根、极少量中根和粗根。

图 8-22　西长林后山系代表性
单个土体剖面照

表 8-21　西长林后山系代表性单个土体物理性质

土层	深度 /cm	砾石* (>2mm，体积分数)/%	细土颗粒组成（粒径：mm）/（g/kg）			质地
			砂粒 2～0.05	粉粒 0.05～0.002	黏粒 <0.002	
Ah	0～30	0	629	175	196	砂质壤土
AB1	30～45	2	663	165	172	砂质壤土
AB2	45～95	2	680	152	167	砂质壤土
C	95～130	40	710	140	149	砂质壤土

表 8-22　西长林后山系代表性单个土体化学性质

深度 /cm	pH (H₂O)	有机碳 /（g/kg）	全氮（N） /（g/kg）	全磷（P₂O₅） /（g/kg）	全钾（K₂O） /（g/kg）	CEC /（cmol/kg）
0～35	6.0	33.9	2.69	2.0	112	25.2
35～45	6.0	28.9	2.17	—	—	24.2
45～95	6.1	20.5	1.81	2.1	116	21.4
>95	6.1	19.0	1.34	2.0	107	19.3

8.2.9　子大架系

土族：砂质硅质混合型非酸性冷性-普通暗厚干润均腐土

拟定者：刘　颖，穆　真，李　军

分布与环境条件　主要存在于坝上高原东部坝缘低山岗坡，成土母质为风积沙（图8-23）。分布区域年平均气温 3.7～5.6℃，年降水量 226～659mm。

图 8-23　子大架系典型景观照

土系特征与变幅　诊断层有：暗沃表层、雏形层；诊断特性有：均腐殖质特性、半干润土壤水分状况、冷性土壤温度状况。成土母质系风积细沙，有效土层厚度≥100cm，土壤质地上黏下砂；土壤有机质累积较强，表层腐殖质含量高而且淋溶淀积过程明显，腐殖质染色层深厚，腐殖质含量随深度增加而缓慢减少，碳氮比 11～14，具备均腐殖质特性；具有一定的腐殖质-硅酸螯合淋溶过程，在土体中下部可以见到明显亮白色二氧化硅粉末；全剖面为弱团块结构，土壤疏松多孔，上下层黏粒含量没有明显差异，在 100～200g/kg；碳酸钙含量很低，无石灰反应；土壤颗粒控制层段为 25～100cm，颗粒大小类型为砂质；控制层段内，石英含量 80%～90%，为硅质混合型矿物类型。

对比土系　和塞罕坝系属于同一土族，但子大架系的表土质地为砂质黏壤土，塞罕坝系的表土质地为砂壤土。

利用性能综述　土层深厚，通体砂质黏壤土，土壤通透性能好，微生物活动较强，土壤有机质含量较高，具有较好的造林立地条件，适宜针阔混交林生长，是比较优良的森林土壤资源。

参比土种　厚腐厚层砂壤质风积灰色森林土。

代表性单个土体　位于河北省承德市围场满族蒙古族自治县御道口牧场西大架子山（山脚），剖面点 42°19′08.7″N，117°00′46.7″E，海拔 1463m，成土母质为风积沙（图8-24）。地势起伏，高原山地，浅切割中山，山坡底部。林地，主要植被为落叶松，林下灌木很少，地表草类覆盖度不高，但总体植被覆盖度可达到100%。地表枯枝落叶层约5cm，成土母质为风积物，土壤呈弱酸性，140cm 以下土壤颜色发生突变，呈黄色，即为母质。质地从上到下由壤变砂，20～121cm 以下可见明显的二氧化硅粉末淀积。年平均气温1.2℃，≥10℃积温为 2580℃，50cm 土壤温度年均 4.4℃；年降水量多年平均为430mm；年均相对湿度为56%；年干燥度为1.2；年日照时数为2760h。野外调查日期：2011 年 8 月 21 日。理化性质见表8-23，表8-24。

O：+5～0cm，枯枝落叶层。

Ah：0～15cm，向下平滑模糊过渡，稍干，橄榄黑色（5Y3/1，润），黑棕色（10YR3/2，干），砂质黏壤土，弱发育 5～10mm 团块结构、0.5～2mm 单粒结构，少量细根和中根，松软，稍黏着，稍塑，无石灰反应，氟化钠反应弱。

AB1：15～60cm，向下平滑模糊过渡，稍干，橄榄黑色（5Y3/1，润），黑棕色（10YR3/2，干），砂质黏壤土，弱发育 5～15mm 团块结构、0.5～2mm 单粒结构，少量的细根和中根，松软，稍黏着，稍塑，有中量二氧化硅粉末，无石灰反应及氟化钠反应。

AB2：60～115cm，向下平滑模糊过渡，稍干，橄榄黑色（5Y3/1，润），黑棕色（10YR3/2，干），砂壤土，弱发育 5～15mm 团块结构、0.5～2mm 单粒结构，少量的细根、极少量的中根，弱发育块状结构，硬，稍黏着，稍塑，有少量二氧化硅粉末（少于上层），无石灰反应。

AC：115～150cm，向下平滑突变过渡，稍干，橄榄黑色（5Y3/1，润），浊黄棕色（10YR4/3，干），砂质壤土，弱发育 5～15mm 团块结构、0.5～2mm 单粒结构，极少量细根和中根，极少量岩石和矿物碎屑，硬，稍黏着，稍塑，石灰反应极弱。

C：>150cm，淡黄色（2.5Y7/3，润），浊黄橙色（10YR7/4，干），砂壤土，细砂粒，无结构，松散。

图 8-24　子大架系代表性
单个土体剖面照

表 8-23　子大架系代表性单个土体物理性质

土层	深度 /cm	砾石* （>2mm，体积分数）/%	细土颗粒组成（粒径：mm）/（g/kg）			质地
			砂粒 2～0.05	粉粒 0.05～0.002	黏粒 <0.002	
Ah	0～15	0	512	254	233	壤土
AB1	15～60	0	571	208	222	砂质黏壤土
AB2	60～115	0	630	177	193	砂质壤土
AC	115～150	0	732	107	161	砂壤土
C	>150	2	794	81	125	砂质壤土

表 8-24　子大架系代表性单个土体化学性质

深度 /cm	pH （H$_2$O）	有机碳 /（g/kg）	全氮（N） /（g/kg）	全磷（P$_2$O$_5$） /（g/kg）	全钾（K$_2$O） /（g/kg）	CEC /（cmol/kg）	盐基饱和度 /%
0～15	6.0	40.6	2.83	2.0	93.1	31.9	57.8
15～60	6.0	35.7	2.63	—	—	29.9	58.4
60～115	6.1	23.8	1.62	2.0	74.9	21.6	63.4
115～150	6.2	8.9	0.54	2.1	103.0	11.3	69.0
>150	6.5	3.1	0.26	—	—	6.9	60.5

8.2.10　塞罕坝系

土族：砂质硅质混合型非酸性冷性-普通暗厚干润均腐土
拟定者：刘　颖，穆　真，李　军

分布与环境条件　主要存在于坝上高原东部坝缘低山岗坡，成土母质为风积沙（下垫基岩主要是石英正长斑岩之类的中性岩浆岩）（图8-25）。分布区域年平均气温 3.7～5.6℃，年降水量 226～659mm。

图 8-25　塞罕坝系典型景观照

土系特征与变幅　诊断层有：暗沃表层、雏形层；诊断特性有：均腐殖质特性、半干润土壤水分状况、冷性土壤温度状况。成土母质系风积细沙，有效土层厚度≥100cm，土壤质地上下无明显差异；土壤有机质累积较强，表层腐殖质含量高而且淋溶淀积过程明显，腐殖质染色层深厚，腐殖质含量随深度增加而缓慢减少，碳氮比 11～17，具备均腐殖质特性；具有一定的腐殖质-硅酸螯合淋溶过程，在土体中部可以见到明显亮白色二氧化硅粉末；全剖面为弱团块结构，土壤疏松多孔，碳酸钙含量很低，无石灰反应；土壤颗粒控制层段为 25～100cm，颗粒大小类型为砂质；控制层段内，石英含量 60%以上，为硅质混合型矿物类型。

对比土系　和子大架系属于同一土族，但塞罕坝系表土质地为砂壤土，子大架系的表土质地为砂质黏壤土。

利用性能综述　具有较好的造林条件，土层深厚，通体砂质黏壤土，土壤通透性能好，微生物活动较强，土壤有机质含量较高，大多数年份降水量 400～500mm，适宜针阔混交林生长，是比较优良的森林土壤资源。

参比土种　厚腐厚层砂壤质风积灰色森林土。

代表性单个土体　位于河北省承德市围场县塞罕坝机械林场陡林子，剖面点117°22′49.0″E，42°24′23.1″N，海拔 1743m，地势起伏，高原山地，浅切割中山，山坡，坡度17°，坡向西南（图8-26）。林地，主要植被为云杉，覆盖度100%。土层深厚，质地偏砂，成土母质为风积物，土壤从底层的砂土发育而成，土壤呈弱酸性，土壤腐殖质含量高，从而使土壤的颜色加深。10～50cm 处有明显的二氧化硅粉末淀积，通体无石灰反应，氯化钠反应弱。年平均气温 1.2℃，≥10℃积温为 2580℃，50cm 土壤温度年均 4.4℃；年降水量多年平均为 430mm；年均相对湿度为 56%；年干燥度为 1.2；日照时数为 2760h。野外调查日期：2011 年 8 月 23 日。理化性质见表 8-25，表 8-26。

O：+3～0cm，枯枝落叶层。

Ah：0～18cm，向下平滑清晰过渡，稍润，橄榄黑色（5Y3/2，润），黑棕色（10YR3/2，干），砂壤土，弱发育 5～10mm 团块结构、0.5～2mm 单粒结构，少量根系，极少量新鲜岩石碎屑，稍硬，有明显的二氧化硅粉末，无石灰反应，氟化钠反应弱。

AB1：18～45cm，向下平滑模糊过渡，稍润，橄榄黑色（5Y3/2，润），黑棕色（10YR3/2，干），砂壤土，弱发育 5～15mm 团块结构、0.5～2mm 单粒结构，少量根系，极少量岩石碎屑，坚实，稍黏着，稍塑，中量的二氧化硅粉末，无石灰反应，氟化钠反应弱。

AB2：45～95cm，向下平滑模糊过渡，稍润，橄榄黑色（5Y3/1，润），黑棕色（10YR3/2，干），砂质壤土，弱发育 5～15mm 团块结构、0.5～2mm 单粒结构，少量根系，极少量岩石碎屑，坚实，稍黏着，稍塑，无石灰反应，氟化钠反应弱。

AC：95～120cm，稍润，灰色（5Y4/1，润），黑棕色（10YR3/2，干），砂壤土，弱发育 5～15mm 团块结构、0.5～2mm 单粒结构，疏松，稍黏着，稍塑，无石灰反应，氟化钠反应弱。

C：>120cm，细砂粒，无结构，松散，砂壤土，浊黄橙色（10YR7/4，干）。

图 8-26 塞罕坝系代表性
单个土体剖面照

表 8-25 塞罕坝系代表性单个土体物理性质

土层	深度 /cm	砾石* （>2mm，体积 分数）/%	细土颗粒组成（粒径：mm）/（g/kg）			质地
			砂粒 2～0.05	粉粒 0.05～0.002	黏粒 <0.002	
Ah	0～18	2	642	178	180	砂壤土
AB1	18～45	2	639	170	191	砂壤土
AB2	45～95	2	652	179	169	砂壤土
AB3	95～100	2	638	194	167	砂壤土
AC	100～120	2	684	149	167	砂壤土

表 8-26 塞罕坝系代表性单个土体化学性质

深度 /cm	pH （H$_2$O）	有机碳 /（g/kg）	全氮（N） /（g/kg）	全磷（P$_2$O$_5$） /（g/kg）	全钾（K$_2$O） /（g/kg）	CEC /（cmol/kg）	盐基饱和度 /%
0～18	5.9	35.4	2.51	2.26	106.0	22.1	57.0
18～45	5.9	32.0	2.42	—	—	22.1	55.0
45～95	5.9	26.1	1.93	1.79	87.1	18.5	55.0
95～100	5.9	26.3	1.77	—	—	18.1	52.0
100～120	5.8	20.0	1.36	2.09	110.0	15.4	48.0

8.2.11　热水汤顶系

土族：黏壤质硅质混合型非酸性冷性-普通暗厚干润均腐土

拟定者：刘　颖，穆　真，李　军

图 8-27　热水汤顶系典型景观照

分布与环境条件　主要存在于坝上高原北部平缓丘陵、下湿滩地，成土母质为玄武岩残坡积物，土层深厚，所处地形地势平缓（图 8-27）。分布区域属于半湿润寒温型气候条件，年平均气温 3.7～5.6℃，年降水量 233～693mm。

土系特征与变幅　诊断层有：暗沃表层；诊断特性有：均腐殖质特性、半干润土壤水分状况、冷性土壤温度状况。成土母质系玄武岩坡残积风化物，有效土层厚度 100～150cm，土壤质地上下较为均一，一般为黏壤土，土壤有机质累积较强，表层腐殖质含量高而且淋溶淀积过程明显，腐殖质染色层穿过整个土体剖面，腐殖质含量随深度增加而缓慢减少，碳氮比 12～17；具有一定的腐殖质-硅酸螯合淋溶过程，在土体上部可以见到少量亮白色的二氧化硅粉末；全剖面为弱团块结构，土壤疏松多孔，上下层黏粒含量没有明显差异，都在 250～300g/kg；无石灰反应；土壤颗粒控制层段为 25～100cm，颗粒大小类型为黏壤质；控制层段内，石英含量 40%以上，为硅质混合型矿物类型。

对比土系　和大架子系在地理位置上毗邻，气候条件基本一致，剖面形态相似，但大架子系有效土层厚度≤50cm，热水汤顶系有效土层厚度≥100cm。表层土壤质地也不同，大架子系为壤土，热水汤顶系为黏壤土。下垫基岩不同，大架子系为安山岩，热水汤顶系为玄武岩。

利用性能综述　土层深厚，肥力较高，有较好的团粒结构，土壤水分充沛，为优良牧场，但土壤温度低，并处于风口，有风蚀威胁。由于过度放牧，不少地方草场已严重退化。

参比土种　厚腐厚层暗实状黑土。

代表性单个土体　位于河北省承德市围场满族蒙古族自治县山湾子乡热水汤村南沟南山（山顶），剖面点 117°22′40.5″E，42°22′40.5″N，海拔 1601m，地势起伏，高原山地，浅切割中山，南山山顶，坡度 22°，坡向西北（图 8-28）。草地，主要植被有地榆、委陵菜等草本植物，覆盖度 100%。成土母质为玄武岩残积风化物，地表约有 2%、大小 10cm 的粗碎块。土层较为深厚，壤土，腐殖质层深厚，土壤颜色呈黑色，10～90cm 可见明显的二氧化硅粉末淀积。120cm 以下岩石增多，但均以风化物为主。通体没有石灰反应。年平均气温 2℃，≥10℃积温为 2651℃，50cm 土壤温度年均 5℃；年降水量多年平均为 440mm；年均相对湿度为 57%；年干燥度为 1.2；年日照时数为 2754h。野外调查日期：2011 年 8 月 27 日。理化性质见表 8-27，表 8-28。

Ah：0～10cm，向下平滑清晰过渡，干，橄榄黑色（5Y3/1，干），黑棕色（10YR3/1，干），少量半风化的矿物碎屑，黏壤土，中发育5～15mm团块结构、1～3mm团粒结构，多量细根、极少量中根，中发育的团粒结构，松软，稍黏着，稍塑，无石灰反应及氟化钠反应。

AB1：10～58cm，向下平滑模糊过渡，稍润，橄榄黑色（5Y2.5/1，润），黑棕色（10YR3/2，干），黏壤土，中发育5～15mm团块结构，多量细根和极细根、少量中根，疏松，黏着，中塑，明显的二氧化硅粉末，无石灰反应。

AB2：58～90cm，向下突变过渡，稍润，橄榄黑色（5Y2.5/1，润），黑棕色（10YR3/2，干），极少量半风化的矿物碎屑，黏壤土，中发育5～15mm团块结构，极少量细根，疏松，黏着，中塑，少量的二氧化硅粉末，无石灰反应。

C：>90cm，大碎块母岩与风化碎屑物的混合物体。

图 8-28 热水汤顶系代表性
单个土体剖面照

表 8-27 热水汤顶系代表性单个土体物理性质

土层	深度/cm	砾石*（>2mm，体积分数）/%	细土颗粒组成（粒径：mm）/（g/kg）			质地
			砂粒 2～0.05	粉粒 0.05～0.002	黏粒 <0.002	
Ah	0～10	2	332	369	299	黏壤土
AB1	10～58	2	327	396	276	黏壤土
AB2	58～90	85	338	391	271	黏壤土

表 8-28 热水汤顶系代表性单个土体化学性质

深度/cm	pH（H$_2$O）	有机碳/（g/kg）	全氮（N）/（g/kg）	全磷（P$_2$O$_5$）/（g/kg）	全钾（K$_2$O）/（g/kg）	CEC/（cmol/kg）	盐基饱和度/%
0～10	6.4	47.9	3.18	1.80	82.6	43.7	55.7
10～58	6.5	36.4	2.71	—	—	42.5	56.4
58～90	6.4	28.1	1.61	2.25	88.8	37.7	60.5

8.3　普通简育干润均腐土

8.3.1　大架子系

土族：黏壤质硅质混合型非酸性冷性-普通简育干润均腐土
拟定者：刘　颖，穆　真，李　军

分布与环境条件　主要存在于在坝上高原东部坝缘低山岗坡，成土母质为安山岩残积风化物（图8-29）。分布区域年平均气温 3.7～5.6℃，年降水量 226～659mm。

图8-29　大架子系典型景观照

土系特征与变幅　诊断层有：暗沃表层、雏形层；诊断特性有：均腐殖质特性、石质接触面、半干润土壤水分状况、冷性土壤温度状况。成土母质系安山岩残积风化物，有效土层厚度≤50cm，土壤质地上下较为均一，一般为壤土、砂质黏壤土，土壤有机质累积较强，表层腐殖质含量高而且淋溶淀积过程明显，腐殖质染色层穿过整个土体剖面，腐殖质含量随深度增加而缓慢减少，碳氮比 11～14；具有一定的腐殖质-硅酸螯合淋溶过程，在土体中下部可以见到少量亮白色二氧化硅粉末；全剖面为弱团块结构，土壤疏松多孔，上下层黏粒含量没有明显差异，都在 200～300g/kg；碳酸钙含量很低，无石灰反应；土壤颗粒控制层段为整个有效土层，颗粒大小类型为黏壤质；控制层段内，石英含量 40%以上，为硅质混合型矿物类型。

对比土系　和热水汤顶系在地理位置上毗邻，气候条件基本一致，剖面形态相似，但大架子系有效土层厚度≤50cm，热水汤顶系有效土层厚度≥100cm。表层土壤质地也不同，大架子系为壤土，热水汤顶系为黏壤土。下垫基岩不同，大架子系下为安山岩，热水汤顶系为玄武岩。

利用性能综述　具有较好的造林立地条件，土层深厚，通体砂质黏壤土，土壤通透性能好，微生物活动较强，土壤有机质含量较高，多数年份降水量 400～500mm，适宜针阔混交林生长，是比较优良的森林土壤资源。

参比土种　厚腐中层粗散状灰色森林土。

代表性单个土体　位于河北省承德市围场县御道口牧场西大架子山（山顶），剖面点 117°01′12.9″E，42°19′3.6″N，海拔 1529m，地势起伏，高原山地，浅切割中山，山顶，山坡上部，坡度为 14.3°，坡向为东南（图8-30）。林地，植被主要为紫桦树，林下灌木繁茂，覆盖度100%，树下灌木繁茂，地表枯枝落叶层较厚，约10cm厚，靠近 A 层的部分枯枝落叶已经腐烂。土层较为深厚，50cm 以下为岩石。土壤颜色偏黑，质地以壤土为主，较为松散，10cm 以下可见明显的二氧化硅粉末淀积。年平均气温 1.2℃，≥10℃ 积温为 2580℃，50cm 土壤温度年均 4.4℃；年均降水量多年平均为 430mm；年均相对湿度为 56%；年干燥度为 1.2；年日照时数为 2760h。野外调查日期：2011 年 8 月 21 日。理化性质见表 8-29，表 8-30。

图 8-30　大架子系代表性
单个土体剖面照

O：+10～0cm，枯枝落叶层。

Ah：0～10cm，向下平滑模糊过渡，润，橄榄黑色（10Y3/2，润），暗棕色（10YR3/3，干），壤土，中发育 5～10mm 团块结构、1～3mm 团粒结构，中量细根及少量中根，松软，少量二氧化硅粉末，无石灰反应。

AB：10～30cm，向下平滑模糊过渡，润，棕色（7.5YR4/3，润），暗棕色（10YR3/4，干），约 5% 呈半风化块状的岩石和矿物碎屑，砂质黏壤土，中发育 5～15mm 团块结构，中量细根及少量中根，松软，稍黏着，稍塑，多量二氧化硅粉末，无石灰反应，氟化钠反应微弱。

B（q）：30～50cm，向下平滑突变过渡，润，壤土，棕色（7.5YR4/4，润），少量的细根及中根，弱发育的团块和团粒结构，少量新鲜的或半风化的岩石和矿物碎屑，松软，稍黏着，稍塑，少量二氧化硅粉末，无石灰反应，氟化钠反应弱。

R：>50cm，大碎块母岩。

表 8-29　大架子系代表性单个土体物理性质

土层	深度 /cm	砾石* (>2mm，体积分数)/%	细土颗粒组成（粒径：mm）/（g/kg）			质地
			砂粒 2～0.05	粉粒 0.05～0.002	黏粒 <0.002	
Ah	0～10	5	489	287	224	壤土
AB	10～30	5	520	250	229	砂质黏壤土
B（q）	30～50	5	504	267	229	砂质黏壤土

表 8-30　大架子系代表性单个土体化学性质

深度 /cm	pH (H₂O)	有机碳 /（g/kg）	全氮（N） /（g/kg）	全磷（P₂O₅） /（g/kg）	全钾（K₂O） /（g/kg）	CEC /（cmol/kg）	盐基饱和度 /%
0～10	6.0	36.1	2.77	1.68	118.7	28.7	48.9
10～30	6.0	26.5	2.05	—	—	23.5	52.0
30～50	5.9	20.4	1.66	1.89	113.4	22.7	50.4

8.4　斑纹黏化湿润均腐土

8.4.1　芦花系

土族：砂质长石型石灰性冷性-斑纹黏化湿润均腐土
拟定者：龙怀玉，李　军，穆　真

图 8-31　芦花系典型景观照

分布与环境条件　主要存在于坝上高原沿河两岸的下湿滩，二阴滩滩地，海拔 1300～1550m，土壤母质系河流冲积物，土层深厚，地下水位 3～5m（图 8-31）。分布区域属于中温带亚湿润气候，年平均气温 2～5.1℃，年降水量 243～583mm。

土系特征与变幅　诊断层有：暗沃表层、黏化层、雏形层；诊断特性有：氧化还原特征（50cm 以下）、潮湿土壤水分状况、冷性土壤温度状况、均腐殖质特性。成土母质系河流冲积物，土层深厚，并且腐殖质层至少在 50cm 以上；碳酸钙淋溶殆尽，全剖面只有弱石灰反应；腐殖质层深厚，有机碳含量较高，形成了暗沃表层和均腐殖质特性；次表层黏粒含量是上覆土层的 1.2 倍以上；地下水影响到了土壤，在底土层形成了中量或多量的红褐色铁锰锈斑和少量的黑色铁锰结核；颗粒大小控制层段为 25～100cm，颗粒大小级别为砂质，长石类矿物含量＞60%，为长石型矿物类型。

对比土系　和后小脑包系的剖面形态相似。但是后小脑包系的母质系多次冲积而成，碳酸钙淋溶淀积比较明显，淀积层可见明显碳酸钙粉末，全剖面强石灰反应。芦花系全剖面弱石灰反应，地下水影响到了土壤，在底土层形成了中量或多量的红褐色铁锰锈斑和少量的黑色铁锰结核。

利用性能综述　土层较厚，土质疏松，通透性好，部分土壤含有砾石，影响耕作和出苗。

参比土种　砂性冲积草甸栗钙土。

代表性单个土体　位于河北省张家口市张北县台路沟乡芦花村，剖面点 114°36′9.4″E，41°02′20.6″N，海拔 1498m，地势起伏，高原山地，浅切割中山，河谷一级阶地，母质为河流冲积物；耕地，主要种植小麦，周边自然草本植物的覆盖度为 90%（图 8-32）。年平均气温 2.7℃，≥10℃积温为 2600℃，50cm 土壤温度年均 5.6℃；年降水量多年平均为 392mm；年均相对湿度为 55%；年干燥度为 1.4；年日照时数为 2809h。野外调查日期：2011 年 9 月 21 日。理化性质见表 8-31，表 8-32。

Ap：0～20cm，向下平滑突变过渡，稍干，橄榄棕色（2.5Y4/3，干），暗棕色（10YR3/3，干），含有 2%左右、2～5mm 的砾石，砂质壤土，中发育的 2～3cm 块状结构，中量细根及极细根、很少量中粗根，稍硬，稍黏着，稍塑，无石灰反应。

Ah2：20～60cm，向下平滑渐变过渡，稍润，黑棕色（2.5Y2.5/1，润），黑棕色（10YR2/2，干），含有 2%左右、2～5mm 的砾石，砂质壤土，中发育的 2～3cm 块状结构，少量细根及极细根、很少量中粗根坚实，稍黏着，稍塑，无石灰反应。

AB：60～95cm，向下平滑模糊过渡，稍润，黑棕色（2.5Y3/1，润），有丰度 2%、大小 5mm 半风化的次圆矿物，砂质壤土，中发育的 1～5cm 块状结构，很少量细根及极细根，坚实，稍黏着，稍塑，有丰度为 5%、大小 2mm×5mm 铁锰锈纹锈斑，无石灰反应。

Br1：95～160cm，向下平滑渐变过渡，稍润，橄榄棕色（2.5Y4/3，润），暗棕色（10YR3/4，干），有丰度 2%、大小 1～3cm 半风化的次圆矿物，砂质壤土，中发育的 2～5cm 块状结构，疏松，稍黏着，稍塑，有丰度为 20%、大小 2mm×3mm 铁锰锈纹锈斑，对比度清晰、边界扩散，无石灰反应。

Br2：160～185cm，向下平滑清晰过渡，润，橄榄棕色（2.5Y4/4，润），有丰度 2%、大小 1～3cm 新鲜的次圆矿物，砂土，中发育的 1～2cm 块状结构，极疏松，稍黏着，稍塑，有丰度为 30%、大小 2mm×5mm 的铁锰锈纹锈斑，无石灰反应。

Cr：>185cm，细沙土和卵石的混合物，润，亮黄棕色（2.5Y6/6，润），砂土，有丰度为 70%、大小 2mm×5mm、对比度清晰、边界扩散的铁锰锈纹锈斑，有丰度为 8%、大小 2mm、硬度 3 的球形黑色铁子，无石灰反应。

图 8-32　芦花系代表性
单个土体剖面照

表 8-31　芦花系代表性单个土体物理性质

| 土层 | 深度 /cm | 砾石* (>2mm，体积分数)/% | 细土颗粒组成（粒径：mm）/（g/kg） | | | 质地 |
			砂粒 2～0.05	粉粒 0.05～0.002	黏粒 <0.002	
Ap	0～20	2	707	128	165	砂质壤土
Ah2	20～60	2	571	229	200	砂质壤土
Br1	95～160	2	582	254	165	砂质壤土

表 8-32　芦花系代表性单个土体化学性质

深度 /cm	pH (H₂O)	有机碳 / (g/kg)	全氮（N） / (g/kg)	全磷（P₂O₅） / (g/kg)	全钾（K₂O） / (g/kg)	CEC / (cmol/kg)
0～20	8.2	13.7	0.91	1.93	29.3	17.8
20～60	7.7	12.4	0.82	—	—	27.6
95～160	7.4	5.9	0.62	1.73	25.7	20.0

8.5　斑纹简育湿润均腐土

8.5.1　瓦窑系

土族：砂质硅质混合型石灰性冷性-斑纹简育湿润均腐土
拟定者：龙怀玉，刘　颖，安红艳，穆　真

分布与环境条件　主要分布在坝上高原河流低阶地、二阴滩和旱滩部位（图8-33）。土壤母质系砂性洪冲积物，地势平坦，排水良好，地下水埋深2～4m，矿化度小于 1g/L。分布区域属于中温带亚湿润气候，年平均气温 0.4～3.7℃，年降水量 223～631mm。

图 8-33　瓦窑系典型景观照

土系特征与变幅　诊断层有：暗沃表层、雏形层；诊断特性有：氧化还原特征（50cm以下）、潮湿土壤水分状况、冷性土壤温度状况、均腐殖质特性。成土母质系河流冲积物，土壤质地较为均一，通体为砂质壤土，有效土层大于 150cm；并且腐殖质层 50～90cm；碳酸钙含量不高，石灰反应随着深度增加逐渐减弱；有机碳含量较高，形成了暗沃表层和均腐殖质特性；地下水影响到了土壤，在底土层形成了中量或多量的铁锰锈斑；颗粒大小控制层段为 25～100cm，颗粒大小级别为砂质；控制层段内二氧化硅含量 60%～90%，为硅质混合型矿物类型。

对比土系　和大老虎沟系相邻分布，气象条件相同。大老虎沟系碳酸钙淋溶淀积过程比较明显，在心土层、底土层有中量或多量的白色碳酸钙假菌丝体，并在底土层形成钙积层。瓦窑系在剖面上没有碳酸钙假菌丝体，但由于地下水的影响，在底土层形成了中量或多量的铁锰锈斑。

利用性能综述　表层疏松宜耕，通透性良好，有机质含量较高。但地处寒冷区域，地下水位较高，土壤易涝。大多数是天然牧场，少数开垦成农田后，主要种植春小麦、莜麦、胡麻、马铃薯等，但是产量低下。

参比土种　壤质冲积石灰性草甸土。

图 8-34 瓦窑系代表性
单个土体剖面照

代表性单个土体 位于河北省丰宁县大滩镇瓦窑村，剖面点 41°31′10.4″N，116°01′02.3″E，海拔 1533m，地势明显起伏，高原山地，浅切割中山（高原漫岗），河谷，缓坡中下部，坡度 9.0°（图 8-34）。草原植被，覆盖度约 70%，地下水位 2～4m。上层的石灰反应较强。年平均气温 1.7℃，≥10℃积温为 2794℃，50cm 土壤温度年均 4.8℃；年降水量多年平均为 424mm；年均相对湿度为 54%；年干燥度为 1.3；年日照时数为 2783h。野外调查日期：2010 年 8 月 22 日。理化性质见表 8-33，表 8-34。

Ah1：0～12cm，向下平滑模糊过渡，润，暗棕色（7.5YR3/3，干），砂质壤土，中发育团块结构，中量细根、多量粗根，疏松，稍黏着，稍塑，石灰反应中等。

Ah2：12～60cm，向下平滑清晰过渡，润，暗棕色（7.5YR3/3，干），砂质壤土，弱的棱块状结构，少量细根、中量粗根，疏松，稍黏着，稍塑，石灰反应中等。

CA：60～90cm，向下平滑清晰过渡，润，暗棕色（7.5YR3/3，润），棕色（10YR4/6，干），壤质砂土，中量细根，坚实，无石灰反应，有模糊的锈斑。

Cr：>90cm，棕色（10YR4/6，润），壤质砂土，松散，无石灰反应，有铁锰锈斑。

表 8-33 瓦窑系代表性单个土体物理性质

土层	深度 /cm	砾石* (>2mm，体积分数) /%	细土颗粒组成（粒径：mm）/（g/kg）			质地
			砂粒 2～0.05	粉粒 0.05～0.002	黏粒 <0.002	
Ah1	0～12	0	679	179	142	砂质壤土
Ah2	12～60	0	634	206	160	砂质壤土
CA	60～90	0	702	158	141	壤质砂土
Cr	>90	0	674	194	132	壤质砂土

表 8-34 瓦窑系代表性单个土体化学性质

深度 /cm	pH (H₂O)	有机碳 /（g/kg）	全氮（N）/（g/kg）	全磷（P₂O₅）/（g/kg）	全钾（K₂O）/（g/kg）	CEC /（cmol/kg）
0～12	8.2	10.4	1.01	1.17	31.0	13.5
12～60	8.1	15.7	1.19	1.24	29.2	18.2
60～90	8.0	6.4	0.47	1.03	26.7	11.6
>90	7.8	3.4	0.26	1.10	31.7	11.4

8.5.2 架大子系

土族：黏壤质硅质混合型酸性冷性-斑纹简育湿润均腐土

拟定者：刘 颖，穆 真，李 军

分布与环境条件 主要存在于冀东北坝上高原洪积扇缘、高原丘陵坡地、河谷低阶地、丘间洼地，成土母质为风积沙（图 8-35）。地势平坦，排水良好，地下水埋深 1～2.5m。草甸植被茂密，主要植物有青蒿、委陵菜、裂叶菊等。分布区域属于中温带亚湿润气候，年平均气温 3.7～5.6℃，年降水量多年平均为 430mm。

图 8-35 架大子系典型景观照

土系特征与变幅 诊断层有：暗沃表层、雏形层；诊断特性有：均腐殖质特性、氧化还原特征、潮湿土壤水分状况、冷性土壤温度状况。成土母质系风积细沙，有效土层厚度≥150cm，土壤质地上黏下砂；土壤有机质累积较强，表层腐殖质含量高而且淋溶淀积过程明显，腐殖质染色层深厚，腐殖质含量随深度增加而缓慢减少，碳氮比 13～16；全剖面为弱团块结构，土壤疏松多孔；A、B 层黏粒含量没有明显差异，都在 200g/kg 以上，砂粒含量在 500g/kg 以上，母质层黏粒含量显著低于 A、B 层，黏粒含量在 150g/kg 以下，砂粒含量在 700g/kg 以上；地下水影响到了土壤形成，在心土层、底土层有中量至多量的铁锰斑纹；碳酸钙含量很低，无石灰反应；土壤颗粒控制层段为 25～100cm，颗粒大小类型为黏壤质；控制层段内，石英含量 70%～80%，为硅质混合型矿物类型。

对比土系 和子大架系镶嵌存在，气候条件相同，剖面形态相差甚微，但是架大子系发育在草甸植被下，地下水影响到了土壤形成，在心土层、底土层有中量至多量的铁锰斑纹，颗粒大小类型为黏壤质。子大架系发育在森林植被下，在土体中下部可以见到明显亮白色的二氧化硅粉末，颗粒大小类型为砂质。

利用性能综述 土层深厚，土壤疏松，有机质含量较高，土壤水分状况较好，适宜牧草生长。多为优良天然牧草地。但不少地段由于超载放牧，地力有所下降，出现沙化、盐渍化、沼泽化的威胁。

参比土种 砂壤质风积草甸土。

代表性单个土体　位于河北省承德市围场满族蒙古族自治县御道口牧场西大架子山（山脚平地），剖面点 42°19′8.7″N，117°00′43.6″E，海拔 1435m，成土母质为风积沙（图 8-36）。地势平坦，高原，山麓平原。2015 年前为湿地，现在为人工草场草甸植被，每年会打草，上接林地，草甸植物主要有地榆、柴胡等，林地植物主要为落叶松。年平均气温 1.2℃，≥10℃积温为 2580℃，50cm 土壤温度年均 4.4℃；年降水量多年平均为 430mm；年均相对湿度为 56%；年干燥度为 1.2；年日照时数为 2760h。野外调查日期：2011 年 8 月 22日。理化性质见表 8-35，表 8-36。

图 8-36　架大子系代表性
单个土体剖面照

Ah：0～18cm，向下平滑清晰过渡，稍润，灰色（5Y4/1，润），黑棕色（10YR3/2，干），弱发育 5～10mm 团块结构，多量细根、极少量中根，土体极疏松，无黏着，无塑，无石灰反应及氟化钠反应。

AB1：18～40cm，向下平滑清晰过渡，稍润，橄榄黑色（5Y3/1，润），黑棕色（10YR3/2，干），砂黏壤土，弱发育 5～15mm团块结构，多量细根、极少量中根，疏松，无黏着，无塑，无石灰反应及氟化钠反应。

AB2：40～102cm，向下平滑清晰过渡，稍润，橄榄黑色（5Y3/2，润），黑棕色（10YR3/2，干），砂黏壤土，弱发育 5～15mm 团块结构，中量细根、极少量中根，中发育的棱块结构和团块结构，疏松，稍黏着，稍塑，约有 25%的铁锰锈纹锈斑，无石灰反应及氟化钠反应。

Br：102～125cm，向下平滑清晰过渡，润，灰橄榄色（5Y4/2，润），浊黄棕色（10YR5/3，干），砂壤土，弱团块结构，少量细根、极少量中根，极疏松，稍黏着，稍塑，少量铁锰锈纹锈斑，无石灰反应及氟化钠反应。

Cr：>125cm，砂土，润，淡黄色（5Y7/4，润），浊黄棕色（10YR5/3，干），少量细根、极少量中根，松散，无黏着，无塑，结构面有少量的铁锰锈纹锈斑，无石灰反应及氟化钠反应。

表 8-35　架大子系代表性单个土体物理性质

土层	深度 /cm	砾石* (>2mm，体积 分数)/%	细土颗粒组成（粒径：mm）/（g/kg）			质地
			砂粒 2～0.05	粉粒 0.05～0.002	黏粒 <0.002	
Ah	0～18	0	565	214	222	砂黏壤土
AB1	18～40	0	557	223	220	砂黏壤土
AB2	40～102	0	522	246	233	砂黏壤土
Br	102～125	0	728	130	142	砂壤土
Cr	>125	0	822	58	120	壤砂土

表 8-36　架大子系代表性单个土体化学性质

深度 /cm	pH (H₂O)	有机碳 / (g/kg)	全氮（N） / (g/kg)	全磷（P₂O₅） / (g/kg)	全钾（K₂O） / (g/kg)	CEC / (cmol/kg)	游离铁 / (g/kg)
0~18	5.0	41.7	2.75	1.98	74.8	29.7	14.5
18~40	5.2	32.4	2.13	—	—	25.4	21.3
40~102	5.3	33.3	2.19	1.80	87.2	28.7	21.2
102~125	5.3	7.0	0.74	—	—	12.5	6.5
>125	5.3	6.0	0.24	2.03	77.3	8.0	4.3

8.5.3 南太平系

土族：壤质硅质混合型石灰性温性-斑纹简育湿润均腐土
拟定者：龙怀玉，安红艳，刘　颖

图 8-37　南太平系典型景观照

分布与环境条件　主要分布在扇缘洼地和冲积平原的低洼地，地下水埋深 2～3m，水质为钙质型，成土母质为壤质近代石灰性河流冲积物（图 8-37）。绝大多数土壤已经开垦成农田，主要种植小麦、玉米、高粱等。分布区域属于暖温带亚干旱气候，年平均气温 10.9～13.7℃，年降水量 208～920mm。

土系特征与变幅　诊断层有：暗沃表层、钙积层；诊断特性有：氧化还原特征（50cm 以下）、潮湿土壤水分状况、温性土壤温度状况、均腐殖质特性、盐基饱和。土壤颗粒大小级别为壤质，成土母质系近代壤质河流冲积物，质地均一，土层深厚，有效土层厚度 150cm 以上；发生了碳酸钙自下而上的淀积作用，形成了钙积层；有机质累积过程强，土体有机质含量较高，并且随着剖面深度增加而逐渐减少，形成了黑暗色腐殖质层，但是农业利用后，耕作层的腐殖质分解加快，在 0～30cm 层形成一个腐殖质含量低于下层、颜色较淡的层次，使得 20cm 与 100cm 土体的腐殖质储量比在 0.25～0.35，碳氮比为 10～17，具有均腐殖质特性；地下水影响到了土壤，在底部有中量的铁锰锈纹锈斑；通体有强石灰反应。土壤颗粒控制层段为 25～100cm，颗粒大小类型有黏质、壤质，加权平均为壤质，控制层段内二氧化硅含量 50%～70%，为硅质混合型矿物类型。

对比土系　和定州王庄系所处地形部位、成土母质相差无几，但南太平系腐殖质层的土壤有机碳含量较高，达到了 6～10g/kg，形成了暗沃表层。定州王庄系剖面有机碳始终在 5g/kg 以下，没有锐减现象，诊断表层是淡薄表层。

利用性能综述　表土质地适中，砂姜层一般在 65cm 左右出现，对作物根系生长影响不大，适种性广，主要种植玉米、小麦、高粱等作物，但产量不高，所处地势低洼、排水不畅，易发生涝灾。

参比土种　壤质深位石灰性砂姜黑土。

代表性单个土体　位于河北省保定市定兴县固城镇南太平庄村，剖面点 39°06′06.9″N，115°45′28.2″E，海拔 12m，地势平坦，平原，冲积平原，平地，马路边玉米地的地垄边。河流冲积物母质（图 8-38）。耕地，作物为玉米，产量可达 500kg/亩。地下水 20m。耕作层由黑土层分化而来，由于连年耕作、施肥，质地变轻，颜色变浅，石灰反应强。表下土层为黑土层，有机质含量较高，质地变黏，颜色发黑，石灰反应弱。心土层为发育不完善的砂姜层，未见大块状砂姜，有少量边界模糊、对比度明显的铁锰斑纹及中量铁锰结核，石灰反应强。母质层发生了氧化还原过程，有铁锰斑纹及中量铁锰结核，石灰反应强。年平均气温 12.6℃，≥10℃积温为 4377℃，50cm 土壤温度年均 13.3℃；年降水量多年平均为 501mm；年均相对湿度为 60%；年干燥度为 1.8；年日照时数为 2599h。野外调查日期：2010 年 10 月 31 日。理化性质见表 8-37，表 8-38。

Ap1：0～12cm，向下平滑清晰过渡，润，暗棕色（10YR3/3，润），浊棕色（7.5YR5/3，干），粉砂壤土，中发育的团块状、多量团粒结构，有中量细根，疏松，稍黏着，稍塑，有少量小蚂蚁，强石灰反应。

Ah：12～52cm，向下平滑清晰过渡，润，红黑色（10YR2/1，润），浊棕色-黑棕色（7.5YR3/2，干），粉砂质黏壤土，中发育的中量团块、团粒状结构及少量棱块结构，中量细根，疏松，稍黏着，稍塑，弱石灰反应。

Bkr1：52～80cm，向下平滑模糊过渡，润，浊黄棕色（10YR4/3，润），淡黄橙色（2.5Y8/4，干），壤土，强发育 1～2cm 棱块状结构，坚实，黏着，稍塑，有少量边界模糊对比度明显的铁锰斑纹，有 50%左右不规则的、2～6mm 的软硬兼有的碳酸钙分凝物，湿润时呈现为灰白色泥浆状，坚硬，强石灰反应。

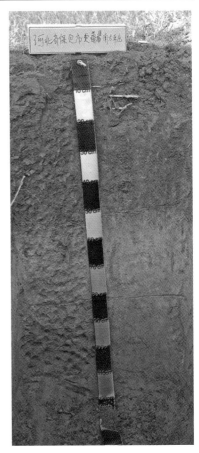

图 8-38 南太平系代表性
单个土体剖面照

Bkr2：80～130cm，润，棕色（10YR4/4，润），浊黄棕色（10YR7/4，干），壤土，中发育的 2～3cm 左右的棱块状结构，坚实，黏着，稍塑，中量铁锰斑纹及中量铁锰结核，强石灰反应。

表 8-37 南太平系代表性单个土体物理性质

土层	深度/cm	砾石*（>2mm，体积分数）/%	细土颗粒组成（粒径：mm）/（g/kg）			质地
			砂粒 2～0.05	粉粒 0.05～0.002	黏粒 <0.002	
Ap1	0～12	0	257	523	220	粉砂壤土
Ah	12～52	0	93	534	374	粉砂质黏壤土
Bkr1	52～80	0	465	359	176	壤土
Bkr2	80～130	0	421	414	165	壤土

表 8-38　南太平系代表性单个土体化学性质

深度 /cm	pH （H₂O）	有机碳 /（g/kg）	全氮（N） /（g/kg）	全磷（P₂O₅） /（g/kg）	全钾（K₂O） /（g/kg）	碳酸钙 /（g/kg）	CEC /（cmol/kg）
0～12	8.4	7.2	0.42	0.98	27.8	38.2	18.1
12～52	8.4	8.2	0.58	—	—	4.7	32.7
52～80	8.4	2.6	0.24	1.08	18.4	274.4	11.1
80～130	8.5	1.8	0.18	1.05	24.3	174.8	10.1

第9章 淋 溶 土

9.1 饱和黏磐湿润淋溶土

9.1.1 窑洞系

土族：壤质硅质混合型非酸性冷性-饱和黏磐湿润淋溶土
拟定者：龙怀玉，穆　真，李　军

分布与环境条件　主要存在于冀西地区 1200～1600m 的中山，10°～15°的山坡上，成土母质为钙质页岩坡残积物，植被茂盛，覆盖度较高，自然植被为针阔叶混交林及灌丛草被（图 9-1）。分布区域属于暖温带亚干旱气候，年平均气温 2.8～5.0℃，年降水量 211～656mm。

图 9-1　窑洞系典型景观照

土系特征与变幅　诊断层有：暗沃表层、雏形层、黏磐；诊断特性有：湿润土壤水分状况、冷性土壤温度状况、准石质接触面、盐基饱和。土壤颗粒大小控制层段为 25～100cm，颗粒大小为壤质；成土母质为钙质页岩坡残积物，有效土层厚度 100cm 以上；表层土壤有机质累积强烈，土色黑暗，形成暗沃表层；心土层铁锰螯合淋溶过程、黏粒淋洗过程强烈，在底土层黏粒、铁、锰、铝淀积，有大量的铁锰-黏粒胶膜，形成了黏磐；通体无石灰反应；颗粒大小控制层段为 25～100cm，颗粒大小级别为壤质，控制层段内二氧化硅含量 53%～55%，为硅质混合型矿物类型。

对比土系　和黄峪铺系的成土母质、土壤结构和颜色等形态等很相似，不容易区分。但窑洞系心土层铁锰螯合淋溶过程形成了灰白色漂白层。而黄峪铺系没有明显的铁锰螯合淋溶过程，也就没有漂白层。

利用性能综述　土层比较深厚，质地适中，结构好，土体构型好，通透性和保水保肥性能均较强；水热条件也比较好。适宜多种树木和草灌的生长。部分土壤分布于较陡山坡，易水土流失。

参比土种　厚腐厚层灰质淋溶褐土。

代表性单个土体   位于河北省张家口市蔚县柏树乡窑洞村，剖面点 114°57′4.2″E，39°49′4.0″N，海拔 1618m，地势陡峭切割，山地，中山，山坡中部，坡度 27°，坡向 150°（图 9-2）。成土母质为红色页岩坡积物。草地，植被为天然牧草、白桦树，覆盖度 70%，地表有轻度风蚀、水蚀。年平均气温 3.8℃，≥10℃积温为 3562℃，50cm 土壤温度年均 6.4℃，年降水量多年平均为 414mm，年均相对湿度为 55%，年干燥度为 1.7，年日照时数为 2809h。野外调查日期：2011 年 10 月 27 日。理化性质见表 9-1，表 9-2。

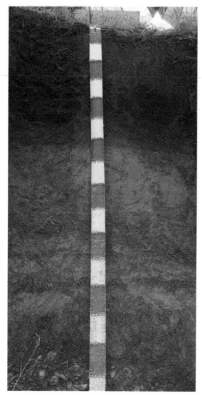

图 9-2 窑洞系代表性
单个土体剖面照

Ah1：0～30cm，渐变清晰平滑过渡，润，黑棕色（2.5Y3/2，润），黑棕色（10YR3/2，干），有丰度 2%、大小约 5mm 片状新鲜状态岩石矿物碎屑，粉砂壤土，中强发育的 1～3mm 团粒、1～2cm 的团块结构，中量细根极细根、很少量中粗根，极疏松，稍黏着，稍塑，有丰度 5%的有机质胶膜，无石灰反应。

Ah2：30～60cm，向下平滑清晰过渡，润，黑棕色（2.5Y3/1，润），黑棕色（10YR3/2，干），极少量岩石矿物碎屑，粉砂壤土，中发育的团块结构，少量细根极细根、很少量中粗根，极疏松，稍黏着，稍塑，无石灰反应。

E1：60～100cm，向下平滑渐变过渡，润，为橄榄棕色（2.5Y4/3，润），橙白色（10YR8/2，干），粉砂壤土，极少量岩石矿物碎屑，弱发育的鳞片状结构，极疏松，稍黏着，稍塑，有丰度 70%～80%的黄白色粉末，无石灰反应。

E2：100～125cm，向下平滑模糊过渡，润，橄榄棕色（2.5Y4/4，润），橙白色（10YR8/2，干），极少量岩石矿物碎屑，粉砂壤土，弱发育的鳞片状结构，疏松，无黏着，无塑性，有丰度 50%～60%的黄白色粉末，无石灰反应。

Bt：125～145cm，向下平滑突变过渡，润，橄榄棕色（2.5Y4/3，润），浊红棕色（5YR4/4，干），极少量岩石矿物碎屑，粉砂黏土，强发育的棱块结构，结构体面有丰度 50%清晰的黏粒胶膜以及大量的铁锰胶膜，坚实，黏着，中塑，无石灰反应。

表 9-1 窑洞系代表性单个土体物理性质

土层	深度 /cm	砾石* (>2mm，体积分数) /%	细土颗粒组成（粒径：mm）/（g/kg）			质地
			砂粒 2～0.05	粉粒 0.05～0.002	黏粒 <0.002	
Ah1	0～30	2	183	617	200	粉砂壤土
Ah2	30～60	2	153	614	233	粉砂壤土
E1	60～100	2	79	787	134	粉砂壤土
E2	100～125	2	178	694	128	粉砂壤土
Bt	125～145	2	76	503	421	粉砂黏土

表 9-2 窑洞系代表性单个土体化学性质

深度 /cm	pH （H₂O）	有机碳 /（g/kg）	全氮（N） /（g/kg）	全磷（P₂O₅） /（g/kg）	全钾（K₂O） /（g/kg）	CEC /（cmol/kg）
0～30	7.8	26.2	2.68	1.17	43.8	35.3
30～60	7.6	29.3	1.96	—	—	36.4
60～100	7.6	4.8	0.48	1.48	49.5	12.7
100～125	7.5	2.7	0.35	—	—	12.8
125～145	7.8	6.9	0.54	1.89	67.7	44.8

9.2　普通暗沃冷凉淋溶土

9.2.1　胡太沟系

土族：壤质硅质混合型非酸性-普通暗沃冷凉淋溶土
拟定者：龙怀玉，刘　颖，安红艳，穆　真

分布与环境条件　主要分布于太行山和燕山，中低山的岗坡山地、山间盆地和阶地（图9-3）。土壤母质系花岗片麻岩、流纹岩等酸性岩残坡积物。在海拔500~1800m均有分布，坡度一般在5°~20°范围内。分布区域属于中温带亚湿润气候，年平均气温2.8~5.0℃，年降水量263~727mm。

图9-3　胡太沟系典型景观照

土系特征与变幅　诊断层有：暗沃表层、黏化层、雏形层；诊断特性有：准石质接触面、半干润土壤水分状况、冷性土壤温度状况。是在花岗岩残积风化物母质上发育的土壤，有效土层厚度60~100cm，通体没有碳酸钙反应。具有明显的黏粒淋溶淀积、铁锰淋溶淀积现象，在淀积层的结构体面上能看到非常清晰的黏粒胶膜、铁锰胶膜，从而形成黏化层，黏粒含量要比上层高出20%以上；表层有机碳含量较高，并且向下锐减，20cm表层有机碳储量占1m土体有机碳总储量的42%以上，土壤颗粒控制层段为25~100cm，颗粒大小类型为壤质；控制层段内二氧化硅含量60%~80%，为硅质混合型矿物类型。

对比土系　和北田家窑系的地形部位、气候相差不大，剖面形态相似。但胡太沟系的土壤母质系花岗片麻岩、流纹岩等酸性岩残坡积物，表层土壤有机碳含量高，具备了暗沃表层和均腐殖质特性。而北田家窑系的土壤母质系白云岩、石灰岩残坡积风化物，表层土壤有机碳10.0~20.0g/kg，但向下锐减至5.0g/kg以下，为淡薄表层。

利用性能综述　土层深厚，土壤肥沃，适宜发展林木生产。海拔较低处，大多已经开垦成耕地，主要种植玉米、谷子、高粱、小麦、大豆、土豆及果树，即使没有灌溉条件，也能获得较高产量。

参比土种　中腐厚层粗散状棕壤。

代表性单个土体 位于河北省承德市隆化县八达营蒙古族乡下牛录村胡太沟，剖面点 41°28′59.4″N，117°32′27.7″E，海拔 950m，山地，浅切割中山，山坡下部，坡度 28°（图 9-4）。自然林地，主要植被有榛子树、杏树和蒿草等，并生长有榛蘑，植被覆盖度 80% 以上，地表有中度沟蚀痕迹，坡下方有冲积沟谷；岩石露头达 80%，粗碎石块占地表面积约 50%。成土母质为花岗岩坡积残积物，土体中含有较多的石块。B 层有黏粒淀积，因为淀积了较多的三氧化铁等氧化物而具有强烈氟化钠反应。年平均气温 4.2℃，≥10℃积温为 3103℃，50cm 土壤温度年均 6.8℃；年降水量多年平均为 473mm；年均相对湿度为 55%；年干燥度为 1.2；年日照时数为 2730h。野外调查日期：2010 年 8 月 30 日。理化性质见表 9-3，表 9-4。

Oi：+3～0cm，枯枝落叶层。

Ah：0～20cm，润，向下平滑状模糊过渡，黑棕色（10YR3/2，润），粉砂壤土，强发育团块状结构，多量根系，少量不规则新鲜小石块，松散，稍黏着，稍塑，无石灰反应。

BA：20～35cm，润，向下平滑清晰过渡，浊黄棕色（10YR4/3，润），粉砂壤土，强发育团块状结构，少量细根、少量中根，少量不规则新鲜小石块，极疏松，黏着，中塑。

Bt：35～70cm，向下平滑清晰过渡，浊黄棕色（10YR5/4，润），壤土，团块状结构，少量细根、少量中根，疏松，黏着，中塑，有明显的铁锰锈斑，大量黄白色粉末，多量显著黏粒胶膜，无石灰反应。

C：70～110cm，花岗岩大碎块及其风化物的混合物，其中花岗岩大碎块占 90% 以上，细土的颜色为浊黄橙色（10YR6/4，润），松散，无黏着，无塑。

图 9-4 胡太沟系代表性单个土体剖面照

表 9-3 胡太沟系代表性单个土体物理性质

土层	深度 /cm	砾石* (>2mm，体积 分数)/%	细土颗粒组成（粒径：mm）/（g/kg）			质地
			砂粒 2～0.05	粉粒 0.05～0.002	黏粒 <0.002	
Ah	0～20	10	312	516	172	粉砂壤土
BA	20～35	10	313	514	173	粉砂壤土
Bt	35～70	20	298	490	211	壤土

表 9-4 胡太沟系代表性单个土体化学性质

深度 /cm	pH (H₂O)	有机碳 /（g/kg）	全氮（N） /（g/kg）	全磷（P₂O₅） /（g/kg）	全钾（K₂O） /（g/kg）	CEC /（cmol/kg）	游离铁 /（g/kg）
0～20	7.0	12.2	0.89	0.57	27.7	19.8	13.7
20～35	7.0	5.2	0.47	—	—	15.2	15.3
35～70	6.9	5.1	0.45	0.60	17.2	17.1	16.0

9.3 石质简育冷凉淋溶土

9.3.1 下桥头系

土族：粗骨质盖粗骨壤质硅质混合型非酸性-石质简育冷凉淋溶土
拟定者：龙怀玉，穆 真，李 军，罗 华

分布与环境条件 存在于山间盆地、川地、沟谷阶地、丘陵缓坡及山前平原上部，海拔一般在 800～1200m，成土母质系洪冲积物，土体较深厚，地下水埋藏较深（图9-5）。分布区域属于中温带亚湿润气候，年平均气温 3～5.0℃，年降水量 326～876mm。

图 9-5 下桥头系典型景观照

土系特征与变幅 诊断层有：淡薄表层、黏化层；诊断特性有：半干润土壤水分状况、冷性土壤温度状况。是洪冲积物母质上发育的土壤，土体上部砾石含量 50%以上，部分层段砾石含量 70%以上，随着土层加深，砾石含量逐渐减少，土层深厚，有效土层大于100cm，通体没有碳酸钙。有黏粒淋溶淀积、铁锰淋溶淀积现象，在淀积层的结构体面上能看到显著的黏粒胶膜和铁锰胶膜，形成黏化层，黏粒含量比表土层高出 20%以上。土壤颗粒控制层段为 25～100cm，颗粒大小类型为粗骨质盖粗骨壤质。

对比土系 和碾子沟系在空间上毗邻。但下桥头系通体没有碳酸钙，有显著的黏粒胶膜和铁锰胶膜，形成黏化层，颗粒大小类型为粗骨质盖粗骨壤质。碾子沟系黏粒没有明显移动，碳酸钙发生了微弱的淋溶淀积，通体有弱石灰反应。

利用性能综述 土层深厚，疏松易耕，保水保肥能力强，土壤有机质含量、氮和钾养分含量中等，具有较高的肥力，适宜多种作物生长。但是土壤砾石含量较高，通透性过强，耕作条件下不利于有机质积累，此外不少土壤分布在丘陵缓坡或沟谷阶地，易水土流失。

参比土种 壤质洪冲积淋溶褐土。

代表性单个土体 位于河北省承德市平泉县柳溪满族乡下桥头，剖面点 118°33′24.2″E，41°14′33.8″N，海拔 861m，地势起伏，山地，低山，坡地，下部，直线型坡形，母质为洪积物；耕地，主要种植玉米，地表有轻度沟蚀、片蚀；有丰度 20%、大小 2cm×3cm 的粗碎块。（注：此剖面位于低山下部，母质为洪积物，表层为极淡色腐殖质表层，有较多岩石碎屑，而 11～40cm 的腐殖质含量显著地高于上层，似乎可以将 40cm 以下认定为一个埋藏土壤。但从砾石含量、土壤颜色、细土颗粒组成等性质来看，层次之间是逐渐或者模糊过渡的，40cm 以上似乎是人为耕种后而退化了的腐殖质层，或是通过洪积作用土层逐渐加厚而形成的。）（图 9-6）年平均气温 4.7℃，≥10℃积温为 3404℃，50cm 土壤温度年均 7.2℃；年降水量多年平均为 548mm；年均相对湿度为 57%；年干燥度为 1.2；年日照时数为 2711h。野外调查日期：2011 年 8 月 7 日。理化性质见表 9-5，表 9-6。

Ah1：0～10cm，向下平滑渐变过渡，稍干，浊橙色（2.5YR6/3，润），淡棕色（10YR4/4，干），土体内有丰度 50%、大小 1cm 的块状岩石碎屑，砂质壤土，弱发育的 1cm 团块结构，中量细根及极细根，坚实，稍黏着，稍塑，无石灰反应。

Ah2：10～40cm，向下平滑渐变过渡，暗棕色（10YR3/3，润），淡棕色（10YR4/4，干），干，土体内有丰度 60%、大小为 1cm 的块状岩石碎屑，砂质壤土，弱发育的 1cm 团块结构，中量细根及极细根，坚实，稍黏着，稍塑，无石灰反应，氟化钠反应弱。

Ah3：40～60cm，向下平滑清晰过渡，黑棕色（10YR3/2，润），淡棕色（10YR4/4，干），干，土体内有丰度 90%、大小 5～10cm 的块状岩石碎屑，砂质壤土，中发育的 3～5mm 的屑粒，少量细根及极细根，极坚实，稍黏着，稍塑，无石灰反应。

Bht：60～110cm，向下平滑清晰过渡，干，黑棕色（10YR3/1，润），暗棕色（10YR3/3，干），2～10mm 砾石含量 30%左右，5～15mm 中强发育棱块结构、团块结构，壤土，有丰度 40%的黏粒胶膜，少量细根及极细根，坚实，稍黏着，稍塑，无石灰反应。

图 9-6　下桥头系代表性
单个土体剖面照

Bts：110～160cm，强发育大棱柱状结构，粉砂壤土，极坚实，稍黏着，稍塑，有丰度 60%的黏粒胶膜，无石灰反应，中等氟化钠反应。

表 9-5　下桥头系代表性单个土体物理性质

土层	深度 /cm	砾石* （>2mm，体积 分数）/%	细土颗粒组成（粒径：mm）/（g/kg）			质地
			砂粒 2～0.05	粉粒 0.05～0.002	黏粒 <0.002	
Ah1	0～10	50	643	223	134	砂质壤土
Ah2	10～40	60	648	233	118	砂质壤土
Ah3	40～60	90	617	246	137	砂质壤土
Bht	60～110	30	360	448	192	壤土
Bts	110～160	30	178	565	256	粉砂壤土

表 9-6 下桥头系代表性单个土体化学性质

深度 /cm	pH （H$_2$O）	有机碳 /（g/kg）	全氮（N） /（g/kg）	全磷（P$_2$O$_5$） /（g/kg）	全钾（K$_2$O） /（g/kg）	CEC /（cmol/kg）
0～10	5.4	13.1	0.96	1.17	37.1	12.6
10～40	6.5	7.1	0.51	—	—	11.4
40～60	7.1	13.3	0.55	—	—	13.4
60～110	7.3	13.9	0.83	—	—	20.2
110～160	7.2	2.7	0.25	1.12	38.5	20.7

9.3.2 沟门口系

土族：砂质盖粗骨质硅质混合型石灰性-石质简育冷凉淋溶土

拟定者：龙怀玉，李 军，穆 真

分布与环境条件 存在于变粒岩低山丘陵较陡山坡的中上部，海拔一般在 400～700m，成土母质系花岗片麻岩、花岗岩、变粒岩等酸性变质岩残坡积物（图 9-7）。以灌草丛植被为主，如栎树、柞树、山榆、绣线菊、毛草、荆条等。植被覆盖度低，约 10%～30%。分布区域属于中温带亚湿润气候，年平均气温 2.7～5.6℃，年降水量 220～677mm。

图 9-7 沟门口系典型景观照

土系特征与变幅 诊断层有：淡薄表层、黏化层；诊断特性有：半干润土壤水分状况、冷性土壤温度状况、石质接触面。成土母质系花岗片麻岩、花岗岩变粒岩等酸性岩变质岩残积风化物，土体颜色呈黄棕色，土石混杂，表层砾石含量 10%～20%，表下层砾石含量 80%～90%，剖面上看不出明显的发育层次，但表下层细土部分的黏粒含量显著地高于表层，形成了黏化层，土壤与母岩之间没有突然过渡的界线，全剖面中强石灰反应，有效土层厚度 30～50cm，整体有效土体为颗粒大小控制层段，颗粒大小级别为砂质盖粗骨质，二氧化硅含量 50% 以上，为硅质混合型矿物类型。

对比土系 和塔黄旗系所处的地形部位、成土母质、气候条件相差不大。但沟门口系在准石质接触面之上的土层有一定的分异，表层砾石含量 10%～20%，表下层砾石含量 80%～90%，颗粒大小级别为砂质盖粗骨质。塔黄旗系在准石质接触面之上的土层没有明显分异，全土层砾石含量 5%～30%，颗粒大小类型为粗骨砂质。

利用性能综述 土薄石多，植被稀疏，坡度大，水土流失严重，养分贫瘠，不宜农用。

参比土种 薄腐中层粗散状褐土性土。

代表性单个土体 位于河北省张家口市赤城县东卯乡沟门口村，剖面点 115°45′6.8″E，40°50′55.6″N，海拔 710m（图 9-8）。地势明显起伏，山地，中切割低山，直线坡，位于坡中下部，母质为花岗岩残积风化物，有效土层厚 30cm；林地，主要植被为矮小灌木，覆盖度为 90%。年平均气温 6.7℃，≥10℃积温为 3380℃，50cm 土壤温度年均 7.8℃；年降水量多年平均为 443mm；年均相对湿度为 53%；年干燥度为 1.5；年日照时数为 2792h。野外调查日期：2011 年 9 月 16 日。理化性质见表 9-7，表 9-8。

图 9-8　沟门口系代表性
单个土体剖面照

Ah：0～15cm，向下平滑突变过渡，浊红棕色（2.5YR4/4，润），稍润，有大小为 1～3cm、丰度为 10%高度风化块状的花岗岩碎屑，细土质地为砂质壤土，中发育的 1～2cm 团块结构和 2mm 团粒结构，中量细根及极细根、含少量中粗根，疏松，稍黏着，稍塑，有中等石灰反应。

Bt：15～30cm，向下平滑模糊过渡，橙色（2.5YR6/8，润），稍润，高度风化块状的砾石体积含量 90%，细土质地为黏土，弱发育的 3cm 块状结构，少量细根及极细根、很少量中粗根，松散，稍黏着，稍塑，石灰反应中等。

C1：30～40cm，向下平滑模糊过渡，橙色（2.5YR6/8，润），基本无结构，有大小为 3cm、丰度为 90%高度风化的花岗岩碎屑，石灰反应中等。

C2：>40cm，基本保留了母岩的形态、结构、颜色，但用小刀就轻易挖开。

表 9-7　沟门口系代表性单个土体物理性质

土层	深度 /cm	砾石* （>2mm，体积分数）/%	细土颗粒组成（粒径：mm）/（g/kg）			质地
			砂粒 2～0.05	粉粒 0.05～0.002	黏粒 <0.002	
Ah	0～15	10	639	247	113	砂质壤土
Bt	15～30	90	216	324	460	黏土
C1	30～40	90	—	—	—	

表 9-8　沟门口系代表性单个土体化学性质

深度 /cm	pH （H$_2$O）	有机碳 /（g/kg）	全氮（N） /（g/kg）	全磷（P$_2$O$_5$） /（g/kg）	全钾（K$_2$O） /（g/kg）	CEC /（cmol/kg）
0～15	8.0	15.9	1.13	1.93	31.9	27.7
15～30	8.0	7.8	0.91	—	—	52.9

9.4 普通简育冷凉淋溶土

9.4.1 北田家窑系

土族：黏壤质长石型非酸性–普通简育冷凉淋溶土

拟定者：龙怀玉，李 军，穆 真

分布与环境条件 存在于中山区较缓的山坡、岗丘及沟谷，成土母质系石灰岩、白云岩等钙质岩类的残坡积物（图 9-9）。主要植被为针阔叶混交林及灌丛草被，主要植物有椴树、桦树、油松、酸枣、荆条、胡枝子、绣线菊、羊胡子草、白草等。分布区域属于中温带亚湿润气候，年平均气温 2.7～5.6℃，年降水量 212～625mm。

图 9-9 北田家窑系典型景观照

土系特征与变幅 诊断层有：淡薄表层、黏化层、雏形层；诊断特性有：半干润土壤水分状况、冷性土壤温度状况。成土母质系白云岩、石灰岩残坡积风化物，有效土层 70～150cm，土体发育较好，但层次过渡模糊；有明显的残积黏化过程，形成较厚的黏化层，也有明显的黏粒淋溶淀积过程，形成了明显的黏粒胶膜；铁锰淋溶淀积过程明显，在底部土壤结构体面上有明显的铁锰胶膜，碳酸钙绝大部分已被淋失，通体无石灰反应或仅在底部有极微弱的石灰反应；土壤颗粒控制层段为 25～100cm，颗粒大小类型为黏壤质，长石含量＞40%，为长石型矿物类型。

对比土系 和胡太沟系的地形部位、气候条件相差不大，剖面形态相似，但胡太沟系的土壤母质系花岗片麻岩、流纹岩等酸性岩残坡积物，为暗沃表层和均腐殖质特性。而北田家窑系的土壤母质系白云岩、石灰岩残坡积风化物，为淡薄表层。

利用性能综述 土层比较深厚，质地适中，结构好，土体构型好，通透性和保水保肥性能均较强；土壤有机质含量丰富，氮、钾养分含量高，水热条件也比较好，适宜多种树木和草灌的生长。但是部分土壤分布于较陡山坡，易水土流失。

参比土种 薄腐厚层灰质淋溶褐土。

代表性单个土体 位于河北省张家口市赤城县炮梁乡北田家窑村，剖面点 115°45′6.8″E，40°50′55.6″N，海拔 1202m（图 9-10）。地势陡峭，山地，中切割中山，直线坡，坡中部，坡度 37°，母质为白云岩的坡积物和残积物；林地，植被为矮小灌木和松树，覆盖度为 85%，地表有 2%轻度的水蚀，有 8%的岩石露头，有 5%大小 3cm×4cm 的粗碎块。年平均气温 4.6℃，≥10℃积温为 3389℃，50cm 土壤温度年均 7.1℃；年降水量多年平

图 9-10　北田家窑系代表性单个
土体剖面照

均为 413mm；年均相对湿度为 52%；年干燥度为 1.6；年日照时数为 2828h。野外调查日期：2011 年 9 月 16日。理化性质见表 9-9，表 9-10。

Ah：0～12cm，向下平滑渐变过渡，稍干，浊橙色（2.5YR6/3，干），棕色（10YR4/4，干），中强发育 5～15mm 团块结构、团粒结构，粉砂质黏壤土，中量细根及极细根，疏松，稍黏着，稍塑，无石灰反应。

Bt1：12～40cm，向下平滑清晰过渡，稍干，橙色（2.5YR6/6，润），黄棕色（10YR5/6，干），粉砂质黏壤土，强发育 5～15mm棱块结构，有 40%清晰的黄白色黏粒–铁锰胶膜，有中量细根及极细根，很硬，稍黏着，稍塑，无石灰反应。

Bt2：40～70cm，向下平滑清晰过渡，橙色（2.5YR7/6，润），浊黄橙色（10YR7/4，干），稍干，粉砂壤土，强发育10～30mm 棱块结构，少量细根及极细根，很硬，稍黏着，稍塑，可见 40%清晰的铁锰胶膜，厚度大概为 0.5mm（可以轻易揭下），无石灰反应。

CB：70～90cm，向下平滑清晰过渡，橙色（2.5YR7/6，润），浊黄橙色（10YR7/4，干），极少量岩石碎屑，壤土，中发育的 2cm 左右棱块结构、块状结构，有清晰的铁锰胶膜，稍黏着，稍塑，无石灰反应。

C：>90cm，白云岩碎屑物碎块及其风化物（成土母质）。

表 9-9　北田家窑系代表性单个土体物理性质

| 土层 | 深度 /cm | 砾石* （>2mm，体积分数）/% | 细土颗粒组成（粒径：mm）/（g/kg） | | | 质地 |
			砂粒 2～0.05	粉粒 0.05～0.002	黏粒 <0.002	
Ah	0～12	0	173	508	319	粉砂质黏壤土
Bt1	12～40	0	67	671	262	粉砂质黏壤土
Bt2	40～70	0	294	519	187	粉砂壤土
CB	70～90	0	111	645	244	壤土

表 9-10　北田家窑系代表性单个土体化学性质

深度 /cm	pH （H₂O）	有机碳 /（g/kg）	全氮（N） /（g/kg）	全磷（P₂O₅） /（g/kg）	全钾（K₂O） /（g/kg）	CEC /（cmol/kg）
0～12	7.4	11	0.79	1.59	40	28.2
12～40	7.4	4.4	0.36	—	—	23.8
40～70	7.4	3.6	0.47	—	—	25.9
70～90	7.4	3.8	0.47	—	—	22.4

9.4.2 后梁系

土族：壤质硅质混合型石灰性-普通简育冷凉淋溶土

拟定者：龙怀玉，穆 真，李 军，罗 华

分布与环境条件 主要存在于张家口坝下中西部的山间盆地、山谷及山前坡麓地带，海拔 1200~1500m，成土母质为覆盖在基岩上的黄土状物质（图 9-11）。分布区域属于中温带亚湿润气候，年平均气温 3.8~5.6℃，年降水量 227~626mm。

图 9-11 后梁系典型景观照

土系特征与变幅 诊断层有：淡薄表层、雏形层、黏化层；诊断特性有：钙积现象、半干润土壤水分状况、冷性土壤温度状况、石质接触面。成土母质为黄土，有效土层 150cm 以内，腐殖质层 10~40cm，颜色灰黄；碳酸钙含量较高，表土层、心土层之间没有明显差异，但底土层含量明显增大，形成了钙积现象；黏粒含量在表土层、心土层之间没有明显差异，但底土层明显增大，形成了黏化层；土壤颗粒控制层段为 25~100cm，颗粒大小为壤质，二氧化硅含量>40%，为硅质混合型矿物类型。

对比土系 和马圈系经常相邻分布，成土母质皆为覆盖在基岩上的黄土状物质，剖面形态相似。但后梁系黏粒含量在底土层明显增大，形成了黏化层，土体中下部有极少量碳酸钙假菌丝体。而马圈系的黏粒含量在上下土层之间也没有明显差异，土体中下部有少量至中量的碳酸钙假菌丝体。

利用性能综述 土层深厚，质地适中，但肥力低，耕性差，生产力不高。相当一部分已经农耕利用，主要种植谷子、黍子、马铃薯。非农耕土壤，水土流失严重。

参比土种 壤质黄土状栗褐土。

代表性单个土体 位于河北省蔚县白草村乡后梁村，剖面点 114°22′34.4″E，39°55′16.8″N，海拔 1356m（图 9-12）。地势陡峭切割，山地，深切割中山，坡，顶部，母质为片岩风化物和黄土状母质；草地，植被草本植物，覆盖度 30%，梯田；地表有轻度沟蚀、片蚀，占地表面积 30%，有 70%的岩石露头，间距 3m；有 80%大小 1~5cm 岩石碎屑。年平均气温 5.1℃，≥10℃积温为 3225℃，50cm 土壤温度年均 7.5℃；年降水量多年平均为 410mm；年均相对湿度为 55%；年干燥度为 1.6；年日照时数为 2828h。野外调查日期：2011 年 10 月 26 日。理化性质见表 9-11，表 9-12。

图 9-12　后梁系代表性
单个土体剖面照

Ah：0～15cm，向下平滑模糊过渡，稍干，浊黄橙色（10YR6/4，干），有丰度 1%、大小 2cm、硬度为 6 的新鲜块状岩石碎屑，粉砂壤土，中强发育 5～15mm 团块结构，中量细根及极细根，有老鼠洞，硬，稍黏着，稍塑，石灰反应强烈。

AB1：15～30cm，向下平滑模糊过渡，浊黄橙色（10YR6/4，干），稍干，有丰度 1%、大小 2cm、硬度为 6 的新鲜块状岩石碎屑，粉砂壤土，中发育的 2cm 块状结构，有 1%白色碳酸钙菌斑，中量细根及极细根，稍硬，稍黏着，稍塑，石灰反应强烈。

AB2：30～55cm，向下平滑模糊过渡，浊黄橙色（10YR6/4，干），稍干，有丰度 1%、大小 2cm、硬度为 6 的新鲜块状岩石碎屑，粉砂壤土，中发育的 3～5cm 块状结构，结构体上有丰度 1%、大小 1～2mm 的条状假菌丝碳酸钙结核，少量细根及极细根，稍硬，稍黏着，稍塑，石灰反应强烈。

Btk：55～85cm，向下平滑突变过渡，浊黄橙色（10YR7/4，干），稍干，有丰度 7%、大小 2cm、硬度为 6 的新鲜块状岩石碎屑，粉砂壤土，中发育的 3～5cm 棱块结构，有 2%白色碳酸钙菌斑，少量细根及极细根，硬，稍黏着，稍塑，石灰反应强烈。

2R：>85cm，细砂岩。

表 9-11　后梁系代表性单个土体物理性质

| 土层 | 深度/cm | 砾石*（>2mm，体积分数）/% | 细土颗粒组成（粒径：mm）/（g/kg） | | | 质地 |
			砂粒 2～0.05	粉粒 0.05～0.002	黏粒 <0.002	
Ah	0～15	1	276	591	133	粉砂壤土
AB1	15～30	2	217	612	171	粉砂壤土
AB2	30～55	2	183	660	157	粉砂壤土
Btk	55～85	9	225	556	219	粉砂壤土

表 9-12　后梁系代表性单个土体化学性质

深度/cm	pH（H₂O）	有机碳/（g/kg）	全氮（N）/（g/kg）	全磷（P₂O₅）/（g/kg）	全钾（K₂O）/（g/kg）	碳酸钙/（g/kg）	CEC/（cmol/kg）
0～15	8.2	6.7	0.67	1.43	43.0	140.2	12.5
15～30	8.1	5.0	0.65	—	—	140.5	12.3
30～55	8.3	6.5	0.61	—	—	133.5	13.2
55～85	8.8	4.1	0.48	0.79	58.5	157.2	11.7

9.5 普通钙积干润淋溶土

9.5.1 行乐系

土族：黏壤质硅质混合型温性-普通钙积干润淋溶土
拟定者：龙怀玉，刘 颖，安红艳，陈亚宇

分布与环境条件 主要分布于低山丘陵及山麓平原的上部（图 9-13）。分布区域属于暖温带亚干旱气候，年平均气温 12.2～14.6℃，年降水量 226～1144mm。

图 9-13 行乐系典型景观照

土系特征与变幅 诊断层有：淡薄表层、雏形层、黏化层；诊断特性有：半干润土壤水分状况、温性土壤温度状况。成土母质系运积黄土，土层深厚，有效土层厚度大于 150cm；通体有石灰反应，并且上弱下强，土体碳酸钙平均含量 30g/kg 以上，有明显的碳酸钙淋溶淀积过程，心土层有大量白色假菌丝体，心土层碳酸钙含量比表土层高 50g/kg 以上；土体黏粒含量在 200～300g/kg，有明显的黏粒淀积过程，心土层黏粒含量是表土层的 1.2～1.8 倍；颗粒控制层段 25～100cm，土壤颗粒大小级别为黏壤质；控制层段内二氧化硅含量 50%～70%，为硅质混合型矿物类型。

对比土系 和鹭岭沟系的剖面形态相似，行乐系通体有石灰反应，心土层有大量白色假菌丝体，土壤颗粒大小级别为黏壤质。鹭岭沟系没有假菌丝体、粉末等可辨识的次生碳酸钙。

利用性能综述 土层比较深厚，质地适中，土体构型良好，保水保肥能力较强，通透性良好，多为农用土壤。但地处低山丘陵岗坡，地势不平，多切沟陡坎，易水土流失。地势较高的，水源短缺，干旱威胁严重。

参比土种 黄土状石灰性褐土。

代表性单个土体 位于河北省石家庄市赞皇县西龙门乡行乐村，剖面点 37°41′10.1″N，114°21′29.2″E，海拔 133m，丘陵，中丘，阶地，坡度 14°（图 9-14）。母质为洪积物。自然植被是旱地灌木，主要是野酸枣树，覆盖度>95%。地表粗碎块约 20%、大小 3～5cm。50～71cm 有一层夹有石块和小细砂的土壤层，石块磨圆度稍差。71cm 以下土壤颜色明显红于上层，层次过渡突然，为古土壤，该层可见铁锰胶膜，石灰反应极为强烈，而表层石灰反应弱。年平均气温 13℃，≥10℃积温为 4718℃，50cm 土壤温度年均 13.7℃；年降水量多年平均为 529mm；年均相对湿度为 61%；年干燥度为 1.8；年日照时数为 2463h。野外调查日期：2011 年 4 月 17 日。理化性质见表 9-13，表 9-14。

图 9-14　行乐系代表性单个
土体剖面照

Ah：0～30cm，干，浊棕色（7.5YR5/4，润），黄棕色（10YR6/6，干），向下平滑模糊过渡，有丰度 2%～5%、大小 2～5mm 的次圆岩石碎块，壤土，中发育棱块状结构，有极少量的碳酸钙假菌丝体，有阔度约 2mm、长度约 10cm、间距约 10cm、间断不连续的裂隙，少量蚯蚓粪，少量细根，硬，黏着，中塑，弱石灰反应。

Bk1：30～50cm，向下平滑清晰过渡，浊棕色（7.5YR5/4，润），黄棕色（10YR6/6，干），有丰度 15%、大小 2～15mm 的次圆风化物，壤土，强发育的棱柱状结构，中量细根、少量中根，少量蚯蚓粪，有阔度为 2mm、长度为 20cm、间距为 2～5cm、间断不连续裂隙，有中量的碳酸钙假菌丝体，坚硬，黏着，中塑，中石灰反应。

Bk2：50～71cm，向下平滑清晰过渡，浊棕色（7.5YR5/4，润），亮黄棕色（10YR6/6，干），润，有丰度 15%、大小 2～15mm 的次圆风化物，壤土，强发育的棱块状结构，中量细根、少量中根，少量蚯蚓粪便，多量碳酸钙假菌丝体，有阔度为 2mm、长度为 20cm、间距为 2～5cm、间断不连续裂隙，土壤坚硬，黏着，中塑，中石灰反应。

Btk：71～130cm，向下平滑突变过渡，红棕色（5YR4/6，润），有丰度 25%、大小 2～75mm 的次圆风化物，黏壤土，强发育的棱柱状结构，少量细根，少量蚯蚓粪便，土壤很硬，黏着，中塑，有阔度为 2mm、长度为 20cm、间距为 2～5cm、间断不连续裂隙，多量的碳酸钙假菌丝体，极强石灰反应。

C：>130cm，母质层。

表 9-13　行乐系代表性单个土体物理性质

土层	深度 /cm	砾石* （>2mm，体积分数）/%	细土颗粒组成（粒径：mm）/（g/kg）			质地
			砂粒 2～0.05	粉粒 0.05～0.002	黏粒 <0.002	
Ah	0～30	2～5	237	543	220	壤土
Bk	30～71	15	380	455	164	壤土
Btk	71～130	25	221	492	287	黏壤土

表 9-14　行乐系代表性单个土体化学性质

深度 /cm	pH （H₂O）	有机碳 /（g/kg）	全氮（N） /（g/kg）	碳酸钙 /（g/kg）	CEC /（cmol/kg）
0～30	8.1	4.5	0.42	9.6	19.3
30～71	8.1	2.6	0.21	12.5	13.1
71～130	7.8	1.8	0.13	185.0	22.7

9.5.2 阳坡系

土族：粗骨黏壤质混合型温性-普通钙积干润淋溶土
拟定者：刘 颖，穆 真，李 军

分布与环境条件 主要存在于张家口坝下中西部中山区，成土母质为石灰岩、白云岩类残坡积物（图9-15）。分布区域属于暖温带亚干旱气候，年平均气温8.0～11.2℃，年降水量207～598mm。

图 9-15 阳坡系典型景观照

土系特征与变幅 诊断层有：淡薄表层、雏形层、黏化层；诊断特性有：半干润土壤水分状况、温性土壤温度状况、石灰性、准石质接触面。成土母质为石灰岩、白云岩类残坡积物，通体砾石含量30%～50%，有效土层110～150cm，腐殖质层厚15～30cm，有机碳含量较高，但是颜色浅淡；碳酸钙含量较高，且有显著的淋溶淀积过程，形成了钙积层；黏粒含量随着深度增加而增加，在60cm以下会出现黏化层；土壤颗粒控制层段为25～100cm，层段内从上至下依次出现粗骨砂质、粗骨壤质、粗骨黏质等颗粒大小，加权平均为粗骨黏壤质。

对比土系 和大蟒沟系的地形部位、景观植被、气候条件等相差无几，剖面形态相似。但大蟒沟系成土母质为片麻岩、变粒岩的风化物，阳坡系成土母质为石灰岩、白云岩类残坡积物。此外，阳坡系在60cm以下出现黏化层，控制层段内有粗骨砂质、粗骨壤质、粗骨黏质等颗粒大小，加权平均为粗骨黏壤质。大蟒沟系颗粒大小类型为壤质。

利用性能综述 多分布在缓坡，土层和腐殖层较厚，养分含量中等，植被较好，目前大多数为天然草坡，间有灌木、乔木，部分开辟为农田，无灌溉条件。

参比土种 厚层灰质栗褐土。

代表性单个土体 位于河北省张家口市宣化区崞村乡阳坡村，剖面点 115°6′25.2″E，40°26′39″N，海拔 1135m（图9-16）。地势陡峭切割，山地，中切割中山，坡地，坡中部，坡度43°，直线型；草地，植被为天然牧草，覆盖度90%；地表有10%轻度水蚀，有丰度5%、大小 2cm×3cm 的粗碎块。年平均气温 5.8℃，≥10℃积温为 3620℃，50cm土壤温度年均 8.0℃；年降水量多年平均为 391mm；年均相对湿度为50%；年干燥度为1.8；年日照时数为 2863h。野外调查日期：2011 年 8 月 22 日。理化性质见表 9-15，表9-16。

图 9-16　阳坡系代表性单个
土体剖面照

Ah：0～20cm，向下平滑模糊过渡，稍干，橙色（7.5YR6/6，干），有丰度 20%、大小 2mm、硬度 6 的半风化角状矿物，壤土，中等偏强发育的 3～5mm 团粒结构和 2～3cm 弱发育的团块状结构，中量细根及极细根、很少量中粗根，硬，稍黏着，稍塑，有蚂蚁，强石灰反应。

AB：20～55cm，向下平滑清晰过渡，稍干，亮棕色（7.5YR5/8，干），有丰度 40%、大小 1～5mm、硬度 6 的半风化角状岩石，砂质壤土，强发育的 2～3cm 块状结构，有丰度 2% 的碳酸钙假菌丝体，少量细根及极细根，极硬，稍黏着，稍塑，强石灰反应。

Btk：55～75cm，清晰波状过渡，稍干，浊橙色（7.5YR6/4，干），有丰度 40%、大小 2mm、硬度 6 的半风化角状岩石，黏壤土，强发育的 3～5cm 棱块状结构，极硬，稍黏着，稍塑，有大小 1cm×5mm、丰度 20% 的假菌丝体和碳酸钙结核，中等石灰反应。

Bkt：75cm～110cm，干，浊黄橙色（7.5YR7/4，干），有砾石含量 40%、大小 2mm、硬度 6 的半风化角状岩石，粉砂黏壤土，强发育的 1～2cm 棱块状结构，极硬，有丰度 50% 的假菌丝体和碳酸钙结核，强石灰反应。

C：＞110cm，流纹岩、安山岩的大碎块与土状母质的混合物。

表 9-15　阳坡系代表性单个土体物理性质

| 土层 | 深度/cm | 砾石*（>2mm，体积分数）/% | 细土颗粒组成（粒径：mm）/（g/kg） | | | 质地 |
			砂粒 2～0.05	粉粒 0.05～0.002	黏粒 <0.002	
Ah	0～20	20	526	331	143	壤土
AB	30～50	42	646	252	102	砂质壤土
Btk	60～80	60	461	348	191	黏壤土
Bkt	90～110	90	185	462	353	粉砂黏壤土

表 9-16　阳坡系代表性单个土体化学性质

深度/cm	pH（H₂O）	有机碳/（g/kg）	全氮（N）/（g/kg）	全磷（P₂O₅）/（g/kg）	全钾（K₂O）/（g/kg）	碳酸钙/（g/kg）	CEC/（cmol/kg）
0～20	8.1	12.3	0.96	0.85	57.1	64.4	15.9
30～50	8.4	3.5	0.45	—	—	96.2	9.3
60～80	7.8	3.3	0.4	—	—	94.6	19.3
90～110	8.2	2.5	0.37	—	—	222.2	32.4

9.6 普通铁质干润淋溶土

9.6.1 鸿鸭屯系

土族：黏质氧化物型非酸性温性–普通铁质干润淋溶土
拟定者：龙怀玉，穆　真，李　军

分布与环境条件　分布于低山丘陵下部与山麓平原接壤处，多为岗坡台地，土壤母质为第三纪或第四纪红色黏土，自然植被有酸枣、荆条、白草、狗尾草等（图9-17）。分布区域属于暖温带亚湿润气候，年平均气温 9.3～

图 9-17　鸿鸭屯系典型景观照

12.7℃，年降水量 343～1199mm。
土系特征与变幅　诊断层有：淡薄表层、黏化层；诊断特性有：半干润土壤水分状况、温性土壤温度状况、铁质特性、北方红土岩性特征。成土母质系第四纪红黏土，有效土层 100cm 以上；心土层、底土层显示出北方红黏土岩性，在孔隙壁和结构体表面有鲜明的黏粒胶膜、铁锰胶膜和少量铁锰结核，形成较厚的黏化层；黏化层游离铁含量 20g/kg 以上、三水铝石含量 20%以上；碳酸钙含量甚微，通体无石灰反应；土壤颗粒控制层段为 25～100cm，颗粒大小为黏质；层段内游离铁含量+三水铝石含量与黏粒之比大于 0.20，矿物类型为氧化物型。
对比土系　和洪家屯系在空间上毗邻，气候条件一样，植被景观相同。洪家屯系成土母质系石灰岩、白云灰岩的残坡积物，矿物类型为伊利石型。鸿鸭屯系成土母质为第三纪或第四纪红色黏土，具有北方红土岩性特征，具有铁质特性，矿物类型为氧化物型。
利用性能综述　质地黏重，保肥性较强，通透性差，蓄水能力低，易水土流失，宜耕期短，耕性差，遇雨易板结，养分缺乏，供肥性较弱，适种性较窄。现在多为农耕土壤或果园土壤，因垦殖时间较短，熟化程度不高，无灌溉条件。
参比土种　红黏土。
代表性单个土体　位于河北省唐山市遵化市崔家庄乡鸿鸭屯，剖面点 118°03′55.5″E，40°12′1.8″N，海拔 75m，地形为丘陵，略起伏，坡的中部，成土母质为覆盖在片麻岩碎屑物之上的红黏土（图9-18）。果林地，主要植物为柿子树，覆盖度90%。年平均气温10.8℃，≥10℃积温为4101℃，50cm 土壤温度年均11.9℃；年降水量多年平均为713mm；年均相对湿度为59%；年干燥度为1.1；年日照时数为2627h。野外调查日期：2011 年 11 月 3 日。理化性质见表9-17，表9-18。

图 9-18 鸿鸭屯系代表性
单个土体剖面照

Ap：0～30cm，砂壤土，向下平滑清晰过渡，稍润，暗红棕色（2.5YR3/2，润），亮棕色（7.5YR5/6，干），有大小约2～10mm、形状为角状、次圆、半风化状态的岩石矿物碎屑，丰度80%，壤土，中发育的屑粒结构、中强发育的5～15mm团块结构，少量细根极细根、很少量中粗根，极坚实，稍黏着，稍塑，无石灰反应，弱氟化钠反应。

Bts1：30～85cm，黏壤土，向下平滑模糊过渡，稍润，浊红棕色（2.5YR4/4，润），亮红棕色（5YR5/6，干），岩石矿物碎屑丰度1%～2%、大小约2～5mm、角状、半风化状态，黏壤土，中发育的棱块结构，有丰度60%、对比度明显的铁锰胶膜，丰度1%的黑色铁瘤状结核，无石灰反应，弱氟化钠反应。

Bts2：85～115cm，黏壤土，向下平滑模糊过渡，稍润，红棕色（10R4/4，润），亮红棕色（5YR5/6，干），岩石矿物碎屑丰度5%～10%、大小约2～5mm、角状、风化状态，黏壤土，强发育20～80mm棱块结构，有丰度60%、对比度明显的铁锰胶膜，丰度5%的黑色铁瘤状结核，少量细根极细根、很少量中粗根，极坚实，极黏着，极塑，无石灰反应，弱氟化钠反应。

D/Bts：115～140cm，向下平滑清晰过渡，稍润，红棕色（10R5/4，润），亮红棕色（5YR5/6，干），岩石矿物碎屑丰度5%～10%、大小约2～5mm、角状风化状态，极强发育的棱块结构，黏壤土，有丰度70%、对比度明显的铁锰胶膜，丰度5%的黑色铁瘤状结核，极坚实，极黏着，极塑，无石灰反应，弱氟化钠反应。

D/C：>140cm，基岩碎屑物碎块及红黏土的混合物。

表 9-17　鸿鸭屯系代表性单个土体物理性质

土层	深度/cm	砾石*（>2mm，体积分数）/%	细土颗粒组成（粒径：mm）/（g/kg）			质地
			砂粒 2～0.05	粉粒 0.05～0.002	黏粒 <0.002	
Ap	0～30	80	366	385	249	壤土
Bts1	30～85	2	287	333	381	黏壤土
Bts2	85～115	5～10	330	290	380	黏壤土

表 9-18　鸿鸭屯系代表性单个土体化学性质

深度/cm	pH（H₂O）	有机碳/（g/kg）	全氮（N）/（g/kg）	全磷（P₂O₅）/（g/kg）	全钾（K₂O）/（g/kg）	CEC/（cmol/kg）	游离铁/（g/kg）	黏粒三水铝石/%
0～30	6.9	7.9	0.94	—	—	22.5	17.5	22.5
30～85	6.6	3.5	0.52	2.09	18.6	26.4	29.7	27.0
85～115	6.6	2.6	0.42	1.93	16.3	27.9	27.0	15.4

9.6.2 山前系

土族：壤质硅质混合型非酸性温性-普通铁质干润淋溶土
拟定者：龙怀玉，穆 真，李 军

分布与环境条件 主要存在于太行山和燕山，中低山的岗坡山地、山间盆地和阶地（图 9-19）。分布区域属于暖温带亚湿润气候，年平均气温 9～12.5℃，年降水量 357～1240mm。

图 9-19 山前系典型景观照

土系特征与变幅 诊断层有：淡薄表层、黏化层；诊断特性有：半干润土壤水分状况、温性土壤温度状况、铁质特性、准石质接触面。成土母质系花岗岩残坡积风化物，有效土层 100cm 以上；有明显的黏粒淋溶淀积过程，形成较厚的黏化层，其黏粒含量是表土层 1.2 倍以上；铁锰淋溶淀积过程明显，在黏化层的土壤结构体面上有明显的铁锰胶膜，通体无石灰反应；土壤颗粒控制层段为 25～100cm，层段内一般有黏壤质、壤质两种颗粒大小，加权平均为壤质；层段内石英含量 40%以上，为硅质混合型矿物类型。

对比土系 剖面形态和鸿鸭屯系最为相似，但鸿鸭屯系成土母质为第三纪或第四纪红色黏土，具有北方红土岩性特征，土壤颗粒为黏质，矿物类型为氧化物型。山前系成土母质系花岗岩残坡积风化物，颗粒大小为壤质，矿物类型为硅质混合型。

利用性能综述 土层深厚，土壤肥沃，适宜发展林木生产，也可以用于发展果树，特别适宜栽植板栗。但表层质地多属砂壤，保水保肥性能差，漏水漏肥，易干旱。

参比土种 薄腐厚层粗散状棕壤。

代表性单个土体 位于河北省抚宁区杜庄乡山前村，剖面点 119°27′55.1″E，40°0′3.7″N，海拔 120m，地势陡峭切割，山地，低丘，直线坡中部，坡度 45°（图 9-20）。母质为花岗岩坡积物；果林地，种植樱桃。地表有 30%中度水蚀、风蚀，地表有丰度 20%、间距 20m 的岩石露头，有丰度 20%、大小 5～10cm 的粗碎块。年平均气温 10.4℃，≥10℃积温为 3854℃，50cm 土壤温度年均 11.6℃；年降水量多年平均为 654mm；年均相对湿度为 62%；年干燥度为 1.2；年日照时数为 2648h。野外调查日期：2011 年 11 月 5 日。理化性质见表 9-19，表 9-20。

图 9-20　山前系代表性单个
土体剖面照

Ah：0~20cm，向下平滑渐变过渡，稍干，浊橙色（2.5YR6/3，干），浊黄橙色（10YR6/4，干），土体内有丰度 60%、大小 1~10cm 的岩石碎屑，细土质地砂壤土，强发育 2~5cm 块状结构，中量细根及极细根、很少量中粗根，壤土，硬，稍黏着，中塑，无石灰反应。

AB：20~40cm，向下平滑渐变过渡，稍干，浊棕色（7.5YR5/4，干），亮黄棕色（10YR6/6，干），土体内有丰度 10%、大小 1~2cm 的块状半风化岩石碎屑，壤土，强发育 2~3cm 棱块结构，少量细根及极细根、很少量中粗根，坚实，黏着，中塑，有丰度 10% 的黏粒胶膜，无石灰反应。

Bts1：40~80cm，向下平滑模糊过渡，稍润，红棕色（5YR4/6，润），土体内有丰度 5%、大小 1~2cm 的半风化块状岩石碎屑，壤土，强发育 2~5cm 棱块结构，很少量细根及极细根，坚实，黏着，中塑，有多量褐色硬质铁锰斑纹，有丰度 3%、大小 1~2mm 的黑色铁锰结核，无石灰反应。

Bts2：80~100cm，清晰波状过渡，稍润，亮红棕色（5YR5/6，润），土体内有丰度 5%、大小 1~2cm 的半风化块状岩石碎屑，壤土，中发育 1~3cm 棱块结构，坚实，黏着，中塑，有丰度 60%、大小 5~10mm 的硬化铁锰斑纹，有丰度 30% 黏粒胶膜，有丰度 1%、大小 1~2mm 点状的铁锰结核，无石灰反应。

C：>100cm，为花岗岩碎屑物、大块花岗岩母岩混合层。

表 9-19　山前系代表性单个土体物理性质

土层	深度/cm	砾石*（>2mm，体积分数）/%	细土颗粒组成（粒径：mm）/（g/kg）			质地
			砂粒 2~0.05	粉粒 0.05~0.002	黏粒 <0.002	
Ah	0~20	60	496	347	157	砂壤土
Bts1	40~80	5	490	314	196	壤土
Bts2	80~100	5	419	376	204	壤土

表 9-20　山前系代表性单个土体化学性质

深度/cm	pH（H₂O）	有机碳/（g/kg）	全氮（N）/（g/kg）	全磷（P₂O₅）/（g/kg）	全钾（K₂O）/（g/kg）	CEC/（cmol/kg）	盐基饱和度/%	游离铁/（g/kg）
0~20	6.4	17.5	1.43	1.17	57.1	20.1	56.6	11.4
40~80	5.9	2.8	0.51	2.02	32.9	21.7	68.1	20.7
80~100	6.0	2.9	0.41	—	—	21.7	72.9	20.1

9.7 普通简育干润淋溶土

9.7.1 黄峪铺系

土族：黏质蛭石混合型非酸性温性-普通简育干润淋溶土
拟定者：龙怀玉，安红艳，刘　颖

分布与环境条件　主要分布于太行山及燕山低山丘陵区，土壤母质为石灰岩、白云岩、白云灰岩等钙质岩类的残坡积风化物，土壤多分布在较缓的山坡、岗丘及沟谷，自然植被为针阔叶混交林及灌丛草被，植被茂盛，覆盖度较高（图9-21）。分布区域属于暖温带亚干旱气候，年平均气温10.1～13.5℃，年降水量204～732mm。

图 9-21　黄峪铺系典型景观照

土系特征与变幅　诊断层有：暗沃表层、黏磐、雏形层；诊断特性有：半干润土壤水分状况、温性土壤温度状况。成土母质系白云岩类残积风化物，土层较厚，有效土层厚度70～100cm，淋溶作用较强，土壤中碳酸钙绝大部分已被淋失，通体无石灰反应，土壤盐基饱和度较高，酸碱反应呈中性至微碱性，在土体下部黏粒突增，比上层土壤高出了250g/kg以上，形成了黏磐；土壤颗粒大小控制层段为25～100cm，控制层段有黏壤质、黏质两种颗粒大小类型，加权平均为黏质；控制层段内二氧化硅含量50%～70%，为硅质混合型矿物类型，黏粒中蛭石含量>30%，为蛭石混合型矿物类型。

对比土系　和窑洞系的成土母质、剖面形态相似，不容易区分。但黄峪铺系属于半干润土壤水分状况和温性土壤温度状况。窑洞系属于湿润土壤水分状况和冷性土壤温度状况。此外，窑洞系心土层存在铁锰螯合淋溶过程，形成了灰白色漂白层。

利用性能综述　土层比较深厚，质地适中，结构好，土体构型好，通透性和保水保肥性能均较好，土壤有机质含量丰富，氮、钾养分含量高，水热条件也比较好。适宜多种树木和草灌的生长。但是部分土壤分布于较陡山坡，易水土流失。

参比土种　厚腐中层灰质淋溶褐土。

代表性单个土体　位于河北省保定市涞水县三坡镇黄峪铺村，剖面点 115°27′44.1″E，39°43′19.8″N，海拔 624m，地势为陡峭切割，山地，低山，直线坡中部，坡度 33°（图9-22）。成土母质为白云岩残坡积风化物，自然植被为灌木，覆盖度>50%。地表有 30%的中等沟蚀；有丰度80%的岩石露头，有丰度80%、大小>10cm、平均间距10cm 的地表

图 9-22　黄峪铺系代表性
单个土体剖面照

粗碎块；母质为白云岩坡积残积物。年平均气温 8.8℃，≥10℃积温为 3914℃，50cm 土壤温度年均 10.4℃；年降水量多年平均为 439mm；年均相对湿度为 56%；年干燥度为 1.7；年日照时数为 2760h。野外调查日期：2010 年 10 月 26 日。理化性质见表 9-21，表 9-22。

Ah：0～30cm，向下平滑清晰过渡，棕色（7.5YR4/4，干），干，有丰度 10%、大小约 10cm 的风化石块，粉砂壤土，强发育的小团块及中发育的团粒结构，多量细根、少量中根，疏松，稍黏着，稍塑，无石灰反应。

AB：30～50cm，向下平滑清晰过渡，润，棕色（7.5YR4/6，润），有丰度约 10%、大小约 5cm 的风化石块，壤土，中发育的小团块、多量团粒结构，多量细根、少量中根，松散，稍黏着，稍塑，有少量模糊黏粒胶膜，无石灰反应。

Bt1：50～78cm，向下平滑清晰过渡，润，亮棕色（7.5YR5/6，润），粉砂质黏壤土，强发育大团块、弱发育的小柱状结构，有少量黏粒胶膜，很少量中根，稍紧实，稍黏着，稍塑，无石灰反应。

Bt2：78～100cm，向下突变波状过渡，润，棕色（7.5YR4/4，润），黏土，强发育的小棱块状结构，有多量显著的黏粒胶膜，有少量细根，很坚实，黏着，中塑，无石灰反应。

C：>100cm，为母岩风化物、碎屑物。

表 9-21　黄峪铺系代表性单个土体物理性质

| 土层 | 深度 /cm | 砾石* (>2mm，体积 分数) /% | 细土颗粒组成（粒径：mm）/（g/kg） | | | 质地 |
			砂粒 2～0.05	粉粒 0.05～0.002	黏粒 <0.002	
Ah	0～30	10	147	595	258	粉砂壤土
AB	30～50	10	111	604	285	壤土
Bt1	50～78	2	91	635	274	粉砂质黏壤土
Bt2	78～100	2	112	336	551	黏土

表 9-22　黄峪铺系代表性单个土体化学性质

深度 /cm	pH (H₂O)	有机碳 /（g/kg）	全氮（N） /（g/kg）	全磷（P₂O₅） /（g/kg）	全钾（K₂O） /（g/kg）	CEC /（cmol/kg）	盐基饱和度 /%
0～30	7.6	23.4	1.69	1.03	37.3	28.5	—
30～50	7.4	10.2	0.65	—	—	23.1	74.6
50～78	7.3	6.9	0.46	—	—	18.6	67.2
78～100	7.3	6.8	0.73	1.33	31.9	41.0	68.1

9.7.2　长岭峰系

土族：壤质硅质混合型非酸性温性–普通简育干润淋溶土

拟定者：龙怀玉，安红艳，刘　颖

分布与环境条件　主要存在于燕山山脉的山间盆地、川地、沟谷阶地、丘陵缓坡地、山前平原上部以及部分太行山区沟谷阶地上（图9-23）。分布区域属于暖温带亚湿润气候，年平均气温 9～12.2℃，年降水量 360～1154mm。

图 9-23　长岭峰系典型景观照

土系特征与变幅　诊断层有：淡薄表层、黏化层、雏形层；诊断特性有：半干润土壤水分状况、温性土壤温度状况。是在壤质洪冲积物母质上发育的土壤，土层深厚，有效土层厚度200cm 以上，碳酸钙含量很低，通体无石灰反应。有明显的黏粒淋溶淀积、铁锰淋溶淀积现象，在淀积层的结构体面上能看到清晰的黏粒胶膜、铁锰胶膜，黏粒含量比表土层高出 20%以上，从而形成黏化层。土壤颗粒控制层段为 25～100cm，层段内一般有黏壤质、壤质等颗粒级别，加权平均为壤质。

对比土系　和北杖子系具有相同的地形部位、自然植被、农业利用比较类似，剖面形态相似，但北杖子系是在黄土状母质上发育的土壤，颗粒大小类型为黏壤质。长岭峰系是在壤质洪冲积物母质上发育的土壤，土壤颗粒大小类型为壤质。

利用性能综述　土层深厚，土质好，保水保肥能力强，疏松易耕，土壤有机质、氮、钾等养分含量中等，具有较高的肥力，适宜多种作物生长，现已大部分开垦为耕地。但是部分分布在丘陵缓坡或沟谷阶地，易水土流失。

参比土种　壤质洪冲积淋溶褐土。

代表性单个土体　位于河北省迁西县罗家屯镇长岭峰村，剖面点 118°31′41.6″E，40°9′57.7″N，海拔99m（图9-24）。地势平坦，平原，岗地，母质为河流冲积物；白杨林地，旁边为耕地，种植小麦，自然植被覆盖度70%。年平均气温 10.5℃，≥10℃积温为 3954℃，50cm 土壤温度年均 11.7℃；年降水量多年平均为 688mm；年均相对湿度为 60%；年干燥度为 1.1；年日照时数为 2643h。野外调查日期：2011 年 11 月 14 日。理化性质见表9-23，表9-24。

图 9-24　长岭峰系代表性单个
土体剖面照

Ah：0～15cm，向下平滑渐变过渡，稍润，棕色（10YR4/4，润），浊黄橙色（10YR6/4，干），粉砂壤土，中发育 5～15mm 块状结构、屑粒结构，少量细根及极细根，疏松，稍黏着，稍塑，无石灰反应。

AB1：15～50cm，向下平滑清晰过渡，稍润，棕色（10YR4/6，稍润），粉砂壤土，中发育 2～5cm 棱块结构，少量细根及极细根、很少量中粗根，壤土，疏松，稍黏着，稍塑，无石灰反应。

AB2：50～60cm，向下平滑清晰过渡，稍润，浊黄棕色（10YR5/4，润），粉砂壤土，中发育 2～5cm 棱块结构，少量细根及极细根、很少量中粗根，坚实，稍黏着，稍塑，有丰度 100%的铁锰胶膜和丰度 50%的黏粒胶膜，无石灰反应。

Bt：60～80cm，向下平滑清晰过渡，稍润，棕色（10YR4/6，润），壤土，中等偏强发育 2～5cm 棱块，有丰度 30%的黏粒胶膜，少量细根及极细根、很少量中粗根，坚实，黏着，中塑，无石灰反应。

Bt1：80～130cm，向下平滑清晰过渡，稍润，暗棕色（10YR3/3，润），浊棕色（7.5YR5/4，干），粉砂壤土，强发育 2～5cm 棱块结构，有丰度 50%黏粒胶膜，少量细根及极细根、很少量中粗根，壤土，坚实，黏着，中塑，无石灰反应。

Bt2：＞130cm，稍润，棕色（10YR3/6，润），粉砂壤土，中发育 2～5cm 棱块结构，有丰度 30%的黏粒胶膜，少量细根及极细根、很少量中粗根，坚实，稍黏着，稍塑，无石灰反应。

表 9-23　长岭峰系代表性单个土体物理性质

| 土层 | 深度/cm | 砾石*（>2mm，体积分数）/% | 细土颗粒组成（粒径：mm）/（g/kg） | | | 质地 |
			砂粒 2～0.05	粉粒 0.05～0.002	黏粒 <0.002	
Ah	0～15	0	230	619	151	粉砂壤土
AB1	15～50	0	187	651	162	粉砂壤土
AB2	50～60	0	124	711	166	粉砂壤土
Bt1	80～130	0	62	714	224	粉砂壤土
Bt2	130～150	0	67	741	192	粉砂壤土

表 9-24　长岭峰系代表性单个土体化学性质

深度/cm	pH（H₂O）	有机碳/（g/kg）	全氮（N）/（g/kg）	全磷（P₂O₅）/（g/kg）	全钾（K₂O）/（g/kg）	CEC/（cmol/kg）
0～15	7.6	5.5	0.65	1.86	65.7	17.6
15～50	7.8	2.9	0.79	—	—	16.4
50～60	7.9	2.4	0.75	1.49	61.9	15.4
80～130	7.7	6.0	0.69	—	—	22.9
130～150	7.7	5.1	0.56	1.34	30.7	19.5

9.7.3 仰山系

土族：砂质硅质混合型非酸性温性-普通简育干润淋溶土

拟定者：龙怀玉，穆 真，李 军

分布与环境条件 主要存在于燕山山脉的山前平原上部，部分河滩地，以及部分太行山山前小平原上，成土母质为洪冲积物质，地下水埋藏较深，地表常见植物有白草、委陵菜、羊胡子草等，以及人工栽种的杨树、槐树等（图9-25）。分布区域属于暖温带亚湿润气候，年平均气温

图 9-25 仰山系典型景观照

9.7~13.0℃，年降水量 331~1123mm。

土系特征与变幅 诊断层有：淡薄表层、黏化层、雏形层；诊断特性有：半干润土壤水分状况、温性土壤温度状况。是在砂壤质洪冲积物母质上发育的土壤，土层深厚，有效土层厚度200cm以上，碳酸钙含量很低，通体无石灰反应。有明显的黏粒淋溶淀积、铁锰淋溶淀积现象，在淀积层的结构体面上能看到非常清晰的黏粒胶膜、铁锰胶膜，黏粒含量比表土层高出20%以上，从而形成黏化层；通体土壤有机碳含量不高。土壤颗粒控制层段为25~100cm，层段内一般有砂质、黏壤质、壤质等2~3种颗粒级别，加权平均为砂质，控制层段二氧化硅含量>40%，为硅质混合型矿物类型。

对比土系 和洪家屯系的地形部位相似或者相邻，气候条件基本一致，剖面形态相似。但是洪家屯系的成土母质系石灰岩、白云灰岩的残坡积物，碳酸钙绝大部分已被淋失，一般通体无石灰反应或仅在底部有极微弱的石灰反应，颗粒大小为黏质。仰山系成土母质为洪冲积物质，通体无石灰反应，颗粒大小为砂质。

利用性能综述 土层深厚，地下水质好，水源丰富，土壤疏松易耕；通透性强，水热状况及光照条件较好，适宜于农用。但是土质偏砂，保水保肥性能较低，土壤肥力较低。

参比土种 砂壤质洪冲积淋溶褐土。

代表性单个土体 位于河北省唐山市丰润区左家坞镇仰山村，剖面点 118°03′53″E，39°56′36.9″N，海拔61m，地势略起伏，丘陵，低丘，坡的顶部，坡度23°，坡形直线形，河流冲积物母质（图9-26）。耕地，主要种植玉米。通体石灰反应极弱，剖面分层不明显。年平均气温 11.3℃，≥10℃积温为4166℃，50cm土壤温度年均12.3℃；年降水量多年平均为670mm；年均相对湿度为60%；年干燥度为1.2；年日照时数为2603h。野外调查日期：2011 年 11 月 3 日。理化性质见表9-25，表9-26。

图 9-26　仰山系代表性单个
土体剖面照

Ah：0～20cm，淡色腐殖质层，向下平滑模糊过渡，稍润，浊棕色（7.5YR5/3，润），亮棕色（7.5YR5/6，干），岩石矿物碎屑丰度 5%、大小约 5mm、次圆、半风化状态，粉砂壤土，中发育 5～15mm 块状结构，中量细根及极细根、很少量中粗根，疏松，稍黏着，稍塑，无石灰反应，弱氟化钠反应。

AB：20～50cm，向下平滑清晰过渡，稍润，浊棕色（7.5YR5/4，润），亮红棕色（5YR5/8，干），岩石矿物碎屑丰度 2%、大小约 20mm、扁平、半风化状态，砂质黏壤土，强发育 10～15mm 棱块状结构，中量细根极细根、很少量中粗根，有模糊的丰度 2%的黏粒胶膜，坚实，稍黏着，稍塑，无石灰反应，弱氟化钠反应。

Bts1：50～80cm，向下平滑渐变过渡，稍润，浊红棕色（2.5YR4/3，润），橙色（5YR6/6，干），岩石矿物碎屑丰度 5%、大小约 3mm、角状、半风化状态，砂质壤土，强发育 20～30mm 棱块状结构，很少量细根及极细根、很少量中粗根，有丰度 10%的模糊黏粒胶膜、丰度 2%的黑色铁瘤状结核，坚实，稍黏着，稍塑，无石灰反应，弱氟化钠反应。

Bts2：80～145cm，向下平滑渐变过渡，稍润，浊红棕色（5YR5/4，润），橙色（5YR6/6，干），岩石矿物碎屑丰度极少，砂质壤土，强发育 20～30mm 棱块状结构，很少量细根及极细根，坚实，稍黏着，稍塑，有丰度 10%的黏粒胶膜、丰度 5%的黑色铁瘤状结核，无石灰反应，弱氟化钠反应。

Bts3：145～200cm，细砂土，润，浊红棕色（5YR5/4，润），弱发育的棱块结构，有冲积层理，疏松，稍黏着，稍塑，有丰度 10%的黄白色黏粒胶膜、丰度 10%的黑色铁瘤状结核，无石灰反应，弱氟化钠反应。

表 9-25　仰山系代表性单个土体物理性质

土层	深度 /cm	砾石* （>2mm，体积 分数）/%	细土颗粒组成（粒径：mm）/（g/kg）			质地
			砂粒 2～0.05	粉粒 0.05～0.002	黏粒 <0.002	
Ah	0～20	5	558	261	181	粉砂壤土
Bts1	50～80	2	438	341	221	砂质壤土
Bts2	80～145	5	648	117	235	砂质壤土
Bts3	145～200	1	706	129	165	细砂土

表 9-26　仰山系代表性单个土体化学性质

深度 /cm	pH (H₂O)	有机碳 / (g/kg)	全氮 (N) / (g/kg)	全磷 (P₂O₅) / (g/kg)	全钾 (K₂O) / (g/kg)	CEC / (cmol/kg)	盐基饱和度 /%	游离铁 / (g/kg)
0～20	7.7	5.7	0.53	0.99	90.6	14.4	50.5	9.3
50～80	6.8	3.4	0.36	—	—	16.0	63.8	12.1
80～145	6.7	1.6	0.18	2.00	25.2	15.1	64.8	8.8
145～200	6.7	1.3	0.09	—	—	11.8	64.5	8.6

9.7.4　北杖子系

土族：黏壤质硅质混合型非酸性温性-普通简育干润淋溶土

拟定者：龙怀玉，穆　真，李　军，罗　华

分布与环境条件　主要分布于燕山山脉的中低山和丘陵的沟谷地带，太行山山脉的中低山区也有零星分布，黄土状成土母质（图9-27）。海拔一般在400~800m，大多数坡度小于5°。分布区域属于中温带亚湿润气候，年平均气温8.0~10.8℃，年降水量352~987mm。

图9-27　北杖子系典型景观照

土系特征与变幅　诊断层有：淡薄表层、雏形层、黏化层；诊断特性有：半干润土壤水分状况、温性土壤温度状况。是在黄土状母质上发育的土壤，土层深厚，有效土层厚度100~200cm。有明显的黏粒淋溶淀积、铁锰淋溶淀积现象，在淀积层的结构体面上能看到非常清晰的黏粒胶膜、铁锰胶膜，黏化层黏粒含量比表土层高出20%以上，从而形成黏化层。碳酸钙绝大部分已被淋失，其含量甚微，通体无石灰反应或仅在底部有极微弱的石灰反应；土壤颗粒控制层段为25~100cm，颗粒大小类型为黏壤质。

对比土系　和长岭峰系具有相同的地形部位、自然植被，剖面形态相似，但长岭峰系是在壤质洪冲积物母质上发育的土壤，土壤颗粒控制层段内一般有黏壤质、壤质等颗粒级别，加权平均为壤质。北杖子系是在黄土状母质上发育的土壤，颗粒大小类型为黏壤质。

利用性能综述　坡度小，土层厚，保水保肥能力强，疏松易耕，土壤有机质、氮、钾等养分含量中等，具有较高的肥力，适宜多种作物生长，也比较适合搞果树。

参比土种　黄土状淋溶褐土。

代表性单个土体　位于河北省承德市平泉县道虎沟乡北杖子村，剖面点118°41′15.8″E，40°55′4.2″N，海拔475m（图9-28）。地势略起伏，山地，低山，坡，坡下部，坡度25°，凸型，黄土状母质；耕地，主要种植玉米；有丰度5%、大小5cm左右的粗碎块。年平均气温8.7℃，≥10℃积温为3716℃，50cm土壤温度年均10.3℃；年降水量多年平均为614mm；年均相对湿度为57%；年干燥度为1.2；年日照时数为2686h。野外调查日期：2011年8月7日。理化性质见表9-27，表9-28。

Ah：0～20cm，向下平滑渐变过渡，润，浊棕色（7.5YR5/4，润），粉砂质黏壤土，中发育的 3mm 团粒和 1cm 团块，中量细根及极细根，疏松，黏着，中塑，有大量蚂蚁和蚯蚓，无石灰反应。

BA：20～50cm，向下平滑渐变过渡，润，浊棕色（7.5YR5/4，润），粉砂质黏壤土，中发育的 3cm 棱块，有丰度 60% 的黏粒胶膜，中量细根及极细根，坚实，黏着，中塑，无石灰反应。

Bt1：50～75cm，向下平滑清晰过渡，润，浊棕色（7.5YR5/4，润），粉砂质黏壤土，中发育的 2cm×3cm 的棱块，有丰度 60% 的黏粒胶膜，中量细根及极细根，坚实，黏着，中塑，无石灰反应。

Bt2：75～95cm，向下平滑清晰过渡，润，棕色（7.5YR4/4，润），粉砂质黏壤土，中发育的 3cm 的棱块，有丰度 80% 的黏粒胶膜，少量细根及极细根，坚实，黏着，中塑，石灰反应弱。

Bt3：95～160cm，向下平滑清晰过渡，润，黑棕色（7.5YR3/1，润），粉砂质黏壤土，中发育的 3cm 以下的棱块，有丰度 90% 的黏粒胶膜，很少量细根及极细根，坚实，极黏着，极塑，石灰反应弱。

C：>160cm，为母质层。

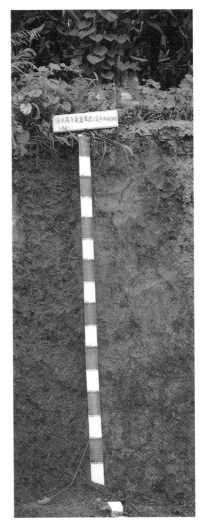

图 9-28　北杖子系代表性
单个土体剖面照

表 9-27　北杖子系代表性单个土体物理性质

土层	深度 /cm	砾石* (>2mm, 体积分数) /%	细土颗粒组成（粒径：mm）/（g/kg）			质地
			砂粒 2～0.05	粉粒 0.05～0.002	黏粒 <0.002	
Ah	0～20	0	180	533	287	粉砂质黏壤土
BA	20～50	0	137	549	314	粉砂质黏壤土
Bt1	50～75	0	122	533	345	粉砂质黏壤土
Bt3	95～160	0	132	501	366	粉砂质黏壤土

表 9-28　北杖子系代表性单个土体化学性质

深度 /cm	pH (H₂O)	有机碳 / (g/kg)	全氮（N） / (g/kg)	全磷（P₂O₅） / (g/kg)	全钾（K₂O） / (g/kg)	CEC / (cmol/kg)	盐基饱和度 /%
0～20	7.9	6.67	0.63	1.01	15.8	24.8	88.1
20～50	7.8	3.12	0.36	—	—	26.8	82.3
50～75	7.6	2.95	0.36	—	—	28.5	75.9
95～160	7.3	3.32	0.34	0.99	33.7	30.6	77.4

9.7.5 洪家屯系

土族：黏质伊利石型非酸性温性-普通简育干润淋溶土
拟定者：龙怀玉，穆 真，李 军

分布与环境条件 主要存在于太行山及燕山山脉的中低山区较缓的山坡、岗丘及沟谷，成土母质系石灰岩、白云灰岩的残坡积物（图9-29）。主要植被为针阔叶混交林及灌丛草被，主要植物有栎树、桦树、油松、酸枣、荆条、胡枝子、绣线菊、羊胡子草、白草等。分布区域属于暖温

图 9-29 洪家屯系典型景观照

带亚湿润气候，年平均气温 9.7～13℃，年降水量 331～1131mm。

土系特征与变幅 诊断层有：淡薄表层、黏化层；诊断特性有：半干润土壤水分状况、温性土壤温度状况。成土母质系白云岩、石灰岩残坡积风化物，有效土层 100cm 以上，土体发育较好，但层次过渡模糊；有明显的残积黏化过程和黏粒淋溶过程，孔隙壁和结构体表面有厚度＞0.5mm 的黏粒胶膜，形成较厚的黏化层；铁锰淋溶淀积过程明显，在底部土壤结构体面上有明显的铁锰胶膜，碳酸钙绝大部分已被淋失，其含量甚微，通体无石灰反应或仅在底部有极微弱的石灰反应；土壤颗粒控制层段为 25～100cm，层段内有黏壤质、黏质两种颗粒大小，加权平均为黏质；层段内黏土矿物中伊利石含量 50%以上，为伊利石型矿物类型。

对比土系 仰山系和洪家屯系的地形部位相似或者相邻，气候条件基本一致，土壤剖面形态相似。但是洪家屯系的成土母质系石灰岩、白云灰岩的残坡积物，颗粒大小为黏质。仰山系成土母质为洪冲积物质，颗粒大小为砂质。

利用性能综述 土层比较深厚，质地适中，结构好，土体构型好，通透性和保水保肥性能均较强；土壤有机质含量丰富，氮、钾养分含量高，水热条件也比较好。适宜多种树木和草灌的生长。但是部分土壤分布于较陡山坡，易水土流失。

参比土种 薄腐厚层灰质淋溶褐土。

代表性单个土体 位于河北省唐山市遵化市党峪镇洪家屯村，剖面点 118°2′19.9″E，39°58′4.3″N，海拔 77m，地形为低山，地势起伏，坡的中部，坡度 42°，成土母质为白云岩洪积物（图9-30）。林地，主要植被为野枣树，覆盖度 85%。通体见丰度为 5%～10%的角状、次圆白云岩碎屑。25cm 以下见大量铁锰锈纹锈斑、黏粒胶膜交织覆盖于结构体表，土体分层不明显。年平均气温 11.1℃，≥10℃积温为 4166℃，50cm 土壤温度年均 12.2℃；年降水量多年平均为 674mm；年均相对湿度为 60%；年干燥度为 1.2；年

图 9-30　洪家屯系代表性
单个土体剖面照

日照时数为 2605h。野外调查日期:2011 年 11 月 3 日。
理化性质见表 9-29,表 9-30。

Ah:0~15cm,向下平滑清晰过渡,稍润,浊红棕色(5YR4/3,
润),棕色(7.5YR4/6,干),岩石矿物碎屑丰度 10%、大小
约 10mm、角状、次圆、半风化状态,粉砂质黏壤土,中强
发育 5~15mm 团块结构,中量细根极细根、很少量中粗根,
疏松,稍黏着,稍塑,无石灰反应。

Bt1:15~40cm,向下平滑模糊过渡,稍润,浊红棕色
(2.5YR4/4,润),亮红棕色(5YR5/8,干),岩石矿物碎屑
丰度为 5%、大小约 10~30mm、角状、半风化状态,粉砂质黏
壤土,中发育的 20~80mm 棱块状结构,有丰度 90%、对比
度明显的铁锰-黏粒胶膜,少量细根极细根、很少量中粗根,
坚实,黏着,中塑,无石灰反应。

Bt2:40~90cm,向下平滑模糊过渡,稍润,浊红棕色
(2.5YR4/4,润),亮红棕色(5YR5/8,干),岩石矿物碎屑
丰度 5%、大小约 10~30mm、角状、半风化状态,粉砂质黏壤
土,强发育的棱柱结构,有丰度 2%的铁锰斑纹,丰度 90%、
对比度明显的铁锰-黏粒胶膜,很少量细根极细根、很少量中
粗根,坚实,黏着,中塑,无石灰反应。

Bt3:90~150cm,向下平滑模糊过渡,稍润,暗红棕色
(2.5YR3/2,润),亮红棕色(5YR5/8,干),岩石矿物碎屑
丰度 10%、大小约 5~50mm、角状、半风化状态,粉砂质黏
壤土,强发育的棱柱结构,很少量细根极细根、很少量中粗
根,极坚实,黏着,中塑,有丰度 95%、对比度明显的铁锰-
黏粒胶膜,无石灰反应。

C:>150cm,白云岩碎屑物碎块及其风化物。

表 9-29　洪家屯系代表性单个土体物理性质

| 土层 | 深度 /cm | 砾石* (>2mm,体积 分数)/% | 细土颗粒组成(粒径:mm)/(g/kg) | | | 质地 |
			砂粒 2~0.05	粉粒 0.05~0.002	黏粒 <0.002	
Ah	0~15	10	128	563	309	粉砂黏壤土
Bt1	15~40	5	118	529	353	粉砂黏壤土
Bt2	40~90	5	93	568	340	粉砂黏壤土
Bt3	90~150	10	132	503	365	粉砂黏壤土

表 9-30 洪家屯系代表性单个土体化学性质

深度 /cm	pH (H₂O)	有机碳 / (g/kg)	全氮（N） / (g/kg)	CEC / (cmol/kg)	盐基饱和度 /%	游离铁 / (g/kg)
0～15	7.4	13.0	1.25	29.3	75.2	12.3
15～40	7.3	4.8	0.77	29.3	72.0	13.5
40～90	7.2	3.1	0.61	26.9	70.3	15.5
90～150	6.9	3.5	0.52	27.1	71.1	16.5

9.7.6　后东峪系

土族：粗骨质硅质混合型石灰性温性–普通简育干润淋溶土

拟定者：龙怀玉，刘　颖，安红艳，陈亚宇

分布与环境条件　主要分布在太行山和燕山的石质中低山丘陵（图 9-31）。多半为旱生植被，成土母质为变粒岩、石英砂岩类的残积坡积物。分布区域属于暖温带亚干旱气候，年平均气温 12.1～15.4℃，年均降水量 227～1259mm。

图 9-31　后东峪系典型景观照

土系特征与变幅　诊断层有：淡薄表层、黏化层；诊断特性有：半干润土壤水分状况、温性土壤温度状况、准石质接触面。成土母质系变粒岩、石英砂岩的残积坡积物，土体中含有75%～90%(剖面体积)的10～30mm的砾石，土层较薄，有效土层厚度50～100cm，除表层没有石灰反应外，其他层次有强石灰反应，表层以下碳酸钙平均含量 5～50g/kg，有明显的碳酸钙淋溶淀积过程，底土层有占土体结构面面积 5%～10%碳酸钙假菌丝体；土壤残积黏化明显，心土层黏粒含量一般是表土层的 1.2～1.5 倍，也明显地高于底土层。颗粒控制层段厚度为 25～100cm，土壤颗粒大小级别为粗骨壤质，控制层段内二氧化硅含量40%～70%，为硅质混合型矿物类型。

对比土系　和滚龙沟系具有相同的地形部位，气候条件基本相同，剖面比较相似。但后东峪系成土母质系变粒岩、石英砂岩的残积坡积物，表层没有石灰反应外，其他层次都有强石灰反应，底土层有明显的碳酸钙假菌丝体，有黏化层，土壤颗粒大小级别为粗骨黏壤质。滚龙沟系成土母质系片麻岩残积风化物，通体强石灰反应，但没有明显的碳酸钙假菌丝体，却有钙积层，土壤颗粒大小级别为粗骨壤质。

利用性能综述　坡度较陡，水土流失严重，表层比较浅薄，有机质含量少，养分贫瘠，气候干旱，植被稀疏，以灌草丛植被为主，不宜农用。土层较厚的可以发展林果，特别适宜种植山楂、柿子等。

参比土种　薄腐中层粗散状褐土。

代表性单个土体　位于河北省邢台市邢台县龙泉寺乡后东峪村，剖面点 114°09′41.6″E，37°03′51.3″N，海拔 273m，地势起伏明显，丘陵，高丘，直线坡中下部，坡度 18.5°（图 9-32）。母质为变粒岩残积坡积物。林地，主要是松树、杨树，覆盖度为>90%。有 5%的地表存在弱的片蚀；有丰度 40%的岩石露头，平均间距 0.5m、有大小 50cm 的地表粗碎块。

表层未见石灰反应，而下层石灰反应强烈。年平均气温12.5℃，≥10℃积温为 4745℃，50cm 土壤温度年均13.3℃；年降水量多年平均为524mm；年均相对湿度为61%；年干燥度为 1.8；年日照时数为 2434h。野外调查日期：2011 年 4 月 18 日。理化性质见表9-31，表9-32。

Oi：+0.5～0cm，枯枝落叶层。

Ah1：0～5cm，向下平滑清晰过渡，干态，黑棕色（10YR3/1，润），浊黄棕色（10YR4/3，干），有80%角状3cm的新鲜石块，细土质地为壤土，中发育的棱块状结构，少量细根、中根，松散，稍黏着，稍塑，无石灰反应。

Ah2：5～20cm，向下平滑突变过渡，干态，棕色（7.5YR4/6，干），有80%角状 3cm 新鲜石块，黏壤土，中发育的棱块状结构，有少量对比度明显的铁锰斑纹，很少量细根、中粗根，坚硬，黏着，中塑，无石灰反应。

Bk：20～60cm，向下平滑模糊过渡，干态，亮棕色（7.5YR5/8，干），有80%角状长石新鲜石块，黏壤土，中发育的棱块状结构，有碳酸钙粉末淀积，有少量明显的铁锰斑纹和胶膜、很小的铁子，有黏粒和铁锰的混合连续胶结物，很少量中粗根，极坚硬，黏着，中塑，极强石灰反应。

图 9-32 后东峪系代表性
单个土体剖面照

C/R：>60cm，变粒岩、石英砂岩的残积物风化物和坡积石块的混合物，弱石灰反应。

表 9-31 后东峪系代表性单个土体物理性质

土层	深度 /cm	砾石* （>2mm，体积 分数）/%	细土颗粒组成（粒径：mm）/（g/kg）			质地
			砂粒 2～0.05	粉粒 0.05～0.002	黏粒 <0.002	
Ah1	0～5	80	398	338	264	壤土
Ah2	5～20	80	297	374	329	黏壤土
Bk	20～60	80	318	372	309	黏壤土

表 9-32 后东峪系代表性单个土体化学性质

深度 /cm	pH （H₂O）	有机碳 /（g/kg）	全氮（N） /（g/kg）	CEC /（cmol/kg）
0～5	7.5	25.1	2.08	25.2
5～20	7.7	11.7	0.99	26.6
20～60	7.8	3.54	0.37	24.4

9.7.7 上薄荷系

土族：粗骨黏壤质硅质混合型非酸性温性-普通简育干润淋溶土

拟定者：龙怀玉，安红艳，刘　颖

分布与环境条件　主要分布在太行山、燕山和冀西北山区中低山及丘陵上，土壤母质为花岗岩、片麻岩的残积风化物，土层浅薄，发育微弱（图 9-33）。自然植被有针阔叶混交林及灌丛草被，植被覆盖度较高。分布区域属于暖温带亚干旱气候，年平均气温 8.1～13.5℃，年降水量 212～763mm。

图 9-33　上薄荷系典型景观照

土系特征与变幅　诊断层有：淡薄表层、黏化层、雏形层；诊断特性有：半干润土壤水分状况、温性土壤温度状况、准石质接触面。成土母质系花岗岩、片麻岩的残积风化物，物理风化较化学风化强，土层较厚，有效土层厚度 60～100cm，淋溶淀积作用较强，形成了明显的黏化层，但没有二氧化物、三氧化物的淀积。碳酸钙含量甚微，通体无石灰反应，土壤盐基饱和，酸碱反应呈中性至微碱性；砾石含量从上到下逐渐增多，到底土时，含量一般会达到 90%左右。土壤颗粒控制层段为 50～100cm，砾石含量加权平均 50%～60%，颗粒大小类型为粗骨黏壤质；控制层段内二氧化硅含量 50%～70%，为硅质混合型矿物类型。

对比土系　与三道河系的剖面形态非常相似，三道河系的颗粒大小级别为黏壤质，上薄荷系的颗粒大小级别为粗骨黏壤质盖粗骨质。

利用性能综述　土壤质地适中，构型良好，通透性强，耕性好。心底土为偏黏土壤，保水保肥好，适种性较广。但是，大部分土壤分布于山坡上或沟谷，易水土流失。

参比土种　薄腐厚层粗散状淋溶褐土。

代表性单个土体　位于河北省保定市涞源县乌龙沟乡上薄荷村，剖面点 114°58′09.5″E，39°27′34.2″N，海拔 823m，山地，中山，直线坡中部，坡度 51°（图 9-34）。成土母质为花岗岩风化物，周围山体也多为花岗岩。自然植被为灌木，覆盖度>70%，有 30%的地表存在轻微的片蚀；有丰度约 50%的岩石露头，平均间距 10cm；有丰度约 50%的地表粗碎块，大小 10～20cm，平均间距 10cm。表层 2cm 为枯枝落叶层，土壤通体无石灰反应。年平均气温 7.3℃，≥10℃积温为 3831℃，50cm 土壤温度年均 9.2℃；年均降水量多年平均为 451mm；年均相对湿度为 57%；年干燥度为 1.7；年日照时数为 2722h。野外调查日期：2010 年 10 月 27 日。理化性质见表 9-33，表 9-34。

O：+2～0cm，枯枝落叶层。

Ah：0～18cm，向下平滑模糊过渡，润，暗棕色（10YR3/3，润），浊黄棕色（10YR5/4，干），有丰度 5%、20mm 的不规则新鲜石块，壤土，中发育的小团粒状结构，少量细根，疏松，稍黏着，稍塑，无石灰反应。

Bt1：18～48cm，向下平滑清晰过渡，润，棕色（10YR4/4，润），有丰度 20%、20mm 的不规则新鲜石块，粉砂壤土，中发育小棱块状结构，有少量模糊黏粒胶膜，少量细根，坚实，稍黏着，稍塑，无石灰反应。

Bt2：48～68cm，向下平滑清晰过渡，润，浊黄棕色（10YR4/3，润），有丰度 40%、20mm 的不规则新鲜石块，黏壤土，中发育的小棱块状结构，很少量细根，坚实，黏着，可塑，无石灰反应。

BC：68～100cm，向下平滑清晰过渡，干，浊黄棕色（10YR5/4，干），有丰度 90%左右、20mm 的不规则新鲜石块，黏壤土，中发育的大棱块状结构，极坚实，无黏着，无塑，无石灰反应。

图 9-34　上薄荷系代表性单个土体剖面照

C：>100cm，花岗岩碎屑层，干，黄棕色（10YR5/8，干），几乎全部为砂子，砂土。属于准石质接触面。

表 9-33　上薄荷系代表性单个土体物理性质

土层	深度 /cm	砾石* （>2mm，体积 分数）/%	细土颗粒组成（粒径：mm）/（g/kg）			质地
			砂粒 2～0.05	粉粒 0.05～0.002	黏粒 <0.002	
Ah	0～18	5	466	385	149	壤土
Bt1	18～48	20	243	532	225	粉砂壤土

表 9-34　上薄荷系代表性单个土体化学性质

深度 /cm	pH （H₂O）	有机碳 /（g/kg）	全氮（N） /（g/kg）	全磷（P₂O₅） /（g/kg）	全钾（K₂O） /（g/kg）	CEC /（cmol/kg）
0～18	6.7	17.7	1.36	0.60	33.8	17.7
18～48	7.0	3.4	0.37	—	—	19.4

9.8　斑纹简育湿润淋溶土

9.8.1　北虎系

土族：黏壤质硅质混合型石灰性温性-斑纹简育湿润淋溶土
拟定者：龙怀玉，刘　颖，安红艳，陈亚宇

分布与环境条件　主要分布在山麓平原中下部、冲积扇末端与河流冲积平原交接洼地、扇形平原二坡地（图9-35）。土壤母质系黄土状母质，地下水埋深一般为3～5m。分布区域属于暖温带亚干旱气候，年平均气温11.0～13.9℃，年降水量229～1017mm。

图9-35　北虎系典型景观照

土系特征与变幅　诊断层有：淡薄表层、黏化层、雏形层；诊断特性有：潮湿土壤水分状况、温性土壤温度状况、氧化还原特征。成土母质系黄土状母质，有效土层厚度150cm以上；土体碳酸钙含量不高，表土层、心土层强石灰反应，而底土层没有石灰反应，底土层具有明显的铁锰锈斑，甚至有少量铁锰结核；土体有机碳含量较低，在剖面上呈现为锐减现象，表层20cm土体的腐殖质储量比大于0.4；心土层黏粒含量一般是表土层1.2倍以上，底土层黏粒含量一般是表土层1.5倍以上，形成了黏化层；颗粒控制层段为25cm至100～150cm处，土壤颗粒大小级别为黏壤质；控制层段内二氧化硅含量50%～70%，为硅质混合型矿物类型。

对比土系　与闫家沟系、六道河系属于相同的土族，与六道河系的区别在于：诊断表层不同，北虎系为淡薄表层，六道河系为肥熟表层。与闫家沟系的区别在于成土母质不同：北虎系为黄土状母质，闫家沟系为河流冲积物母质。此外，与刘瓦窑系剖面形态也非常相似，它们的区别在于：北虎系具有黏化层，是淋溶土，而刘瓦窑系没有黏化层，是雏形土；北虎系没有盐积现象和碱积现象，刘瓦窑系具有盐积现象和碱积现象。

利用性能综述　表土质地适中，通透性好，土体构型良好，保水保肥能力强，水肥气热条件协调，耕性较好，宜耕期长，排灌条件较好，土壤熟化程度较高，多为中高产土壤，适种作物广，目前主要种植小麦、玉米、棉花等。但是北虎系土壤养分偏低，耕层较浅。

参比土种　黏层黏壤质洪冲积潮褐土。

代表性单个土体　位于河北省石家庄市无极县高头回族乡北虎村，剖面点114°52′17.4″E，38°08′50.6″N，海拔8m，地势平坦，冲积平原（图9-36）。成土母质为黄土状河流冲积物，水浇地，主要种植冬小麦等农作物。地表有阔度3～5mm、长度10cm、间距10cm

的连续性裂隙。底层可见少量的黑色铁子，磨圆度较好，79cm 以下可见冲积层理，79cm 以上和以下属于两个不同的母质层。年平均气温 13.2℃，≥10℃积温为 4611℃，50cm 土壤温度年均 13.8℃；年降水量多年平均为 523mm；年均相对湿度为 62%；年干燥度为 1.8；年日照时数为 2516h。野外调查日期：2011 年 4 月 15 日。理化性质见表 9-35，表 9-36。

Ap：0～12cm，向下平滑模糊过渡，润态，灰黄棕色（10YR4/2，润），浊黄棕色（10YR5/4，干），粉砂壤土，中发育的团粒结构，中量细根、很少量中根，疏松，稍黏着，无塑，有很多蚂蚁，强石灰反应。

Bt1：12～35cm，向下平滑模糊过渡，润态，浊黄棕色（10YR4/3，润），浊黄橙色（10YR6/4，干），粉砂壤土，中发育的棱块状结构，有模糊的黏粒胶膜，少量细根，疏松，稍黏着，无塑，有少量砖块，有很多蚂蚁，中强石灰反应。

Bt2：35～79cm，向下平滑模糊过渡，润态，棕色（10YR4/4，润），黄棕色（10YR5/6，干），粉砂壤土，强发育的棱块状结构，有模糊的黏粒胶膜，疏松，黏着，稍塑，有很多蚂蚁，稍强石灰反应。

图 9-36　北虎系代表性单个土体剖面照

Cr：79～115cm，黏粒淀积层、氧化还原层，潮态，暗棕色（10YR3/3，润），棕色（7.5YR4/4，干），有冲积层理，黏壤土，强发育的棱块状结构，有很小的黑色不规则稍硬铁子，坚实，黏着，中塑，无石灰反应。

表 9-35　北虎系代表性单个土体物理性质

土层	深度 /cm	砾石* （>2mm，体积分数）/%	细土颗粒组成（粒径：mm）/（g/kg）			质地
			砂粒 2～0.05	粉粒 0.05～0.002	黏粒 <0.002	
Ap	0～12	0	181	628	190	粉砂壤土
Bt1	12～35	0	166	602	232	粉砂壤土
Bt2	35～79	0	92	680	228	粉砂壤土
Cr	79～115	0	206	441	354	黏壤土

表 9-36　北虎系代表性单个土体化学性质

深度 /cm	pH （H₂O）	有机碳 /（g/kg）	全氮（N） /（g/kg）	全磷（P₂O₅） /（g/kg）	全钾（K₂O） /（g/kg）	CEC /（cmol/kg）
0～12	7.8	10.5	1.14	0.99	46.1	17.7
12～35	8.5	4.01	0.37	—	—	13.8
35～79	8.4	3.31	0.32	0.99	16.3	16.7
79～115	8.2	4.17	0.35	—	—	25.6

9.8.2　六道河系

土族：黏壤质硅质混合型石灰性温性-斑纹简育湿润淋溶土
拟定者：龙怀玉，穆　真，李　军，罗　华

分布与环境条件　主要存在于山区冲积扇、季节性河流两岸，地下水一般在 3m 左右，成土母质为河流洪冲积物（图 9-37）。分布区域属于中温带亚湿润气候，年平均气温 6.5～8.7℃，年降水量 264～810mm。

图 9-37　六道河系典型景观照

土系特征与变幅　诊断层有：肥熟表层、黏化层、雏形层；诊断特性有：氧化还原特征、潮湿土壤水分状况、温性土壤温度状况、石灰性。成土母质系河流冲积物，有效土层厚度 100～150cm；粉砂壤土、黏壤土，残积黏化过程明显，并形成了黏化层；土体碳酸钙含量不高，强石灰反应；底土层具有明显的铁锰锈纹锈斑；表层土壤肥力较高，有机碳、全氮、有效磷含量较高；土壤颗粒大小控制层段为 25～100cm，颗粒大小为黏壤质，硅质混合型矿物类型。

对比土系　与闫家沟系、北虎系均属于相同的土族，它们之间的区别在于诊断表层不同：六道河系为肥熟表层，闫家沟系、北虎系为淡薄表层。

利用性能综述　土壤通透性较好，土性温暖。养分的供应强度和供应容量都较大，土壤耕性好，宜耕期长，适种作物广，全部已经开发成耕地，大多有水浇条件，土壤熟化程度较好，多为中高产土壤，但少数地块黏化层出现浅，结构紧实，通透性差，影响作物根系发育，并在雨季易形成内涝。

参比土种　砾石层黏壤质洪冲积潮褐土。

代表性单个土体　位于河北省承德市滦平县虎什哈镇六道河村，剖面点 117°2′37.1″E，40°49′53″N，海拔 321m（图 9-38）。地势略起伏，丘陵山地，倾斜河谷，谷底，山谷中部，母质为河流冲积物；耕地，主要种植玉米；地表有丰度 2%、大小 1cm×2cm 的粗碎块，地下水位 8m。年平均气温 8.8℃，≥10℃积温为 3574℃，50cm 土壤温度年均 10.4℃；年降水量多年平均为 517mm；年均相对湿度为 55%；年干燥度为 1.3；年日照时数为 2721h。野外调查日期：2011 年 8 月 9 日。理化性质见表 9-37，表 9-38。

Ap1：0～10cm，向下平滑模糊过渡，稍润，暗棕色（7.5YR2.5/3，润），暗棕色（7.5YR，干），土体内有丰度2%、大小 1cm 的块状岩石碎屑，粉砂壤土，中发育的 3cm 团块，中量细根及极细根、很少量中粗根，疏松，稍黏着，稍塑，土壤中有多量蚯蚓，弱石灰反应。

Ap2：10～20cm，向下平滑清晰过渡，稍润，暗棕色（7.5YR3/3，润），暗棕色（7.5YR，干），粉砂壤土，中发育的 2mm 左右的团粒结构和弱发育的 1cm 的团块结构，中量细根及极细根、很少量中粗根，土体内疏松，稍黏着，稍塑，土壤中有少量蚯蚓，石灰反应中等强度，速效磷 87.0mg/kg。

Bt：20～45cm，稍润，暗棕色（7.5YR3/4，润），暗棕色（7.5YR，干），黏壤土，中发育的 1～3cm 块状结构，有 50% 的模糊黏粒胶膜，少量细根及极细根、很少量中粗根，疏松，极黏着，极塑，石灰反应强烈。

图 9-38 六道河系代表性
单个土体剖面照

Btr：45～60cm，向下平滑模糊过渡，稍润，暗棕色（7.5YR3/3，润），暗棕色（7.5YR，干），粉砂壤土，中发育的 3cm 的棱块结构，有 40% 模糊黏粒胶膜，有 5% 铁锰斑纹，少量细根及极细根、很少量中粗根，疏松，稍黏着，无塑性，石灰反应强烈。

Br：60～80cm，向下清晰平滑过渡，稍润，棕色（7.5YR4/4，润），砂壤土，中发育的 3cm 的棱块结构，有 5% 的铁锰斑纹，松散，无黏着，稍塑，石灰反应弱。

C1：80～90cm，稍润，棕色（7.5YR4/4，润），砂土，无结构，松散，无黏着，无塑，石灰反应弱。

C2：>90cm，河床相卵石层。

表 9-37 六道河系代表性单个土体物理性质

土层	深度 /cm	砾石* (>2mm，体积分数) /%	细土颗粒组成（粒径：mm）/（g/kg）			质地
			砂粒 2～0.05	粉粒 0.05～0.002	黏粒 <0.002	
Ap	0～20	2	314	496	189	粉砂壤土
Bt	20～45	0	158	558	285	黏壤土
Btr	45～60	0	430	368	202	粉砂壤土

表 9-38 六道河系代表性单个土体化学性质

深度 /cm	pH (H₂O)	有机碳 /（g/kg）	全氮（N）/（g/kg）	全磷（P₂O₅）/（g/kg）	全钾（K₂O）/（g/kg）	速效磷（P₂O₅）/（mg/kg）	CEC /（cmol/kg）
0～20	7.7	13.4	1.30	1.05	15.6	87.0	21.7
20～45	7.9	6.5	0.53	—	—	8.1	25.1
45～60	8.0	4.7	0.49	1.08	14.2	5.7	18.6

9.8.3 闫家沟系

土族：黏壤质硅质混合型石灰性温性-斑纹简育湿润淋溶土
拟定者：龙怀玉，穆　真，李　军，罗　华

分布与环境条件　主要存在于河谷平地、河流阶地、河漫滩上，地下水一般在3m左右，成土母质为燕山岩石风化物经河流冲积而成（图9-39）。分布区域属于中温带亚湿润气候，年平均气温 5.8～10.7℃，年降水量 321～826mm。

图 9-39　闫家沟系典型景观照

土系特征与变幅　诊断层有：淡薄表层、黏化层、雏形层；诊断特性有：氧化还原特征、潮湿土壤水分状况、温性土壤温度状况、石灰性。成土母质系近代壤质河流冲积物，土层深厚，有效土层厚度150cm以上，粉砂壤土、黏壤土，残积黏化过程明显，并形成了黏化层；土体碳酸钙含量不高，石灰反应由上到下逐渐减弱；底土层具有明显的铁锰锈纹锈斑；100cm 剖面上土壤有机碳含量在 6.0g/kg，上下土层含量差异不大，20cm 土体的腐殖质储量比一般在 0.40 以下；土壤颗粒大小控制层段为 25～100cm，颗粒大小为黏壤质、硅质混合型矿物类型。

对比土系　与北虎系、六道河系属于相同的土族，与六道河系的区别在于：诊断表层不同，闫家沟系为淡薄表层，六道河系为肥熟表层。与北虎系的区别在于：成土母质不同，北虎系为黄土状母质，而闫家沟系为河流冲积物母质。

利用性能综述　全部为耕地，土壤熟化程度较好，多为中高产土壤，大多有水浇条件，土壤通透性较好，土性温暖。养分的供应强度和供应容量都较大，土壤耕性好，宜耕期长，适种作物广。少数地块黏化层出现浅，结构紧实，通透性差，影响作物根系发育，并在雨季易形成内涝。

参比土种　壤质洪冲积潮褐土。

代表性单个土体　位于河北省承德市承德县六道沟镇闫家沟村，剖面点 118°18′11″E，40°57′13.2″N，海拔399m（图9-40）。地势平坦，丘陵，河谷平原，阶地，母质为河流冲积物；耕地，主要种植茄子、玉米；地表有丰度5%、大小 2cm×3cm 的粗碎块，地下水深度 8～9m。75cm 以下有地下水升降引起的氧化还原反应，形成铁锰斑纹。年平均气温8.6℃，≥10℃积温为3599℃，50cm 土壤温度年均10.2℃；年降水量多年平均为525mm；年均相对湿度为56%；年干燥为1.3；年日照时数为2689h。野外调查日期：2011 年 8 月 7 日。理化性质见表9-39，表9-40。

Ap：0～20cm，向下平滑渐变过渡，润，暗棕色（7.5YR4/6，润），粉砂壤土，中发育的 2cm 的粒状，中量细根及极细根、少量中粗根，坚实，稍黏着，稍塑，中等石灰反应。

Bt：20～50cm，向下平滑渐变过渡，润，棕色（7.5YR4/4，润），黏壤土，弱发育3cm 左右的棱块结构，少量细根及极细根，坚实，稍黏着，稍塑，石灰反应强烈。

Br1：50～75cm，向下平滑模糊过渡，润，暗棕色（7.5YR3/3，润），粉砂壤土，中发育强度的 3cm 的棱块，有 30%模糊黏粒胶膜，少量细根及极细根，坚实，黏着，中塑，石灰反应极弱。

Br2：75～105cm，向下平滑清晰过渡，润，黑棕色（7.5YR3/2，润），粉砂壤土，中发育的 3cm 的棱块，有 50%模糊黏粒胶膜，有丰度为 10%、大小 2cm×3mm 的锈纹锈斑，少量细根及极细根，坚实，黏着，中塑，石灰反应极弱。

Br3：>105cm，润，棕色（7.5YR4/3，润），砂壤土，疏松，无黏着，无塑，有丰度 10%、大小 2cm×3mm 的铁锰斑纹，无石灰反应。

图 9-40　闫家沟系代表性
单个土体剖面照

表 9-39　闫家沟系代表性单个土体物理性质

土层	深度 /cm	砾石[*] （>2mm，体积 分数）/%	细土颗粒组成（粒径：mm）/（g/kg）			质地
			砂粒 2～0.05	粉粒 0.05～0.002	黏粒 <0.002	
Ap	0～20	2	266	518	217	粉砂壤土
Bt	20～50	2	225	498	277	黏壤土
Br1	50～75	2	264	520	216	粉砂壤土

表 9-40　闫家沟系代表性单个土体化学性质

深度 /cm	pH （H₂O）	有机碳 /（g/kg）	全氮（N） /（g/kg）	全磷（P₂O₅） /（g/kg）	全钾（K₂O） /（g/kg）	CEC /（g/kg）
0～20	8.0	6.1	0.51	1.03	15.9	20.5
20～50	8.2	4.8	0.41	—	—	22.9
50～75	8.1	6.7	0.47	1.08	16	18

9.8.4　孙老庄系

土族：黏质伊利石型石灰性温性-斑纹简育湿润淋溶土

拟定者：龙怀玉，穆　真，李　军

分布与环境条件　主要存在于丰南区和丰润区的冲积洼地，河流静水沉积母质，地下水埋深 1～3m，土壤轻度盐化，盐分组成以氯化物为主，地表有盐霜或盐斑（图 9-41）。分布区域属于暖温带亚湿润气候，年平均气温 10～13℃，年降水量 296～1064mm。

图 9-41　孙老庄系典型景观照

土系特征与变幅　诊断层有：淡薄表层、黏化层、钙积层、雏形层；诊断特性有：氧化还原特征、潮湿土壤水分状况、温性土壤温度状况、盐积现象、钠质特性、石灰性。成土母质系静水沉积物，有效土层厚度150cm 以上；心土层黏粒含量 350g/kg 以上，是表土层的 1.2 倍以上，结构体面上有大量黏粒胶膜，盐分含量较高，且以氯化钠镁为主，盐分含量随深度增加而增加，心土层盐分含量一般是表土层的 2 倍以上；除表土层外，土壤钠镁饱和度均在 50%以上，形成了钠质特性；碳酸钙含量较高，并且淋溶淀积明显，在心土层可见到 0.5～5cm 的砂姜状碳酸钙结核，丰度在 10%以上；地下水影响到了心土层、底土层，使其具有中量、大量的铁锰锈纹锈斑；颗粒大小控制层段为 25～100cm，层段内有黏壤质、黏质等颗粒大小级别，加权平均为黏质；颗粒大小控制层段内，黏粒中伊利石含量 50%以上，为伊利石型矿物类型。

对比土系　和李虎庄系的地形部位、成土母质、自然植被、气候条件等基本一致。但李虎庄系除了碳酸钙结核本身外，没有石灰反应，而孙老庄系通体强石灰反应。李虎庄系表层土壤呈黑暗色，形成了暗沃表层。孙老庄系表层和次表层润态明度大于4，为淡薄表层。此外，李虎庄系的矿物类型为蛭石混合型，孙老庄系的矿物类型为伊利石型。

利用性能综述　土壤肥力中等，养分含量较高，保肥性能强。地势低洼易涝，土壤质地黏重板结，干时坚硬，湿时泥泞，耕性差，适耕期短，通透性不良，早春土壤升温慢，供肥性能差，容易发生轻度盐碱危害。

参比土种　黏质轻度氯化物盐化砂姜黑土。

代表性单个土体　位于河北省唐山市丰南区唐坊镇孙老庄村，剖面点 117°58′12.1″E，39°28′12.1″N，海拔约为 4m，地形为平原，地势平坦，成土母质为湖积物（图 9-42）。耕地，主要种植棉花。在开垦利用前是草甸植被旺盛的洼地，修筑台田和条田后，地下水位降低，土壤自然脱水，逐渐发育而成。表层及亚表层退化严重，土壤颜色淡化，通体有中到强的石灰反应。年平均气温 11.8℃，≥10℃积温为 4249℃，50cm 土壤温度年均 12.7℃；年降水量多年平均为 599mm；年均相对湿度为 62%；年干燥度为 1.3；年日照时数为 2574h。野外调查日期：2011 年 11 月 9 日。理化性质见表 9-41，表 9-42。

Apz1：0～20cm，向下平滑渐变过渡，稍润，橄榄棕色（2.5Y4/3，润），灰黄棕色（10YR5/2，干），黏壤土，强发育的团粒结构、强发育的块状结构，很少量细根极细根、很少量中粗根，坚实，稍黏着，稍塑，中等石灰反应。

Apz2：20～38cm，向下平滑清晰过渡，稍润，暗灰黄色（2.5Y4/2 润，），黏壤土，中发育的块状结构，很少量细根极细根、很少量中粗根，极坚实，黏着，中塑，有丰度 10% 的黏粒胶膜、丰度 30% 的黄白色黏粒胶膜，强石灰反应。

AB：38～55cm，向下平滑清晰过渡，稍润，黑棕色（2.5Y3/2，润），棕灰色（10YR4/1，干），粉砂黏土，强发育 5～30mm 棱块结构，有 20% 明显黏粒胶膜，很少量细根极细根、很少量中粗根，极坚实，稍黏着，稍塑，中等石灰反应。

Bkr1：55～80cm，向下平滑清晰过渡，稍润，黑棕色（2.5Y3/1，润），灰黄棕色（10YR5/2，干），粉砂黏壤土，强发育 5～30mm 棱块结构，有 5% 的模糊铁锰锈纹锈斑、5% 明显黏粒胶膜、10%

图 9-42　孙老庄系代表性
单个土体剖面照

白色 1～5cm 大小姜状碳酸钙硬结核，很少量细根极细根、很少量中粗根，极坚实，稍黏着，稍塑，中等石灰反应。

Bkr2：80～115cm，向下平滑清晰过渡，润，黑棕色（2.5Y2.5/1，润），灰黄色（2.5Y7/2，干），粉砂黏壤土，极强发育 5～30mm 棱块结构，有 40% 的明显铁锰锈纹锈斑、15% 黑色 2mm 铁锰软结核、5% 白色 2～6cm 大小砂姜状碳酸钙硬结核，坚实，黏着，中塑，中等石灰反应。

表 9-41　孙老庄系代表性单个土体物理性质

| 土层 | 深度 /cm | 砾石* (>2mm，体积分数)/% | 细土颗粒组成（粒径：mm）/（g/kg） | | | 质地 |
			砂粒 2～0.05	粉粒 0.05～0.002	黏粒 <0.002	
Apz	0～38	0	213	485	303	黏壤土
AB	38～55	0	74	468	458	粉砂黏土
Bkr1	55～80	10	53	573	374	粉砂黏壤土
Bkr2	80～115	5	56	616	328	粉砂黏壤土

表 9-42　孙老庄系代表性单个土体化学性质

深度 /cm	pH (H₂O)	有机碳 /（g/kg）	全氮（N） /（g/kg）	全磷（P₂O₅） /（g/kg）	全钾（K₂O） /（g/kg）	盐分 /（g/kg）	碳酸钙/ （g/kg）	CEC /（cmol/kg）	交换性钠/ （cmol/kg）
0～38	8.2	9.9	1.09	1.57	92.8	2.3	24.4	23.7	0.7
38～55	8.2	7.1	0.69	—	—	4.4	7.5	31.6	1.9
55～80	8.4	4.5	0.39	2.17	58.7	9.1	61.7	27.5	3.2
80～115	8.2	2.8	0.39	2.00	53.4	13.0	57.4	25.3	4.4

第10章 雏 形 土

10.1 普通暗色潮湿雏形土

10.1.1 端村系

土族：黏质蒙脱石混合型石灰性温性-普通暗色潮湿雏形土
拟定者：龙怀玉，安红艳，刘 颖

图 10-1 端村系典型景观照

分布与环境条件 主要分布在季节性或长期积水还原条件下形成的土壤，零星分布于内陆封闭洼地、湖泊周围（图 10-1）。成土母质系湖相黏质沉积物，海拔 5m 左右，地势低平，地下水埋深小于 1m，排水困难，土体经常为水分所饱和，通气不佳，水生、湿生、盐生植被繁茂，主要植物是芦苇，也可以见到三棱草、菖蒲、稗草、马绊草、盐蓬等植物。

分布区域属于暖温带亚干旱气候，年平均气温 11.5～15.9℃，年降水量 220～968mm。

土系特征与变幅 诊断层有：暗沃表层、雏形层；诊断特性有：氧化还原特征、常潮湿土壤水分状况、温性土壤温度状况、石灰性。成土母质系黏质湖相静水沉积物，土层深厚，通体含有少量螺壳侵入体，有效土层厚度大于 200cm，通体黏性；土体内外排水较滞缓，湿生植物残体嫌气分解，有机质残积地表，有腐臭味，剖面上下土壤有机质含量差异不大；地下水参与成土过程，土体氧化还原过程较强，土壤颜色以灰色、青灰色为基调，心土层和底土层有较多的铁锰锈纹锈斑，至少有一个土层有潜育现象；通体有中度石灰反应；土壤颗粒控制层段为 25～100cm，颗粒大小类型为黏质；控制层段内黏粒中蒙脱石含量小于 50%，但大于 30%，为蒙脱石混合型矿物类型。

对比土系 与南排河系的环境条件、景观部位、成土母质基本相同，剖面形态相似，很多情况下地表植被也一样。但南排河系靠近滨海，土壤盐分含量较高，具有潜育特征、盐积现象和钠质特征，颗粒大小类型为黏壤质。

利用性能综述　土层深厚，由于长时间积水，通气不良，有机质积累多，适合建设湿地，栽种湿生植物，如芦苇。

参比土种　黏质湖积草甸沼泽土。

代表性单个土体　位于河北省保定市安新县端村镇端村，剖面点 115°57′55.0″E，38°50′34.6″N，海拔 2m，地势平坦，平原湖滩（图 10-2）。成土母质为湖积物，土层深厚，质地较黏。植被为芦苇，覆盖度为 100%，芦苇根较粗，不易挖掘，80cm 亦可见芦苇根。土壤颜色较暗，40cm 以下有极少量铁锰锈纹锈斑。通体有贝壳等侵入体，石灰反应中等，未见亚铁反应。年平均气温 12.7℃，≥10℃积温为 4509℃，50cm 土壤温度年均 13.4℃，年降水量多年平均为 521mm，年均相对湿度为 62%，年干燥度为 1.7，年日照时数为 2577h。野外调查日期：2010 年 10 月 29 日。理化性质见表 10-1，表 10-2。

图 10-2　端村系代表性单个
土体剖面照

Ah：0～40cm，浊黄棕色（10YR4/3，润），棕灰色（10YR5/1，干），黏土，中发育团粒、团块状结构，疏松，黏着，中塑，很少量粗根，有贝壳，中石灰反应，向下平滑模糊过渡。

Ahr：40～60cm，棕色（10YR4/4，润），棕灰色（10YR5/1，干），黏土，弱发育团块状结构，坚实，黏着，中塑，少量粗根，模糊铁锰斑纹，有贝壳，中石灰反应，向下平滑模糊过渡。

Br：60～80cm，浊黄棕色（10YR5/4，润），灰黄棕色（10YR5/2，干），潮，黏土，弱发育棱块状结构，坚实，极黏着，极塑，很少量粗根，模糊铁锰斑纹，有贝壳，中石灰反应。

表 10-1　端村系代表性单个土体物理性质

土层	深度 /cm	砾石* （>2mm，体积 分数）/%	细土颗粒组成（粒径：mm）/（g/kg）			质地
			砂粒 2～0.05	粉粒 0.05～0.002	黏粒 <0.002	
Ah	0～40	0	221	287	492	黏土
Ahr	40～60	0	161	392	448	黏土
2Br	60～80	0	132	186	682	黏土

表 10-2　端村系代表性单个土体化学性质

深度 /cm	pH （H₂O）	有机碳 /（g/kg）	全氮（N） /（g/kg）	全磷（P₂O₅） /（g/kg）	全钾（K₂O） /（g/kg）	CEC /（cmol/kg）	游离铁 /（g/kg）
0～40	8.0	8.0	0.78	1.01	28.6	37.5	10.2
40～60	8.0	7.1	0.78	—	—	36.0	7.2
60～80	7.4	10.8	0.80	—	—	39.1	7.8

10.1.2　红松洼顶系

土族：黏壤质硅质混合型非酸性冷性-普通暗色潮湿雏形土
拟定者：刘　颖，穆　真，李　军

图 10-3　红松洼顶系典型景观照

分布与环境条件　主要存在于坝上高原北部平缓丘陵、下湿滩地，成土母质为玄武岩残坡积物，土层深厚，所处地形平缓（图 10-3），气候寒冷，无霜期不足百日，热量不足。分布区域属于半湿润寒温型气候条件，年平均气温 3.7～5.6℃，年降水量 233～693mm。

土系特征与变幅　诊断层有：暗沃表层、雏形层；诊断特性有：氧化还原特征、潮湿土壤水分状况、冷性土壤温度状况。成土母质为玄武岩残坡积物，质地均一，均属壤土类，土层深厚，有效土层厚度 100cm 以上；有机质累积过程强，土体有机质含量较高，随着剖面深度增加而锐减；全剖面碳酸钙含量极低，心土层、底土层有微弱石灰反应；颗粒大小控制层段为 25～100cm，颗粒大小类别为黏壤质；控制层段内二氧化硅含量 50% 以上，为硅质混合型矿物类型。

对比土系　和红松洼腰系毗邻分布，气候基本相同，剖面形态不容易区分。但红松洼顶系在底土层可以见到铁锰锈纹、锈斑，表层土壤有机质含量较高，但随着剖面深度增加而锐减。红松洼腰系在土体上部可以见到少量亮白色的二氧化硅粉末，腐殖质含量随深度增加而缓慢减少，具有均腐殖质特性。

利用性能综述　土层深厚，土壤肥沃，结构性好，草被繁茂，是优良的天然放牧场。但是风大，土壤砂化风险较高。

参比土种　厚腐厚层暗实状山地草甸土。

代表性单个土体　位于河北省承德市围场满族蒙古族自治县红松洼牧场（山顶），剖面点 117°41′11.1″E，42°33′58.5″N，海拔 1788m（图 10-4）。地势稍起伏，地形为高原丘陵，浅切割中山，山顶山坡，坡度 14°，坡向东南。草地，覆盖度 100%。土层深厚，质地以壤土为主，颜色深暗，土壤结构发育较好。成土母质为玄武岩残积风化物。有机碳含量高，但主要分布在 70cm 以上土层，20cm 土层有机碳储量系数 0.45。年平均气温 2℃，≥10℃积温为 2651℃，50cm 土壤温度年均 5℃；年降水量多年平均为 440mm；年均相对湿度为 57%；年干燥度为 1.2；年日照时数为 2754h。野外调查日期：2011 年 8 月 27 日。理化性质见表 10-3，表 10-4。

Ah1:0～5cm,向下平滑清晰过渡,橄榄黑色(5Y3/1,干),壤土,中发育团粒结构,少量细根及极细根、很少量中根,松软,无黏着,无塑,无石灰反应。

Ah2:5～30cm,向下平滑模糊过渡,橄榄黑色(5Y3/1,干),壤土,中发育团粒和团块结构,少量细根及极细根、很少量中根,稍硬,黏着,稍塑,无石灰反应。

ABr:30～70cm,向下平滑清晰过渡,稍润,橄榄黑色(5Y3/2,润),暗棕色(10YR3/3,干),中发育 10～35mm 团块结构、5～15mm 棱块结构,极弱发育的片状结构,粉砂壤土,很少量细根及极细根,疏松,黏着,中塑,可见少量的铁锰锈纹、锈斑,有冻层特征,石灰反应极弱,氟化钠反应极弱。

BC:70～85cm,向下平滑清晰过渡,干,暗棕色(10YR6/6,干),极少量半风化的岩石碎屑,壤土,中发育 5～15mm 棱块结构,有 5%明显的铁锰斑纹,疏松,黏着,中塑,石灰反应极弱,氟化钠反应弱。

C:＞85cm,岩石高度风化物,为母质层。

图 10-4 红松洼顶系代表性
单个土体剖面照

表 10-3 红松洼顶系代表性单个土体物理性质

| 土层 | 深度/cm | 砾石*(>2mm,体积分数)/% | 细土颗粒组成（粒径：mm）/（g/kg） | | | 质地 |
			砂粒 2～0.05	粉粒 0.05～0.002	黏粒 <0.002	
Ah1	0～5	0	408	344	248	壤土
Ah2	5～30	0	410	348	242	壤土
ABr	30～70	0	430	338	231	壤土
BC	70～85	0	492	298	209	壤土

表 10-4 红松洼顶系代表性单个土体化学性质

深度/cm	pH(H_2O)	有机碳/（g/kg）	全氮（N）/（g/kg）	全磷（P_2O_5）/（g/kg）	全钾（K_2O）/（g/kg）	CEC/（cmol/kg）
0～5	7.3	25.6	2.23	2.09	96.6	32.2
5～30	7.1	33.5	2.23	—	—	35.6
30～70	7.0	13.4	1.09	2.52	91.9	26.2
70～85	6.9	7.1	0.58	2.26	108.0	20.9

10.1.3　富河系

土族：砂质盖粗骨质硅质混合型石灰性冷性-普通暗色潮湿雏形土
拟定者：龙怀玉，李　军，穆　真

图 10-5　富河系典型景观照

分布与环境条件　存在于高原二阴滩、下湿滩及湖淖周边，成土母质系河流冲积物，地下水埋深 2～3m，生长碱茅、碱蓬、灰绿藜等耐盐碱植物（图 10-5）。分布区域属于中温带亚湿润气候，年平均气温 0.4～3.7℃，年降水量 231～594mm。

土系特征与变幅　诊断层有：暗沃表层、雏形层、钙积层；诊断特性有：钠质现象、氧化还原特征、潮湿土壤水分状况（上界位于土表 50cm 内）、冷性土壤温度状况。成土母质系河流冲积物，有效土层厚度小于 100cm，底层为卵石和细土母质混合层；表层碱化度较高，具有钠质特性；碳酸钙淋溶淀积比较明显，形成了淀积层，全剖面强石灰反应；地下水影响到了土壤，形成铁锰锈纹锈斑层，颗粒大小控制层段为 25～100cm，颗粒大小级别为砂质盖粗骨质、硅质混合型矿物类型。

对比土系　和马营子系相邻分布，剖面形态颇为相似。但是马营子系有效土层厚度大于 150cm，表层盐分含量高，形成了盐积层，黏粒淋溶淀积明显，形成了黏化层，颗粒大小级别为黏壤质。富河系有效土层厚度小于 100cm，没有形成盐积层，也没有形成黏化层，颗粒大小级别为砂质盖粗骨质。

利用性能综述　耕层浅薄，大部分土壤钙积层埋深浅，无灌溉条件，存在盐碱危害，不宜发展农业，可以发展牧业。

参比土种　钙积壤质中碱化栗钙土。

代表性单个土体　位于河北省张家口市沽源县黄盖淖镇富河村，剖面点 115°18′48.3″E，41°29′0.6″N，海拔 1441m（图 10-6）。地势略起伏，丘陵，平原，底部，成土母质为冲积物，有效土层厚度 60cm；草地，主要植被为覆盖度 90%的天然牧草，植被被轻度扰乱。年平均气温 2.6℃，≥10℃积温为 2576℃，50cm 土壤温度年均 5.5℃；年降水量多年平均为 405mm；年均相对湿度为 55%；年干燥度为 1.3；年日照时数为 2800h。野外调查日期：2011 年 9 月 17 日。理化性质见表 10-5，表 10-6。

Ahn：0～10cm，向下平滑清晰过渡，稍润，黑棕色（2.5Y3/2，润），暗棕色（10YR5/1，干），有丰度为3%、大小为1cm的角状岩石碎屑，砂质壤土，中发育的3mm团粒结构和3～4cm团块结构，中量细根及极细根、很少量中粗根，疏松，黏着，中塑，石灰反应中等强度，无亚铁反应。

AB：10～48cm，向下平滑清晰过渡，稍润，黑棕色（2.5Y3/1，润），有丰度为3%、大小为1cm的角状岩石碎屑，砂质壤土，中发育的3～4cm团块结构，有5%模糊（薄）黏粒胶膜，少量细根及极细根、很少量中粗根，疏松，黏着中塑，中石灰反应，无亚铁反应。

Br：48～60cm，向下平滑渐变过渡，稍润，黄棕色（2.5Y5/4，润），有丰度为10%、大小为1～3cm的角状碎屑，壤土，弱发育的2～3cm团块结构，少量细根及极细根、很少量中粗根，疏松，黏着，中塑，中石灰反应，无亚铁反应。

C/R：>60cm，母质/卵石混合层，有90%左右、大小为9cm左右角状碎屑。

图 10-6 富河系代表性
单个土体剖面照

表 10-5 富河系代表性单个土体物理性质

| 土层 | 深度 /cm | 砾石* （>2mm，体积分数）/% | 细土颗粒组成（粒径：mm）/（g/kg） | | | 质地 |
			砂粒 2～0.05	粉粒 0.05～0.002	黏粒 <0.002	
Ahn	0～10	3	606	223	170	砂质壤土
AB	10～48	3	—	—	—	砂质壤土
Br	48～60	10	—	—	—	壤土

表 10-6 富河系代表性单个土体化学性质

深度 /cm	pH （H₂O）	有机碳 /（g/kg）	全氮（N） /（g/kg）	碳酸钙 /（g/kg）	CEC /（cmol/kg）	游离铁 /（g/kg）
0～10	8.9	16.2	1.26	95.8	14.6	4.2
10～48	8.7	9.1	0.56	136.8	14.5	6.4
48～60	8.2	4.2	0.33	34.6	18.5	7.2

10.1.4 马营子系

土族：黏壤质混合型石灰性冷性-普通暗色潮湿雏形土

拟定者：龙怀玉，李　军，穆　真

分布与环境条件　存在于坝上高原二阴滩、河流两岸、湖淖周围，海拔 1250～1450m，成土母质系河流冲积物，地下水埋深 2～3m，生长碱茅、碱蓬、灰绿藜等耐盐碱植物（图 10-7）。分布区域属于中温带亚湿润气候，年平均气温 0.4～3.7℃，年降水量228～611mm。

图 10-7　马营子系典型景观照

土系特征与变幅　诊断层有：暗沃表层、钙积层、雏形层；诊断特性有：盐积现象、氧化还原特征、潮湿土壤水分状况、冷性土壤温度状况。成土母质系河流冲积物，有效土层厚度大于 150cm；剖面有机碳含量较高，表层盐分含量高并轻度碱化，形成了盐积现象；碳酸钙表聚性强，由上至下碳酸钙含量快速减少，一般在次表层形成钙积层，剖面上中部强石灰反应；地下水影响到了土壤，有锈纹锈斑。

对比土系　和平地脑包系的成土母质相同，地表植被也基本相同，剖面形态相似。但是平地脑包系在底土可见明显的白色碳酸钙假菌丝体。马营子系还没有脱离地下水的影响，在土壤剖面上能看到显著的锈纹锈斑。

利用性能综述　土壤质地适中，无物理障碍层次，土壤水分条件较好，生产性能较好。存在的主要问题是轻度盐化，土性阴冷，过度放牧，草场退化。

参比土种　壤质弱碱化栗钙土。

代表性单个土体　位于河北省张家口市沽源县高山堡乡马营子村，剖面点115°39′6.2″E，41°44′43.2″N，海拔 1385m（图 10-8）。地势较平坦，高原，冲积平原，丘地，有效土层厚度85cm；草地，主要植被为天然牧草，覆盖度90%；地下水位 7m。20cm 土层有机碳储量系数 0.44。年平均气温 2.4℃，≥10℃积温为 2567℃，50cm 土壤温度年均 5.3℃；年降水量多年平均为 417mm；年均相对湿度为 55%；年干燥度为 1.3；年日照时数为 2788h。野外调查日期：2011 年 9 月 18 日。理化性质见表 10-7，表 10-8。

Ahzk：0～15cm，向下平滑渐变过渡，红灰色（2.5YR4/1，
润），棕灰色（10YR6/1，干），砂质壤土，强发育的 3cm 团块
结构，中量细根及极细根、很少量中粗根，坚实，黏着，中塑，
强石灰反应，无亚铁反应。

Ahk：15～40cm，向下平滑渐变过渡，暗红灰色（2.5YR3/1，
润），灰黄棕（10YR5/2，干），中量细根及极细根，砂质壤土，
中等发育 3mm 厚的片状结构，坚实，黏着，中塑，强石灰反应。

Bk：40～65cm，向下波状突变过渡，暗红灰色（2.5YR3/1，
润），砂质黏壤土，中发育的 3mm 厚的片状结构，少量细根及
极细根，疏松，黏着，中塑，强石灰反应。

Bkr：65～85cm，向下波状清晰过渡，黑棕色（2.5Y2.5/1，
润），很少量细根及极细根，粉砂壤土，中发育的 3cm 团块结构，
有 20%鲜明的铁锰锈斑，疏松，黏着，中塑，强石灰反应。

Br：85～130cm，黄灰色（2.5Y6/1，润），很少量细根及极
细根，砂质黏壤土，中发育的 3cm 块状结构，疏松，黏着，中塑，
结构体内外有丰度为 10%、大小为 1cm 模糊扩散的铁锰锈斑，弱
石灰反应。

图 10-8　马营子系代表性单个
土体剖面照

表 10-7　马营子系代表性单个土体物理性质

土层	深度 /cm	砾石* （>2mm，体积分数）/%	细土颗粒组成（粒径：mm）/（g/kg）			质地
			砂粒 2～0.05	粉粒 0.05～0.002	黏粒 <0.002	
Ahzk	0～15	0	600	239	161	砂质壤土
Ahk	15～40	0	600	239	161	砂质壤土
Bk	40～65	0	474	268	259	砂质黏壤土
Bkr	65～85	0	531	210	259	砂质黏壤土
Br	85～130	0	452	285	264	砂质黏壤土

表 10-8　马营子系代表性单个土体化学性质

深度 /cm	pH (H₂O)	有机碳 /（g/kg）	全氮（N） /（g/kg）	CEC /（cmol/kg）	钙离子 /（cmol/kg）	钠离子 /（cmol/kg）	盐分 /（g/kg）	碳酸钙 /（g/kg）
0～15	8.3	27.5	2.22	20.7	0.59	1.58	1.52	232.2
15～40	8.1	16.6	1.24	15.1	0.43	0.62	0.79	266.8
40～65	7.7	20.5	1.42	35.8	0.14	0.09	0.32	92.1
65～85	7.7	4.4	0.45	20.6	0.11	0.08	0.30	31.8
>85	7.6	1.6	0.16	14.5	0.09	0.10	0.34	1.1

10.2　水耕淡色潮湿雏形土

10.2.1　曹家庄系

土族：壤质长石型石灰性温性-水耕淡色潮湿雏形土
拟定者：龙怀玉，安红艳，刘　颖

分布与环境条件　地形一般处于交接洼地、扇缘洼地中下部，河流冲积物母质（图 10-9）。分布区域属于暖温带亚干旱气候，年平均气温 10.4～13.5℃，年降水量 209～839mm。

图 10-9　曹家庄系典型景观照

土系特征与变幅　诊断层有：淡薄表层、雏形层；诊断特性有：潮湿土壤水分状况、人为滞水土壤水分状况、温性土壤温度状况、氧化还原特征、潜育特征、石灰性、水耕现象。成土母质系近代壤质河流冲积物，质地上下不均，土壤颗粒大小级别为壤质，土层深厚，有效土层厚度 150cm 以上；通体具有强石灰反应；土体有机质含量较高，20cm 表土层有机碳含量往往是其他层次的 2.0 倍以上，长期水耕形成了一个 10～20cm 的灰色腐殖质层；由于地下水位较浅，有潜育层。土壤颗粒控制层段为 25～100cm，颗粒大小类型为壤质，控制层段内石英含量＜40%，长石含量＞40%，为长石型矿物类型。

对比土系　与留守营系都是长期种植水稻的、产量较高的耕地，剖面形态相似，但是曹家庄系没有水耕氧化还原层，为雏形土，留守营系有水耕氧化还原层，为人为土。此外，留守营系的颗粒大小类型为黏壤质，全剖面没有石灰反应。而曹家庄系的颗粒大小类型为壤质，全剖面具有强石灰反应。

利用性能综述　是较高产的农业土壤，耕层土壤疏松，适耕期长，水耕旱耕质量均好，适种性广。

参比土种　壤质潜育性水稻土。

代表性单个土体　位于河北省保定市涿州市百尺竿头镇曹家庄村，剖面点 115°55′51.1″E，39°32′16.3″N，海拔 33m，地势平坦，平原，冲积平原（图 10-10）。河流冲积物母质，有效土层厚度 70cm。耕地，作物为水稻和小麦。地下水埋深 9m，耕作层较浅，仅 12cm；12～33cm 的犁底层发育不完善；33～86cm 可见明显的铁锰锈纹锈斑，甚至铁子，氧化还原过程明显；86cm 以下因受地下水影响，土壤黏重，颗粒较细，并且发生潜育化过程，土壤呈青色，亚铁反应强烈。年平均气温 12.3℃，≥10℃积温为 4148℃，50cm 土壤温度年均 13.1℃；年降水量多年平均为 478mm；年均相对湿度为 58%；年干燥度为 1.7；年日照时数为 2684h。野外调查日期：2010 年 10 月 31 日。理化性质见表 10-9，表 10-10。

Ap1：0～12cm，向下平滑清晰过渡，潮，黑棕色（10YR3/2，润），浊黄橙色（10YR 6/3，干），砂质壤土，中发育的2～5cm团块结构，多量细根，疏松，黏着，中塑，少量砖块，强石灰反应，无亚铁反应。

Ap2：12～33cm，向下平滑渐变过渡，润，暗棕色（10YR3/3，润），浊黄橙色（10YR 7/3，干），粉砂壤土，中发育的2～5cm左右的棱块结构，很少量细根，坚实，稍黏着，稍塑，少量砖块，强石灰反应，无亚铁反应。

Br1：33～71cm，向下平滑清晰过渡，润，棕色（10YR4/4，润），浊黄橙色（10YR 7/4 干），粉砂壤土，弱发育的2～5cm左右的棱块、片状结构，很少量细根，疏松，稍黏着，稍塑，中量清晰、边界鲜明的铁锰斑纹，多量屎壳郎粪，中石灰反应，弱亚铁反应。

Br2：71～86cm，向下平滑清晰过渡，湿，暗棕色（10YR3/3，湿），粉砂壤土，弱发育的2～5cm左右的棱块、片状结构，坚实，稍黏着，稍塑，多量清晰、边界鲜明的铁锰斑纹及中量2mm左右的软铁子，有连续紧实但非胶结的铁锰凝聚物，中石灰反应，弱亚铁反应。

图 10-10　曹家庄系代表性单个
土体剖面照

G：86～110cm，湿，墨绿色（GLEY12.5/5G，润），黏土，强发育的棱块结构，多量清晰、边界鲜明的铁锰斑纹及多量2mm左右的稍硬铁子，土壤极坚实，强黏着，强可塑，中石灰反应，强亚铁反应。

表 10-9　曹家庄系代表性单个土体物理性质

土层	深度 /cm	砾石* （>2mm，体积 分数）/%	细土颗粒组成（粒径：mm）/（g/kg）			质地
			砂粒 2～0.05	粉粒 0.05～0.002	黏粒 <0.002	
Ap1	0～12	0	707	124	170	砂质壤土
Ap2	12～33	0	231	630	139	粉砂壤土
Br1	33～71	0	310	607	83	粉砂壤土
Br2	71～86	0	169	745	86	粉砂壤土

表 10-10　曹家庄系代表性单个土体化学性质

深度 /cm	pH （H_2O）	有机碳 /（g/kg）	全氮（N） /（g/kg）	全磷（P_2O_5） /（g/kg）	全钾（K_2O） /（g/kg）	CEC /（cmol/kg）	游离铁 /（g/kg）
0～12	8.0	15.2	1.3	1.14	28.4	16.7	8.7
12～33	8.2	7.8	0.5	—	—	14.7	9.0
33～71	8.4	6.7	0.3	—	—	8.9	7.0
71～86	8.3	7.1	0.3	1.05	31.2	9.4	7.8

10.3　石灰淡色潮湿雏形土

10.3.1　南申庄系

土族：黏壤质硅质混合型温性-石灰淡色潮湿雏形土
拟定者：龙怀玉，刘　颖，安红艳，陈亚宇

图 10-11　南申庄系典型景观照

分布与环境条件　主要分布在冲积平原古河道缓岗向洼地过渡的二坡地或山麓平原末端微斜低平地上（图 10-11），土壤母质主要系河流近代冲积、洪积物，地势平坦，排水良好，地下水埋深 3～5m。绝大多数土壤已经开垦成农田，主要种植小麦、玉米等。分布区域属于暖温带亚干旱气候，年平均气温 12.0～14.3℃，年降水量 252～841mm。

土系特征与变幅　诊断层有：淡薄表层、雏形层、钙积层；诊断特性有：氧化还原特征、潮湿土壤水分状况、温性土壤温度状况、石灰性。成土母质系河流冲积洪积物，土层深厚，有效土层厚度 120cm 以上；地下水参与成土过程，土体氧化还原过程较强，底土层有较多的锈纹锈斑；土体有机质含量较低，并且剖面上下土壤有机质含量差异不大，通体有中或强石灰反应。土壤颗粒大小控制层段为 25～100cm，一般有壤质、黏质两种颗粒大小类型，加权平均为黏壤质，石英含量 40%～60%，为硅质混合型矿物类型。

对比土系　和南张系、徐枣林系属于同一土族，但南张系至少有一个 20cm 以上的土层具有钠质现象，而南申庄系没有钠质现象。与徐枣林系的区别：表土层质地不同，南申庄系为粉砂壤土，而徐枣林系为壤土；南申庄系在剖面上存在一个质地显著黏于上层的土层，而徐枣林系质地剖面上比较均一，不存在质地突变。

利用性能综述　土壤质地砂黏适中，土层深厚，易耕作，适耕期长，通透性能好，地温回升快，保水保肥性能好，水源较充足，生产条件好，大部分农田灌排条件较好，适宜种植各种作物。

参比土种　黏层壤质脱潮土。

代表性单个土体　位于河北省衡水市景县青兰乡南申庄村，剖面点 116°03′55.3″E，37°32′01.1″N，海拔 17m，地势平坦，平原，冲积平原，泛滥平原（图 10-12）。母质为河流冲积物，40cm 以下可见弱的冲积层理。水浇地，主要种植棉花、小麦等作物。地下水深小于 15m。年平均气温 13.4℃，≥10℃积温为 4687℃，50cm 土壤温度年均 14℃；年降水量多年平均为 494mm；年均相对湿度为 63%；年干燥度为 1.9；年日照时数为 2535h。野外调查日期：2011 年 4 月 22 日。理化性质见表 10-11，表 10-12。

Ap1：0～20cm，向下波状模糊过渡，润态，浊黄棕色（10YR/4/4，润），粉砂壤土，弱发育团块状结构，少量细根，疏松，稍黏着，稍塑，少量薄膜（地膜），石灰反应极强。

Ap2：20～36cm，向下平滑模糊过渡，润态，浊黄棕色（10YR/4/3，润），粉砂壤土，弱发育的棱块状结构，很少量细根，疏松，稍黏着，稍塑，少量极弱的铁锰斑纹，少量砖块，石灰反应中。

Br：36～87cm，向下波状清晰过渡，润态，浊黄橙色（10YR/5/4，润），粉砂壤土，弱发育棱块状结构，少量极弱的铁锰斑纹，疏松，稍黏着，稍塑，石灰反应弱。

Cr1：87～109cm，向下平滑模糊过渡，润态，棕色（7.5YR/4/4，润），粉砂质黏壤土，强发育的棱块状、片状结构（沉积层理），极坚实，极黏着，极塑，结构体内外有中量对比度明显、边界扩散的铁锰斑纹，多量对比度显著、边界清晰的铁锰胶膜，石灰反应强。

Cr2：109～120cm，润态，浊黄橙色（10YR/6/4，润），粉砂壤土，弱发育的棱块状结构，疏松，稍黏着，稍塑，结构体内外有多量对比度明显、边界扩散的铁锰斑纹，石灰反应强。

C3：>120cm，鹅卵石层。

图 10-12　南申庄系代表性单个土体剖面照

表 10-11　南申庄系代表性单个土体物理性质

土层	深度 /cm	砾石* （>2mm，体积分数）/%	细土颗粒组成（粒径：mm）/（g/kg）			质地
			砂粒 2～0.05	粉粒 0.05～0.002	黏粒 <0.002	
Ap1	0～20	0	85	702	212	粉砂壤土
Ap2	20～36	0	222	625	152	粉砂壤土
Br	36～87	0	117	688	195	粉砂壤土
Cr1	87～109	0	51	598	352	粉砂质黏壤土
Cr2	109～120	0	57	790	153	粉砂壤土

表 10-12　南申庄系代表性单个土体化学性质

深度 /cm	pH (H₂O)	有机碳 /（g/kg）	全氮（N） /（g/kg）	全磷（P₂O₅） /（g/kg）	全钾（K₂O） /（g/kg）	CEC /（cmol/kg）	碳酸钙 /（g/kg）	游离铁 /（g/kg）
0～20	8.3	6.9	0.78	1.10	28.3	14.4	74.4	7.8
20～36	8.5	3.7	0.54	—	—	11.2	69.4	8.4
36～87	8.5	3.9	0.40	1.12	27.2	9.9	68.7	8.1
87～109	8.4	3.6	0.48	—	—	20.5	129.9	10.1
109～120	8.6	2.1	0.45	0.99	27.5	11.1	93.3	8.3

10.3.2　南张系

土族：黏壤质硅质混合型温性-石灰淡色潮湿雏形土
拟定者：龙怀玉，刘　颖，安红艳，陈亚宇

分布与环境条件　主要分布在冲积平原古河道缓岗向洼地过渡的二坡地或山麓平原末端微斜低平地上（图 10-13）。土壤母质主要系河流近代冲积、洪积物，地势平坦，排水良好，地下水埋深 3～5m。绝大多数土壤已经开垦成农田，主要种植小麦、玉米、棉花、谷子、豆类等，以一

图 10-13　南张系典型景观照

年一作和两年三作为主。分布区域属于暖温带亚干旱气候，年平均气温 12.2～14.5℃，年降水量 221～1012mm。

土系特征与变幅　诊断层有：淡薄表层、雏形层；诊断特性有：钙积现象、钠质现象、氧化还原特征、潮湿土壤水分状况、温性土壤温度状况、石灰性。成土母质系河流洪冲积物，土层深厚，有效土层厚度 120cm 以上；地下水参与成土过程，土体氧化还原过程较强，底土层有较多的铁锰锈纹锈斑；土体有机质含量较低，通体有中或强石灰反应，土壤颗粒大小控制层段为 25～100cm，一般有黏壤质、黏质两种颗粒大小类型，加权平均为黏壤质，石英含量 40%～60%，为硅质混合型矿物类型。

对比土系　与南申庄系、徐枣林系属于相同土族。但南张系有钠质现象，而南申庄系没有钠质现象。与徐枣林系的区别：南张系在剖面上存在一个质地显著黏于上层的土层，而徐枣林系质地剖面上比较均一，不存在质地突变。

利用性能综述　土壤质地砂黏适中，土层深厚，易耕作，适耕期长，通透性能好，地温回升快，保水保肥性能好，水源较充足，生产条件好，大部分农田灌排条件较好，适宜种植各种作物，特别是种植粮、棉、油。

参比土种　黏层壤质潮土。

代表性单个土体　位于河北省邢台市巨鹿县堤村乡南张庄村，剖面点 115°06′25.7″E，37°10′52.3″N，海拔 19m，地势平坦，平原，冲积平原，泛滥平原（图 10-14）。母质为河流冲积物。水浇地，种植花生、蔬菜等。年平均气温 13.6℃，≥10℃积温为 4734℃，50cm 土壤温度年均 14.1℃；年降水量多年平均为 495mm；年均相对湿度为 63%；年均干燥度为 1.9；年均日照时数为 2467h。野外调查日期：2011 年 4 月 21 日。理化性质见表 10-13，表 10-14。

Ap1：0～18cm，向下平滑清晰过渡，润，暗棕色（7.5YR3/3，润），粉砂壤土，弱发育团块状结构，中量细根，松软，无黏着，无塑，石灰反应极强。

Ap2：18～26cm，向下平滑模糊过渡，稍润，暗棕色（7.5YR3/4，润），粉砂壤土，中量弱发育的棱块状结构，少量极模糊边界扩散的铁锰斑纹，中量极细根，疏松，无黏着，无塑，石灰反应极强。

Br：26～70cm，向下平滑突变过渡，润，暗红棕色（5YR3/4，润），粉砂壤土，弱发育棱块状结构，中量极细根，结构体内外有少量极模糊、边界扩散的铁锰斑纹，有黏粒-铁锰的板状、豆状的胶结片，疏松，稍黏着，稍塑，石灰反应极强。

2Cr：70～90cm，向下平滑突变过渡，润，浊红棕色（5YR4/4，润），少量的石英矿物碎块，粉砂黏土，少量极细根，强发育棱块状结构，结构体内外有中量对比度明显、边界扩散的铁锰斑纹，有少量对比度显著的铁锰胶膜、中量模糊黏粒胶膜，有黏粒-铁锰的板状、豆状的胶结片，坚实，极黏着，极塑，石灰反应强。

图 10-14　南张系代表性单个
土体剖面照

3Cr：90～110cm，润，棕色（10YR3/6，润），粉砂壤土，弱发育棱块状结构，结构体内外有少量对比度明显、边界扩散的铁锰斑纹，疏松，稍黏着，稍塑，石灰反应强。

表 10-13　南张系代表性单个土体物理性质

土层	深度/cm	砾石*（>2mm，体积分数）/%	细土颗粒组成（粒径：mm）/（g/kg）			质地
			砂粒 2～0.05	粉粒 0.05～0.002	黏粒 <0.002	
Ap1	0～18	0	160	670	171	粉砂壤土
Ap2	18～26	0	122	706	173	粉砂壤土
Br	26～70	0	71	726	203	粉砂壤土
2Cr	70～90	2	30	569	400	粉砂黏土
3Cr	>90	0	65	666	269	粉砂壤土

表 10-14　南张系代表性单个土体化学性质

深度/cm	pH（H₂O）	有机碳/（g/kg）	全氮（N）/（g/kg）	全磷（P₂O₅）/（g/kg）	全钾（K₂O）/（g/kg）	CEC/（cmol/kg）	游离铁/（g/kg）	碳酸钙/（g/kg）
0～18	8.0	5.5	0.60	1.05	29.2	12.3	9.1	32.4
18～26	8.3	3.5	0.76	—	—	12.4	7.5	64.1
26～70	8.1	3.0	0.37	1.08	28.8	15.3	8.6	61.3
70～90	7.9	3.7	0.55	1.03	30.8	27.7	13.3	95.0
90～110	7.8	3.9	0.44	—	—	20.2	9.0	77.7

10.3.3　徐枣林系

土族：黏壤质硅质混合型温性-石灰淡色潮湿雏形土
拟定者：龙怀玉，安红艳，刘　颖

分布与环境条件　主要分布在河谷阶地、山麓平原低平部位、冲积扇中下部缓岗、河流故道，地下水埋深一般在 3m 左右（图10-15）。90%以上已经开垦成耕地。分布区域属于中温带亚湿润气候，年平均气温 10.1～12.6℃，年降水量 265～947mm。

图 10-15　徐枣林系典型景观照

土系特征与变幅　诊断层有：淡薄表层、雏形层；诊断特性有：氧化还原特征、半干润土壤水分状况、温性土壤温度状况、石灰性。成土母质系近代壤质河流冲积物，质地上下均一，土壤颗粒大小级别为黏壤质，土层深厚，有效土层厚度 150cm 以上；土体含钙不高，但在心土层有少量碳酸钙粉末或者假菌丝体，通体具有中或强石灰反应；由于地下水位较浅，心土层下部和底土层具有明显的铁锰锈纹锈斑，甚至少量铁锰结核；土体有机碳含量较低，但是耕作层的有机碳含量往往是底土层的 1.5～2.5 倍。土壤颗粒控制层段为 25～100cm，质地上下比较均一，颗粒大小类型均为黏壤质；控制层段内二氧化硅含量 50%～70%，为硅质混合型矿物类型。

对比土系　和南申庄系属于同一土族，但表土层质地不同，徐枣林系为壤土，而南申庄系为粉砂壤土；南张系在剖面上存在一个质地显著粘于上层的土层，而徐枣林系剖面质地上下比较均一，不存在质地突变。在颗粒大小控制层段内，徐枣林系没有钠质现象，而南张系有钠质现象。

利用性能综述　土层深厚，通透性好，质地造中，微生物活动旺盛，耕性好，宜耕期长，耕后无坷垃，供肥性能较好，土壤熟化程度较高，各种养分含量均属中等水平，多为中高产土壤。适种作物较广，目前主要种植小麦、玉米、棉花、谷子等作物。

参比土种　壤质洪冲积潮褐土。

代表性单个土体　位于河北省廊坊市三河市李旗庄镇徐枣林村，剖面点 117°02′07.3″E，39°58′21.1″N，海拔 5m，地势平坦，平原，微坡（图 10-16）。河流冲积物母质，有效土层厚度 45cm，耕地，作物为玉米。地表有 20%、大小 2～5cm、间距 15cm 的地表粗碎块，地下水埋深 35m。年平均气温 11.8℃，≥10℃积温为 4093℃，50cm 土壤温度年均 12.7℃；

年降水量多年平均为 564mm；年均相对湿度为 58%；年干燥度为 1.4；年日照时数为 2664h。野外调查日期：2010年 11 月 1 日。理化性质见表 10-15，表 10-16。

Ap：0～13cm，向下平滑清晰过渡，润，黑棕色（10YR3/1，润），浊黄棕色（10YR4/3，干），有极少量 2～5cm 次圆新鲜石块，壤土，中发育的 2～5cm 团块结构，多量细根、很少量中根，疏松，稍黏着，稍塑，少量瓦块、煤，有蚯蚓及多量蚯蚓粪，弱石灰反应。

Bkr1：13～45cm，向下平滑模糊过渡，润，暗棕色（10YR3/3，润），浊黄棕色（10YR5/4，干），有极少量 2～5cm 次圆新鲜石块，壤土，弱发育的 2～5cm 左右的棱块状结构，有模糊的碳酸钙胶膜和少量模糊的铁锰斑纹及极少量铁子，少量细根，疏松，稍黏着，稍塑，少量瓦块、煤、少量风化软的海螺壳，有小蚯蚓及中量蚯蚓粪，中石灰反应。

Bkr2：45～101cm，向下平滑模糊过渡，润，暗棕色（10YR3/3，润），有极少量 2～5cm 次圆新鲜石块，壤土，弱发育的 2～5cm 左右的棱块、片状结构，有 60%模糊的碳酸钙粉末状薄膜及丝状物，也有少量模糊铁锰斑纹及极少量铁子，少量风化软的海螺壳，少量蚂蚁、大蚯蚓及多量蚯蚓粪，极少量细根，疏松，稍黏着，稍塑，强石灰反应。

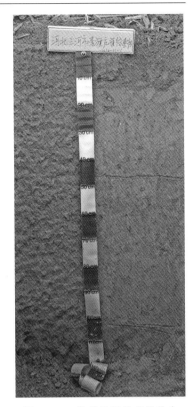

图 10-16 徐枣林系代表性单个土体剖面照

Br：101～120cm，润，暗棕色（10YR3/4，润），砂壤土，弱发育的 2～5cm 左右的棱块结构，松散，稍黏着，无塑，中量清晰的、边界鲜明的铁锰斑纹及少量钙胶膜，少量风化软的海螺壳，中石灰反应，无亚铁反应。

表 10-15 徐枣林系代表性单个土体物理性质

土层	深度 /cm	砾石* (>2mm，体积分数)/%	细土颗粒组成（粒径：mm）/（g/kg）			质地
			砂粒 2～0.05	粉粒 0.05～0.002	黏粒 <0.002	
Ap	0～13	1	381	417	202	壤土
Bkr1	13～45	1	330	453	217	壤土
Bkr2	45～101	1	356	440	205	壤土
Br	>101	1	—	—	—	砂壤土

表 10-16 徐枣林系代表性单个土体化学性质

深度 /cm	pH (H$_2$O)	有机碳 /（g/kg）	全氮（N） /（g/kg）	全磷（P$_2$O$_5$） /（g/kg）	全钾（K$_2$O） /（g/kg）	CEC /（cmol/kg）
0～13	8.0	14.4	1.06	1.05	16.8	20.2
13～45	8.2	7.1	0.43	—	—	18.1
45～101	8.3	6.7	0.34	0.96	16.9	17.0

10.3.4　淑阳系

土族：壤质硅质混合型温性-石灰淡色潮湿雏形土
拟定者：龙怀玉，安红艳，刘　颖

分布与环境条件　主要分布于冲积平原二坡地中下部、河间低平洼地、碟形洼地及古河漫滩边缘，地下水位在 1～3m，大部分已经开垦成耕地（图 10-17）。分布区域属于中温带亚湿润气候，年平均气温 10.2～13.3℃，年降水量 261～995mm。

图 10-17　淑阳系典型景观照

土系特征与变幅　诊断层有：淡薄表层、雏形层；诊断特性有：氧化还原特征、潮湿土壤水分状况、温性土壤温度状况、石灰性。成土母质系近代多次河流冲洪积物，质地上下不均一，表土、底土一般为壤土类，心土为黏壤土类，土层深厚，有效土层厚度 150cm以上；土体碳酸钙含量不高，没有或者只有极其微弱的石灰反应；在心土层有胶泥层，具有明显的黏粒胶膜和铁锰分凝物；地下水位较浅，心土层下部和底土层具有明显的铁锰锈纹锈斑，甚至少量铁锰结核；土体有机碳含量较低。土壤颗粒控制层段为 25～100cm，质地上下不均一，有黏壤质、壤质颗粒大小类型，加权平均为壤质；控制层段内二氧化硅含量 50%～70%，为硅质混合型矿物类型。

对比土系　和南十里铺系同属一个土族，但南十里铺系表层土壤质地为壤土，淑阳系为粉砂壤土。

利用性能综述　地势平坦，排水良好，质地上粗下细，土体构型理想，集中了黏土与壤土的优点，灌水或降水易下渗到耕作层以下保蓄起来，不易干旱，有较好的保墒能力。在雨季水分过多时土壤透水性能较好，不易涝。耕作层团块状结构，疏松多孔，耕性好，宜耕期长，耕后无坷垃，土壤感温快，土性温暖，土壤通透性好，供肥性能好，熟化程度较好，是相当好的耕作土壤类型。

参比土种　黏层壤质潮土。

代表性单个土体　位于河北省廊坊市香河县淑阳镇南刘庄村，剖面点 117°03′31.8″E，39°44′03.2″N，海拔 7m，地势平坦，平原，冲积平原，平地（图 10-18）。河流冲积物母质、湖积物，耕地，作物为玉米。年平均气温 12℃，≥10℃积温为 4188℃，50cm 土壤温度年均 12.9℃；年降水量多年平均为 568mm；年均相对湿度为 59%；年干燥度为

1.5；年日照时数为 2643h。野外调查日期：2010 年 11 月 1 日。理化性质见表 10-17，表 10-18。

Ap：0～22cm，向下平滑清晰过渡，润，暗棕色（10YR3/3，润），粉砂壤土，中发育的团块、团粒结构，中量细根，疏松，稍黏着，稍塑，少量蚯蚓及少量蚯蚓粪，弱石灰反应，无亚铁反应。

Br：22～57cm，向下平滑突变过渡，润，灰棕色（10YR4/4，润），砂壤土，弱发育的<1cm 的棱块状结构，很少量细根，少量极薄的铁锰斑纹，无黏着，可塑，多量蚯蚓粪，极弱石灰反应，无亚铁反应。

2Crk：57～72cm，向下平滑突变过渡，稍润，黑棕色（7.5YR2.5/2，润），壤土，强发育 2～5cm 左右的棱块结构（源于冲积母质），中量对比度清晰、边界鲜明的偏薄铁锰斑纹，也有显著的黏粒胶膜，有连续板状胶结的黏粒，疏松，稍黏着，稍塑，中石灰反应，无亚铁反应。

3Cr：72～80cm，向下平滑突变过渡，润，暗棕色（10YR3/4，润），砂壤土，弱发育的<1cm 左右的棱块结构（源于冲积母质），有 80%左右显著的铁锰胶膜，松散，无黏着，无塑，多量蚯蚓粪，无石灰反应，无亚铁反应。

4Crk：80～105cm，向下平滑突变过渡，润，暗棕色（7.5YR2.5/3，润），黏壤土，强发育的棱块状结构（源于冲积母质），有大量极显著的 1mm 厚的铁锰胶膜及大量的 2mm

图 10-18　淑阳系代表性单个
土体剖面照

左右柱状、片状的铁子，铁子颜色为 10YR2.5/2，软硬兼有，有连续板状胶结的黏粒-铁锰胶膜，极坚实，极黏着，极塑，中量蚯蚓粪，弱石灰反应，无亚铁反应。

5C：>105cm，潮，暗棕色（7.5YR3/3，润），壤土，弱发育的 2cm 左右的棱块结构（源于洪冲积母质），少量模糊的铁锰斑纹及少量铁子，疏松，稍黏着，稍塑，无石灰反应，无亚铁反应。

表 10-17　淑阳系代表性单个土体物理性质

土层	深度 /cm	砾石* （>2mm，体积分数）/%	细土颗粒组成（粒径：mm）/（g/kg）			质地
			砂粒 2～0.05	粉粒 0.05～0.002	黏粒 <0.002	
Ap	0～22	0	242	602	157	粉砂壤土
Br	22～57	0	362	536	102	砂壤土
2Crk	57～72	0	306	572	123	壤土
4Crk	80～105	0	174	551	275	黏壤土

表 10-18　淑阳系代表性单个土体化学性质

深度 /cm	pH (H$_2$O)	有机碳 / (g/kg)	全氮（N） / (g/kg)	CEC / (cmol/kg)	游离铁 / (g/kg)
0～22	8.2	10.5	0.62	14.7	9.5
22～57	8.4	5.6	0.29	11.2	8.3
57～72	8.8	6.0	0.41	19.9	10.3
80～105	8.3	9.7	0.72	31.0	15.1

10.3.5 南十里铺系

土族：壤质硅质混合型温性-石灰淡色潮湿雏形土

拟定者：龙怀玉，安红艳，刘 颖

分布与环境条件 主要分布于冲积平原，沙河、滹沱河、永定河等含沙量大的河流中游，冲积平原地带的河流及古河道两侧，缓岗中上部、二坡地准缓岗上、河滩地、河阶地上也有分布（图 10-19）。土壤母质主要系河流近代冲积、洪积物，地势平坦，

图 10-19 南十里铺系典型景观照

排水良好，地下水埋深 2～5m。分布区域属于暖温带亚干旱气候，年平均气温 11.4～13.8℃，年降水量 218～959mm。

土系特征与变幅 诊断层有：淡薄表层、雏形层；诊断特性有：氧化还原特征、潮湿土壤水分状况、温性土壤温度状况、石灰性。成土母质系河流冲洪积物，土层深厚，有效土层厚度 120cm 以上；地下水参与成土过程，土体氧化还原过程较强，底土层有较多的铁锰锈纹锈斑；土体有机质含量较低，并且剖面上下土壤有机质含量差异不大；通体有中度石灰反应；土壤颗粒控制层段为 25～100cm，有黏壤质、壤质、砂质等颗粒大小类型，加权平均为壤质；控制层段内二氧化硅含量 50%～70%，为硅质混合型矿物类型。

对比土系 和淑阳系同属一个土族，但淑阳系表土层土壤质地为粉砂壤土，南十里铺系为壤土。

利用性能综述 土层深厚，上壤下砂，土性温暖，土壤通透性好，耕性良好，耕后无坷垃，宜耕期长。施肥后养分转化快，供肥及时，但由于砂层影响，保水保肥能力差，容易干旱，养分低下，属中低产土壤。

参比土种 砂层壤质潮土。

代表性单个土体 位于河北省保定市雄县雄州镇南十里铺村，剖面点 116°05′43.5″E，38°56′33.5″N，海拔 8m，地势平坦，平原，平地（图 10-20）。河流冲积物母质，38～60cm 处可见冲积层理，50～60cm 为夹砂层，是由河流冲积而来；耕地，作物为玉米，产量 500～700kg/亩。地下水 40m。年平均气温 12.6℃，≥10℃积温为 4475℃，50cm 土壤温度年均 13.3℃；年降水量多年平均为 516mm；年均相对湿度为 61%；年干燥度为 1.7；年日照时数为 2589h。野外调查日期：2010 年 10 月 29 日。理化性质见表 10-19，表 10-20。

图 10-20　南十里铺系代表性单个
土体剖面照

Ap1：0～20cm，向下平滑清晰过渡，润，黄棕色（2.5Y5/4，润），壤土，中发育的团粒结构，多量细根、中量中根，松散，稍黏着，稍塑，极少量瓦块，少量蚯蚓粪，强石灰反应，无亚铁反应。

Ap2：20～38cm，向下平滑突变过渡，润，暗棕色（10YR3/4，润），壤土，中发育的 2cm 左右的块状结构，少量细根，坚实，稍黏着，稍塑，极少量瓦块，少量蚯蚓粪，强石灰反应，无亚铁反应。

Cr1：38～50cm，向下波状清晰过渡，润，橄榄棕色（2.5Y4/3，润），砂壤土，极少量锈纹锈斑，无结构，松散，无黏着，无塑，无石灰反应。

Cr2：50～60cm，向下平滑突变过渡，润，浊红棕色（2.5YR5/4，润），粉砂壤土，无结构，松散，无黏着，无塑，结构体面有少量模糊的铁锰锈纹，中石灰反应，无亚铁反应。

Cr3：60～110cm，润，暗棕色（10YR3/4，润），砂壤土，中发育的 2cm 左右的小块状结构，有中量明显的铁锰锈纹锈斑，少量<2mm 的软铁子，中量中根，稍紧实，稍黏着，稍塑，强石灰反应，无亚铁反应。

表 10-19　南十里铺系代表性单个土体物理性质

土层	深度/cm	砾石*（>2mm，体积分数）/%	细土颗粒组成（粒径：mm）/（g/kg）			质地
			砂粒 2～0.05	粉粒 0.05～0.002	黏粒 <0.002	
Ap1	0～20	0	322	497	182	壤土
Ap2	20～38	0	269	499	232	壤土
Cr1	38～50	0	557	337	105	砂壤土
Cr2	50～60	0	212	643	145	粉砂壤土

表 10-20　南十里铺系代表性单个土体化学性质

深度/cm	pH（H$_2$O）	有机碳/（g/kg）	全氮（N）/（g/kg）	全磷（P$_2$O$_5$）/（g/kg）	全钾（K$_2$O）/（g/kg）	CEC/（cmol/kg）	游离铁/（g/kg）
0～20	8.2	7.3	0.62	1.05	29.4	17.1	8.9
20～38	8.2	5.1	0.54	—	—	17.3	9.5
38～50	8.4	2.4	0.18	—	—	7.3	6.7
50～60	8.8	3.5	0.20	1.01	30.9	13.0	8.3

10.3.6　西双台系

土族：砂质长石型冷性-石灰淡色潮湿雏形土
拟定者：龙怀玉，李　军，穆　真

分布与环境条件　存在于山区河谷阶地、河漫滩上，一般面积不大，多沿河流呈条带状分布,地下水埋深 1～3m（图 10-21）。分布区域属于中温带亚湿润气候，年平均气温 2.5～5.4℃，年降水量 225～608mm。

图 10-21　西双台系典型景观照

土系特征与变幅　诊断层有：淡薄表层、雏形层；诊断特性有：氧化还原特征（开始于土表 50cm 以上）、潮湿土壤水分状况、冷性土壤温度状况、石灰性。成土母质系河流洪冲积物，土层较厚，有效土层厚度 50～150cm，底部为卵石和冲积砂混合物；地下水位较浅，土体中有明显的铁锰锈纹锈斑甚至铁锰结核，出现的部位也高；通体有石灰反应；颗粒控制层段厚度 25～75cm，土壤颗粒大小级别为砂质，长石类矿物含量>40%，为长石型矿物类型。

对比土系　和梓椤树系的地形部位、成土母质基本相同，剖面形态相似。但梓椤树系具有肥熟表层、磷质耕作淀积层。西双台系表层为淡薄表层。此外，梓椤树系土壤颗粒大小级别为壤质，而西双台系土壤颗粒大小级别为砂质。

利用性能综述　土层较厚，地下水位较高，土壤水分条件较好，无干旱之忧。质地略微偏沙，通透性好，保肥能力较弱，土壤微生物活动较好，施肥后养分转化较快。但土壤表层有少量砾石影响耕作。

参比土种　砾石层壤质潮土。

代表性单个土体　西双台系典型单个土体剖面位于河北省张家口市崇礼区红旗营乡西双台村，剖面点 115°10′50.9″E，40°58′58.4″N，海拔 1206m（图 10-22）。地势起伏，高原山地，冲积平原，河谷一级阶地，母质为河流冲积物；耕地，主要种植土豆、玉米；地下水位 2m。年平均气温 4.9℃，≥10℃积温为 3129℃，50cm 土壤温度年均 7.3℃；年降水量多年平均为 398mm；年均相对湿度为 51%；年干燥度为 1.5；年日照时数为 2818h。野外调查日期：2011 年 9 月 22 日。理化性质见表 10-21，表 10-22。

Ap：0～20cm，向下平滑清晰过渡，稍润，灰红色（2.5YR4/2，润），浊黄棕色（10YR5/4，干），砂质壤土，中发育的 2cm 块状结构，中量细根及极细根、很少量中粗根，松散，稍黏着，稍塑，强石灰反应。

Br1：20～40cm，向下平滑模糊过渡，稍润，浊橙色（2.5YR6/3，润），有丰度 2%、硬度 6 的半风化次圆卵石，砂质壤土，弱发育的 3cm 块状结构，有<1cm、丰度 5%、对比度模糊、边界扩散的铁锰斑纹，少量细根及极细根，疏松，稍黏着，稍塑，强石灰反应。

Br2：40～55cm，向下平滑清晰过渡，润，暗红棕色（2.5YR3/2，润），有丰度 2%、硬度 6 的半风化次圆卵石，弱发育的 4cm 块状结构，少量细根及极细根，砂壤土，疏松，稍黏着，稍塑，结构体内有 1～2cm、丰度 10%、对比度模糊、边界扩散的铁锰斑纹，强石灰反应。

Cr：55～60cm，向下平滑突变过渡，润，浊红棕色（2.5YR5/3，润），极细砂土，疏松，稍黏着，稍塑，有 1～3cm、丰度 10%、对比度模糊、边界扩散的铁锰斑纹。

2C：60～80cm，河流洪冲积形成的砾石、砂土混合层，润，

图 10-22　西双台系代表性单个
土体剖面照

浊黄棕色（10YR5/4，润），细砂土。

表 10-21　西双台系代表性单个土体物理性质

土层	深度/cm	砾石*（>2mm，体积分数）/%	细土颗粒组成（粒径：mm）/（g/kg）			质地
			砂粒 2～0.05	粉粒 0.05～0.002	黏粒 <0.002	
Ap	0～20	—	607	289	104	砂质壤土
Br1	20～40	2	710	210	79	砂质壤土
Br2	40～55	2	609	291	100	砂壤土

表 10-22　西双台系代表性单个土体化学性质

深度/cm	pH（H₂O）	有机碳/（g/kg）	全氮（N）/（g/kg）	全磷（P₂O₅）/（g/kg）	全钾（K₂O）/（g/kg）	CEC/（cmol/kg）	游离铁/（g/kg）
0～20	8.2	6.7	0.76	—	—	10.2	6.5
20～40	8.2	3.6	0.51	—	—	7.5	7.3
40～55	8.1	5.1	0.44	—	—	9.0	7.4

10.3.7 阳台系

土族：砂质硅质混合型温性-石灰淡色潮湿雏形土
拟定者：龙怀玉，穆 真，李 军

分布与环境条件 主要分布于张家口地区坝下河流近处和季节性河流两岸、古河道两侧、缓岗中上部、河滩地、河阶地（图 10-23）。土壤母质主要系河流近代冲积、洪积物，地势平坦，排水良好，地下水埋深 2～4m。分布区域属于暖温带亚干旱气候，年平均气温 6.8～9.2℃，年降水量 218～621mm。

图 10-23 阳台系典型景观照

土系特征与变幅 诊断层有：淡薄表层、雏形层；诊断特性有：水耕现象、氧化还原特征、潮湿土壤水分状况、温性土壤温度状况、砂质沉积物岩性特征、石灰性。土壤颗粒大小级别为砂质，成土母质系河流洪冲积物，土层深厚，有效土层厚度 120cm 以上，质地剖面为"上壤下砂"或者"上下壤中间砂"，中间砂层厚度要大于上部土层厚度；地下水参与成土过程，土体氧化还原过程较强，底土层有较多的铁锰锈纹锈斑；通体有中度石灰反应。

对比土系 和罗卜沟门系的地形部分比较类似，成土母质相同，剖面形态相似。但阳台系通体有中度石灰反应。罗卜沟门系控制层段内没有石灰反应。

利用性能综述 土层深厚，水分条件较好，上壤下沙，土性温暖，土壤通透性好，耕性良好，宜耕期长。施肥后养分转化快，供肥及时，但由于壤土层较薄而其下的砂层较厚，保水保肥能力差，属中低产土壤。

参比土种 砂层壤质潮土。

代表性单个土体 阳台系典型单个土体剖面位于河北省张家口市宣化区河子西乡阳台村，剖面点 114°58′22.7″E，40°37′50.5″N，海拔 622m（图 10-24）。地势平坦，平原，冲积平原，河堤；耕地，目前主要种植茄子、玉米（以前为水稻），地下水位 2.5m。年平均气温 9.3℃，≥10℃积温为 3568℃，50cm 土壤温度年均 10.8℃；年降水量多年平均为 395mm；年均相对湿度为 49%；年干燥度为 1.7；年日照时数为 2835h。野外调查日期：2011 年 9 月 23 日。理化性质见表 10-23，表 10-24。

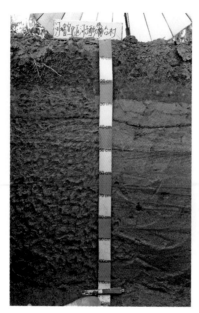

图 10-24　阳台系代表性单个
土体剖面照

Ap: 0~25cm，向下平滑清晰过渡，润，黄棕色（2.5Y5/4，润），浊黄棕色（10YR5/4，干），有丰度为 2%、大小为 5~20mm 的新鲜次圆矿物，壤土，弱发育的 2~3cm 团块结构和中发育的 5mm 的团粒结构，有丰度 2%、大小 2mm、对比度清晰、边界明显的铁锈斑纹，少量细根及极细根、很少量中粗根，松散，稍黏着，稍塑，强石灰反应，无亚铁反应。

Br: 25~40cm，向下平滑清晰过渡，润，黑棕色（2.5Y3/1，润），浊黄橙色（10YR7/3，干），壤土，弱发育 5~15mm 团块、棱块结构，有丰度 10%、大小 2cm×3mm、对比度清晰、边界扩散的铁锈斑纹，很少量细根及极细根、很少量中粗根，松散，中石灰反应，无亚铁反应。

Cr1: 40~55cm，向下平滑清晰过渡，润，淡黄色（2.5Y7/4，润），细砂土，无结构，有丰度 80%、大小 2cm×3mm、对比度清晰、边界扩散的铁锈斑纹，松散，中石灰反应，无亚铁反应。

Cr2: 55~110cm，向下平滑清晰过渡，润，淡黄色（2.5Y7/4，润），有丰度 20%、大小 5~20mm 的新鲜矿物，细砂土，无结构，松散，有丰度 20%、大小 2cm×3mm、对比度清晰、边界扩散的铁锈斑纹，有弱石灰反应，无亚铁反应。

表 10-23　阳台系代表性单个土体物理性质

土层	深度 /cm	砾石* （>2mm，体积分数）/%	细土颗粒组成（粒径: mm）/（g/kg）			质地
			砂粒 2~0.05	粉粒 0.05~0.002	黏粒 <0.002	
Ap	0~25	2	457	419	123	壤土
Br	25~40	2	465	444	91	壤土
Cr	40~110	2	949	25	26	砂土

表 10-24　阳台系代表性单个土体化学性质

深度 /cm	pH （H₂O）	有机碳 /（g/kg）	全氮（N） /（g/kg）	速效磷（P₂O₅） /（mg/kg）	碳酸钙 /（g/kg）	CEC /（cmol/kg）	游离铁 /（g/kg）
0~25	7.7	15.8	1.32	41.6	76.2	15.8	7.6
25~40	7.9	3.2	0.41	—	43.4	9.0	7.5
40~110	8.7	0.6	0.13	—	11.5	2.5	7.4

10.4　普通淡色潮湿雏形土

10.4.1　西直沃系

土族：壤质硅质混合型石灰性温性-普通淡色潮湿雏形土
拟定者：龙怀玉，刘　颖，安红艳，陈亚宇

分布与环境条件　主要分布在冲积平原的缓岗、准缓岗及河流决口形成的冲积堆上，成土母质系河流近代冲积物，地势平坦，地下水埋深 2～3m（图 10-25）。分布区域属于暖温带亚干旱气候，年平均气温 11.4～13.7℃，年降水量 252～943mm。

图 10-25　西直沃系典型景观照

土系特征与变幅　诊断层有：淡薄表层、雏形层；诊断特性有：氧化还原特征、潮湿土壤水分状况、温性土壤温度状况、钙积现象。成土母质系河流冲积物，土层深厚，有效土层厚度大于 150cm；通体有石灰反应，阳离子代换量小，但盐基饱和度一般在 85% 以上；土壤质地通体偏砂，表层为砂土或壤质砂土，表层以下有一壤土层，或全部为壤土，颗粒控制层段为 25～100cm，土壤颗粒大小级别为壤质，石英含量为 40%～60%，为硅质混合型矿物类型。

对比土系　和南十里铺系在分布空间上有交错，地形部位、气候条件基本一致，剖面形态相似。但南十里铺系质地剖面为"上壤下砂"或者"上下壤中间砂"。西直沃系土壤质地通体偏砂，表层为砂土或壤质砂土。

利用性能综述　土壤表层质地粗，土壤感温强，春季升温快，昼夜温差大，土性热燥。土壤干湿易耕，宜耕期长。由于壤土夹层，土壤保水保肥能力较好，种植作物后期发育较好，宜种植花生、薯类、林果等作物。但是耕作粗放，多无灌溉条件，为中低产土壤。

参比土种　壤层砂质潮土。

代表性单个土体　位于河北省衡水市饶阳县城关镇西直沃村，剖面点 115°38′09.0″E，38°16′20.4″N，海拔 19m，地势平坦，平原，冲积平原，泛滥平原（图 10-26）。母质为河流冲积物，50cm 以下可见明显的冲积层理，在 22cm 处可见一层极薄的夹砂层。水浇地，主要是棉花、花生等作物。年平均气温 12.7℃，≥10℃积温为 4502℃，50cm 土壤温度年均 13.4℃；年降水量多年平均为 519mm；年均相对湿度为 64%；年干燥度为 1.7；年日照时数为 2588h。野外调查日期：2011 年 4 月 23 日。理化性质见表 10-25，表 10-26。

图 10-26　西直沃系代表性单个
土体剖面照

Ap1：0～22cm，向下波状清晰过渡，稍润，浊黄棕色（10YR4/3，润），砂壤土，弱发育团块结构，少量细根，松软，无黏着，无塑，土层底部砂层的结构体内外有多量大小为 2～6mm、对比度明显、边界扩散的铁锰斑纹，少量塑料膜，石灰反应中。

Ap2：22～35cm，向下波状模糊过渡，润态，棕色（10YR4/4，润），粉砂壤土，中度发育的棱块状结构，少量细根，坚实，稍黏着，稍塑，土壤根系周围及结构体内外有多量对比度明显、边界扩散的铁锰斑纹，也有对比度明显的铁锰胶膜，少量蚯蚓粪，石灰反应强。

Br1：35～50cm，向下波状清晰过渡，润态，棕色（10YR4/4，润），粉砂壤土，中量中度发育的棱块状结构，少量极细根，坚实，稍黏着，稍塑，结构体内外和根系周围有少量对比度明显、边界扩散的铁锰斑纹，石灰反应强。

Br2：50～120cm，稍润，浊黄棕色（10YR4/3，润），粉砂壤土，10～20mm 弱棱块状结构，很少量细根，疏松，稍黏着，稍塑，土壤结构体内外存在少量对比度明显、边界扩散的铁锰斑纹，石灰反应弱。

表 10-25　西直沃系代表性单个土体物理性质

| 土层 | 深度 /cm | 砾石* （>2mm，体积 分数）/% | 细土颗粒组成（粒径：mm）/（g/kg） | | | 质地 |
			砂粒 2～0.05	粉粒 0.05～0.002	黏粒 <0.002	
Ap1	0～22	0	738	169	93	砂壤土
Ap2	22～35	0	241	621	138	粉砂壤土
Br1	35～50	0	134	750	116	粉砂壤土
Br2	50～120	0	264	652	84	粉砂壤土

表 10-26　西直沃系代表性单个土体化学性质

深度 /cm	pH （H₂O）	有机碳 /（g/kg）	全氮（N） /（g/kg）	全磷（P₂O₅） /（g/kg）	全钾（K₂O） /（g/kg）	CEC /（cmol/kg）	游离铁 /（g/kg）
0～22	8.6	2.6	0.40	0.99	19.5	7.1	7.7
22～35	8.7	4.2	0.54	—	—	10.6	8.4
35～50	8.6	2.9	0.23	0.99	25.9	9.7	8.2
50～120	8.5	1.2	0.10	1.01	25.4	6.2	7.2

10.4.2 文庄系

土族：黏壤质硅质混合型石灰性温性-普通淡色潮湿雏形土

拟定者：龙怀玉，穆 真，李 军

分布与环境条件 主要存在于冲积平原二坡地中下部、河间低平洼地、碟形洼地及古河漫滩边缘，地下水埋深在 1～3m，黑龙港低平原区分布最广（图10-27）。90%以上已经开垦成耕地。分布区域属于暖温带亚湿润气候，年平均气温 10.9～13.8℃，年降水量 230～1024mm。

图 10-27 文庄系典型景观照

土系特征与变幅 诊断层有：淡薄表层、雏形层；诊断特性有：氧化还原特征、潮湿土壤水分状况、温性土壤温度状况、钙积现象。成土母质系近代多次河流洪冲积物，质地上下不均，表土为壤土类，心土、底土为壤黏土类，土层深厚，有效土层厚度100cm以上；强石灰反应；有一个或多个胶泥层；由于地下水位较浅，有明显的铁锰锈纹锈斑，少量铁锰结核；土体有机碳含量较低；颗粒大小控制层段为25～100cm，层段内有壤质、黏壤质两种大小颗粒，加权平均为黏壤质。

对比土系 和南张系、南申庄系的成土母质、剖面构型、剖面形态基本相同。但是南申庄系、南张系具有钙积现象，而文庄系没有。

利用性能综述 土壤母质系河流近代冲积、洪积物，地势平坦，排水良好，质地上粗下细，集中了黏土与壤土的优点，保水保肥，又抗旱抗涝。耕作层团块状结构，疏松多孔，耕性好，宜耕期长，耕后无坷垃，土壤感温快，土性温暖，熟化程度高，是华北最好的耕作土壤，一般耕作管理措施下仍可获较高产。

参比土种 黏层壤质潮土。

代表性单个土体 位于河北省廊坊市文安县刘么乡文庄村，剖面点 116°30′2.9″E，38°51′11″N，海拔大约 7m（图10-28）。地势平坦，平原，冲积平原，底部，母质为冲积物；耕地，主要种植向日葵、小麦，1963 年以前发过洪水，地下水位20m。年平均气温 12.5℃，≥10℃积温为 4486℃，50cm 土壤温度年均 13.3℃；年降水量 230～1024mm，多年平均为 541mm；年均相对湿度为 62%；年干燥度为 1.6；年日照时数为 2608h。野外调查日期：2011 年 10 月 29 日。理化性质见表 10-27，表 10-28。

图 10-28　文庄系代表性单个
土体剖面照

Ap1：0～20cm，向下平滑清晰过渡，稍润，浊黄棕色（10YR5/4，润），浊黄橙色（10YR6/3，干），粉砂壤土，弱发育 2～3cm 团块结构和弱发育的 3～5mm 团粒结构，中量细根及极细根、很少量中粗根，疏松，稍黏着，稍塑，侵入体为丰度 1%的砖头，石灰反应中等。

Ap2：20～40cm，向下平滑渐变过渡，浊黄棕色（10YR4/3，润），浊黄橙色（10YR6/3，干），粉砂壤土，中等发育的 3cm 棱块，有丰度为 5%、大小 1～3mm、硬度为 2 的圆形黑色模糊铁子，坚实，稍黏着，稍塑，侵入体为丰度 1%的砖头，石灰反应中。

Br1：40～95cm，向下平滑清晰过渡，暗棕色（10YR3/3，润），浊棕色（7.5YR5/3，干），粉砂黏壤土，中发育的 1cm 棱块结构，有明显的丰度 5%、大小 5mm×5mm 边界扩散的铁锰斑纹，有丰度 40%的明显边界扩散的黏粒胶膜，有丰度为 5%、大小 1～3mm、硬度为 2 的圆形黑色铁子，坚实，黏着，中塑，石灰反应弱。

Br2：95～110cm，向下平滑突变过渡，暗棕色（10YR3/4，润），浊黄橙色（10YR6/4，干），粉砂黏壤土，中发育的 3～5cm 棱块，有明显的丰度 10%、大小 5mm×5mm、边界扩散的铁锰斑纹以及丰度为 20%的黏粒胶膜和丰度为 30%的铁锰胶膜，坚实，黏着，中塑，石灰反应强烈。

Br3：>110cm，黑棕色（10YR3/2，润），壤黏土，强发育的 3cm 棱块结构，有明显的丰度 3%、大小 3mm×3mm、边界扩散的铁锰斑纹，有丰度 20%的清晰黏粒胶膜和丰度 40%的清晰铁锰胶膜，石灰反应强，无亚铁反应。

表 10-27　文庄系代表性单个土体物理性质

| 土层 | 深度 /cm | 砾石* （>2mm，体积分数）/% | 细土颗粒组成（粒径：mm）/（g/kg） | | | 质地 |
			砂粒 2～0.05	粉粒 0.05～0.002	黏粒 <0.002	
Ap1	0～20	0	224	610	166	粉砂壤土
Ap2	20～40	0	134	687	180	粉砂壤土
Br1	40～95	0	101	574	326	粉砂黏壤土
Br2	110～130	0	108	543	349	粉砂黏壤土

表 10-28　文庄系代表性单个土体化学性质

深度 /cm	pH （H$_2$O）	有机碳 /（g/kg）	全氮（N） /（g/kg）	全磷（P$_2$O$_5$） /（g/kg）	全钾（K$_2$O） /（g/kg）	CEC /（cmol/kg）	游离铁 /（g/kg）	碳酸钙 /（g/kg）
0～20	8.0	6.8	0.8	1.46	77.7	12.9	5.2	38.2
20～40	8.2	4.1	0.61	—	—	14.9	5.7	15.3
40～95	8.6	6.0	0.57	1.05	57.6	24.9	11.9	15.3
110～130	8.4	6.4	0.52	1.30	62.0	26.5	10.3	57.2

10.4.3　宋官屯系

土族：黏质伊利石型石灰性温性-普通淡色潮湿雏形土

拟定者：龙怀玉，穆　真，李　军

分布与环境条件　主要存在于冲积平原二坡地中下部、河间低平洼地、碟形洼地及古河漫滩边缘，地下水在 1～3m，黑龙港低平原区分布最广（图 10-29）。90% 以上已经开垦成耕地。分布区域属于暖温带亚湿润气候，

图 10-29　宋官屯系典型景观照

年平均气温 11.3～14.5℃，年降水量 245～1193mm。

土系特征与变幅　诊断层有：淡薄表层、钙积层、雏形层；诊断特性有：钠质现象、氧化还原特征、潮湿土壤水分状况、温性土壤温度状况、钙积现象。成土母质系近代多次河流冲积洪积物，质地上下不均，表土为壤土类，心土、底土为壤黏土类，土层深厚，有效土层厚度 100cm 以上；土体碳酸钙含量较高，底土层含量 150g/kg 以上，比耕作层至少高 50g/kg 以上，形成了钙积层，强石灰反应；心土层、底土层有一个以上胶泥层，盐分也在胶泥层聚集，形成了钠质现象；由于地下水位较浅，心土层下部和底土层具有明显的铁锰锈纹锈斑，少量铁锰结核；土体有机碳含量较低；颗粒大小控制层段为 25～100cm，层段内一般有黏壤质、黏质两种颗粒大小，加权平均为黏质；颗粒大小控制层段内，黏土矿物中伊利石含量在 50% 以上，为伊利石型矿物类型。

对比土系　和大赵屯系的空间分布区域有相当多的重叠，成土母质相同，剖面形态相似。大赵屯系没有形成钙积层、盐积层，颗粒大小为强对比的黏质盖黏壤质。而宋官屯系形成了钙积层、盐积层和钠质现象，颗粒大小为黏质。

利用性能综述　地势平坦，排水良好，质地上粗下细，集中了黏土和壤土的优点，不易干旱，不易涝。耕作层壤土，团块状结构，疏松多孔，耕性好，宜耕期长，耕后无坷垃，土壤感温快，土性温暖，土壤通透性好，供肥性能好。熟化程度高，是非常好的耕作土壤，一般耕作管理措施下仍可获较高产量。

参比土种　黏层壤质潮土。

代表性单个土体　位于河北省沧州市沧县兴济镇宋官屯村，剖面点 116°55′7″E，38°27′2.2″N，海拔 1m（图 10-30）。地势平坦，平原，冲积平原，底部，母质为冲积物；耕地，主要种植玉米、小麦。年平均气温 12.7℃，≥10℃积温为 4514℃，50cm 土壤温度年均 13.4℃；年降水量多年平均为 601mm；年均相对湿度为 62%；年干燥度为 1.5；年日照时数为 2648h。野外调查日期：2011 年 10 月 30 日。理化性质见表 10-29，表 10-30。

图 10-30　宋官屯系代表性单个
土体剖面照

Ap1：0～17cm，向下平滑模糊过渡，稍润，浊黄棕色（10YR4/3，润），浊黄橙色（10YR6/4，干），粉砂壤土，中发育的 2～5cm 团块结构和强发育 1～2mm 团粒结构，疏松，稍黏着，稍塑，无石灰反应，无亚铁反应。

Ap2：17～38cm，向下平滑渐变过渡，浊黄棕色（10YR4/3，润），浊黄橙色（10YR6/4，干），粉砂壤土，中发育的 1～5cm 团块结构，结构体内有丰度 2%、大小 5mm、边界扩散的铁锰斑纹，有丰度 30%清晰黏粒胶膜，疏松，黏着，中塑，石灰反应强烈。

Br1：38～52cm，向下平滑渐变过渡，黑棕色（10YR3/2，润），浊黄橙色（10YR6/4，干），粉砂黏土，中等发育的 1～5cm 块状结构，结构体内有丰度 2%、大小 10mm×5mm、边界扩散的铁锰斑纹，疏松，黏着，中塑，石灰反应强烈。

Br2：52～68cm，向下平滑渐变过渡，浊黄棕色（10YR4/3，润），浊黄橙色（10YR6/4，干），粉砂黏土，中等发育的 1～5cm 块状结构，结构体内有丰度 2%、大小 10mm×5mm 的边界扩散的铁锰斑纹，疏松，黏着，中塑，石灰反应强烈，无亚铁反应。

Br3：68～110cm，黏粒淀积层和氧化还原层，向下平滑清晰过渡，润，棕色（10YR4/4，润），黏壤土，中等发育的 1～5cm 块状结构，结构体内有丰度 5%、大小 10mm×10mm 的边界扩散的铁锰斑纹，有丰度 50%清晰黏粒胶膜，疏松，黏着，中塑，石灰反应强烈。

Cr：110～120cm，向下平滑清晰过渡，润，浊黄棕色（10Y R5/4，润），中发育的 1～5cm 块状结构，壤土，结构体内有模糊丰度 20%、大小 10mm×50mm 的边界扩散的铁锰斑纹，疏松，黏着，中塑，石灰反应强烈。

C：>120cm，胶泥层，润，浊黄棕色（10YR4/3，润），黏壤土，疏松，黏着，中塑，石灰反应强烈。

表 10-29　宋官屯系代表性单个土体物理性质

土层	深度/cm	砾石*（>2mm，体积分数）/%	细土颗粒组成（粒径：mm）/（g/kg）			质地
			砂粒 2～0.05	粉粒 0.05～0.002	黏粒 <0.002	
Ap1	0～17	0	115	688	197	粉砂壤土
Ap2	17～38	0	113	624	263	粉砂壤土
Br	38～68	0	126	402	472	粉砂黏土
Br3	68～110	0	55	492	453	黏壤土

表 10-30　宋官屯系代表性单个土体化学性质

深度 /cm	pH (H₂O)	有机碳 / (g/kg)	全氮（N） / (g/kg)	碳酸钙 / (g/kg)	CEC / (cmol/kg)	游离铁 / (g/kg)
0～17	7.9	9.9	0.85	—	15.5	6.2
17～38	8.0	6.1	0.74	87.2	20.5	10.9
38～68	8.3	7.7	0.74	130.0	28.6	13.9
68～110	8.6	5.6	0.59	160.5	26.3	15.6

10.4.4　大赵屯系

土族：黏质盖黏壤质伊利石型石灰性温性-普通淡色潮湿雏形土
拟定者：龙怀玉，穆　真，李　军

分布与环境条件　主要存在于冲积平原的碟形洼地、河间洼地、交接洼地等各种洼地中央，以及部分山区的河川地、河阶地（图10-31）。地势低洼平坦，地下水埋深1～2m，长有稗草、芦草、醋柳、苍耳等田间杂草。成土母质多为黄土冲积物静水沉积而成。分布区域属于暖温带亚湿润气候，年平均气温11.2～14.2℃，年降水量272～825mm。

图 10-31　大赵屯系典型景观照

土系特征与变幅　诊断层有：淡薄表层、雏形层；诊断特性有：氧化还原特征、潮湿土壤水分状况、温性土壤温度状况、钙积现象。成土母质系近代多次河流冲积洪积物，质地以黏土类为主，土层深厚，有效土层厚度100cm以上；土体碳酸钙含量剖面平均100g/kg以上，强石灰反应；心土层、底土层有一个以上的胶泥层；地下水影响到了土壤发育，心土层下部和底土层具有明显的铁锰锈纹锈斑，少量铁锰结核；土体有机碳含量较低，而且上下层次之间没有显著差异；颗粒大小控制层段为25～100cm，层段内有黏质、黏壤质两种颗粒大小，其黏粒含量差在250g/kg以上，形成了强对比颗粒级别，黏质盖黏壤质；颗粒大小控制层段内黏土矿质中伊利石含量在50%以上，为伊利石矿物类型。

对比土系　和宋官屯系的空间分布区域有相当多的重叠，成土母质、剖面形态相似。但宋官屯系具有钙积层，颗粒大小为黏质。大赵屯系没有钙积层，颗粒大小为黏质盖黏壤质。

利用性能综述　大部分为农耕土壤，但是土壤熟化程度不高，产量低。耕层浅，质地黏重，土壤耕性差，保水保肥能力强，有效水含量低，肥效迟缓，后劲足。容易发生旱涝。

参比土种　黏质潮土。

代表性单个土体　位于河北省沧州市四营乡大赵屯村，剖面点116°13′16.5″E，38°3′15.4″N，海拔5m（图10-32）。地势平坦，平原，冲积平原，河间地，母质为冲积物；耕地，主要种植玉米、小麦。年平均气温13.3℃，≥10℃积温为4662℃，50cm土壤温度年均13.9℃；年降水量多年平均为514mm；年均相对湿度为63%；年干燥度为1.8；年日照时数为2575h。野外调查日期：2011年10月29日。理化性质见表10-31，表10-32。

Ap1：0～15cm，向下平滑突变过渡，稍润，暗棕色（7.5YR3/3，润），浊棕色（7.5YR5/4，干），中量细根及极细根，粉砂壤土，强发育的 1～2cm 团块结构和强发育的 3～5mm 团粒结构，疏松，稍黏着，稍塑，石灰反应强烈。

Ap2：15～30cm，向下平滑清晰过渡，稍润，棕色（7.5YR4/3，润），浊棕色（7.5YR6/3，干），粉砂壤土，强发育 5～30mm 片状结构，极坚实，黏着，可塑，有丰度60%清晰黏粒胶膜，石灰反应强烈。

2Br1：30～50cm，向下平滑模糊过渡，稍润，棕色（7.5YR4/3，润），浊棕色（7.5YR5/4，干），黏土，极强发育的 3～5mm 棱块，结构体内有明显丰度 20%、大小5mm×5mm 的边界清楚的铁锰斑纹，有丰度 60%清晰黏粒胶膜，极坚实，黏着，可塑，石灰反应强烈。

2Br2：50～80cm，向下平滑清晰过渡，稍润，暗红棕色（5YR3/3，润），黏土，强发育的 3～5mm 棱块，结构体内有明显丰度 20%、大小 5mm×5mm 的边界扩散的铁锰斑纹，有丰度 60% 清晰黏粒胶膜，坚实，黏着，中塑，石灰反应强烈。

图 10-32 大赵屯系代表性单个
土体剖面照

3Br：80～110cm，向下平滑清晰过渡，润，浊黄棕色（10YR4/3，润），粉砂壤土，强发育的 3～5mm 厚片状，结构体内有明显丰度 20%、大小 5mm×5mm 的边界扩散的铁锰斑纹，有丰度 30%清晰黏粒胶膜，有丰度为 2%、大小 1mm×1mm、硬度为 1 的圆形黑色模糊铁子，坚实，黏着，中塑，石灰反应强烈。

4Br：>110cm，润，浊红棕色（5YR4/3，润），黏壤土，强发育的 3～5mm 棱块，结构体内有明显丰度 20%、大小 5mm×5mm 的边界扩散的铁锰斑纹，有丰度 30%清晰黏粒胶膜，极坚实，黏着，中塑，石灰反应强烈，无亚铁反应。

表 10-31　大赵屯系代表性单个土体物理性质

土层	深度 /cm	砾石* （>2mm，体积 分数）/%	细土颗粒组成（粒径：mm）/（g/kg）			质地
			砂粒 2～0.05	粉粒 0.05～0.002	黏粒 <0.002	
Ap1	0～15	0	50	501	449	粉砂壤土
Ap2	15～30	0	64	566	370	粉砂壤土
2Br	30～80	0	122	296	582	黏土
3Br	80～110	0	48	688	264	粉砂壤土

表 10-32　大赵屯系代表性单个土体化学性质

深度 /cm	pH (H$_2$O)	有机碳 / (g/kg)	全氮（N） / (g/kg)	碳酸钙 / (g/kg)	CEC / (cmol/kg)	游离铁 / (g/kg)
0～15	7.9	10	0.68	151.9	24.9	14.7
15～30	8.0	6.7	0.59	153.6	23.7	14.2
30～80	8.0	6.3	0.63	180.0	28.3	15.5
80～110	8.2	4.2	0.46	154.0	20.7	11.4

10.4.5　红草河系

土族：壤质混合型非酸性温性-普通淡色潮湿雏形土

拟定者：龙怀玉，安红艳，刘　颖

分布与环境条件　是在河北分布比较广的土壤，主要分布在河谷阶地、山麓平原低平部位、冲积扇中下部缓岗、河流故道，分布在邯郸、邢台、石家庄、保定、廊坊、秦皇岛、唐山、张家口等地市的 60 多个县市均有分布（图 10-33）。分布区域属于暖温带亚干旱气候，年平均气温 9.6～15.6℃，年降水量 224～919mm。

图 10-33　红草河系典型景观照

土系特征与变幅　诊断层有：淡薄表层、雏形层；诊断特性有：潮湿土壤水分状况、氧化还原特征、温性土壤温度状况。土壤颗粒大小级别为壤质，成土母质系壤质河流冲积物，土层深厚，通体壤性；底部有少量铁锰锈纹锈斑数量；表层有机质含量较高，但 20cm 土体的腐殖质储量比小于 0.35；通体无石灰反应；土壤颗粒控制层段为 50～100cm，颗粒大小类型为壤质；控制层段内二氧化硅含量 50%～70%，为硅质混合型矿物类型。

对比土系　和徐枣林系分布空间重叠较多，地形部位、成土母质、气候条件基本一致，剖面形态相似。但徐枣林系在心土层有少量碳酸钙粉末或者假菌丝体，通体具有中或强石灰反应，颗粒大小类型均为黏壤质。红草河通体无石灰反应，没有碳酸钙假菌丝体，颗粒大小类型为壤质。

利用性能综述　土层深厚，通透性好，质地适中，耕性好，宜耕期长，耕后无坷垃，供肥性能较好，适种作物较广，目前已基本全部开垦成农田，但是灌溉得不到充分保证。

参比土种　壤性洪冲积潮褐土。

代表性单个土体　位于河北省保定市阜平县东下关乡红草河村，剖面点 113°58′04.7″E，38°52′47.4″N，海拔 615m，地势平坦，山地，倾斜河谷，河谷阶地（图 10-34）。河流冲积物母质，耕地，作物为玉米。地下水很深。在雨季土体下层有可能短时间水分饱和。年平均气温 9.7℃，≥10℃积温为 4023℃，50cm 土壤温度年均 11.1℃；年降水量多年平均为 489mm；年均相对湿度为 59%；年干燥度为 1.7；年日照时数为 2613h。野外调查日期：2010 年 10 月 28 日。理化性质见表 10-33，表 10-34。

Ap：0～20cm，向下平滑模糊过渡，润，棕色（10YR4/4，润），有丰度10%的20mm的圆形新鲜石块，砂壤土，弱发育的大团粒状结构，少量细根，松散，无黏着，无塑，无石灰反应。

Br1：20～40cm，向下平滑模糊过渡，润，浊黄棕色（10YR4/3，润），有丰度10%的>20mm的圆形新鲜石块，砂壤土，弱发育棱块状结构，有少量模糊铁锰锈斑，少量细根，松散，无黏着，无塑，无石灰反应。

Br2：40～65cm，向下平滑模糊过渡，浊黄棕色（10YR4/3，润），有丰度10%的>20mm的圆形新鲜石块，壤土，弱发育的棱块状结构，有少量模糊铁锰锈斑，松散，无黏着，无塑，无石灰反应，盐基饱和度44%。

C：>65cm，母质层，鹅卵石层。

图 10-34　红草河系代表性单个
土体剖面照

表 10-33　红草河系代表性单个土体物理性质

土层	深度 /cm	砾石* (>2mm，体积分数)/%	细土颗粒组成（粒径：mm）/（g/kg）			质地
			砂粒 2～0.05	粉粒 0.05～0.002	黏粒 <0.002	
Ap	0～20	10	565	322	113	砂壤土
Br1	20～40	10	526	350	124	砂壤土
Br2	40～65	10	496	371	133	壤土

表 10-34　红草河系代表性单个土体化学性质

深度 /cm	pH (H$_2$O)	有机碳 /（g/kg）	全氮（N） /（g/kg）	全磷（P$_2$O$_5$） /（g/kg）	全钾（K$_2$O） /（g/kg）	CEC /（cmol/kg）
0～20	4.8	14.1	0.95	0.99	39.6	14.5
20～40	5.1	6.1	0.59	—	—	11.3
40～65	6.2	9.0	0.61	1.05	32.2	11.5

10.4.6 王官营系

土族：壤质硅质混合型非酸性温性-普通淡色潮湿雏形土

拟定者：龙怀玉，穆 真，李 军

分布与环境条件 主要存在于平原区沿河两岸的低阶地，山区季节性河流的阶地上，以及山麓平原上部近故河道地带（图10-35）。分布区域属于暖温带亚湿润气候，年平均气温 9.1~12.2℃，年降水量 343~1158mm。

图 10-35 王官营系典型景观照

土系特征与变幅 诊断层有：淡薄表层、雏形层；诊断特性有：氧化还原特征（在50cm土层内的厚度 10cm 以上）、潮湿土壤水分状况、温性土壤温度状况。成土母质系近代河流冲积物，土壤质地较为均一，有效土层厚度 150cm 以上；通体没有石灰反应；黏粒淋溶淀积过程明显，心土层的黏粒含量是表土层的 1.2 倍以上且比表土高 3g/kg 以上，有明显的黏粒胶膜，形成了黏化层；底土层具有中量模糊铁锰锈斑；颗粒大小控制层段为 25~100cm，层段内一般有壤质、黏壤质两种颗粒大小，加权平均为壤质；颗粒大小控制层段内石英含量为 40%以上，为硅质混合型矿物类型。

对比土系 和李土系在空间分布区域有较多的重叠，地形部位比较相似，气候条件相差不大，成土母质相同，剖面形态相似。但李土系质地上下不均，土壤颗粒大小级别为黏壤质。王官营系剖面上土壤质地较为均一，颗粒大小为壤质。

利用性能综述 土壤疏松，易耕作，适耕性能好，宜耕期长，通透性良好，利于作物根系下扎，但蓄水力弱，肥力较低，保水保肥性能较差，供肥后劲不足，养分释放快，抗逆性弱。

参比土种 壤质非石灰性潮土。

代表性单个土体 位于河北省滦县油榨镇王官营村，剖面点118°45′5.5″E，39°54′10.9″N，海拔 57m（图 10-36）。地势较平坦，平原，阶地，母质为冲积物，18cm 以上的质地、结构、颜色等因素皆明显不同于下层，应该为二元母质（老乡说上层是洪水冲积来的）。耕地，主要种植玉米。年平均气温 10.6℃，≥10℃积温为 3974℃，50cm 土壤温度年均 11.8℃；年降水量多年平均为 657mm；年均相对湿度为 62%；年干燥度为 1.2；年日照时数为 2616h。野外调查日期：2011 年 11 月 9 日。理化性质见表 10-35，表 10-36。

Ap: 0～18cm, 向下平滑清晰过渡, 稍润, 棕色 (10YR4/4, 润), 浊黄棕色 (10YR5/4, 干), 砂壤土, 弱发育 5～15mm 块状结构 (干时松软), 少量细根及极细根, 细砂土, 坚实, 无黏着; 无塑, 土体中有少量炭块侵入体, 无石灰反应。

2Bw: 18～40cm, 向下平滑模糊过渡, 稍润, 棕色 (7.5YR4/4, 润), 棕色 (7.5YR4/6, 润), 壤土, 中发育 5～20mm 棱块状结构, 很少量细根及极细根, 壤土, 坚实, 稍黏着, 稍塑, 无石灰反应。

2Br: 40～90cm, 向下平滑模糊过渡, 稍润, 亮棕色 (7.5YR5/6, 润), 粉砂壤土, 中等发育的 2～3cm 块状结构 (干时坚硬), 坚实, 稍黏着, 稍塑, 有丰度 10%、对比度模糊、边界扩散、大小约 10mm×20mm 的铁锰斑纹, 无石灰反应。

2Cr: 90～120cm, 稍润, 棕色 (7.5YR4/6, 润), 砂壤土, 强发育的 3～5cm 棱块结构, 坚实, 黏着, 中塑, 有丰度 80% 分布在整个土体的铁锰斑纹, 对比度模糊, 边界扩散, 结构体内有 8%、大小 5mm 的铁锰结核, 无石灰反应。

图 10-36　王官营系代表性单个
土体剖面照

表 10-35　王官营系代表性单个土体物理性质

土层	深度 /cm	砾石* (>2mm, 体积分数) /%	细土颗粒组成 (粒径: mm) / (g/kg)			质地
			砂粒 2～0.05	粉粒 0.05～0.002	黏粒 <0.002	
Ap	0～18	0	724	173	103	砂壤土
2Bw	18～40	0	303	484	213	壤土
2Br	40～90	0	324	504	172	粉砂壤土

表 10-36　王官营系代表性单个土体化学性质

深度 /cm	pH (H$_2$O)	有机碳 / (g/kg)	全氮 (N) / (g/kg)	全磷 (P$_2$O$_5$) / (g/kg)	全钾 (K$_2$O) / (g/kg)	CEC / (cmol/kg)
0～18	5.3	5.5	0.69	1.93	58.5	8.3
18～40	5.9	4.3	0.57	—	—	15.4
40～90	6.2	2.0	0.44	1.29	55.1	13.2

10.4.7　庞各庄系

土族：砂质硅质混合型非酸性温性-普通淡色潮湿雏形土

拟定者：龙怀玉，穆　真，李　军

分布与环境条件
主要存在于秦皇岛市郊区低山丘陵的山间平地，成土母质为洪冲积物，质地较粗（图 10-37）。分布区域属于暖温带亚湿润气候，年平均气温 9.0～12.1℃，年降水量 358～1221mm。

图 10-37　庞各庄系典型景观照

土系特征与变幅　诊断层有：淡薄表层、雏形层；诊断特性有：潮湿土壤水分状况、温性土壤温度状况、氧化还原特征（在 50cm 土层内的厚度 10cm 以上）、盐基不饱和。成土母质系多次河流洪冲积物，有效土层 50～120cm；全剖面无石灰反应；铁锰淋溶淀积过程明显，在底土层有少量铁锰结核；颗粒大小控制层段为 25～100cm，层段有黏壤质、砂质等多种颗粒大小级别，加权平均为砂质；层段内石英含量大于 40%，为硅质混合型矿物类型。

对比土系　和三间房系的成土条件、成土过程、剖面形态相似。但三间房系土壤腐殖质含量较高，并且向下逐渐减少，具有暗沃表层和均腐殖质特性，土壤颗粒大小类型为壤质。庞各庄系土壤有机碳含量较高，但向下锐减，土壤颗粒大小类型为砂质，而三间房系为壤质。

利用性能综述　表层质地砂壤土，疏松，适耕期长，通透性好，保水保肥性能较好，适于发展蔬菜。

参比土种　壤层砂质洪冲积潮棕壤。

代表性单个土体　位于河北省秦皇岛市抚宁区大新寨镇庞各庄村，剖面点 119°17′51.4″E，40°0′42.1″N，海拔 100m（图 10-38）。地势强烈起伏，丘陵山地，倾斜河谷，河流阶地的中部，成土母质为河流冲积物。耕地，主要种植花生。地表有丰度 10%的粗碎块。在 20cm 处有一条铁子带，铁子密麻排列呈条带状，厚度大约 0.5cm，该铁子带铁子丰度达 90%。通体无石灰反应。年平均气温 9.8℃，≥10℃积温为 3859℃，50cm 土壤温度年均 11.1℃；年降水量多年平均为 661mm；年均相对湿度为 62%；年干燥度为 1.1；年日照时数为 2647h。野外调查日期：2011 年 11 月 6 日。理化性质见表 10-37，表 10-38。

图 10-38　庞各庄系代表性单个
土体剖面照

Ap：0～15cm，向下平滑清晰过渡，干，暗橄榄色（5Y4/3，干），浊黄棕色（10YR5/4，干），岩石矿物碎屑极少，砂质壤土，中发育的团粒结构，弱发育的团块结构，细根极细根、很少量中粗根，松软，稍黏着，稍塑，无石灰反应。

2Btr1：15～30cm，向下平滑渐变过渡，润，棕色（7.5YR4/4，润），亮棕色（7.5YR5/6 干），岩石矿物碎屑丰度为 5%、大小约 5mm、角状、风化状态，壤土，中发育的块状结构，有丰度 5%的黑色软质铁瘤状结核（20cm 处有一条 0.5cm 厚铁子带），细根极细根、很少量中粗根，坚实，稍黏着，稍塑，无石灰反应。

2Btr2：30～50cm，向下平滑渐变过渡，稍润，浊红棕色（5YR4/4，润），亮棕色（7.5YR5/6，干），岩石矿物碎屑丰度 15%、大小约 5mm、角状、风化状态，粉砂壤土，中发育的棱块结构，有丰度 10%的黏粒胶膜、丰度 5%的铁锰胶膜、丰度 2%的黑色软质铁瘤状结核，细根极细根，坚实，稍黏着，中塑，无石灰反应。

2Btr3：50～60cm，向下平滑清晰过渡，稍润，红棕色（5YR4/6，润），岩石矿物碎屑丰度为 15%、大小约 5mm、角状、风化状态，砂壤土，中发育的棱块结构，有丰度 20%的黏粒胶膜、丰度 2%的黑色软质铁瘤状结核，细根极细根，坚实，稍黏着，稍塑，无石灰反应。

3Cr：>60cm，母质层，稍润，红棕色（5YR4/6，润），80%的体积为大块鹅卵石，细土部分为砂土，无结构，少量铁锰锈斑，坚实，无黏着，无塑，有弱石灰反应。

表 10-37　庞各庄系代表性单个土体物理性质

土层	深度 /cm	砾石* (>2mm，体积分数) /%	细土颗粒组成（粒径：mm）/（g/kg）			质地
			砂粒 2～0.05	粉粒 0.05～0.002	黏粒 <0.002	
Ap	0～15	1	635	219	145	砂质壤土
2Btr1	15～30	5	427	320	254	壤土
2Btr2	30～50	15	671	125	205	粉砂壤土
2Btr3	50～60	15	583	257	160	砂壤土

表 10-38　庞各庄系代表性单个土体化学性质

深度 /cm	pH (H₂O)	有机碳 /（g/kg）	全氮（N） /（g/kg）	CEC /（cmol/kg）	游离铁 /（g/kg）
0～15	4.6	12.4	1.29	14.4	11.1
15～30	5.3	4.6	0.65	15.9	16.8
30～50	5.9	4.6	0.68	17.8	16.5
50～60	6.5	4.1	0.63	15.9	14.1

10.4.8 罗卜沟门系

土族：砂质长石型非酸性温性-普通淡色潮湿雏形土

拟定者：龙怀玉，刘　颖，安红艳，穆　真

分布与环境条件　主要分布在冀北河流故道两侧及缓岗中上部，燕山山间平原、河阶地、河漫滩上也有分布（图 10-39）。土壤母质系河流近代冲积物（多源于花岗片麻岩风化物）。周年地下水埋深 2～3m，雨季可达 1m。分布区域属于中温带亚湿润气候，年平均气温 5.7～8.2℃，年降水量 242～695mm。

图 10-39　罗卜沟门系典型景观照

土系特征与变幅　诊断层有：淡薄表层、雏形层；诊断特性有：氧化还原特征、潮湿土壤水分状况、冷性土壤温度状况。成土母质系河流多次冲积物，而且主要是花岗岩、片麻岩的风化碎屑物；有效土层厚度大于 150cm；质地上下较为均一；土壤有机碳含量小于 3.0g/kg，但底土层可能会因为是埋藏土壤而有机碳含量有所升高；有些土层没有石灰反应；地下水影响到了土壤，形成铁锰锈纹锈斑层；颗粒大小控制层段为 25～100cm，颗粒大小级别为砂质；控制层段内二氧化硅含量 60%～90%，为硅质混合型矿物类型。

对比土系　和阳台系的地形部分比较类似，成土母质相同，剖面形态相似。但阳台系具有水耕现象，通体有中度石灰反应。罗卜沟门系没有种植过水稻，不具有水耕现象，控制层段内没有石灰反应。

利用性能综述　土壤耕性好，宜耕期长，土壤感温快，失温也快，熟化程度高的可种植花生、甘薯等作物。土壤质地过粗，有效水含量低，持水能力差。潜在养分与速效养分极低，肥效差，漏水漏肥严重，大多为低产田土壤。

参比土种　砂质非石灰性潮土。

代表性单个土体　位于河北省承德市隆化县郭家屯镇罗卜沟门村，剖面点117°7′45.6″E，41°34′7.7″N，海拔 771m（图 10-40）。地势较为平坦，低山丘陵，河谷平原，河谷一级阶地，河堤，坡向为河谷走向。旱耕地，主要种植豇豆、谷子、玉米、向日葵等，。有泛滥现象，约 4～5 年一次，每次持续时间达 10h 以上。地下水埋深约 1m。有明显的冲积层理，至少有过四次冲积，冲积层较薄；铁锰锈斑呈条状分布。年平均气温 5.8℃，≥10℃积温为 2964℃，50cm 土壤温度年均 8.1℃；年降水量多年平均为 457mm；年均相对湿度为 55%；年干燥度为 1.3；无霜期 125d 左右，年日照时数为 2744h。野外调查日期：2010 年 8 月 25 日。理化性质见表 10-39，表 10-40。

Ap1：0～22cm，向下平滑状渐变过渡，润，浊黄棕色（10YR5/4，润），壤质砂土，无结构或弱发育团块结构。少量细根，松散，无黏着，无塑，偶见甲板虫，石灰反应弱。

Ap2：22～37cm，向下平滑状渐变过渡，润，浊黄棕色（10YR5/4，润），壤质砂土，无结构或弱发育团块结构，松散，无石灰反应。

Br：37～70cm，润，棕色（10YR4/4，润），浊黄棕色（10YR5/4，润），壤质砂土，无结构或者弱发育团块结构，松散，和内部有大量的铁锰锈斑淀积，部分已发育成铁质，无石灰反应。

2Cr1：70～90cm，向下平滑状渐变过渡，润，砂质壤土，无结构或者弱发育团块结构，松散，有大量的铁锰锈斑淀积，部分已发育成铁质，石灰反应中等。

2Cr2：90～110cm，润，砂质壤土，松散，有大量的铁锰锈斑淀积，部分已发育成铁质，石灰反应弱。

图 10-40　罗卜沟门系代表性单个
土体剖面照

表 10-39　罗卜沟门系代表性单个土体物理性质

土层	深度 /cm	砾石* (>2mm，体积分数)/%	细土颗粒组成（粒径：mm）/ (g/kg)			质地
			砂粒 2～0.05	粉粒 0.05～0.002	黏粒 <0.002	
Ap1	0～22	0	802	145	53	壤质砂土
Ap2	22～37	0	812	118	69	壤质砂土
Br	37～70	0	783	130	87	壤质砂土
2Cr1	70～90	0	655	245	100	砂质壤土
2Cr2	90～110	0	726	196	78	砂质壤土

表 10-40　罗卜沟门系代表性单个土体化学性质

深度 /cm	pH (H$_2$O)	有机碳 / (g/kg)	全氮（N） / (g/kg)	全磷（P$_2$O$_5$） / (g/kg)	全钾（K$_2$O） / (g/kg)	CEC / (cmol/kg)	游离铁 / (g/kg)
0～22	8.2	2.8	0.33	0.55	39.6	6.6	7.1
22～37	8.3	1.5	0.10	—	—	5.2	8.2
37～70	8.0	2.0	0.13	0.53	24.5	5.7	9.3
70～90	8.1	2.9	0.25	—	—	9.3	9.5
90～110	8.1	4.5	0.15	—	—	6.0	7.3

10.4.9 李土系

土族：黏壤质硅质混合型非酸性温性-普通淡色潮湿雏形土

拟定者：龙怀玉，穆 真，李 军

分布与环境条件 主要存在于滦河与冀东沿海河流及故道两侧浅平洼地边缘，承德、秦皇岛市一些河谷平地、河流阶地、河漫滩上也有分布（图10-41）。成土母质为河流冲积而成，地势较平坦，地下水埋深 3m 左右，地面上经常长有画眉草、虎

图 10-41 李土系典型景观照

尾草、灰灰菜等田间杂草。分布区域属于暖温带亚湿润气候，年平均气温 9.5～13.1℃，年降水量 296～1143mm。

土系特征与变幅 诊断层有：淡薄表层、雏形层；诊断特性有：氧化还原特征（在土表 50cm 内）、潮湿土壤水分状况、温性土壤温度状况。成土母质系近代河流多次冲积物，质地上下不均，表土、底土一般为壤土类，心土为黏壤土类，有效土层厚度 150cm 以上；通体没有石灰反应；心土层的黏粒含量是表土层的 1.2 倍以上，且有明显的黏粒胶膜，但黏粒含量的差异主要是不同时期冲积物本身携带来的，不能被认定为黏化层；由于地下水位较浅，埋深约 3m，心土层下部和底土层具有少量模糊锈斑；土体有机碳含量较低，但是耕作层的有机碳含量往往是底土层的 1.5～2.5 倍,20cm 土体的腐殖质储量比仍然在 0.35 以下。颗粒大小控制层段为 25～100cm，土壤颗粒大小级别为黏壤质；颗粒大小控制层段内石英含量在 50% 以上，为硅质混合型矿物类型。

对比土系 和王官营系在空间分布区域上有较多的重叠，地形部位比较相似，气候条件相差不大，成土母质相同，剖面形态相差不大。但是王官营系剖面上土壤质地较为均一，颗粒大小加权平均为壤质。李土系质地上下不均，土壤颗粒大小级别平均为黏壤质。

利用性能综述 为耕作土壤，熟化程度高，土壤通透性好，保肥保水能力较好，土壤耕性好，宜耕期长，春季升温快。土壤微生物活动较强，供肥及时、平稳，有后劲，属高产土壤，宜种作物范围广，特别宜种玉米、花生、果树等作物。但因地下水位抬高引起次生盐渍化的风险比较大。

参比土种 壤质非石灰性潮土。

代表性单个土体 位于河北省滦南县宋道口镇李土村，剖面点 118°44′39.5″E，39°28′24.3″N，海拔–8m（图10-42）。地势平坦，平原，母质为冲积物，至少可以看到 4 个明显的冲积层次；耕地，主要种植白菜。地下水位 6m。年平均气温 11℃，≥10℃积温为 4014℃，50cm 土壤温度年均 12.1℃；年降水量多年平均为 601mm；年均相对湿度

图 10-42　李土系代表性单个
土体剖面照

为 65%；年干燥度为 1.3；年日照时数为 2561h。野外调查日期：2011 年 11 月 8 日。理化性质见表 10-41，表 10-42。

Ap：0～30cm，向下平滑模糊过渡，稍润，灰黄棕色（10YR4/2，润），浊黄棕色（10YR5/3，干），粉砂壤土，中发育的 0.5～2cm 团块和 2mm 以下的团粒结构，少量细根及极细根，疏松，黏着，中塑，少量蚯蚓，石灰反应中等强度。

Btr1：30～50cm，向下平滑模糊过渡，润，黑棕色（10YR2/2，润），浊黄棕色（10YR5/3，干），粉砂黏壤土，强发育 20～80mm 块状结构、棱块结构（干时极坚硬），有丰度 30%明显黏粒胶膜，丰度 10%、对比度模糊、边界扩散的褐色锈斑，很少量细根及极细根，坚实，黏着，中塑，石灰反应弱。

Brt2：50～85cm，向下平滑模糊过渡，润，黑棕色（10YR3/2，润），浊黄棕色（10YR5/3，干），粉砂黏壤土，强发育 20～80mm 块状结构、棱块结构（干时极坚硬），有丰度 40%明显黏粒胶膜，丰度 10%、大小 2～3cm 的模糊褐色锈斑，很少量细根及极细根，疏松，黏着，中塑，石灰反应弱。

Cr：85～110cm，母质层，润，（10YR2/2，润），很少量细根及极细根，壤土，弱发育的 2～3cm 团块结构或无结构，疏松，黏着，中塑，有丰度 10%、大小 2～3cm 的褐色斑纹，石灰反应弱。

表 10-41　李土系代表性单个土体物理性质

土层	深度 /cm	砾石* (>2mm，体积 分数) /%	细土颗粒组成（粒径：mm）/（g/kg）			质地
			砂粒 2～0.05	粉粒 0.05～0.002	黏粒 <0.002	
Ap	0～30	0	215	546	239	粉砂壤土
Btr1	30～50	0	96	598	307	粉砂黏壤土
Brt2	50～85	0	149	585	266	粉砂黏壤土

表 10-42　李土系代表性单个土体化学性质

深度 /cm	pH (H2O)	有机碳 /（g/kg）	全氮（N） /（g/kg）	全磷（P_2O_5） /（g/kg）	全钾（K_2O） /（g/kg）	CEC /（cmol/kg）	游离铁 /（g/kg）
0～30	8.0	10.5	1.01	1.34	67.6	24.8	10.4
30～50	7.9	9.0	0.96	—	—	30.8	11.0
50～85	7.9	4.8	0.71	1.57	95.6	30.0	10.2

10.5 普通底锈干润雏形土

10.5.1 乔家宅系

土族：壤质硅质混合型石灰性温性-普通底锈干润雏形土

拟定者：龙怀玉，刘　颖，安红艳，陈亚宇

分布与环境条件　主要分布在冲积平原古河道缓岗、向洼地过渡的二坡地或山麓平原微斜低平地上（图 10-43）。地形平坦，略有起伏。土壤受地下水一定影响，有节节草、虎尾草、益母草、铁秤蒿等野生植被。分布区域属于暖温带亚干旱气候，年平均气温 11.5～13.9℃，年降水量 225～1060mm。

图 10-43　乔家宅系典型景观照

土系特征与变幅　诊断层有：淡薄表层、雏形层；诊断特性有：氧化还原特征（土表 50cm 以下）、半干润土壤水分状况、温性土壤温度状况。成土母质系河流冲积物，土层深厚，有效土层厚度大于 150cm；通体有石灰反应，并且上弱下强，土体碳酸钙平均含量 10～150g/kg，有一定的碳酸钙淋溶淀积过程，上下层含量差异不大，但心土层有时可见少量白色碳酸钙假菌丝体；土体黏粒含量在 100～200g/kg，心土层、底土层黏粒含量经常略高于表土层，看不到黏粒胶膜，颗粒控制层段 25～100cm，土壤颗粒大小级别为壤质，控制层段内二氧化硅含量 50%～70%，为硅质混合型矿物类型。

对比土系　与袁庄系、下平油系成土母质相同、剖面形态类似，在野外不易区分。与下平油系的区别在于：土壤盐分含量不同，下平油系为轻度盐化土，通体含有一定盐分，表土层盐分含量 2.0～5.0g/kg；乔家宅系为非盐化土壤，通体不含盐分，表土层盐分含量小于 2.0g/kg。与袁庄系的区别在于：碳酸钙含量差异明显，袁庄系土体碳酸钙含量 50～60g/kg，乔家宅系土体碳酸钙含量 10～20g/kg；表土质地不同，乔家宅系为砂质壤土，袁庄系为粉砂壤土。

利用性能综述　土层深厚，质地砂黏适中，耕性良好，易耕作，适耕期长，通透性能良好，早春地温回升快，易出苗，幼苗发育早。生产条件较好，水源充足，土壤排水良好，适种作物面广，尤以小麦、玉米、谷子、棉花、大豆为宜。

参比土种　壤质脱潮土。

代表性单个土体　乔家宅系典型单个土体剖面位于河北省邢台市宁晋县河渠镇乔家宅村，剖面点 114°47′54.9″E，37°36′33.1″N，海拔 30m，地势平坦，平原，冲积平原，阶地，母质为河流冲积物，有效土层厚度120cm（图10-44）。旱地，主要作物是冬小麦。地下水埋深约100m。20～30cm可见明显的冲积层理，30cm处有一类似胶泥的土层；剖面有不明显的潮化斑，由上到下逐渐明显。剖面石灰反应由上到下逐渐变强。年平均气温13.6℃，≥10℃积温为4723℃，50cm土壤温度年均14.1℃；年降水量多年平均为515mm；年均相对湿度为63%；年干燥度为1.9；年日照时数为2473h。野外调查日期：2011年4月17日。理化性质见表10-43，表10-44。

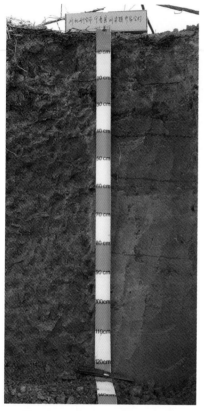

图 10-44　乔家宅系代表性单个
土体剖面照

Ap1：0～20cm，向下平滑清晰过渡，稍润，浊黄棕色（10YR6/4，润），浊黄棕色（2.5YR7/4，干），壤土，弱发育的团块状结构，很少量极细根，疏松，稍黏着，稍中塑，中石灰反应。

Ap2：20～40cm，亚耕作层，向下平滑清晰过渡，稍润，棕色（10YR4/4，润），浊黄棕色（2.5YR7/4，干），壤土，弱发育的团块状结构，中量极细根，疏松，稍黏着，中塑，多量蚯蚓粪，强石灰反应。

AB：40～60cm，向下突变，平滑过渡，润，浊黄棕色（10YR4/3，润），壤土，弱发育的团块结构，中量极细根，疏松，稍黏着，中塑，有极少量碳酸钙粉末。有多量蚯蚓粪，强石灰反应。

Bk：60～110cm，向下平滑清晰过渡，润，棕色（10YR4/6，润），壤土，弱发育的棱块状结构，少量极细根，疏松，稍黏着，中塑，有极少量碳酸钙粉末淀积，有薄的不明显铁锰胶膜，强石灰反应。

C：110～120cm，润态，浊黄棕色（10YR4/3，润），砂壤土，弱发育的棱块状结构-无结构，少量极细根，疏松，稍塑，有极少量碳酸钙粉末淀积，中量的薄的不明显铁锰胶膜，极强石灰反应。

表 10-43　乔家宅系代表性单个土体物理性质

| 土层 | 深度/cm | 砾石*（>2mm，体积分数）/% | 细土颗粒组成（粒径：mm）/（g/kg） | | | 质地 |
			砂粒2～0.05	粉粒0.05～0.002	黏粒<0.002	
Ap1	0～20	0	382	494	124	壤土
Ap2	20～40	0	240	596	164	壤土
AB	40～60	0	465	383	152	壤土
Bk	60～110	0	484	372	144	壤土
C	110～120	0	278	568	155	砂壤土

表 10-44 乔家宅系代表性单个土体化学性质

深度 /cm	pH (H₂O)	有机碳 / (g/kg)	全氮（N） / (g/kg)	碳酸钙 / (g/kg)	CEC / (cmol/kg)	游离铁 / (g/kg)
0～20	7.9	4.1	0.23	6.1	10.6	10.1
20～40	8.1	5.5	0.49	11.2	13.7	13.2
40～60	8.2	4.5	0.28	10.3	11.5	12.6
60～110	7.9	2.2	0.22	10.3	9.6	11.4
110～120	7.7	2.5	0.22	22.3	12.7	12.2

10.6　普通暗沃干润雏形土

10.6.1　克马沟系

土族：砂质硅质混合型非酸性冷性-普通暗沃干润雏形土
拟定者：龙怀玉，刘　颖，安红艳，穆　真

图 10-45　克马沟系典型景观照

分布与环境条件　主要分布在围场县坝上地区的固定沙丘、起伏砂地、丘间平地、丘陵缓坡地上，植被为松树林、白桦、山杨林、灌丛草原、贝加尔针茅草原（图 10-45）。成土母质是当地岩石风化后的残积物经风的搬运堆积而成的，其矿物组成主要是石英、角闪石、绿帘石等，下部为洪冲积物，含有少量至中量砾石。分布区域属于中温带亚湿润气候，年平均气温 2.7～5.6℃，年降水量 228～664mm。

土系特征与变幅　诊断层有：暗沃表层、雏形层；诊断特性有：半干润土壤水分状况、冷性土壤温度状况。成土母质系风积沙，有效土层厚度大于 150cm；土壤有机质累积较强，表层腐殖质含量高而且淋溶淀积过程明显，腐殖质染色层在 150cm 以上，腐殖质含量随深度增加而缓慢减少，但因其碳氮比大于 18 而不具备均腐殖质特性；具有一定的腐殖质-硅酸螯合淋溶过程，在土体中部可以见到少量亮白色二氧化硅粉末；物理性状差，全剖面为弱团块结构和单粒结构，土壤疏松多孔，内外排水能力强；砂土或者壤质砂土，无石灰反应，土壤颗粒控制层段为 25～100cm，颗粒大小类型为砂质，硅质混合型矿物类型，剖面层次分异不明显。

对比土系　和塞罕坝系分布区域镶嵌，成土母质相同，地形景观、地表植被、气候条件等基本相同，剖面形态几乎一致。但克马沟系土壤腐殖质碳氮比大于 18 而不具备均腐殖质特性。塞罕坝系土壤腐殖质碳氮比 11～17，具备均腐殖质特性。

利用性能综述　通体砂性，地形起伏，内外排水性能好，土壤全量养分丰富，是中上等林业土壤，尤其适宜发展林、灌、草复合植被。但是容易发生风蚀和水蚀。

参比土种　厚腐中层砂壤质风积灰色森林土。

代表性单个土体　位于河北省承德市围场满族蒙古族自治县燕格柏乡克马沟村，剖面点为 117°14′50.2″E，42°11′45.1″N，海拔 1570m（图 10-46）。地势明显起伏，高原山地，浅切割中山，斜坡中部，坡度为 12.8°，坡向 271°。林地，主要为松树等常绿针叶林，成土母质为风沙沉积物。地表有轻度的水蚀。地下水位很深。松树等针叶林的凋落物分解缓慢，形成酸性环境，出现酸性淋溶。年平均气温 0.7℃，≥10℃积温为 2632℃，50cm 土壤温度年均 4.0℃；年降水量多年平均为 433mm；年均相对湿度为 56%；年干燥度为 1.2；年日照时数为 2757h。野外调查日期：2010 年 8 月 26 日。理化性质见表 10-45，表 10-46。

O：+5～0cm，枯枝落叶层。

Ah：0～33cm，向下平滑清晰过渡，润，黑棕色（10YR3/2，润），壤质砂土，弱的团块状结构，中量细根、中根，少量粗根，松软，稍黏着，氟化钠反应微弱，无石灰反应。

C：>100cm，母质层，紧砂层，稍润，松散，无石灰反应，氟化钠反应弱。

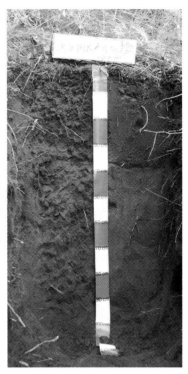

图 10-46　克马沟系代表性单个土体剖面照

表 10-45　克马沟系代表性单个土体物理性质

土层	深度 /cm	砾石* （>2mm，体积分数）/%	细土颗粒组成（粒径：mm）/（g/kg）			质地
			砂粒 2～0.05	粉粒 0.05～0.002	黏粒 <0.002	
Ah	0～33	0	760	128	112	壤质砂土
AB	33～95	0	773	120	107	壤质砂土

表 10-46　克马沟系代表性单个土体化学性质

深度 /cm	pH （H₂O）	有机碳 /（g/kg）	全氮（N） /（g/kg）	CEC /（cmol/kg）
0～33	6.7	31.8	1.53	13.2
33～95	6.4	21.1	1.15	9.98

10.6.2　城子沟系

土族：黏壤质硅质混合型非酸性冷性-普通暗沃干润雏形土
拟定者：龙怀玉，刘　颖，安红艳，穆　真

分布与环境条件　分布在冀北坝上高原东部坝缘低山岗坡，成土母质为花岗岩残积风化物（图 10-47）。处于半湿润寒温型气候地带，是针阔混交林天然产区。针叶林以人工落叶松为主，偶然可见云杉、黑松（油松）的变种，阔叶林以白桦为主，伴有棘皮桦、柞树等。分布区域年平均气温-0.3～3.2℃，年降水量 228～661mm。

图 10-47　城子沟系典型景观照

土系特征与变幅　诊断层有：暗沃表层、雏形层；诊断特性有：半干润土壤水分状况、冷性土壤温度状况、石质接触面。系花岗岩、花岗片麻岩等酸性岩残坡积物发育的土壤，土层较薄，有效土层小于 50cm；表土有机碳含量较高，并向下迅速锐减；有微弱的螯合淋溶过程，在剖面中下部可见少量的亮白色的二氧化硅粉末，并使下部土壤呈现出棕色；具有较明显的残积黏化过程，表土层的黏粒含量一般比下垫土层高 20%，同时有微弱的黏粒淋溶淀积过程，在底部土壤结构面上有模糊的黏粒胶膜，土壤质地壤土、砂质壤土，通体无碳酸钙反应；土壤颗粒控制层段为整个剖面，层段内有黏壤质、壤质两种颗粒大小类型，加权平均的颗粒大小类型为黏壤质。

对比土系　和热水汤腰系属于同一土族，区别在于：成土母质不同，城子沟系的成土母质为花岗岩残积风化物；热水汤腰系的成土母质为玄武岩残积风化物；有效土层厚度不同，城子沟系的有效土层厚度<50cm；热水汤腰系的有效土层厚度 100～150cm。

利用性能综述　具有较好的造林立地条件，通体砂壤土-壤土，土壤通透性能好，微生物活动较强，pH 为 7.0 左右，土壤有机质含量较高。适宜针阔混交林生长，是优良的森林土壤资源。

参比土种　厚腐中层粗散状灰色森林土。

代表性单个土体　位于河北省丰宁满族自治县外沟门乡城子沟村，剖面点 116°46′24.2″E，41°48′53.8″N，海拔 1460m（图 10-48）。地势明显起伏，高原山地，中切割中山，山坡中部，坡度 24°。自然草地、灌木，主要植被为榛子树，覆盖度 100%，地表有弱水蚀、片蚀现象。年平均气温 1.1℃，≥10℃积温为 2758℃，50cm 土壤温度年均 4.3℃；年降水量多年平均为 438mm；年均相对湿度为 55%；年干燥度为 1.2；年日照时数为 2758h。野外调查日期：2010 年 8 月 24 日。理化性质见表 10-47，表 10-48。

Ah：0～35cm，向下平滑清晰过渡，润态，黑棕色（2.5Y3/1，润），含 5mm 砾石 10%左右，壤土，中发育 5～10mm 团粒结构、团块结构，多量细根、很少量中根，松软，稍黏着，稍塑，结构体内外有少量二氧化硅黏粒胶膜，无石灰反应。

B（q）：35～55cm，向下平滑突变过渡，润态，浊黄棕色（10YR4/3，润），含 5～15mm 砾石 30%左右，砂质壤土，中发育 5～15mm 棱块结构，中量细根，松散，无黏着，无塑，少量二氧化硅粉末淀积，少量模糊黏粒胶膜，无石灰反应。

C/R：>55cm，母质、母岩交错层，砂土，润态，橄榄棕色（2.5Y4/3，润），新鲜状石块含量大于>95%。

图 10-48　城子沟系代表性单个
土体剖面照

表 10-47　城子沟系代表性单个土体物理性质

土层	深度/cm	砾石*（>2mm，体积分数）/%	细土颗粒组成（粒径：mm）/（g/kg）			质地
			砂粒 2～0.05	粉粒 0.05～0.002	黏粒 <0.002	
Ah	0～35	10	334	443	223	壤土
B（q）	35～55	30	513	307	180	砂质壤土

表 10-48　城子沟系代表性单个土体化学性质

深度/cm	pH（H₂O）	有机碳/（g/kg）	全氮（N）/（g/kg）	全磷（P₂O₅）/（g/kg）	全钾（K₂O）/（g/kg）	CEC/（cmol/kg）
0～35	7.8	27.5	2.11	0.57	30.0	31.4
35～55	7.4	5.5	0.54	0.60	27.1	16.7

10.6.3　热水汤腰系

土族：黏壤质硅质混合型非酸性冷性-普通暗沃干润雏形土

拟定者：刘　颖，穆　真，李　军

图 10-49　热水汤腰系典型景观照

分布与环境条件　主要存在于坝上高原北部平缓丘陵、下湿滩地，成土母质为玄武岩残坡积物，土层深厚，所处地形平缓（图 10-49）。分布区域属于半湿润寒温型气候条件，年平均气温 −0.7～3.6℃，年降水量 233～693mm。

土系特征与变幅　诊断层有：暗沃表层、雏形层；诊断特性有：半干润土壤水分状况、冷性土壤温度状况。成土母系安山岩坡残积风化物，有效土层厚度 100～150cm 以上，土壤质地上下较为均一，一般为黏壤土，土壤有机质累积较强，表层腐殖质含量高，厚度 40～60cm；物理性状差，全剖面为弱团块结构，土壤疏松多孔；上下层黏粒含量没有明显差异，都在 220～280g/kg；无石灰反应；土壤颗粒控制层段为 25～100cm，颗粒大小类型为黏壤质；控制层段内，石英含量 40%以上，为硅质混合型矿物类型。

对比土系　和城子沟系属于同一土族，它们的区别在于：成土母质不同，城子沟系的成土母质为花岗岩残积风化物；热水汤腰系的成土母质为玄武岩残积风化物；有效土层厚度不同，城子沟系的有效土层厚度＜50cm；热水汤腰系的有效土层厚度 100～150cm。

利用性能综述　土层深厚，肥力较高，有较好的团粒结构，土壤水分充沛，为优良牧场。但土壤温度低，并处于风口，有风蚀威胁，无水浇条件，由于过度放牧，不少地方草场已严重退化。

参比土种　厚腐厚层粗散状棕壤性土。

代表性单个土体　位于河北省承德市围场满族蒙古族自治县山湾子乡热水汤村南沟南山（山腰），该样点位于南沟南山的山腰处，剖面点 117°44′46.5″E，42°22′52.4″N，海拔 1382m，地势起伏，高原山地，浅切割中山，直线坡中部，坡度 19.8°，坡向西北。成土母质为玄武岩残积风化物（图 10-50）。林地，林下草本植物生长茂盛，覆盖度 100%。地表可见极少量的岩石露头和地表粗碎块。腐殖质含量较高；极少量的岩石碎屑，土体疏松，通体无石灰反应及氟化钠反应。年平均气温 2℃，≥10℃积温为 2651℃，50cm 土壤温度年均 5℃；年降水量多年平均为 440mm；年均相对湿度为 57%；年干燥度为 1.2；年日照时数为 2754h。野外调查日期：2011 年 8 月 26 日。理化性质见表 10-49，表 10-50。

Ah：0～15cm，向下平滑清晰过渡，稍干，橄榄黑色（5Y3/2，润），黑棕色（10YR3/1，干），少量的岩石碎屑，黏壤土，中发育 5～15mm 团块结构、1～3mm 团粒结构，多量细根及极细根、很少量中根，硬，无黏着，无塑，无石灰反应及氟化钠反应。

AB：15～30cm，向下平滑模糊过渡，稍润，橄榄黑色（5Y2.5/1，润），黑棕色（10YR3/2，干），极少量的角状风化岩石碎屑，黏壤土，中发育 5～15mm 团块结构，可见少量模糊的黏粒胶膜，中量细根及极细根，很少量中根，疏松，稍黏着，稍塑，无石灰反应及氟化钠反应。

B：30～60cm，向下平滑清晰过渡，稍润，橄榄黑色（5Y2.5/1，润），棕色（10YR4/4，干），极少量的半风化岩石碎屑，壤土，中发育 5～15mm 团块结构，多量细根及极细根，很少量中根，疏松，稍黏着，稍塑，可见 80%模糊黏粒胶膜，无石灰反应及氟化钠反应。

C：60～80cm，母质层，岩石高度风化物。

图 10-50 热水汤腰系代表性单个土体剖面照

表 10-49 热水汤腰系代表性单个土体物理性质

土层	深度/cm	砾石*（>2mm，体积分数）/%	细土颗粒组成（粒径：mm）/（g/kg）			质地
			砂粒 2～0.05	粉粒 0.05～0.002	黏粒 <0.002	
Ah	0～15	2	327	432	242	黏壤土
AB	15～30	2	331	417	252	黏壤土
B	30～60	2	317	427	256	壤土

表 10-50 热水汤腰系代表性单个土体化学性质

深度/cm	pH（H₂O）	有机碳/（g/kg）	全氮（N）/（g/kg）	全磷（P₂O₅）/（g/kg）	全钾（K₂O）/（g/kg）	CEC/（cmol/kg）
0～15	6.4	42.1	2.62	1.95	76.1	51.2
15～30	6.4	36.2	2.30	—	—	52.5
30～60	6.4	25.2	1.29	2.09	93.6	56.3

10.6.4　北湾系

土族：粗骨壤质混合型非酸性温性-普通暗沃干润雏形土
拟定者：龙怀玉，李　军，穆　真

分布与环境条件　存在于砂岩、砾岩山体的中上部，生长着覆盖度较高的高灌木，成土母质为砂砾岩残积风化物（图 10-51）。分布区域属于中温带亚湿润气候，年平均气温 5.8～8.9℃，年降水量 216～676mm。

图 10-51　北湾系典型景观照

土系特征与变幅　诊断层有：暗沃表层、雏形层；诊断特性有：半干润土壤水分状况、温性土壤温度状况、石质接触面。成土母质系砂砾岩残积风化物，土层浅薄，有效土层小于 30cm，土体剖面特征发育微弱，腐殖质积累较弱，没有碳酸钙反应，土壤颗粒控制层段为 0～30cm，颗粒大小类型为粗骨壤质。

对比土系　和影壁山系的剖面形态相似。但影壁山系成土母质为花岗岩等酸性岩浆岩的风化物，有效土层厚度大于 50cm，土壤颗粒大小类型为粗骨质，为冷性土壤温度状况。北湾系成土母质系砂砾岩残积风化物，有效土层小于 30cm，土壤颗粒大小类型为粗骨壤质，为温性土壤温度状况。

利用性能综述　表层细土有机质含量较高，但地处低山、中山陡峭切割处，坡度大，易水土流失；土层薄，砾石含量高，水分条件差，干旱严重。

参比土种　中性粗骨土。

代表性单个土体　位于河北省张家口市赤城县白城镇北湾村，剖面点 116°05′41.2″E，40°41′13.0″N，海拔 648m（图 10-52）。地势起伏，山地，中山，坡，山体中部，坡度 46°，母质为青灰色砂岩坡积物，有效土层厚度为 30cm；林地，主要植物为野生枣树和草本植物，覆盖度约为 80%，地表有 20%轻度的风蚀和水蚀，地表有 10%、间距约 12m 的岩石露头，地表有丰度35%、间距约 10cm、大小 2cm×3cm 的粗碎块。年平均气温 8.1℃，≥10℃积温为 3566℃，50cm 土壤温度年均 9.8℃；年降水量多年平均为 440mm；年均相对湿度为 52%；年干燥度为 1.6；年日照时数为 2808h。野外调查日期：2011 年 9 月 16 日。理化性质见表 10-51，表 10-52。

Ah：0～20cm，向下平滑突变过渡，湿，暗红灰色（2.5YR3/1，润），橄榄棕色（2.5Y3/3，干），有丰度40%、大小约2～5mm的岩石碎屑，壤土，弱发育的团块结构和中发育的团粒结构，有部分 2mm 的岩石碎屑，松散，中等黏着，中等可塑，土壤动物有蚂蚁，无石灰反应。

BC：20～30cm，向下平滑突变过渡，湿，橙色（2.5YR6/8，润），黄棕色（10YR5/8，干），有丰度5%、大小约2～3mm的岩石碎屑，壤土，弱发育 2～3cm 块状结构、团块结构，少量细根及极细根，疏松，黏着，极塑，无石灰反应。

R：>30cm，母岩。

图 10-52　北湾系代表性单个
土体剖面照

表 10-51　北湾系代表性单个土体物理性质

土层	深度 /cm	砾石* （>2mm，体积 分数）/%	细土颗粒组成（粒径：mm）/（g/kg）			质地
			砂粒 2～0.05	粉粒 0.05～0.002	黏粒 <0.002	
Ah	0～20	40	507	350	143	壤土

表 10-52　北湾系代表性单个土体化学性质

深度 /cm	pH （H$_2$O）	有机碳 /（g/kg）	全氮（N） /（g/kg）	全磷（P$_2$O$_5$） /（g/kg）	全钾（K$_2$O） /（g/kg）	CEC /（cmol/kg）	游离铁 /（g/kg）
0～20	7.8	15.5	1.40	1.86	28.7	17.7	—

10.6.5 下庙系

土族：黏壤质硅质混合型非酸性温性-普通暗沃干润雏形土

拟定者：龙怀玉，刘　颖，安红艳，穆　真

分布与环境条件　主要分布于太行山、燕山地区中低山丘陵的阴坡、二阳坡、岗坡地、山间盆地和阶地，海拔500~1000m（图10-53）。成土母质为花岗岩、花岗片麻岩等酸性岩残坡积物。植被生长也比较好，覆盖率达85%。分布区域属于中温带亚湿润气候，年平均气温5.8~8.2℃，年降水量225~695mm。

图 10-53　下庙系典型景观照

土系特征与变幅　诊断层有：暗沃表层、雏形层；诊断特性有：半干润土壤水分状况、温性土壤温度状况。系花岗岩、花岗片麻岩等酸性岩残坡积物发育的土壤，有效土层50~100cm，土体剖面特征发育较弱，有微弱的黏粒淀积过程，在底部土壤结构体面上有模糊的黏粒胶膜，有机质累积较强，有时地表有一层半腐烂状的枯枝落叶层，厚度1~3cm，表土有机碳含量较高，并向下迅速锐减；通体无石灰反应；黏粒含量上下土层没有明显差异，土壤质地通体为粉砂壤土，土壤颗粒控制层段为25~100cm，颗粒大小类型为黏壤质；控制层段内二氧化硅含量60%~90%，为硅质混合型矿物类型。

对比土系　和付杖子系属于同一土族，但付杖子系成土母质为白云岩、石灰岩残坡积风化物，下庙系成土母质为花岗岩、花岗片麻岩等酸性岩残坡积物。此外，下庙系有效土层50~100cm，付杖子系有效土层100~150cm。

利用性能综述　土层较厚，砂壤质。气候凉温，湿润，适宜林木生产，特别适宜发展板栗，栽种槐树，养草放牧。

参比土种　薄腐中层棕壤性土。

代表性单个土体　位于河北省丰宁满族自治县汤河乡下庙村，剖面点 116°24′50.8″E，41°03′43.7″N，海拔 856m（图 10-54）。地势明显起伏，低山丘陵，浅切割低山，直线坡中部，坡度 30.7°。成土母质为花岗岩风化物，林地，主要植被为松树，覆盖度80%，枯枝落叶积累在地表，土壤有机质含量较高，颜色较暗，土体黏粒淋溶弱，B 层发育较弱。地表有水蚀、片蚀现象，但强度很弱；地表粗碎块含量占地表面积的30%。年平均气温 6℃，≥10℃积温为 3245℃，50cm 土壤温度年均 8.2℃；年降水量多年平均为 455mm；年均相对湿度为53%；年干燥为 1.4；年日照时数为 2768h。野外调查日期：2010 年 8 月 23 日。理化性质见表 10-53，表 10-54。

Ah1：0～20cm，向下平滑渐变过渡，润，黑棕色（10YR3/1，润），含5～15mm砾石10%左右，粉砂壤土，中强发育5～10mm团粒结构、团块结构，中量粗根，疏松，稍黏着，稍塑，无石灰反应。

Ah2：20～40cm，向下平滑清晰过渡，润，黑棕色（10YR3/2，润），少量的石块，粉砂壤土，中度团块结构，石块表面和结构体面有模糊的黏粒胶膜，中量粗根，疏松，稍黏着，稍塑，无石灰反应。

Bt1：40～55cm，向下呈平滑状渐变过渡，润，浊黄棕色（10YR4/3，润），含5～15mm砾石20%左右，粉砂壤土，弱的棱块状结构，石块表面和结构体面有弱的黏粒胶膜、比较明显的铁锰胶膜。中量粗根，松散，稍黏着，稍塑，无石灰反应。

Bt2：55～80cm，润，浊黄棕色（10YR4/3，润），中量石块，砂质壤土，石块表面和结构体面有弱的黏粒胶膜和铁锰胶膜，很少量中根，松散，无石灰反应。

RC：>80cm，母岩与母质混合层，80%是大块母岩。

图 10-54 下庙系代表性单个
土体剖面照

表 10-53 下庙系代表性单个土体物理性质

土层	深度 /cm	砾石* （>2mm，体积分数）/%	细土颗粒组成（粒径：mm）/（g/kg）			质地
			砂粒 2～0.05	粉粒 0.05～0.002	黏粒 <0.002	
Ah1	0～20	10	252	538	211	粉砂壤土
Bt1	40～55	20	218	563	219	粉砂壤土

表 10-54 下庙系代表性单个土体化学性质

深度 /cm	pH （H₂O）	有机碳 /（g/kg）	全氮（N） /（g/kg）	全磷（P₂O₅） /（g/kg）	全钾（K₂O） /（g/kg）	CEC /（cmol/kg）	游离铁 （g/kg）
0～20	6.8	31.3	2.63	0.55	26.2	31.7	21.2
40～55	7.1	12.8	1.06	0.60	23.7	25.0	23.6

10.6.6 付杖子系

土族：黏壤质硅质混合型非酸性温性-普通暗沃干润雏形土
拟定者：龙怀玉，穆 真，李 军，罗 华

图 10-55 付杖子系典型景观照

分布与环境条件 主要存在于太行山及燕山山脉的中低山区较缓的山坡、岗丘及沟谷，成土母质系石灰岩、白云灰岩等钙质岩类的残坡积物（图 10-55）。主要植被为针阔叶混交林及灌丛草被，主要植物有栎树、桦树、油松、酸枣、荆条、胡枝子、绣线菊、羊胡子草、白草等。分布区域属于中温带亚湿润气候，年平均气温 6.0～8.8℃，年降水量 351～965mm。

土系特征与变幅 诊断层有：暗沃表层、雏形层；诊断特性有：半干润。土壤水分状况、温性土壤温度状况。成土母质系白云岩、石灰岩残坡积风化物，有效土层 100～150cm，心土层、底土层有明显的黏粒胶膜，但黏粒含量在剖面上没有明显差异；铁锰淋溶淀积过程明显，在底部土壤结构体面上有明显的铁锰胶膜和铁锰结核；碳酸钙绝大部分已被淋失，碳酸钙含量甚微，通体无石灰反应或仅在底部有极微弱的石灰反应；土壤颗粒控制层段为 25～100cm，颗粒大小类型为黏壤质，石英含量 40%～60%，为硅质混合型矿物类型。

对比土系 和下庙系同属一个土族，但下庙系成土母质为花岗岩、花岗片麻岩等酸性岩残坡积物，付杖子系成土母质为白云岩、石灰岩残坡积风化物。此外，付杖子系有效土层 100～150cm，下庙系有效土层 50～100cm。

利用性能综述 土层比较深厚，质地适中，结构好，土体构型好，通透性和保水保肥性能均较强，水热条件也比较好，适宜多种树木和草灌的生长。但是部分土壤分布于较陡山坡，易水土流失。

参比土种 薄腐厚层灰质淋溶褐土。

代表性单个土体 位于河北省承德市承德县上谷乡付杖子村，剖面点 118°28′17″E，40°52′18.5″N，海拔 634m（图 10-56）。地势略起伏，山地，浅切割低山，河谷阶地，下部，坡度 18°，母质为白云岩洪积物；耕地，主要种植玉米，地表有 10%轻度沟蚀、片蚀，占地表面积，地表有丰度 10%、大小 10cm 的粗碎块。年平均气温 5.9℃，≥10℃积温为 3640℃，50cm 土壤温度年均 8.1℃；年降水量多年平均为 602mm；年均相对湿度为 57%；年干燥度为 1.2；年日照时数为 2694h。野外调查日期：2011 年 8 月 6 日。理化性质见表 10-55，表 10-56。

Ah1：0～12cm，向下平滑模糊过渡，稍润，暗棕色（10YR3/4，润），土体内有丰度 2%、大小 2cm 的扁平岩石碎屑，壤土，中发育的 1～2cm 的团块和 2mm 团粒，中量细根及极细根、很少量中粗根，松软，稍黏着，稍塑，无石灰反应。

Ah2：12～28cm，向下平滑清晰过渡，稍润，棕色（10YR4/4，润），土体内有丰度 2%、大小 2cm 的扁平岩石碎屑，粉砂壤土，中发育强度的 1～3cm 的团块和 1～2mm 团粒，中量细根及极细根、很少量中粗根，有丰度 50%模糊胶膜，稍硬，稍黏着，稍塑，无石灰反应。

Bt：28～70cm，向下平滑清晰过渡，稍润，浊黄棕色（10YR5/4，润），土体内有丰度 1%、大小 3cm 的角状岩石碎屑，粉砂壤土，中发育的 2～3cm 的棱块结构，有丰度 50%明显的黏粒胶膜，少量细根及极细根、很少量中粗根，稍硬，黏着，中塑，无石灰反应。

图 10-56 付杖子系代表性单个土体剖面照

Bts：70～120cm，向下平滑突变过渡，稍润，棕色（7.5YR4/4，润），土体内有丰度 5%，大小 5cm 的角状岩石碎屑，粉砂壤土，强发育的 2～5cm 的棱块结构，有丰度 80%明显的黏粒胶膜，土体内有丰度为 2%、大小 0.5mm 铁锰结核，很少量中粗根，硬，黏着，中塑，石灰反应弱。

C：>120cm，母质层，白云岩碎屑物碎块及其风化物。

表 10-55 付杖子系代表性单个土体物理性质

| 土层 | 深度 /cm | 砾石* （>2mm，体积分数）/% | 细土颗粒组成（粒径：mm）/（g/kg） | | | 质地 |
			砂粒 2～0.05	粉粒 0.05～0.002	黏粒 <0.002	
Ah	0～28	2	202	529	269	粉砂壤土
Bt	28～70	1	130	612	258	粉砂壤土
Bts	70～120	5	233	534	233	粉砂壤土

表 10-56 付杖子系代表性单个土体化学性质

深度 /cm	pH （H$_2$O）	有机碳 /（g/kg）	全氮（N） /（g/kg）	全磷（P$_2$O$_5$） /（g/kg）	全钾（K$_2$O） /（g/kg）	CEC /（cmol/kg）
0～28	7.1	10.3	0.91	1.03	16.5	25.9
28～70	7.4	5.4	0.40	—	—	22.6
70～120	7.8	3.3	0.31	0.99	15.7	19.8

10.7　普通简育干润雏形土

10.7.1　塔儿寺系

土族：壤质混合型石灰性温性-普通简育干润雏形土
拟定者：龙怀玉，穆　真，李　军

图 10-57　塔儿寺系典型景观照

分布与环境条件　主要存在于太行山和燕山山脉石灰岩的山麓坡地和岗坡丘陵地，海拔 600～1200m（图 10-57）。分布区域属于暖温带亚干旱气候，年平均气温 8～11.3℃，年降水量 199～643mm。

土系特征与变幅　诊断层有：淡薄表层、钙积层、雏形层；诊断特性有：半干润土壤水分状况、温性土壤温度状况。成土母质系白云岩或石灰岩残积风化物，有效土层厚度100cm 以上，成土作用较弱，通体强石灰反应，有明显的碳酸钙淋溶淀积过程，心土层、底土层有大量白色假菌丝体，碳酸钙淀积层的碳酸钙含量比上覆土层高 50g/kg 以上，形成了钙积层；土体黏粒含量在 200g/kg 以下，没有明显的黏粒淀积过程，在次表层有明显的残积黏化过程，其黏粒含量一般是下垫土层的 1.2 倍以上。颗粒控制层段厚度 25～100cm，土壤颗粒大小级别为壤质。

对比土系　和白土岭系在空间分布上毗邻，成土母质相同，剖面形态非常相似。白土岭系为淡薄表层，土壤颗粒大小级别为黏壤质。但塔儿寺系具有暗沃表层，土壤颗粒大小级别为壤质。

利用性能综述　大部分为非农耕地，土壤表土层质地多为粉砂壤土，砂黏适中，疏松多孔，土壤耕层有机质和矿质养分均属上等含量水平，但土壤地处山麓坡地，坡度陡、地块零碎，干旱缺水，难以开垦成农耕地，即使开垦了的，也则应退耕还林还牧，大力发展苹果、梨、核桃、柿子、花椒等经济树种，营造果园，防止水土流失。

参比土种　厚层灰质石灰性褐土。

代表性单个土体　位于河北省张家口市涿鹿县矾山镇塔儿寺村，剖面点 115°28′50.8″E，40°5′30.4″N，海拔 1163m，地形为山地，地势陡峭切割，直线坡中部，坡度 47°，成土母质为石灰岩残积物（图 10-58）。草地、林地，主要植被为矮小灌木、天然牧草，覆盖度 70%。地表有轻度水蚀，岩石露头约 5%，未见粗碎块。年平均气温 6.2℃，≥10℃

积温为 3799℃，50cm 土壤温度年均 8.3℃；年降水量多年平均为 412mm；年均相对湿度为 53%；年干燥度为 1.8；年日照时数为 2838h。野外调查日期：2011 年 10 月 28 日。理化性质见表 10-57，表 10-58。

Ah：0～12cm，向下平滑渐变过渡，稍润，橄榄棕色（2.5Y4/3，润），暗棕色（10YR3/3，干），极少岩石矿物碎屑，粉砂壤土，中发育的团粒结构、中发育的团块结构，细根极细根、很少量中粗根，疏松，稍黏着，稍塑，有两条阔度 5mm、长度 100cm、间距 100cm 的垂直裂隙，无石灰反应，有蚯蚓。

AB：12～45cm，向下平滑渐变过渡，稍润，黄灰色（2.5Y5/1，润），暗棕色（10YR4/4，干），极少量岩石矿物碎屑，壤土，中发育 5～20mm 团块结构，细根极细根、很少量中粗根，疏松，稍黏着，稍塑，有丰度 10%白色的点状假菌丝体，强石灰反应。

Bk1：45～75cm，向下平滑模糊过渡，干，浅淡黄色（2.5Y8/4，干）-浊黄橙色（10Y7/4，干），10%岩石矿物碎屑，粉砂壤土，强发育的块状结构，有丰度 30%白色的条状假菌丝体，细根极细根、很少量中粗根，土壤极硬，黏着，中塑，强石灰反应。

Bk2：75～150cm，粉砂壤土，向下突然过渡，形状不规则，干，浅淡黄色（2.5Y8/4），很少量中粗根，未见细根极细根，壤土，强发育的棱柱结构，极少量岩石矿物碎屑，土壤极硬，黏着，中塑，有丰度 20%白色的条状假菌丝体，强石灰反应。

C：>150cm，土状母质填充在石块的缝隙间。

图 10-58　塔儿寺系代表性单个
土体剖面照

表 10-57　塔儿寺系代表性单个土体物理性质

| 土层 | 深度 /cm | 砾石* （>2mm，体积 分数）/% | 细土颗粒组成（粒径：mm）/（g/kg） | | | 质地 |
			砂粒 2～0.05	粉粒 0.05～0.002	黏粒 <0.002	
Ah	0～12	2	247	583	170	粉砂壤土
AB	12～45	2	345	468	187	壤土
Bk1	45～75	2	309	583	109	粉砂壤土
Bk2	75～150	20	400	440	160	壤土

表 10-58　塔儿寺系代表性单个土体化学性质

深度 /cm	pH （H₂O）	有机碳 /（g/kg）	全氮（N） /（g/kg）	全磷（P₂O₅） /（g/kg）	全钾（K₂O） /（g/kg）	碳酸钙 /（g/kg）	CEC /（cmol/kg）
0～12	7.5	24.8	1.68	1.70	46.7	—	24.2
12～45	7.9	10.6	0.74	—	—	34.5	18.5
45～75	8.0	3.0	0.21	1.09	47.9	79.7	11.7
75～150	8.2	2.0	0.17	1.86	60.7	92.2	11.0

10.7.2　大苇子沟系

土族：壤质硅质混合型非酸性冷性-普通简育干润雏形土

拟定者：龙怀玉，刘　颖，安红艳，穆　真

图 10-59　大苇子沟系典型景观照

分布与环境条件　主要分布于燕山山脉的中低山和丘陵的沟谷、山坡地带，太行山山脉的中低山区也有零星分布（图 10-59）。海拔一般在 500～1200m，坡度一般在 1°～7°。分布区域属于中温带亚湿润气候，年平均气温 2.7～5.6℃，年降水量 257～726mm。

土系特征与变幅　诊断层有：淡薄表层、雏形层；诊断特性有：半干润土壤水分状况、冷性土壤温度状况。是在黄土状母质上发育的土壤，有效土层厚度 200cm 以上；除 150cm 以下的 C 层有微弱碳酸钙反应，通体没有碳酸钙；具有明显的黏粒淋溶淀积、铁锰淋溶淀积现象，在淀积层的结构体面上能看到非常清晰的黏粒胶膜、铁锰胶膜，但是该层的黏粒含量与上层基本相等，粉粒要比上层高出 20%以上；土壤有机碳含量不高，而且具有明显的表聚现象，表层 20cm 有机碳储量占 1m 土体碳总储量的 40%以上；土壤颗粒控制层段为 25～100cm，颗粒大小类型为壤质；控制层段内二氧化硅含量 60%～80%，为硅质混合型矿物类型。

对比土系　与北杖子系具有相同的成土母质、地形部位，剖面形态相似，两者的区别在于：大苇子沟系属于"普通简育干润雏形土"，北杖子系属于"普通简育干润淋溶土"。大苇子沟系属于"冷性土壤温度状况"，北杖子系为"温性土壤温度状况"。

利用性能综述　质地适中，土层厚，通透性、保水保肥性能较好，水热条件尚好，自然土壤适宜发展林果及种植牧草，耕作土壤应当以发展旱作农业为主。但是大部分土壤分布在山坡或沟谷，地势不平，沟整较多，易水土流失。

参比土种　黄土状淋溶褐土。

代表性单个土体　位于河北省承德市围场满族蒙古族自治县克勒沟镇大苇子沟村，剖面点 118°06′56.4″E，41°55′50.9″N，海拔 1046m。地形为高原山地，浅切割中山，坡中部，坡度 25°。黄土状母质，旱耕地，主要种植玉米、高粱、谷子等；地表有中等强度的沟蚀。地下水位很深。土壤为砖厂制砖用土，剖面很深，由挖土机挖掘而成。年平均气温 3.7℃，≥10℃积温为 2862℃，50cm 土壤温度年均 6.4℃；年降水量多年平均为 463mm；年均相对湿度为 56%；年干燥度为 1.2；年日照时数为 2743h。野外调查日期：2010 年 8 月 29 日。理化性质见表 10-59，表 10-60。

Ap：0～20cm，向下平滑渐变过渡，棕色（10YR4/4，干），壤土，较强发育团块结构，有长约 30cm 的间断性裂隙，少量细根，坚硬，黏着，强可塑，无石灰反应。

Bt1：20～58cm，向下平滑状渐变过渡，浊黄棕色（10YR5/4，干），壤土，团块状结构，少量细根，坚硬，黏着，强可塑，可见长度 50cm 左右的间断性裂隙，有少量模糊的铁锰胶膜和黏粒胶膜，无石灰反应。

Bt2：58～170cm，浊黄棕色（10YR5/4，干），强发育棱柱状结构（在母质的垂直节理面上发育而成），极坚硬，黏着，可塑性强，有 30～50cm 的间断性裂隙，有 40% 左右显著的黏粒粉末（不同于致密的胶膜，外表形态是疏松的），无石灰反应。

C：>170cm，母质层，浊黄棕色（10YR7/4，干），粉砂壤土，棱柱状结构，坚硬，有节理层，200cm 以下有石灰反应。

图 10-60　大苇子沟系代表性单个土体剖面照

表 10-59　大苇子沟系代表性单个土体物理性质

土层	深度 /cm	砾石* (>2mm，体积分数)/%	细土颗粒组成（粒径：mm）/（g/kg）			质地
			砂粒 2～0.05	粉粒 0.05～0.002	黏粒 <0.002	
Ap	0～20	0	361	398	240	壤土
Bt1	20～58	0	350	438	212	壤土
Bt2	58～170	0	304	480	216	壤土

表 10-60　大苇子沟系代表性单个土体化学性质

深度 /cm	pH (H$_2$O)	有机碳 /（g/kg）	全氮（N） /（g/kg）	全磷（P$_2$O$_5$） /（g/kg）	全钾（K$_2$O） /（g/kg）	CEC /（cmol/kg）
0～20	7.0	10.8	0.86	0.57	16.9	22.0
20～58	7.5	4.9	0.36	—	—	19.1
58～170	7.3	1.9	0.31	0.57	19.4	18.8

10.7.3　侯营坝系

土族：砂质硅质混合型非酸性冷性–普通简育干润雏形土
拟定者：龙怀玉，李　军，穆　真

分布与环境条件　存在于高原明显起伏地区，海拔一般在 1500～1900m 之间，成土母质系花岗岩残坡积物（图 10-61）。分布区域属于中温带亚湿润气候，年平均气温 2.5～5.4℃，年降水量 234～588mm。

图 10-61　侯营坝系典型景观照

土系特征与变幅　诊断层有：淡薄表层、雏形层；诊断特性有：半干润土壤水分状况、冷性土壤温度状况。成土母质系花岗岩坡残积风化物，土层深厚，基岩的深度至少在 150cm 以上，腐殖质层厚度至少在 50cm 以上；碳酸钙淋溶强烈，土体内碳酸钙淋溶殆尽，无石灰反应；颗粒大小控制层段为 25～100cm，颗粒大小级别为砂质。

对比土系　和杨达营系的地形部位、气候条件、成土母质基本一致，但杨达营系土壤有机碳含量小于 8.0g/kg，土壤通体显示出母质特征，颗粒大小类型为粗骨砂质。侯营坝系发育程度略高，土壤有机碳含量达到了 10.0～20.0g/kg，而且深厚，形成了暗沃表层和雏形层，全剖面无石灰反应，颗粒大小类型为砂质。

利用性能综述　为天然牧场和农用耕地，土壤有机质含量较高，管理粗放，产草量与作物产量不高。土壤水分条件差，无灌溉条件，陡坡地带水土流失较重，地貌平缓、土层较厚的土壤可开垦为农用。

参比土种　砂质固定草原风沙土。

代表性单个土体　位于河北省张家口市张北县白庙滩乡小河子村侯营坝，剖面点 115°1′7.7″E，41°8′22″N，海拔 1539m（图 10-62）。地势陡峭切割，山地，中山，山顶，坡度 29°，直线型坡，母质为花岗岩坡残积物；草地或耕地，主要是天然牧草或种植莜麦，覆盖度 60%，地表有 20%中等强度的风蚀、片蚀、沟蚀，地表有大小 5～10cm、间距约 100cm、占地表面积 10%的粗碎块。因为人类放牧和自然侵蚀，表层腐殖质含量下降明显，颜色变亮，从而形成了淡薄表层。年平均气温 2.6℃，≥10℃积温为 2716℃，50cm 土壤温度年均 5.5℃；年降水量多年平均为 395mm；年均相对湿度为 54%；年干燥度为 1.4；年日照时数为 2810h。野外调查日期：2011 年 9 月 21 日。理化性质见表 10-61，表 10-62。

Ah1：0～20cm，向下平滑模糊过渡，稍干，灰黄棕色（10YR4/2，干），有丰度 2%、大小 5mm、硬度 6 的半风化次圆花岗岩矿物，砂质壤土，中发育的 3cm 块状结构，中量细根及极细根、很少量中粗根，硬，稍黏着，无塑，无石灰反应。

Ah2：20～55cm，向下平滑模糊过渡，稍干，黑棕色（10YR3/1，干），砂质壤土，中发育的 3cm 块状结构，中量细根及极细根，有大小 10mm、丰度 5%、硬度 6 的半风化次圆花岗岩矿物，硬，稍黏着，无塑，无石灰反应。

Ah3：55～120cm，向下波状清晰过渡，黑棕色（10YR3/1，润），砂质壤土，中发育的 3cm 块状结构，少量细根及极细根，有大小 10mm、丰度 5%、硬度 6 的半风化次圆花岗岩矿物，疏松，稍黏着，稍塑，无石灰反应。

C1：120～150cm，向下波状清晰过渡，含有 5%左右 50mm 的砾石，细砂土，棕色（10YR4/4，润），淡黄橙色（10YR8/4，干），无石灰反应。

C2：>150cm，母岩碎屑物和大块母岩混合层。

图 10-62　侯营坝系代表性单个土体剖面照

表 10-61　侯营坝系代表性单个土体物理性质

土层	深度/cm	砾石*（>2mm，体积分数）/%	细土颗粒组成（粒径：mm）/（g/kg）			质地
			砂粒 2～0.05	粉粒 0.05～0.002	黏粒 <0.002	
Ah1	0～20	2	740	130	129	砂质壤土
Ah2	20～55	5	—	—	—	砂质壤土
Ah3	55～120	5	753	120	127	砂质壤土
C1	120～150	5	793	98	109	细砂土

表 10-62　侯营坝系代表性单个土体化学性质

深度/cm	pH（H₂O）	有机碳/（g/kg）	全氮（N）/（g/kg）	CEC/（cmol/kg）
0～20	8.1	5.8	0.24	12.3
20～55	8.2	12.7	0.93	21.2
55～120	7.9	16.4	1.09	16.3
120～150	8.2	1.9	0.38	8.1

10.7.4　楼家窝铺系

土族：粗骨壤质硅质混合型非酸性温性-普通简育干润雏形土
拟定者：龙怀玉，刘　颖，安红艳，穆　真

分布与环境条件　主要分布于太行山和燕山山脉，海拔 600～1300m 的阳坡（图 10-63）。土壤母质系花岗片麻岩、流纹岩等酸性岩残坡积物。坡度一般在 9°～25°。分布区域属于中温带亚湿润气候，年平均气温 6.5～8.7℃，年降水量 265～759mm。

图 10-63　楼家窝铺系典型景观照

土系特征与变幅　诊断层有：淡薄表层、雏形层；诊断特性有：石质接触面、半干润土壤水分状况、温性土壤温度状况。是在花岗岩残积风化物母质上发育的土壤，土体颜色呈黄棕色，土壤发育层次不明显，有效土层厚度 30～50cm，砾石含量 30%左右，通体没有碳酸钙，pH 较低。在淀积层的结构体面上能看到模糊的黏粒胶膜、铁锰胶膜。土壤颗粒控制层段为整个土体，颗粒大小类型为粗骨壤质；控制层段内二氧化硅含量 60%～80%，为硅质混合型矿物类型。

对比土系　边墙山系与楼家窝铺系相似度较高，但边墙山系具有暗沃表层，楼家窝铺系诊断表层为淡薄表层。此外，边墙山系剖面有明显的碳酸钙分凝物，通体有较强石灰反应。楼家窝铺系通体没有碳酸钙分凝物和石灰反应。

利用性能综述　现为稀疏林地、荒草地，土层薄，质地偏砂，通透性好，肥力低，水土流失严重。

参比土种　薄腐中层粗散状棕壤性土。

代表性单个土体　位于河北省承德市丰宁满族自治县凤山镇楼家窝铺村，属于京津风沙源治理范围，剖面点 117°15′41.0″E，41°10′26.9″N，海拔 948m，中山，山坡中部，坡度 27°（图 10-64）。林地，植被为常绿针阔叶林（主要是松树、杏树等），覆盖度 60%。地表有中度的片蚀现象；岩石露头占地表面积 20%～30%，粗碎块约占地表面积的 40%。地下水位很深。通体无石灰反应，盐基饱和度小于 60%。年平均气温 7.8℃，≥10℃积温为 3319℃，50cm 土壤温度年均 9.6℃；年降水量多年平均为 491mm；年均相对湿度为 55%；年干燥度为 1.3；年日照时数为 2722h。野外调查日期：2010 年 8 月 30 日。理化性质见表 10-63，表 10-64。

Ah1：0～10cm，向下平滑清晰过渡，稍润，浊黄棕色（10YR5/4，润），新鲜石块含量>30%，粉砂壤土，中等团粒结构，多量细根，松散，稍黏着，无塑，无石灰反应。

Ah2：10～20cm，稍润，浊黄橙色（10YR6/4，润），少量细根，很少量的中根，含有大量粗散状半风化的石块。

Bt1：20～30cm，向下平滑清晰过渡，稍润，浊黄棕色（10YR5/4，润），含中量的新鲜石块，粉砂壤土，中等团块结构、弱的片状结构，有少量边界扩散的铁锰胶膜和黏粒胶膜，少量细根，疏松，黏着，稍塑，无石灰反应，中等 NaF 反应。

Bt：30～50cm，向下平滑清晰过渡，稍润，浊黄橙色（10YR5/3，润），石块含量<10%，粉砂壤土，中等棱柱结构，有片状结构（可能为冻融所致），有少量边界扩散的黏粒胶膜和铁锰胶膜，少量细根，疏松，黏着，稍塑，无石灰反应，中等 NaF 反应。

C：50～70cm，母岩碎屑层，大量半风化石块，属于钾长石花岗岩残积物。

图 10-64 楼家窝铺系代表性单个
土体剖面照

表 10-63 楼家窝铺系代表性单个土体物理性质

土层	深度 /cm	砾石* （>2mm，体积 分数）/%	细土颗粒组成（粒径：mm）/（g/kg）			质地
			砂粒 2～0.05	粉粒 0.05～0.002	黏粒 <0.002	
Ah	0～10	30	259	550	191	粉砂壤土
2Bt1	20～30	10	230	556	215	粉砂壤土
2Bt2	30～50	10	230	561	209	粉砂壤土

表 10-64 楼家窝铺系代表性单个土体化学性质

深度 /cm	pH （H₂O）	有机碳 /（g/kg）	全氮（N） /（g/kg）	全磷（P₂O₅） /（g/kg）	全钾（K₂O） /（g/kg）	CEC /（cmol/kg）	盐基饱和度/ （%）	游离铁 /（g/kg）
0～10	6.2	10.3	0.82	0.57	15.8	18.9	56	16.0
20～30	6.0	8.0	0.60	—	—	17.7	53	13.1
30～50	5.8	3.9	0.31	0.53	10.5	17.3	46	12.8

10.7.5　桦林子系

土族：粗骨壤质盖粗骨质硅质混合型非酸性冷性-普通简育干润雏形土
拟定者：龙怀玉，李　军，穆　真

分布与环境条件　存在于陡峭切割的高原山区，海拔一般在 1500～1900m，成土母质系花岗岩残坡积物，森林植被茂盛，多为桦树、椴树、栎树等（图10-65）。分布区域属于中温带亚干旱气候，年平均气温 0.5～5.4℃，年降水量 215～610mm。

图 10-65　桦林子系典型景观照

土系特征与变幅　诊断层有：淡薄表层、雏形层；诊断特性有：半干润土壤水分状况、冷性土壤温度状况、石质接触面。成土母质系花岗岩残坡积风化物，有效土层60～120cm，弱残积黏化过程，表层黏粒含量显著高于下层，有微弱黏粒淀积过程和铁铝有机质螯合-淋溶淀积过程，在底部土壤结构体面上有模糊的黏粒-有机胶膜，其交换性氢含量明显高于腐殖质层；表层土壤有机碳含量高，并向下锐减；无碳酸钙反应；土壤颗粒控制层段为 25～120cm，颗粒大小类型为粗骨壤质盖粗骨质。

对比土系　和沟脑系的地形部位相似，成土母质相同，土层的颜色、质地等相差不大，剖面外观相似度很高。但沟脑系为温性土壤温度状况，通体 pH≤5.0，无石灰反应，土壤酸碱性为铝质，土壤颗粒大小级别为粗骨壤质。桦林子系冷性土壤温度状况，土壤酸碱性为非酸性。

利用性能综述　目前森林植被茂盛，土壤质地适中、土层较厚，水分条件较好，很是适宜发展森林植被，但地处中山陡峭切割处，坡度大，易水土流失。

参比土种　薄层粗散状棕壤性土。

代表性单个土体　位于河北省张家口市崇礼区四台嘴乡桦林子村，剖面点115°21′42.2″E，40°49′7.7″N，海拔 1703m（图 10-66）。地势陡峭切割，山地，中切割中山，直线坡，母质为花岗岩坡残积物；林地，植被为白桦，覆盖度 90%。年平均气温 1.2℃，≥10℃积温为 3386℃，50cm 土壤温度年均 4.4℃；年降水量多年平均为 399mm；年均相对湿度为 50%；年干燥度为 1.6；年日照时数为 2836h。野外调查日期：2011 年 9 月 22 日。理化性质见表 10-65，表 10-66。

Ah: 0～20cm，向下平滑清晰过渡，润，黑棕色（10YR3/1，润），有大小 4～5cm、丰度 20%、硬度 6 的新鲜的块状花岗岩碎屑，壤土，中发育的 3cm 团块状结构和 3～5mm 的团粒结构，中量细根及极细根、很少量中粗根，松软，稍黏着，稍塑，无石灰反应。

B（t）: 20～30cm，向下平滑模糊过渡，稍润，浊黄棕色（10YR5/4，润），有大小 5～10cm、丰度 30%、硬度 6 的新鲜的块状花岗岩碎屑，壤土，弱发育的 3cm 团块状结构和 3～5mm 的团粒结构，有少量模糊的黏粒胶膜和极少量铁锰胶膜，很少量细根及极细根、很少量中粗根，松软，稍黏着，稍塑，无石灰反应。

C: >30cm，细土母质、母岩碎块混合层，稍干，浊黄橙色（10YR6/4，润），有大小 20mm、丰度 90%、硬度 6 的新鲜的块状花岗岩，砂土，很少量中粗根，坚实，稍黏着，稍塑，无石灰反应。

图 10-66　桦林子系代表性单个
土体剖面照

表 10-65　桦林子系代表性单个土体物理性质

土层	深度/cm	砾石*（>2mm，体积分数）/%	细土颗粒组成（粒径：mm）/（g/kg）			质地
			砂粒 2～0.05	粉粒 0.05～0.002	黏粒 <0.002	
Ah	0～20	20	299	476	226	壤土
B（t）	20～30	30	532	339	129	壤土

表 10-66　桦林子系代表性单个土体化学性质

深度/cm	pH（H₂O）	有机碳/（g/kg）	全氮（N）/（g/kg）	全磷（P₂O₅）/（g/kg）	全钾（K₂O）/（g/kg）	CEC/（cmol/kg）	游离铁/（g/kg）
0～20	6.7	32.1	2.23	1.63	45.4	28.1	13.2
20～30	6.7	4.7	0.56	1.50	36.6	14.8	—

10.7.6 鹫岭沟系

土族：壤质硅质混合型石灰性冷性-普通简育干润雏形土
拟定者：龙怀玉，刘　颖，安红艳，穆　真

分布与环境条件　广泛分布于河北太行山和燕山山脉的山间和山前黄土丘陵、台地、河谷阶地、山麓坡脚和山麓平原的上部，黄土状成土母质（图10-67）。分布区域属于中温带亚湿润气候，年平均气温 1.3～4.2℃，年降水量 229～676mm。

图 10-67　鹫岭沟系典型景观照

土系特征与变幅　诊断层有：淡薄表层、雏形层；诊断特性有：钙积现象、半干润土壤水分状况、冷性土壤温度状况。是由覆盖在安山岩、花岗岩等基性岩上的黄土状成土母质发育而成，土层深厚，有效土层厚度 100～150cm；石灰反应上弱下强，表层一般无石灰反应，土体中一般没有假菌丝、粉末等可辨识的次生碳酸钙；表层土壤次生黏化明显，其黏粒含量一般要高出下垫土层 20%，但没有明显的黏粒淀积过程，基本上看不到黏粒胶膜，颗粒控制层段厚度为 25～150cm，土壤颗粒大小级别为壤质，控制层段内二氧化硅含量 60%～90%，为硅质混合型矿物类型。

对比土系　和行乐系的剖面形态相差不大，容易混淆。但行乐系为温性土壤温度状况，鹫岭沟系为冷性土壤温度状况。行乐系通体有石灰反应，心土层有大量白色假菌丝体，土壤颗粒大小级别为黏壤质。鹫岭沟系表层一般无石灰反应，没有假菌丝、粉末等可辨识的次生碳酸钙。

利用性能综述　土层深厚，土壤质地以壤质土为主，砂黏适中，疏松多孔，耕性好，宜耕期长，通透性好，土体构型上松下紧，保水肥性较强。但地处丘陵、台地和山麓坡地，侵蚀较重，地块零碎，容易干旱缺水。

参比土种　黄土状石灰性褐土。

代表性单个土体　位于河北省丰宁满族自治县苏家店乡鹫岭沟，剖面点 116°43′3″E，41°34′3.3″N，海拔 1249m（图 10-68）。地形为中山，坡中部，坡度 24.8°。林地，主要植被为白桦树，覆盖度 100%，地表有水蚀、片蚀现象，但强度很弱；地表有少量的粗碎块。黄土状母质，B 层发育不完善，黏粒淀积弱，未见胶膜，有弱的淋溶；除表层外，石灰反应强烈。年平均气温 2.2℃，≥10℃积温为 2901℃，50cm 土壤温度年均 5.2℃；

年降水量多年平均为 446mm；年均相对湿度为 55%；年干燥度为 1.3；年日照时数为 2754h。野外调查日期：2010 年 8 月 24 日。理化性质见表 10-67，表 10-68。

Ah：0～20cm，向下平滑清晰过渡，稍润，橄榄棕色（2.5Y4/4，润），少量石块，壤土，中等团粒结构，中量中根、少量粗根，疏松，稍黏着，稍塑，无石灰反应。

Bk1：20～65cm，向下平衡渐变过渡，稍润，黄棕色（2.5Y5/4，润），壤土，中等片状结构，弱的棱块状结构，很少量中根，少量石块，疏松，石灰反应强烈。

Bk2：65～120cm，稍干，浊黄色（2.5Y6/4，润），少量石块，粉砂壤土，强片状结构，很少量中根，坚实，石灰反应强烈。

图 10-68　鹫岭沟系代表性单个
土体剖面照

表 10-67　鹫岭沟系代表性单个土体物理性质

| 土层 | 深度 /cm | 砾石* （>2mm，体积分数）/% | 细土颗粒组成（粒径：mm）/（g/kg） | | | 质地 |
			砂粒 2～0.05	粉粒 0.05～0.002	黏粒 <0.002	
Ah	0～20	0	422	341	237	壤土
Bk1	20～65	2	443	362	195	壤土
Bk2	65～120	2	160	641	199	粉砂壤土

表 10-68　鹫岭沟系代表性单个土体化学性质

深度 /cm	pH （H$_2$O）	有机碳 /（g/kg）	全氮（N） /（g/kg）	全磷（P$_2$O$_5$） /（g/kg）	全钾（K$_2$O） /（g/kg）	碳酸钙 /（g/kg）	CEC /（cmol/kg）
0～20	7.6	4.7	0.60	0.60	27.1	—	18.5
20～65	7.8	2.3	0.33	0.62	24.9	52.0	15.7
65～120	7.9	2.2	0.18	0.60	28.6	55.0	14.9

10.7.7　山湾子系

土族：砂质硅质混合型石灰性冷性-普通简育干润雏形土

拟定者：刘　颖，穆　真，李　军

分布与环境条件　主要存在于坝上高原北部平缓丘陵，黄土状母质，土层深厚，所处地形平缓（图10-69）。分布区域属于中温带亚湿润气候，年平均气温 2.7～5.6℃，年降水量 233～695mm。

图 10-69　山湾子系典型景观照

土系特征与变幅　诊断层有：淡薄表层、雏形层；诊断特性有：半干润土壤水分状况、冷性土壤温度状况、钙积现象。土壤颗粒大小级别为砂质，成土母质系黄土状母质，质地均一，土层深厚，有效土层厚度150cm以上；发生了一定程度的残积黏化过程，黏粒没有明显移动，表土层、心土层的黏粒含量是母质层的 1.2 倍以上；碳酸钙发生了明显的淋溶淀积，整个剖面碳酸钙含量小于50g/kg，但是心土层碳酸钙含量至少比表土层高20g/kg 以上，也明显高于母质层；有机质累积过程弱，土体有机质含量较低，并且随着剖面深度增加而锐减；除表层石灰反应很弱外，其他层次有强石灰反应。

对比土系　和后小脑包系属于同一土族，它们的主要区别如下：后小脑包系成土母质系多次河流冲积物，山湾子系成土母质系黄土状母质；后小脑包系有盐积现象，山湾子系没有盐积现象；150cm 土体内后小脑包系有埋藏层，山湾子系没有埋藏层。

利用性能综述　土层深厚，质地适中，土体构型良好，通透性良好，保水保肥能力较强。但地处高原丘陵岗坡，地势不平，多切沟陡坎，易水土流失。开垦成耕地的，生产水平较低。

参比土种　黄土状褐土。

代表性单个土体　位于河北省承德市围场满族蒙古族自治县山湾子乡热水汤村砖厂上方（阳坡），剖面点 117°46′37.3″E，42°23′31.9″N，海拔 1090m（图 10-70）。地势起伏，中山，山脚处，坡度 17.2°，坡向西北，黄土状母质。草地、耕地交错，主要植被有蒿草、玉米等农作物。土层深厚，土壤颜色以黄色为主，质地偏砂，通体未见黏粒胶膜，碳酸钙由上到下淋溶，除表层外，其他土层石灰反应强烈，B 层及 C 层有发育中等的棱块结构。年平均气温 3.5℃，≥10℃积温为 2654℃，50cm 土壤温度年均 6.2℃；年降水量多年平均为 440mm；年均相对湿度为 57%；年干燥度为 1.2；年日照时数为 2754h。野外调查日期：2011 年 8 月 26 日。理化性质见表 10-69，表 10-70。

Ah：0～10cm，向下平滑清晰过渡，干，黄棕色（2.5Y5/4，润），浊黄棕色（10YR5/4，干），砂壤土，弱团块结构，少量细根及极细根，很少量中根，松软，石灰反应极弱。

Bk1：10～25cm，向下平滑模糊过渡，干，浊黄色（2.5Y6/4，润），浊黄橙色（10YR6/4，干），砂壤土，少量细根及极细根，很少量中根，坚硬，少量碳酸钙假菌丝体，石灰反应强烈。

Bk2：25～70cm，向下平滑模糊过渡，干，淡黄色（2.5Y7/4，润），浊黄橙色（10YR7/4，干），砂壤土，中发育的棱块结构，少量细根及极细根，很少量中根，松软，少量碳酸钙假菌丝体，石灰反应强烈。

C：70～120cm，母质层，干，淡黄色（2.5Y7/4，润），砂壤土，中发育的棱块结构，很少量细根及极细根，很少量中根，松软，石灰反应强烈。

图 10-70 山湾子系代表性单个
土体剖面照

表 10-69 山湾子系代表性单个土体物理性质

土层	深度 /cm	砾石* （>2mm，体积分数）/%	细土颗粒组成（粒径：mm）/（g/kg）			质地
			砂粒 2～0.05	粉粒 0.05～0.002	黏粒 <0.002	
Ah	0～10	0	584	257	159	砂壤土
Bk1	10～25	0	617	232	150	砂壤土
Bk2	25～70	0	577	272	151	砂壤土
C	70～120	0	690	194	116	砂壤土

表 10-70 山湾子系代表性单个土体化学性质

深度 /cm	pH (H₂O)	有机碳 /（g/kg）	全氮（N） /（g/kg）	全磷（P₂O₅） /（g/kg）	全钾（K₂O） /（g/kg）	碳酸钙 /（g/kg）	CEC /（cmol/kg）
0～10	6.8	8.5	0.74	1.80	108.5	4.0	14.3
10～25	7.2	2.8	0.26	—	—	30.0	11.7
25～70	7.4	2.0	0.19	1.95	108.5	31.0	10.8
70～120	7.6	1.3	0.17	1.94	114.7	20.3	8.9

10.7.8　后小脑包系

土族：砂质硅质混合型石灰性冷性–普通简育干润雏形土
拟定者：龙怀玉，李　军，穆　真

分布与环境条件　存在于坝上高原的二阴滩及湖淖周边高岗地，成土母质系多次洪冲积物，疏松多孔，海拔一般在1300～1600m（图10-71）。分布区域属于中温带亚湿润气候，年平均气温0.4～3.7℃，年降水量227～603mm。

图 10-71　后小脑包系典型景观照

土系特征与变幅　诊断层有：淡薄表层、雏形层；诊断特性有：半干润土壤水分状况、冷性土壤温度状况、钙积现象、盐积现象。成土母质系多次河流冲积物，有效土层厚度150cm以上，土壤发育层次时常被冲积母质打断，埋藏土层经常存在；土壤有机碳含量较高，并且剖面上下层之间含量差异不大，甚至由于埋藏土层存在而使得上层有机碳含量少于底层；碳酸钙淋溶淀积比较明显，淀积层可见明显碳酸钙粉末，全剖面强石灰反应，至少有一个土层具有钙积现象。颗粒大小控制层段为25～100cm，颗粒大小级别为砂质，石英含量50%～70%，硅质混合型矿物类型。

对比土系　和山湾子系属于同一土族，它们的主要区别如下：后小脑包系成土母质系多次河流冲积物，山湾子系成土母质系黄土状母质；后小脑包系有盐积现象，山湾子系没有盐积现象；后小脑包系有埋藏层，山湾子系没有埋藏层。

利用性能综述　通气透水性较好，土体深厚，大部分已经成为耕地，无灌溉排水条件。往往和盐碱化土壤镶嵌分布，有潜在的盐碱危害。

参比土种　砂壤质洪冲积暗栗钙土。

代表性单个土体　位于河北省张家口市沽源县西辛营乡后小脑包村，剖面点115°30′34.2″E，41°29′17.2″N，海拔1443m（图10-72）。地势起伏，高原丘陵，低丘，坡，坡下部，坡度8°，坡形直线凸型，母质为河流冲积物，有效土层厚度140cm；草地，主要植被有榆树、天然草本植物，覆盖度90%。年平均气温2.6℃，≥10℃积温为2657℃，50cm土壤温度年均5.5℃；年降水量多年平均为409mm；年均相对湿度为55%；年干燥度为1.3；年日照时数为2797h。野外调查日期：2011年9月17日。理化性质见表10-71，表10-72。

Ah1：0～12cm，向下平滑突变过渡，稍润，暗红灰色（2.5YR3/1，湿），暗棕色（10YR3/3，干），有丰度为20%、大小为1cm半风化块状岩石碎屑，砂质壤土，中发育的3cm团块结构，中量细根及极细根、很少量中粗根，疏松，强石灰反应。

Ah2：12～20cm，向下平滑突变过渡，稍干，浅淡红橙色（2.5YR7/4，干），有丰度为20%、大小为1cm半风化块状的碎屑，砂壤土，中发育的1cm×3cm棱块结构，少量细根及极细根、很少量中粗根，稍硬，强石灰反应。

2Bk：20～38cm，向下平滑突变过渡，稍润，暗红棕色（2.5YR3/2，润），暗棕色（10YR3/3，干），有丰度为20%、大小为1cm块状半风化碎屑，砂质壤土，中发育的3～5cm团块结构，很少量细根及极细根、很少量中粗根，稍硬，强石灰反应。

3Bk：38～65cm，向下平滑突变过渡，稍干，浊橙色（2.5YR6/4，干），有丰度为10%、大小为0.5cm角状半风化碎屑，砂质黏壤土，强发育的3cm棱块结构，少量细根及极细根，有5%左右清晰的白色碳酸钙粉粒，极硬，强石灰反应。

4Ahb：65～92cm，向下平滑渐变过渡，稍干，暗红灰色（2.5YR3/1，干），暗棕色（10YR3/3，干），有丰度为20%、大小为3cm块状半风化碎屑，强发育的2cm×5cm块状结构，很少量细根及极细根，强石灰反应。

4Bkb1：92～145cm，向下平滑渐变过渡，干，黑棕色

图 10-72 后小脑包系代表性单个土体剖面照

（2.5Y2.5/1，干），有丰度为20%、大小为3cm块状半风化碎屑，砂质壤土，强发育的2cm×5cm棱状结构，很少量细根及极细根，极硬，有清晰的丰度为10%的假菌丝体，强石灰反应。

4Bkb2：>145cm，向下平滑渐变过渡，稍润，黑棕色（2.5Y2.5/1，润），有丰度为30%、大小为2cm块状半风化碎屑，壤土，中发育的3cm块状结构，很少量细根及极细根，疏松，有丰度为20%的假菌丝体，强石灰反应。

表 10-71 后小脑包系代表性单个土体物理性质

土层	深度 /cm	砾石* (>2mm，体积分数)/%	细土颗粒组成（粒径：mm）/（g/kg）			质地
			砂粒 2～0.05	粉粒 0.05～0.002	黏粒 <0.002	
Ah1	0～12	—	686	135	178	砂质壤土
3Bk	38～65	10	598	197	205	砂质黏壤土
4Ahb	65～92	20	702	144	154	砂质壤土
4Bkb1	92～145	30	653	166	181	砂质壤土

表 10-72　后小脑包系代表性单个土体化学性质

深度 /cm	pH (H₂O)	有机碳 / (g/kg)	全氮（N） / (g/kg)	CEC / (cmol/kg)	钙离子 / (cmol/kg)	钠离子 / (cmol/kg)	氯根离子 / (cmol/kg)	碳酸氢根离子 / (cmol/kg)
0～12	8.0	13.7	1.07	12.5	0.39	0.06	0.20	0.40
38～65	8.1	12.5	0.98	13.7	0.56	0.09	0.10	0.51
65～92	8.1	16.0	1.27	14.0	0.43	0.14	0.30	0.43
92～145	7.9	14.5	0.96	14.9	0.68	0.19	0.25	0.37

10.7.9　黄杖子系

土族：粗骨黏壤质混合型非酸性温性–普通简育干润雏形土

拟定者：龙怀玉，穆　真，李　军，罗　华

分布与环境条件　主要存在于太行山、燕山山区中低山丘陵中上部，母质为红紫色砂页岩，少数地方植被茂盛，大多数植被稀疏（图 10-73）。分布区域属于中温带亚湿润气候，年平均气温 7.5～10.5℃，年降水量 352～987mm。

图 10-73　黄杖子系典型景观照

土系特征与变幅　诊断层有：淡薄表层、雏形层；诊断特性有：半干润土壤水分状况、温性土壤温度状况、红色砂页岩岩性。成土母质系红色砂页岩残坡积风化物，通体含有 30%～40%砾石，土壤颜色基本与母质母岩相同，壤土，有效土层 50～100cm，土体发育微弱，无明显层次分异，通体母质特征明显；除了较弱的腐殖质化过程外，其他成土过程难以察觉到；无石灰反应；土壤颗粒控制层段为 25～100cm，颗粒大小类型为黏壤质。

对比土系　和松窑岭系在空间镶嵌分布，气候条件相差不大。但松窑岭系成土母质为角闪岩等中性岩浆岩的残坡积物，具有石质接触面，颗粒大小类型为黏壤质。黄杖子系成土母质为红紫色砂页岩坡残积物，具有红色砂页岩岩性，土壤质地通体为壤土。

利用性能综述　多数属荒山秃岭，有稀疏植被，土少石多，水土流失严重。坡度小、土层厚，可发展油松、洋槐、红果、山杏等林果。

参比土种　中性粗骨土。

代表性单个土体　位于河北省承德市承德县满杖子乡黄杖子村，剖面点 118°22′2.1″E，40°47′3″N，海拔 378m（图 10-74）。地势平缓起伏，低山丘陵，浅切割低山，直线坡下部，坡度 37°，母质为红色砂页岩；林地，植被为灌木，覆盖度 80%，地表有 10%轻度风蚀，有丰度 5%、大小 3cm×2cm 的粗碎块。年平均气温 8.7℃，≥10℃积温为 3716℃，50cm 土壤温度年均 10.3℃；年降水量多年平均为 614mm；年均相对湿度为 57%；年干燥度为 1.2；年日照时数为 2686h。野外调查日期：2011 年 8 月 6 日。理化性质见 10-73、表 10-74。

Ah：0～21cm，向下平滑渐变过渡，稍润，亮黄棕色（2.5Y6/6，干），土体内有丰度30%、大小1～5cm的块状岩石碎屑，壤土，中发育的2mm团粒结构，中量细根及极细根、很少量中粗根，疏松，黏着，中塑，有大量蚂蚁和蚯蚓，无石灰反应。

AB1：21～48cm，向下平滑模糊过渡，稍润，黄棕色（2.5Y5/4，干），土体内有丰度30%、大小1～5cm的块状岩石碎屑，壤土，中发育的1～5cm的团块结构和2mm以下的团粒结构，中量细根及极细根、很少量中粗根，无石灰反应。

AB2：48～65cm，向下平滑渐变过渡，稍润，黄棕色（2.5Y5/4，干），土体内有丰度40%、大小1～8cm的块状岩石碎屑，壤土，中发育的1～5cm的团块结构和2mm以下的团粒结构，中量细根及极细根、很少量中粗根，坚实，黏着，中塑，无石灰反应。

Bw：65～85cm，母质层，向下平滑清晰过渡，稍润，黄棕色（2.5Y5/6，干），土体内有丰度40%、大小1～8cm的块状岩石碎屑，壤土，弱发育的1cm左右的团块结构，有30%黏粒胶膜，很少量细根中量细根及极细根、很少量中粗根，坚实，黏着，中塑，无石灰反应。

R：>100cm，母岩。

图10-74　黄杖子系代表性单个
土体剖面照

表 10-73　黄杖子系代表性单个土体物理性质

土层	深度 /cm	砾石* (>2mm，体积分数)/%	细土颗粒组成（粒径：mm）/（g/kg）			质地
			砂粒 2～0.05	粉粒 0.05～0.002	黏粒 <0.002	
Ah	0～21	30	294	441	265	壤土
AB1	21～48	30	325	420	255	壤土
C	65～85	40	330	412	258	壤土

表 10-74　黄杖子系代表性单个土体化学性质

深度 /cm	pH (H2O)	有机碳 /（g/kg）	全氮（N） /（g/kg）	CEC /（cmol/kg）	游离铁 /（g/kg）
0～21	8.1	7.3	0.85	24.2	12.8
21～48	8.1	4.4	0.58	24.3	9.7
65～85	8.2	3.4	0.51	25.8	9.9

10.7.10 松窑岭系

土族：粗骨黏壤质长石混合型非酸性温性−普通简育干润雏形土
拟定者：龙怀玉，穆　真，李　军，罗　华

分布与环境条件　主要存在于海拔 650～1300m 的中、低山的坡地上（图 10-75），成土母质为角闪岩等中性岩浆岩的残坡积物，土层中等，一般在 50～100cm，土体中含有一定的砾石量，自然植被为针阔叶混交林及灌丛草被，主要植物有油松、山杨、栎树、桦树、酸枣、

图 10-75　松窑岭系典型景观照

荆条、胡枝子、黄背草、白草、羊胡子草等，覆盖度较高。分布区域属于中温带亚湿润气候，年平均气温 6.8～10.6℃，年降水量 376～1078mm。

土系特征与变幅　诊断层有：淡薄表层、雏形层；诊断特性有：均腐殖质特性、半干润土壤水分状况、温性土壤温度状况、石质接触面。成土母质系角闪岩等中性岩浆岩残坡积风化物，有效土层 50～100cm，土体剖面特征发育较弱，有黏粒淀积过程和铁铝有机质螯合−淋溶淀积过程，在底部土壤结构体面上有明显的黏粒-有机胶膜；有机碳含量不高，但上下土层没有显著差异，Rh 在 0.2～0.3；无碳酸钙反应；黏粒含量上、下土层没有明显差异，土壤质地通体为黏壤土，心土层以下含有 20%～30%的石砾，土壤颗粒控制层段为 25～100cm，颗粒大小类型为粗骨黏壤质，石英含量<40%，长石含量 20%～40%，矿物类型为长石型。

对比土系　和黄杖子系在空间上镶嵌分布，气候条件相差不大。但黄杖子系成土母质为红紫色砂页岩坡残积物，具有红色砂页岩岩性，土壤质地通体为壤土。松窑岭系成土母质为角闪岩等中性岩浆岩的残坡积物，具有石质接触面，土壤质地通体为黏壤土。

利用性能综述　土壤质地适中、土层较厚，水分条件较好，很是适宜发展森林植被，但地处低山、中山陡峭切割处，坡度大，易水土流失。

参比土种　厚腐厚层粗散状棕壤性土。

代表性单个土体　位于河北省承德市宽城县大苇子沟乡松窑岭村，剖面点 118°51′52.6″E，40°36′6.1″N，海拔 500m（图 10-76）。地势陡峭切割，山地，低山中部，坡度 57°，母质为角闪岩坡积物；林地，植被灌木，覆盖度为 95%，轻度扰乱；地表有 10%轻度，有丰度 10%、大小 1cm×1cm 的岩石粗碎块。年平均气温 7.8℃，≥10℃积温为 3681℃，50cm 土壤温度年均 9.6℃；年降水量多年平均为 664mm；年均相对湿度为 59%；年干燥度为 1；日照时数为 2703h。野外调查日期：2011 年 8 月 6 日。理化性质见表 10-75，表 10-76。

Ah：0～20cm，向下平滑模糊过渡，稍润，黑棕色（7.5YR2.5/2，润），土体内有丰度10%、大小1cm×2cm的块状岩石碎屑，黏壤土，中等强度发育的3mm以下团粒结构，中量细根及极细根、很少量中粗根，疏松，稍黏着，稍塑，少量蚯蚓，无石灰反应。

AB：20～40cm，向下平滑模糊过渡，稍润，暗棕色（7.5YR2.5/3，润），土体内有丰度20%、大小1cm×1cm的块状岩石碎屑，黏壤土，中等强度发育的1cm团块结构，有丰度50%清晰的黏粒胶膜，中量细根及极细根、很少量中粗根，坚实，稍黏着，稍塑，少量蚂蚁，无石灰反应。

Bt1：40～60cm，向下平滑模糊过渡，稍润，暗棕色（7.5YR3/3，土体内有丰度30%、大小1cm×1cm的块状岩石碎屑，黏壤土，弱发育的1cm×2cm的棱块结构，有丰度50%清晰的黏粒胶膜，中量细根及极细根、很少量中粗根，坚实，稍黏着，稍塑，少量蚂蚁，无石灰反应。

Bt2：60～90cm，向下平滑清晰过渡，稍润，暗棕色（7.5YR3/4，润），土体内有丰度30%、大小1cm×1cm的块状岩石碎屑，黏壤土，中等强度发育的1cm×3cm的棱块结构，有丰度50%清晰的黏粒胶膜，中量细根及极细根、很少量中粗根，坚实，稍黏着，稍塑，少量蚂蚁，无石灰反应。

R：＞90cm，坡积母岩，为坡积的母岩大石块。

图 10-76　松窑岭系代表性单个土体剖面照

表 10-75　松窑岭系代表性单个土体物理性质

土层	深度/cm	砾石*（>2mm，体积分数）/%	细土颗粒组成（粒径：mm）/（g/kg）			质地
			砂粒 2～0.05	粉粒 0.05～0.002	黏粒 <0.002	
Ah	0～20	10	236	490	274	黏壤土
AB	20～40	20	228	494	279	黏壤土
Bt1	40～60	30	268	450	282	黏壤土
Bt2	60～90	30	298	430	272	黏壤土

表 10-76　松窑岭系代表性单个土体化学性质

深度 /cm	pH (H₂O)	有机碳 /（g/kg）	全氮（N） /（g/kg）	全磷（P₂O₅） /（g/kg）	全钾（K₂O） /（g/kg）	CEC /（cmol/kg）	游离铁 /（g/kg）
0～20	7.7	4.9	0.58	1.10	30.2	27.6	14.8
20～40	6.8	4.7	0.61	—	—	29.4	14.3
40～60	6.3	4.6	0.57	0.99	31.9	27.6	18.5
60～90	6.3	5.0	0.57	1.03	32.2	29.3	18.4

10.7.11 滚龙沟系

土族：粗骨壤质硅质混合型石灰性温性-普通简育干润雏形土
拟定者：龙怀玉，刘　颖，安红艳，陈亚宇

分布与环境条件　分布于太行山和燕山山脉低山丘陵地带，海拔 200～1000m（图10-77）。分布区域气候干旱，植被多为灌木，间有乔木，地表有一层很薄的枯枝落叶层。分布区域属于暖温带亚干旱气候，年平均气温 11.8～14.4℃，年降水量 224～1026mm。

图 10-77　滚龙沟系典型景观照

土系特征与变幅　诊断层有：淡薄表层、雏形层；诊断特性有：半干润土壤水分状况、温性土壤温度状况、准石质接触面。成土母质系片麻岩残积风化物，有效土层厚度 30～50cm，成土作用较弱，通体强石灰反应，土体碳酸钙平均含量 20～60g/kg，但有明显的碳酸钙淋溶淀积过程，B 层碳酸钙含量比 A 层高 50g/kg 以上；土体黏粒含量小于 250g/kg，但有一定的黏粒淀积过程。颗粒控制层段厚度为 35～50cm，土壤颗粒大小级别为粗骨壤质；控制层段内二氧化硅含量 50%～70%，为硅质混合型矿物类型。

对比土系　和后东峪系的分布区域相同，气候条件基本相同，剖面比较相像。后东峪系成土母质系变粒岩、石英砂岩的残积坡积物，底土层有明显的碳酸钙假菌丝体，并形成了黏化层，土壤颗粒大小级别为粗骨黏壤质。滚龙沟系成土母质系片麻岩残积风化物，没有明显的碳酸钙假菌丝体，土壤颗粒大小级别为粗骨壤质。

利用性能综述　基本上为山地自然土壤，土层薄、砾石多、地块零散、水土流失较重。不宜农用，可以发展核桃、柿子、黑枣、花椒、洋槐、侧柏等耐瘠耐旱果树。

参比土种　薄腐中层粗散状褐土。

代表性单个土体　位于河北省石家庄市平山县宅北乡南滚龙沟村，剖面点113°59′53.1″E，38°27′30.7″N，海拔 296m，低山丘陵，低丘中部，坡度 22.10°。母质为花岗岩残积物（图10-78）。自然植被主要是核桃树，旱生矮小灌木（荆条）、野酸枣，覆盖度>90%。地表有 20%中度的水蚀、片蚀、沟蚀；有丰度<5%的地表粗碎块。整个剖面通体可见大量的岩石和矿物风化碎屑。年平均气温 11.9℃，≥10℃积温为 4356℃，50cm 土壤温度年均 12.8℃；年降水量多年平均为 513mm；年均相对湿度为 60%；年干燥度为 1.7；年日照时数为 2549h。野外调查日期：2011 年 4 月 15 日。理化性质见表 10-77，表 10-78。

Ah：0～10cm，向下平滑清晰过渡，干，亮棕色（7.5YR5/6，干），有 90%角状长石碎块，细土质地为砂壤土，中发育的棱块状结构、中量细根、很少量中根，松散，无黏着，无塑，强石灰反应。

Bk1：10～21cm，向下平滑清晰过渡，干，浊黄橙色（10YR7/4，干），有 20%角状长石碎块，砂壤土，强发育的棱块状结构、中量细根、很少量中根，稍坚硬，黏着，稍塑，裂隙阔度为 2mm、长度为 10cm、间距为 2cm、间断不连续，极强石灰反应。

Bk2：21～40cm，向下平滑清晰过渡，稍润，浊黄橙色（10YR6/4，润），有 20%角状长石碎屑物，壤土，中发育的棱块状结构、中量细根、很少量中根，稍坚硬，黏着，稍塑，裂隙阔度为 2mm、长度为 10cm、间距为 2cm、间断不连续，极强石灰反应。

图 10-78 滚龙沟系代表性单个土体剖面照

C/R：40～70cm，碎屑母质、母岩交错层，稍润，浊黄橙色（10YR7/3，润），有>90%角状长石碎块，砂壤土，无结构，中量细根、很少量中根，松散，无黏着，无塑，弱石灰反应。

表 10-77 滚龙沟系代表性单个土体物理性质

| 土层 | 深度 /cm | 砾石* （>2mm，体积 分数）/% | 细土颗粒组成（粒径：mm）/（g/kg） | | | 质地 |
			砂粒 2～0.05	粉粒 0.05～0.002	黏粒 <0.002	
Ah	0～10	90	546	270	183	砂壤土
Bk1	10～21	20	319	492	188	砂壤土
Bk2	21～40	20	286	506	208	壤土
C/R	40～70	>90	669	198	132	砂壤土

表 10-78 滚龙沟系代表性单个土体化学性质

深度 /cm	pH （H$_2$O）	有机碳 /（g/kg）	全氮（N） /（g/kg）	碳酸钙 /（g/kg）	CEC /（cmol/kg）
0～10	8.2	10.2	0.72	28.7	18.7
10～21	8.3	4.9	0.50	84.3	16.9
21～40	8.2	9.5	0.81	71.1	20.3
40～70	7.9	5.9	0.43	39.3	17.7

10.7.12　西赵家窑系

土族：粗骨质硅质混合型石灰性温性-普通简育干润雏形土
拟定者：龙怀玉，李　军，穆　真

分布与环境条件　广泛存在于张家口坝下中西部的山间盆地、山谷及山前坡麓地带（图 10-79）。海拔 700～1300m，成土母质为黄土及黄土状母质与变粒岩、砂岩风化物的混合物，海拔一般在 1000～1300m。分布区域属于中温带亚湿润气候，年平均气温 6.2～9.3℃，年降水量 238～613mm。

图 10-79　西赵家窑系典型景观照

土系特征与变幅　诊断层有：淡薄表层、钙积层；诊断特性有：半干润土壤水分状况、温性土壤温度状况、石质接触面。成土母质为黄土及黄土状母质与变粒岩、砂岩风化物的混合物，通体砾石含量较高，有效土层 75cm 以上，腐殖质层较薄，小于 25cm，但有机碳含量较高；碳酸钙含量较高，且淋溶淀积明显，心土层、底土层有显著的碳酸钙粉末或假菌丝体，形成了钙积层；土壤颗粒控制层段为 25～100cm，颗粒大小类型为粗骨质。

对比土系　和茶叶沟门系同属一个土族，但是茶叶沟门系成土母质为变粒岩坡积物，西赵家窑系成土母质为黄土与变粒岩、砂岩风化物的混合物；茶叶沟门系表土层细土质地为壤土，西赵家窑系为砂质壤土；土层 100cm 内茶叶沟门系没有钙积层，西赵家窑系有钙积层。

利用性能综述　腐殖质层薄，质地粗，土壤干旱瘠薄，保肥性能差，生产力低，水土流失严重，基本上不适合农耕。

参比土种　砂壤质黄土状栗褐土。

代表性单个土体　位于河北省张家口市怀安县渡口堡乡西赵家窑村，剖面点 114°18′19″E，40°42′42.3″N，海拔 990m（图 10-80）。地势起伏，山地，中山中部，坡形为凸型，母质为黄土混合变粒岩风化物；草地，覆盖度 40%，地表有 5%弱的沟蚀，有平距约 5m、占地表面积 30%、大小 3～10cm 的地表粗碎块。年平均气温 7℃，≥10℃积温为 3001℃，50cm 土壤温度年均 9℃；年降水量多年平均为 401mm；年均相对湿度为 53%；年干燥度为 1.5；年日照时数为 2814h。野外调查日期：2011 年 9 月 22 日。理化性质见表 10-79，表 10-80。

Ah：0～10cm，向下平滑清晰过渡，干，浅黄褐色（2.5Y 4/3，干），有大小为 1～3cm、丰度 60%、硬度 7 的半风化次圆卵石和角状砂岩，细土质地砂质壤土，弱发育的 1mm 团粒结构，中量细根及极细根、很少量中粗根，砂壤土，松散，稍黏着，稍塑，石灰反应强烈。

Bk1：10～70cm，向下平滑模糊过渡，干，淡黄色（5Y8/3～5Y8/2，干），有大小为 2～8cm、丰度 95%、硬度 6 的半风化次圆卵石和角状砂岩，砂壤土，弱发育的 2mm 团粒结构，岩石表面及结构体表面有 10%清晰的假菌丝体，有 30% 薄层白色碳酸钙粉末，松散，稍黏着，稍塑，很少量细根及极细根、很少量中粗根，石灰反应强烈。

Bk2：70～120cm，干，有大小为 2～8cm、丰度 95%、硬度 6 的半风化次圆卵石和角状砂岩，砂壤土，岩石表面及结构体表面有 5%清晰的假菌丝体，弱发育的 3mm 团粒结构，松散，稍黏着，稍塑。

R：＞120cm，为母岩。

图 10-80　西赵家窑系代表性单个
土体剖面照

表 10-79　西赵家窑系代表性单个土体物理性质

土层	深度 /cm	砾石* （>2mm，体积 分数）/%	细土颗粒组成（粒径：mm）/（g/kg）			质地
			砂粒 2～0.05	粉粒 0.05～0.002	黏粒 <0.002	
Ah	0～10	60	672	200	128	砂壤土
Bk1	10～70	100	561	363	76	砂壤土

表 10-80　西赵家窑系代表性单个土体化学性质

深度 /cm	pH （H₂O）	有机碳 /（g/kg）	全氮（N） /（g/kg）	碳酸钙 /（g/kg）	CEC /（cmol/kg）
0～10	8.0	18.3	1.43	42.0	19.7
10～70	8.3	7.0	0.80	128.6	16.6

10.7.13　茶叶沟门系

土族：粗骨质硅质混合型石灰性温性-普通简育干润雏形土
拟定者：龙怀玉，穆　真，李　军，罗　华

分布与环境条件　主要存在于变粒岩、片麻岩、斜长角闪岩山区的山谷中（图10-81）。分布区域属于中温带亚湿润气候，年平均气温 7.5～10.3℃，年降水量 305～808mm。

图 10-81　茶叶沟门系典型景观照

土系特征与变幅　诊断层有：淡薄表层、雏形层；诊断特性有：半干润土壤水分状况、温性土壤温度状况。成土母质系变粒岩坡积风化物，土层较厚，有效土层厚度 120cm 以上，通体 2～15mm 砾石含量 80%以上，表层即腐殖质层无石灰反应，表层以下中强石灰反应。颗粒控制层段为 25～100cm，土壤颗粒大小级别为粗骨质，石英含量>40%，长石含量>25%，为硅质混合型矿物。

对比土系　和西赵家窑系同属一个土族，但茶叶沟门系成土母质为变粒岩坡积物，西赵家窑系成土母质为黄土与变粒岩、砂岩风化物的混合物；茶叶沟门系表土层细土质地为壤土，西赵家窑系为砂质壤土；土层 100cm 内茶叶沟门系没有钙积层，西赵家窑系有钙积层。

利用性能综述　虽然砾石较多，但是土层深厚，又处于谷底，水分条件较好，植被茂盛，但是土壤附着性小，容易被水流冲走，土壤侵蚀严重。

参比土种　酸性粗骨土。

代表性单个土体　茶叶沟门系典型单个土体剖面位于河北省承德市滦平县小营满族乡茶叶沟门村，剖面点 117°44′56.2″E，41°5′5″N，海拔 535m（图 10-82）。地势陡峭切割，山地，低山，谷底，山坡底部，坡度 38°，成土母质为变粒岩坡积物；林地，主要是灌木，覆盖度 90%。有 80%、大小 1～5cm×1～5cm 的粗碎块。年平均气温 7.8℃，≥10℃ 积温为 3533℃，50cm 土壤温度年均 9.6℃；年降水量多年平均为 515mm；年均相对湿度为 55%；年干燥度为 1.3；年日照时数为 2696h。野外调查日期：2011 年 8 月 8 日。理化性质见表 10-81，表 10-82。

Ah：0～22cm，向下平滑渐变过渡，稍润，棕色（7.5YR4/3，润），土体内有丰度 80%、大小 1cm 的块状花岗岩碎屑，壤土，中发育 3mm 左右的团粒结构和弱发育 1cm 左右的团块结构，中量细根及极细根、很少量中粗根，坚实，稍黏着，无塑，无石灰反应。

AB：22～70cm，向下平滑清晰过渡，稍润，暗棕色（7.5YR3/4，润），土体内有丰度 80%、大小 1cm 的花岗岩碎屑，壤土，中发育的 2mm 的团粒结构，中量细根及极细根、很少量中粗根，坚实，稍黏着，无塑，石灰反应强。

CB：70～90cm，稍润，暗棕色（7.5YR2.5/3，润），土体内有丰度 95%、大小 2cm×10cm 的花岗岩碎屑，总体上无结构，但细土部分显示为中发育的 2mm 的团粒结构，少量细根及极细根，石灰反应弱。

C：>90cm，母质层。

图 10-82　茶叶沟门系代表性单个
土体剖面照

表 10-81　茶叶沟门系代表性单个土体物理性质

土层	深度 /cm	砾石* （>2mm，体积分数）/%	细土颗粒组成（粒径：mm）/（g/kg）			质地
			砂粒 2～0.05	粉粒 0.05～0.002	黏粒 <0.002	
Ah	0～22	80	484	320	195	壤土
AB	22～70	80	446	369	186	壤土
CB	70～90	95	—	—	—	—

表 10-82　茶叶沟门系代表性单个土体化学性质

深度 /cm	pH （H₂O）	有机碳 /（g/kg）	全氮（N） /（g/kg）	CEC /（cmol/kg）
0～22	7.9	10.5	0.84	15.4
22～70	8.1	7.7	0.61	16.0

10.7.14　马圈系

土族：壤质硅质混合型石灰性温性–普通简育干润雏形土
拟定者：龙怀玉，穆　真，李　军

图 10-83　马圈系典型景观照

分布与环境条件　主要存在于张家口坝下中西部的山间盆地、山谷及山前坡麓地带，海拔 700～1300m，成土母质为黄土及黄土状洪冲积物（图 10-83）。分布区域属于暖温带亚干旱气候，年平均气温 5.8～9.2℃，年降水量 215～604mm。

土系特征与变幅　诊断层有：淡薄表层、雏形层；诊断特性有：钙积现象、石灰性、半干润土壤水分状况、温性土壤温度状况。成土母质为黄土或黄土状洪冲积物，有效土层大于 150cm，腐殖质层 10～40cm，颜色灰黄浅淡；碳酸钙含量较高且上下层次之间没有明显差异，但在下部土层有少量、中量的碳酸钙假菌丝体，形成了钙积现象；黏粒含量在上、下土层之间也没有明显差异，心土层略微高些；土壤颗粒控制层段为 25～100cm，颗粒大小为壤质。

对比土系　和后梁系经常相邻分布，成土母质皆为覆盖在基岩上的黄土状物质，剖面形态很相似。但后梁系为冷性土壤温度状况，马圈系为温性土壤温度状况；后梁系形成了黏化层，土体中下部有极少量碳酸钙假菌丝体。而马圈系的黏粒含量在上、下土层之间没有明显差异，土体中下部有少量至中量的碳酸钙假菌丝体。

利用性能综述　大部分为农耕土壤，土层深厚，质地适中，但肥力低，耕性差，生产力不高，相当一部分土壤已经农耕利用。非农耕土壤，水土流失严重。

参比土种　壤质黄土状栗褐土。

代表性单个土体　位于河北省宣化区深井镇马圈村，剖面点 114°52′21.4″E，40°23′51.8″N，海拔 1116m（图 10-84）。地势平坦，高原，冲积平原，河阶地；耕地，主要种植玉米、向日葵，覆盖度 90%。年平均气温 6.0℃，≥10℃积温为 3503℃，50cm 土壤温度年均 8.2℃；年降水量多年平均为 393mm；年均相对湿度为 51%；年干燥度为 1.7；年日照时数为 2849h。野外调查日期：2011 年 9 月 24 日。理化性质见表 10-83，表 10-84。

Ap：0～20cm，向下平滑模糊过渡，干，浊黄橙色（10YR6/4，干），粉砂壤土，弱发育的1～2cm团块结构和中发育2mm团粒结构，中量细根及极细根、很少量中粗根，疏松，黏着，可塑，强石灰反应。

Bk1：20～40cm，向下平滑模糊过渡，稍润，浊黄橙色（10YR6/4，润），浊黄橙色（10YR7/4，干），粉砂壤土，中发育的2～3cm棱块状结构，有丰度1%、大小1mm×2mm假菌丝体，少量细根及极细根，硬，黏着，中塑，强石灰反应。

Bk2：40～65cm，向下平滑模糊过渡，稍润，浊黄橙色（10YR7/4，润），粉砂壤土，弱发育的2～3cm块状结构，有丰度5%、大小2mm×3mm假菌丝体，少量细根及极细根，稍硬，黏着，中塑，强石灰反应，无亚铁反应。

Bk3：65~120cm，稍干，淡黄橙色（10YR8/4，干），粉砂壤土，弱发育的2～3cm块状结构，有丰度5%、大小2mm×3mm的假菌丝体，松软，黏着，中塑，强石灰反应，无亚铁反应。

图 10-84 马圈系代表性单个
土体剖面照

表 10-83 马圈系代表性单个土体物理性质

土层	深度 /cm	砾石* （>2mm，体积分数）/%	细土颗粒组成（粒径：mm）/（g/kg）			质地
			砂粒 2～0.05	粉粒 0.05～0.002	黏粒 <0.002	
Ap	0～20	0	222	619	159	粉砂壤土
Bk1	20～40	1	213	621	167	粉砂壤土
Bk3	65～120	5	226	622	152	粉砂壤土

表 10-84 马圈系代表性单个土体化学性质

深度 /cm	pH （H₂O）	有机碳 /（g/kg）	全氮（N） /（g/kg）	全磷（P₂O₅） /（g/kg）	全钾（K₂O） /（g/kg）	碳酸钙 /（g/kg）	CEC /（cmol/kg）
0～20	8.1	9.2	0.93	1.04	79.3	96.2	15.2
20～40	8.2	5.5	0.51	—	—	99.9	13.4
65～120	8.3	2.2	0.24	1.14	56.1	99.9	12.3

10.7.15　陈家房系

土族：砂质硅质混合型石灰性温性-普通简育干润雏形土

拟定者：龙怀玉，穆　真，李　军

图 10-85　陈家房系典型景观照

分布与环境条件　主要存在于张家口市海拔 1000m 以下的低山、石质丘陵和坝缘中山南侧，成土母质为黄土状洪冲积物夹杂安山岩、流纹岩的风化物（图 10-85）。分布区域属于暖温带亚干旱气候，年平均气温 7.1～10.5℃，年降水量 220～628mm。

土系特征与变幅　诊断层有：淡薄表层、雏形层；诊断特性有：钙积现象、半干润土壤水分状况、温性土壤温度状况、石灰性。成土母质为安山岩和流纹岩风化物的洪积物，通体砾石含量 10%～20%，有效土层 80～150cm，腐殖质层大于 30cm，但有机碳含量较低、颜色浅淡；碳酸钙含量有一定的淋溶淀积过程，形成了钙积现象，有明显的碳酸钙假菌丝体；黏粒含量小于 200g/kg；土壤颗粒控制层段为 25～100cm，颗粒大小类型为砂质。

对比土系　与胡家屯系属于相同的土族，但有明显差别：陈家房系的成土母质为安山岩或流纹岩风化物的洪积物，胡家屯系的成土母质为覆盖在砾石层之上的砂质灌溉淤积物；陈家房系心土层有明显的碳酸钙假菌丝体，具有钙积现象。胡家屯系剖面上没有假菌丝体、斑点等次生碳酸钙分凝物出现，没有钙积现象。

利用性能综述　土层较厚，有机质不高，但坡度缓，有利于植物生长。主要为林牧用地，草灌为主，间或有稀疏林木生长，部分开垦为农田，无灌溉条件，旱作，主要种植谷子。

参比土种　中层粗散状栗褐土。

代表性单个土体　位于河北省张家口市宣化区河子西乡陈家房村，剖面点 114°58′42.7″E，40°40′48.3″N，海拔 683m（图 10-86）。地势起伏，山地，低山山脚，坡度 35°，母质为安山岩质洪积物；草地，主要为草本植物，覆盖度 70%，地表有 5%、大小 3cm×5cm 的粗碎块。年平均气温 8.4℃，≥10℃积温为 3561℃，50cm 土壤温度年均 10℃；年降水量多年平均为 397mm；年均相对湿度为 49%；年干燥度为 1.7；年日照时数为 2828h。野外调查日期：2011 年 9 月 23 日。理化性质见表 10-85，表 10-86。

Ah1：0～5cm，向下平滑模糊过渡，干，浊黄色（2.5Y6/4，干），有大小 5～30mm、丰度 10%、硬度 6 的半风化角状岩石矿物，砂质壤土，弱发育的 2～5cm 团块结构和团粒结构，很少量细根及极细根、很少量中粗根，稍硬，稍黏着，稍塑，强石灰反应。

Ah2：5～40cm，向下平滑模糊过渡，干，淡黄色（2.5Y7/4，干），有大小 5～30mm、丰度 10%、硬度 6 的半风化角状岩石矿物，砂质壤土，弱发育的 3～5cm 块状结构，中量细根及极细根、很少量中粗根，砂土，稍硬，稍黏着，稍塑，强石灰反应。

Bk1：40～65cm，向下平滑模糊过渡，干，淡黄色（2.5Y7/4，干），有大小 5～30mm、丰度 10%、硬度 6 的半风化角状岩石矿物，砂质壤土，强发育的 5cm 块状结构，有清晰的假菌丝体 10%，少量细根及极细根，硬，强石灰反应。

Bk2：65～105cm，向下平滑清晰过渡，干，淡黄色（2.5Y7/4，润），有大小 30～80mm、丰度 15%、硬度 6 的半风化角状岩石矿物，砂质壤土，中发育的 5cm 块状结构，可见清晰的 5%碳酸钙假菌丝体，很少量细根及极细根，硬，强石灰反应。

C：>105cm，流纹岩、安山岩的大碎块与母质的混合层。

图 10-86 陈家房系代表性单个
土体剖面照

表 10-85 陈家房系代表性单个土体物理性质

土层	深度 /cm	砾石* (>2mm，体积 分数) /%	细土颗粒组成（粒径：mm）/（g/kg）			质地
			砂粒 2～0.05	粉粒 0.05～0.002	黏粒 <0.002	
Ah	0～40	10	635	253	112	砂质壤土
Bk1	40～65	20	668	207	125	砂质壤土
Bk2	65～105	20	674	201	125	砂质壤土

表 10-86 陈家房系代表性单个土体化学性质

深度 /cm	pH (H$_2$O)	有机碳 /（g/kg）	全氮（N） /（g/kg）	全磷（P$_2$O$_5$） /（g/kg）	全钾（K$_2$O） /（g/kg）	碳酸钙 /（g/kg）	CEC /（cmol/kg）
0～40	8.3	4.9	0.51	0.82	44.2	32.9	10.5
40～65	8.0	3.2	0.35	—	—	57.5	10.4
65～105	8.1	2.4	0.30	—	—	67.2	10.6

10.7.16　胡家屯系

土族：砂质硅质混合型石灰性温性-普通简育干润雏形土

拟定者：龙怀玉，穆　真，李　军

分布与环境条件　主要分布于张家口地区坝下洋河、桑干河的河流和季节性河流两岸高阶地（图10-87）。分布区域属于暖温带亚干旱气候，年平均气温6.0～9.5℃，年降水量227～626mm。

图10-87　胡家屯系典型景观照

土系特征与变幅　诊断层有：淡薄表层、雏形层；诊断特性有：半干润土壤水分状况、温性土壤温度状况、砂质沉积物岩性特征、石灰性。系覆盖在砾石层之上的砂质灌溉淤积物，经过微弱发育而成的土壤，通体砾石含量很少，有效土层小于100cm，土壤剖面没有明显分化；通体强碳酸钙反应，但没有假菌丝体、斑点等次生碳酸钙分凝物出现；土壤颗粒控制层段为25～100cm，颗粒大小类型为砂质。

对比土系　和陈家房系属于相同的土族，但陈家房系的成土母质为安山岩或流纹岩风化物的洪积物，胡家屯系的成土母质为覆盖在砾石层之上的砂质灌溉淤积物；陈家房系心土层有明显的碳酸钙假菌丝体，具有钙积现象，胡家屯系剖面上没有假菌丝体、斑点等次生碳酸钙分凝物出现，没有钙积现象。

利用性能综述　是旱作农耕土壤，水热和生产条件较好，生产力较高，主要种植玉米、高粱等农作物。但是质地粗，养分低缺，保肥保水能力差。

参比土种　砂质灌淤土。

代表性单个土体　位于河北省张家口市怀安县左卫镇胡家屯村，剖面点114°43′58.8″E，40°39′23.6″N，海拔746m（图10-88）。地势起伏，丘陵，低丘中部，母质为淤积物（地主说这些砂质东西是抽提100m深的地下水时，随水带来的）；耕地，主要作物为玉米和小麦，地表有3%、大小2cm×3cm的粗碎块。年平均气温8.3℃，≥10℃积温为3416℃，50cm土壤温度年均10℃；年降水量多年平均为397mm；年均相对湿度为50%；年干燥度为1.7；年日照时数为2822h。野外调查日期：2011年9月23日。理化性质见表10-87，表10-88。

Ap：0～25cm，向下平滑清晰过渡，稍干，黄色（5Y7/6，干），有丰度为 2%、大小为 20mm 的半风化矿物，砂质壤土，少量细根及极细根，弱发育的 1～3cm 块状结构和 1～2cm 团粒结构，松散，无黏着，无塑，强石灰反应。

CA：25～60cm，向下平滑清晰过渡，稍润，暗橄榄色（5Y4/3，润），有丰度为 5%、大小为 5～10mm 的半风化矿物，细砂土，极弱发育的 2～5cm 的团块结构和片状结构，很少量细根及极细根，松散，无黏着，无塑，强石灰反应。

C：>60cm，润，有丰度为 50%、大小为 5～50mm 的半风化次圆矿物，细砂土，松散，强石灰反应。

图 10-88　胡家屯系代表性单个
土体剖面照

表 10-87　胡家屯系代表性单个土体物理性质

土层	深度 /cm	砾石* （>2mm，体积 分数）/%	细土颗粒组成（粒径：mm）/（g/kg）			质地
			砂粒 2～0.05	粉粒 0.05～0.002	黏粒 <0.002	
Ap	0～25	2	719	182	99	砂质壤土
CA	25～60	5	775	140	86	细砂土

表 10-88　胡家屯系代表性单个土体化学性质

深度 /cm	pH （H₂O）	有机碳 /（g/kg）	全氮（N） /（g/kg）	碳酸钙 /（g/kg）	CEC /（cmol/kg）
0～25	8.5	2.8	0.37	44.3	7.7
25～60	8.5	1.5	0.27	40.4	6.3

10.7.17　白岭系

土族：黏壤质硅质混合型石灰性温性-普通简育干润雏形土
拟定者：龙怀玉，安红艳，刘　颖

分布与环境条件　主要分布于低山丘陵及山麓平原的上部（图 10-89）。土壤母质系黄土状母质，排水良好，地下水埋深 50m 以上。分布区域属于暖温带亚干旱气候，年平均气温 11.0～14℃，年降水量 207～894mm。

图 10-89　白岭系典型景观照

土系特征与变幅　诊断层有：淡薄表层、雏形层；诊断特性有：半干润土壤水分状况、温性土壤温度状况。土壤颗粒大小级别为黏壤质，成土母质系黄土状母质，质地均一，土层深厚，有效土层厚度 150cm 以上；发生了一定程度的残积黏化过程，黏粒没有明显移动，表土层、心土层的黏粒含量略微高于母质层；碳酸钙含量很低，小于 10g/kg；有机质累积过程弱，土体有机质含量较低，并且随着剖面深度增加而逐渐减少；通体有石灰反应。土壤颗粒控制层段为 25～100cm，颗粒大小类型为黏壤质；控制层段内二氧化硅含量 50%～70%，为硅质混合型矿物类型。

对比土系　与碾子沟系属于同一土族，剖面形态也非常相似，但碾子沟系在底部有个黑暗色埋藏土壤层，而白岭系没有。

利用性能综述　土层深厚，质地适中，土体构型良好，保水保肥能力较强，通透性良好。但地处低山丘陵岗坡，地势不平，多切沟陡坎，易水土流失。

参比土种　黄土状褐土。

代表性单个土体　位于河北省保定市徐水区东釜山乡白岭村，剖面点 115°21′41″E，39°08′45.8″N，海拔 94m（图 10-90）。地势起伏，低山丘陵，坡度 40°。黄土状母质，有效土层厚度 90cm，耕地，苹果树。表层较疏松，下层稍紧，30cm 以上可见碎石块，下层却没有。年平均气温 11.9℃，≥10℃积温为 4270℃，50cm 土壤温度年均 12.8℃；年降水量多年平均为 492mm；年均相对湿度为 60%；年干燥度为 1.8；年日照时数为 2614h。野外调查日期：2010 年 10 月 30 日。理化性质见表 10-89，表 10-90。

Ah：0～20cm，向下平滑渐变过渡，润，暗棕色（7.5YR3/3，润），亮棕色（10YR5/6，干），有 10%左右的新鲜不规则小石块，粉砂壤土，中发育的多量团粒、少量团块结构，中量细根，疏松，稍黏着，稍塑，有昆虫洞穴，弱石灰反应。

AB：20～50cm，向下平滑清晰过渡，润，暗棕色（7.5YR3/4，润），亮红棕色（5YR5/6，干），有 20%～30%的新鲜不规则小石块及少量大石块，粉砂壤土，中发育的棱块状结构，有 80%的对比明显的铁锰胶膜，少量细根，坚实，稍黏着，稍塑，中石灰反应。

Bk：50～90cm，向下平滑模糊过渡，润，棕色（7.5YR4/6，润），黄棕色（10YR5/6，干），粉砂壤土，中发育的棱块状结构，有 30%的对比明显的铁锰胶膜，少量细根，坚实，稍黏着，稍塑，中石灰反应。

C：90～150cm，润，棕色（7.5YR4/6，润），亮黄棕色（10YR6/6，干），粉砂壤土，中发育的棱块状结构，坚实，稍黏着，稍塑，未见土壤动物，弱石灰反应。

图 10-90　白岭系代表性单个土体剖面照

表 10-89　白岭系代表性单个土体物理性质

土层	深度 /cm	砾石* （>2mm，体积 分数）/%	细土颗粒组成（粒径：mm）/（g/kg）			质地
			砂粒 2～0.05	粉粒 0.05～0.002	黏粒 <0.002	
Ah	0～20	10	149	647	204	粉砂壤土
AB	20～50	20～30	205	582	213	粉砂壤土
Bk	50～90	—	156	634	210	粉砂壤土
C	90～150	—	215	600	185	粉砂壤土

表 10-90　白岭系代表性单个土体化学性质

深度 /cm	pH （H₂O）	有机碳 /（g/kg）	全氮（N） /（g/kg）	全磷（P₂O₅） /（g/kg）	全钾（K₂O） /（g/kg）	碳酸钙 /（g/kg）	CEC /（cmol/kg）
0～20	8.2	5.7	0.47	1.01	26.3	3.1	18.6
20～50	8.3	3.7	0.33	—	—	4.7	18.3
50～90	8.3	2.4	0.18	—	—	0.6	19.7
90～150	8.3	1.9	0.16	0.94	30.4	—	17.2

10.7.18　碾子沟系

土族：黏壤质硅质混合型石灰性温性-普通简育干润雏形土
拟定者：龙怀玉，穆　真，李　军，罗　华

分布与环境条件　主要存在于山谷平原（图 10-91）。分布区域属于中温带亚湿润气候，年平均气温 5.8～8.6℃，年降水量 299～790mm。

图 10-91　碾子沟系典型景观照

土系特征与变幅　诊断层有：淡薄表层、雏形层；诊断特性有：半干润土壤水分状况、温性土壤温度状况。土壤颗粒大小级别为黏壤质，成土母质系黄土状母质-埋藏土壤，质地均一，土层深厚，有效土层厚度 150cm 以上，但底土层为埋藏土壤的腐殖质层；发生了一定程度的残积黏化过程，黏粒没有明显移动，心土层的黏粒含量略微高于表土层、母质层，有少量黏粒胶膜，碳酸钙发生了微弱的淋溶淀积，心土层碳酸钙含量明显高于表土层，略高于母质层；有机质累积过程弱，土体有机质含量较低，上下土层含量差异不大，或者因埋藏腐殖质层的影响而随剖面深度增加而略微增加，20cm 土层的腐殖质储量比在 0.15～0.25；通体有弱石灰反应。

对比土系　与白岭系属于同一土族，剖面形态也非常相似，但碾子沟系底部有个黑暗色埋藏土壤层，而白岭系没有。

利用性能综述　土层深厚，质地适中，土体构型良好，通透性良好，保水保肥能力较强。但地处低山丘陵岗坡，地势不平，多切沟陡坎，易水土流失。

参比土种　黄土状褐土。

代表性单个土体　位于河北省承德市承德县两家满族乡碾子沟，剖面点 118°2′2.6″E，41°20′42.5″N，海拔 552m（图 10-92）。地势陡峭切割，山地，低山，谷底底部，坡度 25°，黄土状母质；耕地，草本植物覆盖度 90%，地表有轻度沟蚀、片蚀，有丰度 30%、大小 10cm 的粗碎块。年平均气温 7.2℃，≥10℃积温为 3310℃，50cm 土壤温度年均 9.1℃；年降水量多年平均为 505mm；年均相对湿度为 56%；年干燥度为 1.2；年日照时数为 2713h。野外调查日期：2011 年 8 月 8 日。理化性质见表 10-91，表 10-92。

Ah1: 0~13cm, 向下平滑模糊过渡, 稍润, 亮黄棕色 (10YR 6/6, 润), 黄橙色 (7.5YR7/8, 干), 土体内有丰度 2%、大小 3cm 的次圆碎屑, 壤土, 弱发育的 1cm 的块状结构, 中量细根及极细根、很少量中粗根, 稍硬, 稍黏着, 稍塑, 有宽 2~3mm、长 90cm 连续的裂隙, 无石灰反应。

Ah2: 13~32cm, 向下平滑渐变过渡, 稍润, 橙色 (7.5YR6/6, 润), 土体内有丰度 20%、大小 3cm 的次圆岩石碎屑, 壤土, 弱发育的 1cm 的块状结构, 中量细根及极细根、很少量中粗根, 松软, 稍黏着, 稍塑, 有宽 2~3mm、长 90cm 的连续裂隙, 石灰反应弱。

Bt1: 32~50cm, 向下平滑渐变过渡, 稍润, 浊棕色 (7.5YR5/4, 润), 亮黄棕色 (10YR 6/6, 干), 土体内有丰度 2%、大小 3cm 的次圆岩石碎屑, 粉砂壤土, 中发育的 1cm 棱块结构, 中量细根及极细根, 硬, 黏着, 中塑, 有宽 2mm、长 90cm 的裂隙, 石灰反应弱。

Bt2: 50~70cm, 向下平滑清晰过渡, 稍润, 浊橙色 (7.5YR6/4, 润), 亮黄棕色 (10YR 6/6, 干), 土体内有丰度 2%、大小 3cm 的次圆岩石碎屑, 粉砂壤土, 中发育的 1cm 棱块结构, 中量细根及极细根, 硬, 黏着, 中塑, 无斑纹, 有宽 2~3mm、长 90cm 的连续裂隙, 石灰反应弱。

Bt3: 70~90cm, 向下平滑突变过渡, 稍润, 黑棕色 (7.5YR3/2, 润), 亮黄棕色 (10YR 6/6, 干), 土体内有丰度 2%、大小 3cm 的块状岩石碎屑, 粉砂壤土, 强发育的 2~5cm 棱柱结构, 中量细根及极细根, 硬, 黏着, 中塑, 石灰反应弱。

Ab: >90cm, 黑棕色 (7.5YR3/1, 干), 干, 粉砂壤土, 强发育的 2~5cm 棱柱结构, 硬, 黏着, 中塑, 石灰反应弱。

图 10-92 碾子沟系代表性单个土体剖面照

表 10-91 碾子沟系代表性单个土体物理性质

土层	深度 /cm	砾石* (>2mm, 体积分数) /%	细土颗粒组成 (粒径: mm) / (g/kg)			质地
			砂粒 2~0.05	粉粒 0.05~0.002	黏粒 <0.002	
Ah1	0~13	2	256	521	224	壤土
Bt1	32~50	2	188	562	249	粉砂壤土
Bt3	70~90	2	226	547	227	粉砂壤土
Ab	>90	0	228	505	267	粉砂壤土

表 10-92　碾子沟系代表性单个土体化学性质

深度 /cm	pH (H$_2$O)	有机碳 /（g/kg）	全氮（N） /（g/kg）	全磷（P$_2$O$_5$） /（g/kg）	全钾（K$_2$O） /（g/kg）	碳酸钙 /（g/kg）	CEC /（cmol/kg）
0～13	7.1	4.3	0.26	1.12	15.7	1.9	17.5
32～50	7.7	4.7	0.29	—	—	4.1	21.1
70～90	7.7	7.2	0.40	1.08	26.0	2.2	20.7
＞90	7.7	13.4	0.62	1.08	17.4	—	23.8

10.7.19 大蟒沟系

土族：粗骨壤质混合型石灰性温性-普通简育干润雏形土

拟定者：龙怀玉，穆 真，李 军

分布与环境条件 主要存在于张家口市海拔 1300m以下的中山、低山、石质丘陵顶部，成土母质为片麻岩、变粒岩的风化物（图10-93）。分布区域属于暖温带亚干旱气候，年平均气温 5.7～7.4℃，年降水量225～609mm。

图 10-93 大蟒沟系典型景观照

土系特征与变幅 诊断层有：淡薄表层、雏形层、钙积层；诊断特性有：半干润土壤水分状况、温性土壤温度状况、准石质接触面。成土母质为片麻岩和变粒岩的风化物，通体砾石含量 20%左右，有效土层 80～150cm，腐殖质层大于 25cm，且有机碳含量较高、颜色黑暗；碳酸钙含量小于 90g/kg，有碳酸钙淋溶淀积过程，上下层碳酸钙含量差异悬殊，形成了钙积层；黏粒含量小于 20g/kg，几乎没有淋溶淀积过程；土壤颗粒控制层段为 25～100cm，砾石含量 20%～40%，颗粒大小类型为粗骨壤质。

对比土系 和阳坡系的地形部位、景观植被、气候条件等相差无几，剖面形态也比较相似。但大蟒沟系成土母质为片麻岩、变粒岩的风化物，颗粒大小类型为壤质。阳坡系成土母质为石灰岩、白云岩类残坡积物，颗粒大小为粗骨黏壤质。

利用性能综述 土层深厚，土壤质地适中，山高坡陡，水土流失严重，不宜农用，可逐渐发展牧草。

参比土种 中层粗散状栗褐土。

代表性单个土体 位于河北省阳原县三马坊乡大蟒沟村，剖面点 114°31′38.7″E，40°16′32.7″N，海拔 1147m（图 10-94）。地势陡峭切割，山地，低山，凸型坡中部，坡度 75°，母质为石墨状片麻岩坡积物；草地，植被为天然牧草，覆盖度 40%，地表有 35%中等强度的风蚀、水蚀，地表有丰度 50%、间距 0.5m 的岩石露头，有丰度 20%、大小 2～3cm 的岩石碎屑。年平均气温 5.8℃，≥10℃积温为 3291℃，50cm 土壤温度年均 8.0℃；年降水量多年平均为 399mm；年均相对湿度为 53%；年干燥度为 1.6；年日照时数为 2838h。野外调查日期：2011 年 10 月 25 日。理化性质见表 10-93，表 10-94。

图 10-94　大蟒沟系代表性单个
土体剖面照

Ah：0～10cm，向下平滑清晰过渡，稍润，黑棕色（10YR3/2，润），暗红褐色（10YR4/4，干），土体中有丰度 20%、大小 0.5～2cm、硬度为 7 的新鲜岩石碎屑，壤土，中发育的 2～3cm 团块结构，中量细根及极细根、很少量中粗根，松散，稍黏着，稍塑，石灰反应弱。

AB：10～25cm，向下平滑渐变过渡，稍润，暗红褐色–棕色（10YR4/4，润），土体中有丰度 20%、大小 0.5～2cm、硬度为 7 的新鲜岩石碎屑，壤土，强发育的 3～5cm 棱块结构，中量细根及极细根，坚实，稍黏着，稍塑，石灰反应弱，无亚铁反应。

Bw：25～50cm，向下平滑清晰过渡，稍干，淡红褐色（10YR6/4，干），土体中有丰度 10%、大小 0.5～2cm、硬度为 7 的新鲜岩石碎屑，壤土，强发育的 5～10cm 棱块结构，少量细根及极细根，土壤硬，稍黏着，稍塑，石灰反应弱。

Bk：50～130cm，向下平滑清晰过渡，稍干，浊黄橙色（10YR6/4，干），土体中有丰度 40%、大小 0.5～1cm、硬度为 7 的高风化棱块岩石碎屑，壤土，强发育的 5～10cm 棱块结构，有 10% 薄层白色碳酸钙粉末，硬，石灰反应强烈。

C：>130cm，坡积母岩大碎块和细土母质的混合层。

表 10-93　大蟒沟系代表性单个土体物理性质

| 土层 | 深度 /cm | 砾石* （>2mm，体积 分数）/% | 细土颗粒组成（粒径：mm）/（g/kg） | | | 质地 |
			砂粒 2～0.05	粉粒 0.05～0.002	黏粒 <0.002	
Ah	0～10	20	451	358	191	壤土
AB	10～25	20	401	417	182	壤土
Bw	25～50	10	492	325	183	壤土
Bk	50～130	50	501	401	98	壤土

表 10-94　大蟒沟系代表性单个土体化学性质

深度 /cm	pH （H_2O)	有机碳 /（g/kg）	全氮（N） /（g/kg）	全磷（P_2O_5) /（g/kg）	全钾（K_2O) /（g/kg）	碳酸钙 /（g/kg）	CEC /（cmol/kg）
0～10	8.1	9.9	0.85	1.48	52.3	5.0	24.1
10～25	8.0	3.7	0.35	—	—	4.1	16.6
25～50	8.1	2.4	0.36	1.93	62.3	3.7	15.9
50～130	8.1	2.6	0.35	1.76	48.5	121.8	10.6

10.7.20　沟脑系

土族：粗骨壤质硅质混合型铝质温性-普通简育干润雏形土
拟定者：龙怀玉，穆　真，李　军，罗　华

分布与环境条件　一般存
在于花岗岩区中坡到陡坡
处，成土母质为花岗岩残积
风化物，海拔一般在 600～
900m，乔灌木植被生长茂
盛（图 10-95）。分布区域
属于中温带亚湿润气候，年
平均气温 6.5～8.7℃，年降
水量 295～811mm。

图 10-95　沟脑系典型景观照

土系特征与变幅　诊断层有：淡薄表层、雏形层；诊断特性有：半干润土壤水分状况、
温性土壤温度状况、铝质土壤反应。成土母质系花岗岩坡积风化物，有效土层厚度 100cm
以上，砾石含量 40%以上，通体 pH<5.0，无石灰反应。颗粒控制层段起于 25cm，厚 35～
75cm，土壤颗粒大小级别为粗骨壤质，铝质土壤反应。

对比土系　和桦林子系的地形部位、植被景观、成土母质基本相同，剖面外观相似度
很高。但桦林子为冷性土壤温度状况，土壤酸碱性为非酸性，颗粒大小类型为粗骨壤
质盖粗骨质。沟脑系为温性土壤温度状况，土壤酸碱性为铝质，土壤颗粒大小级别为
粗骨壤质。

利用性能综述　植被生长茂盛，土层也较为深厚，但是一般处于陡坡上，土体中又含有
较多砾石，而且土壤附着性小，容易被水流冲走，造成土壤侵蚀。

参比土种　中腐厚层粗散状黄棕壤。

代表性单个土体　位于河北省承德市滦平县金钩屯镇大杨树沟脑村，剖面点
117°34′59.3″E，41°2′13.7″N，海拔 635m（图 10-96）。地势强度起伏，山地，中山，凸
型坡中部，坡度 46°，母质为花岗岩坡积物；林地，主要植被为乔木，覆盖度 70%，地
表有 20%中等强度沟蚀，有丰度 80%、大小 1cm×2cm 的粗碎块。年平均气温 7.5℃，≥
10℃积温为 3530℃，50cm 土壤温度年均 9.3℃；年降水量多年平均为 518mm；年均相对
湿度为 55%；年干燥度为 1.3；年日照时数为 2700h。野外调查日期：2011 年 8 月 8 日。
理化性质见表 10-95，表 10-96。

图 10-96　沟脑系代表性单个
土体剖面照

Ah：0～20cm，向下平滑渐变过渡，润，暗红棕色（5YR3/2，润），棕色（7.5YR4/6，干），土体内有丰度 10%、大小 5cm 的花岗岩碎屑，壤土，中发育的 3mm 以下的团粒和中发育的 1cm 团块结构，中量细根及极细根、很少量中粗根，松散，稍黏着，稍塑，无石灰反应，中氟化钠反应。

Bt1：20～50cm，向下平滑渐变过渡，稍润，红棕色（5YR4/6，润），橙色（7.5YR6/6，干），土体内有丰度 40%、大小 10cm 的花岗岩碎屑，粉砂壤土，中发育 1cm 的团块结构，中量细根及极细根、很少量中粗根，松散，稍黏着，极塑，无石灰反应，中氟化钠反应。

Bt2：50～70cm，向下平滑清晰过渡，稍润，暗红棕色（5 YR3/4，润），橙色（7.5YR7/6，干），土体内有丰度 40%、大小 10cm 的花岗岩碎屑，黏壤土，中发育 1cm 的团块结构，少量细根及极细根，松散，稍黏着，无塑，无石灰反应，中氟化钠反应，速效磷含量 2.4mg/kg。

C：70～120cm，母岩碎屑物、母质交错层，润，亮红棕色（5YR5/6，润），砂土，土体内有丰度 95%、大小 10cm 以上的块状花岗岩碎屑，松散，无黏着，无塑，无石灰反应，中氟化钠反应。

表 10-95　沟脑系代表性单个土体物理性质

| 土层 | 深度/cm | 砾石*（>2mm，体积分数）/% | 细土颗粒组成（粒径：mm）/（g/kg） | | | 质地 |
			砂粒 2～0.05	粉粒 0.05～0.002	黏粒 <0.002	
Ah	0～20	10	280	462	258	壤土
Bt1	20～50	40	132	582	286	粉砂壤土
Bt2	50～70	40	205	497	298	黏壤土
C	70～120	95	—	—	—	砂土

表 10-96　沟脑系代表性单个土体化学性质

深度/cm	pH (H₂O)	有机碳/（g/kg）	全氮（N）/（g/kg）	全磷（P₂O₅）/（g/kg）	全钾（K₂O）/（g/kg）	CEC/（cmol/kg）	交换性铝/（cmol/kg）	盐基饱和度/（%）	游离铁/（g/kg）
0～20	5.4	16.8	0.99	1.05	15.1	24.4	0.01	39.0	10.3
20～50	4.8	6.7	0.65	—	—	23.8	3.84	28.0	13.3
50～70	4.4	4.6	0.38	1.10	16.7	21.6	7.06	19.4	13.5

10.7.21　白土岭系

土族：黏壤质混合型石灰性温性-普通简育干润雏形土
拟定者：龙怀玉，刘　颖，安红艳，陈亚宇

分布与环境条件　分布于太行山和燕山山脉石灰岩的山麓坡地和岗坡丘陵，大部分被改造成梯田，海拔 300～900m，成土母质为白云岩残坡积物，气候干旱，植被多为旱生的灌木，如野酸枣树，混有蒿草等草类，覆盖度较高（图 10-97）。分布区域属于暖温带亚干旱气候，年平均气温 9.1～14.1℃，年降水量 225～1097mm。

图 10-97　白土岭系典型景观照

土系特征与变幅　诊断层有：淡薄表层、雏形层、钙积层；诊断特性有：半干润土壤水分状况、温性土壤温度状况。成土母质系白云岩残积风化物，有效土层厚度 60～130cm，成土作用较弱，通体强石灰反应，土体碳酸钙平均含量 70g/kg 以上，有明显的碳酸钙淋溶淀积过程，心土层有大量白色假菌丝体，心土层碳酸钙含量比表土层高 50g/kg 以上；土体黏粒含量在 200～300g/kg，没有明显的黏粒淀积过程，心土层黏粒含量与表土层基本相同。颗粒控制层段厚度 25～100cm，土壤颗粒大小级别为黏壤质，控制层段内石英含量＜40%，长石含量＜20%，为混合型矿物类型。

对比土系　和塔儿寺系在空间分布上有毗邻的地方，成土母质相同，剖面形态相似。但塔儿寺系具有暗沃表层，土壤颗粒大小级别为壤质。白土岭系为淡薄表层，土壤颗粒大小级别为黏壤质。

利用性能综述　表土层质地多为砂黏壤土，砂黏适中，疏松多孔，耕性好，宜耕期长，但土壤地处山麓坡地，地块零碎，土壤耕层较浅，含砾石，干旱缺水。对于坡度缓、地块大、土层厚的土壤，可以通过平整土地、清理石块、改善灌溉条件发展旱作农业。对于坡度陡、地块小的地区，应以发展苹果、梨、核桃、柿子等经济果树较好。

参比土种　中层灰质石灰性褐土。

代表性单个土体　位于河北省石家庄市井陉县辛庄乡白土岭村，剖面点 113°49′47.1″E，38°09′19.7″N，海拔782m，地势起伏，山地低山，直线型坡中部，坡度49.10°（图 10-98）。母质为白云岩的坡残积物。自然植被为蒿草、酸枣树、灌木，覆盖度为>70%。有 30%的地表存在弱的水蚀；有丰度>80%的岩石露头，有丰度>80%的地表粗碎块，地下水深度>10m。年平均气温 9.6℃，≥10℃积温为 4489℃，50cm 土壤温度年均 11℃；年降水量多年平均为 523mm；年均相对湿度为 60%；年干燥度为 1.8；年日照时数为 2512h。

图 10-98　白土岭系代表性单个
土体剖面照

细土母质填充在石块的缝隙间。

野外调查日期：2011年4月16日。理化性质见表10-97，表 10-98。

Ah：0～20cm，向下平滑渐变过渡，干，浊黄棕色（10YR5/4，干），有 5%角状新鲜白云岩石块，粉砂壤土，强发育的棱块状结构，中量细根、很少量中根、很少量粗根，坚硬，黏着，中塑，少量碳酸钙假菌丝体，中石灰反应，碳酸钙含量 14.3g/kg。

AB：20～48cm，向下平滑模糊过渡，干，浊黄橙色（10YR7/4，干），有 3%扁平新鲜白云岩，粉砂壤土，强发育的棱柱状结构，少量细根，极坚硬，黏着，中塑，多量碳酸钙假菌丝体，有贝壳，无土壤动物，极强的石灰反应，无酚酞反应，碳酸钙含量 33.2g/kg。

Bk：48～80cm，干，浊黄橙色（10YR6/4，干），有 3%扁平新鲜白云岩，粉砂壤土，强发育的棱柱状结构，极坚硬，黏着，中塑，多量碳酸钙假菌丝体，有贝壳，极强石灰反应，无酚酞反应，碳酸钙含量 87.5g/kg。

R/C：>80cm，白云岩母岩大碎块与细土母质的混合层，

表 10-97　白土岭系代表性单个土体物理性质

土层	深度 /cm	砾石* （>2mm，体积分数）/%	细土颗粒组成（粒径：mm）/（g/kg）			质地
			砂粒 2～0.05	粉粒 0.05～0.002	黏粒 <0.002	
Ah	0～20	5	113	640	247	粉砂壤土
AB	20～48	3	142	628	230	粉砂壤土
Bk	48～80	3	151	626	223	粉砂壤土

表 10-98　白土岭系代表性单个土体化学性质

深度 /cm	pH （H₂O）	有机碳 /（g/kg）	全氮（N） /（g/kg）	碳酸钙 /（g/kg）	CEC /（cmol/kg）
0～20	7.9	6.4	0.51	14.3	20.0
20～48	7.8	3.3	0.30	33.2	17.6
48～80	8.2	2.1	0.19	87.5	14.4

10.7.22 草碾华山系

土族：粗骨质混合型非酸性温性-普通简育干润雏形土
拟定者：龙怀玉，穆 真，李 军

分布与环境条件 主要存在于太行山燕山山脉的低山丘陵中上部陡坡及山顶周围（图 10-99）。分布区域属于暖温带亚湿润气候，年平均气温 7.8～10.6℃，年降水量371～1168mm。

图 10-99 草碾华山系典型景观照

土系特征与变幅 诊断层有：淡薄表层、雏形层；诊断特性有：半干润土壤水分状况、温性土壤温度状况、石质接触面、碳酸盐岩岩性特征。成土母质系石灰岩残积风化物，从矿质土壤层突然过渡到母岩层，土层较薄，有效土层厚度小于 50cm，成土作用微弱，但碳酸钙含量甚微，通体无石灰反应，土体剖面特征发育微弱，但腐殖质积累较高，土壤颗粒控制层段为 0～50cm，颗粒大小类型为粗骨质。

对比土系 和北沟系的气候类型、植被类型、地形部位基本相同，但北沟系有效土层厚度最多只有 30cm，强石灰反应，细土质地为黏壤土，土壤颗粒大小级别为粗骨质。而草碾华山系有效土层厚度可达 50cm，通体无石灰反应，细土质地为黏土，颗粒大小类型为粗骨质。

利用性能综述 土壤肥力较高，保肥供肥性能好，但是坡度大，土层薄，砾石多，侵蚀重。因此，相对高处应养草育林；在地势相对低平而土层又较厚的地区可栽种红果、柿子、刺槐、山杨。

参比土种 钙质粗骨土。

代表性单个土体 草碾华山系典型单个土体剖面位于河北省秦皇岛市青龙县草碾乡华山村，剖面点 118°57′7.6″E，40°10′7.6″N，海拔 248m（图 10-100）。地势陡峭切割，低山丘陵，低山，直线坡中部，坡度 67°，成土母质为白云质石灰岩残积物。荒地，主要植被为矮小灌木，覆盖度 70%。地表有丰度 20%的岩石露头、丰度 30%的粗碎块。年平均气温 9.0℃，≥10℃积温为 3834℃，50cm 土壤温度年均 10.5℃；年降水量多年平均为682mm；年均相对湿度为 61%；年干燥度为 1.1；年日照时数为 2666h。野外调查日期：2011 年 11 月 4 日。理化性质见表 10-99，表 10-100。

图 10-100　草碾华山系代表性单个
土体剖面照

Ah：0～20cm，黏壤土，向下平滑模糊过渡，稍润，棕色（7.5YR4/3，润），亮红棕色（5YR5/6，干），岩石矿物碎屑丰度 60%、大小约 5～10mm、角状、半风化状态，细土质地为黏土，强发育的团粒结构、中强发育的团块结构，少量细根极细根、很少量中粗根，疏松，黏着，中塑，无石灰反应。

AC：20～50cm，向下平滑突变过渡，稍润，浊棕色（7.5YR5/4，润），亮红棕色（5YR5/6，干），岩石矿物碎屑丰度 80%、大小约 5～10mm、角状、半风化状态，黏土，强发育团粒结构、中强发育团块结构，石块面和结构体表面有少量模糊黏粒胶膜和铁锰胶膜，少量细根极细根、很少量中粗根，疏松，黏着，中塑，无石灰反应。

R：>50cm，母岩。

表 10-99　草碾华山系代表性单个土体物理性质

土层	深度/cm	砾石*（>2mm，体积分数）/%	细土颗粒组成（粒径：mm）/（g/kg）			质地
			砂粒 2～0.05	粉粒 0.05～0.002	黏粒 <0.002	
Ah	0～20	60	132	395	473	黏土
AC	20～50	80	106	389	505	黏土

表 10-100　草碾华山系代表性单个土体化学性质

深度/cm	pH（H$_2$O）	有机碳/（g/kg）	全氮（N）/（g/kg）	CEC/（cmol/kg）
0～20	7.6	10.4	0.94	34.6
20～50	7.4	6.3	0.72	36.6

10.7.23 三道河系

土族：黏壤质硅质混合型非酸性温性-普通简育干润雏形土
拟定者：龙怀玉，穆 真，李 军，罗 华

分布与环境条件 主要存在于太行山、燕山和冀西北山区中低山及丘陵上，海拔一般在 300～600m，地势陡峭，土壤母质为变粒岩的残积风化物（图10-101）。自然植被有针阔叶混交林及灌丛草被，覆盖度较高。分布区域属于中温带亚湿润气候，年平均气温 7.5～10.3℃，年降水量 321～826mm。

图 10-101 三道河系典型景观照

土系特征与变幅 诊断层有：淡薄表层、雏形层；诊断特性有：半干润土壤水分状况、温性土壤温度状况。成土母质系变粒岩残积风化物，有效土层厚度 60～100cm；通体没有石灰反应；呈中性至微碱性。在心土层或底土层有黏粒胶膜，黏粒含量上下层之间也没有明显差异；游离铁含量较高，部分层次具备了铁质特性；土壤颗粒大小控制层段为 25～100cm，颗粒大小为黏壤质。

对比土系 与上薄荷系的剖面形态相似度较高，但上薄荷系的颗粒大小级别为粗骨黏壤质盖粗骨质，三道河系的颗粒大小级别为黏壤质。

利用性能综述 土层较厚，土质适中，疏松多孔，通透性好，土壤有机质、全氮、速效钾含量较高，水热状况较好，目前基本上为林牧用地，自然植被有针阔叶混交林及灌丛草被，植被覆盖度较高。但是地处山坡，易水土流失。

参比土种 薄腐厚层粗散状棕壤性土。

代表性单个土体 位于河北省承德市承德县双峰寺镇三道河村，剖面点 117°58′6.8″E，40°2′50.5″N，海拔 378m（图 10-102）。地势陡峭切割，山地，低山，坡，凸型坡下部，坡度 58°，母质为变粒岩残积物；林地，植被为灌木，覆盖度 90%，地表有 10% 的轻度沟蚀、片蚀，有丰度 20%、大小 10cm 的粗碎块。年平均气温 8.6℃，≥10℃积温为 3599℃，50cm 土壤温度年均 10.2℃；年降水量多年平均为 525mm；年均相对湿度为 56%；年干燥度为 1.3；年日照时数为 2689h。野外调查日期：2011 年 8 月 8 日。理化性质见表 10-101，表 10-102。

图 10-102　三道河系代表性单个
土体剖面照

Ah: 0～10cm，向下平滑渐变过渡，稍润，橙色（7.5YR7/6，润），土体内有丰度20%、大小1cm的块状岩石碎屑，砂质壤土，中发育的5mm以下的团粒结构和1.5cm以下的团块结构，中量细根及极细根、很少量中粗根，坚实，稍黏着，稍塑，无石灰反应。

Bt1: 10～45cm，向下平滑清晰过渡，稍润，棕色（7.5YR4/4，润），土体内有丰度40%、大小1cm的块状岩石碎屑，壤土，中发育的1.5cm的棱块结构，有丰度30%模糊的黏粒胶膜，少量细根及极细根、很少量中粗根，坚实，稍黏着，稍塑，无石灰反应，中等氟化钠反应。

Bw: 45～53cm，向下平滑清晰过渡，稍润，棕色（7.5YR4/6，润），土体内有丰度40%、大小1cm的块状岩石碎屑，砂质壤土，极弱发育的1cm块状结构或无结构，石块表面有丰度10%模糊的黏粒胶膜和丰度10%模糊的铁锰胶膜，少量细根及极细根、很少量中粗根，砂壤土，坚实，稍黏着，稍塑，无石灰反应，中等氟化钠反应。

Bt2: 53～95cm，向下平滑清晰过渡，稍润，棕色（7.5YR4/3，润），土体内有丰度40%、大小1cm×2cm的块状岩石碎屑，壤土，强发育的2cm棱块结构，有丰度30%明显的黏粒胶膜，有丰度5%、大小1mm、边界扩散、对比模糊的锈纹锈斑，少量细根及极细根、很少量中粗根，坚实，稍黏着，稍塑，无石灰反应。

C: 95～120cm，为母岩风化物碎屑层和石块混合物。

表 10-101　三道河系代表性单个土体物理性质

土层	深度/cm	砾石*（>2mm，体积分数）/%	细土颗粒组成（粒径：mm）/（g/kg）			质地
			砂粒 2～0.05	粉粒 0.05～0.002	黏粒 <0.002	
Ah	0～10	20	559	228	214	砂质壤土
Bt1	10～45	40	491	281	228	壤土
Bt2	53～95	40	366	399	235	壤土

表 10-102　三道河系代表性单个土体化学性质

深度/cm	pH（H₂O）	有机碳/（g/kg）	全氮（N）/（g/kg）	全磷（P₂O₅）/（g/kg）	全钾（K₂O）/（g/kg）	CEC/（cmol/kg）	游离铁/（g/kg）
0～10	6.7	10.7	0.82	1.17	35.6	19.6	20.3
10～45	6.9	4.5	0.30	—	—	20.4	19.5
53～95	7.1	3.5	0.24	1.08	35.4	21.6	16.0

10.8 漂白暗色潮湿雏形土

10.8.1 木头土系

土族：壤质硅质混合型非酸性冷性-漂白暗色潮湿雏形土

拟定者：龙怀玉，刘　颖，安红艳，穆　真

分布与环境条件　主要分布在坝上高原北部平缓丘陵、下湿滩地（图 10-103）。成土母质为玄武岩河流洪冲积物，土层深厚，所处地形平缓，地下水位 1～3m。分布区域属于中温带亚湿润气候，年平均气温–0.7～3.6℃，年降水量 230～675mm。

图 10-103　木头土系典型景观照

土系特征与变幅　诊断层有：暗沃表层、漂白层、雏形层；诊断特性有：氧化还原特征、潮湿土壤水分状况、冷性土壤温度状况、冻融特征。成土母质为玄武岩河流洪冲积物，有效土层大于 120cm；腐殖质积累较强，表土为黑色腐殖质层，厚度 30～50cm，但其舌状延伸有时可达 1m 左右；土层 40～100cm 之间全部或部分土层有冻融特征，具鳞片状结构的土层至少 10cm 以上；显著的漂洗过程，在心土层、底土层存在一个厚 60cm 以上的漂白层；氧化还原过程显著，在心土层、底土层有大量的铁锰锈斑和极少量的软质铁锰结核；有一定的螯合-淋溶过程，在中上部土层有少量的二氧化硅粉末。随着深度增加，土壤黏粒逐渐减少、砂粒逐渐增加，上壤下砂；全剖面无石灰反应、亚铁反应。土壤颗粒控制层段为 25～100cm，颗粒大小类型为砂质，控制层段内二氧化硅含量 60%～90%，为硅质混合型矿物类型。

对比土系　和南岔系在空间分布上相隔不远，剖面有许多相似之处，但南岔系成土母质是安山岩残坡积物，通体砾石含量在 30% 左右，有效土层小于 50cm，没有冻融特征，颗粒大小类型为粗骨壤质。木头土系成土母质为玄武岩河流洪冲积物，有效土层大于 120cm，土体中下部有鳞片状结构的冻融特征，在心土层、底土层有大量的铁锰锈斑和极少量的软质铁锰结核，颗粒大小类型为砂质。

利用性能综述　土层深厚，肥力较高，有较好的团粒结构，土壤水分充沛，是优质牧场，但土壤温度低，并处于主害风的风口，有风蚀威胁。有些地方，无水浇条件，牧草地管理粗放，由于过度放牧，草场已严重退化。

参比土种　厚腐中层冲积性黑土。

代表性单个土体 位于河北省承德市围场满族蒙古族自治县姜家店乡木头土三号，剖面点 117°30′24.4″E，42°30′19.7″N，海拔 1455m，地势强度起伏，高原山地，中切割中山，倾斜山谷中部，坡度为 9.3°（图 10-104）。河流冲积物母质，当地人称为鸡粪土。稀疏林地和草地，植被为灌木、矮草地，地表受到轻度的水蚀和片蚀影响。地下水埋深 3m 左右，冬天易出现冻层，由冻层滞水产生的侧向漂洗，产生了大量的漂白物质。年平均气温 1.4℃，≥10℃积温为 2589℃，50cm 土壤温度年均 4.6℃；年降水量多年平均为 433mm；年均相对湿度为 57%；年干燥度为 1.2；年日照时数为 2758h。野外调查日期：2010 年 8 月 27 日。理化性质见表 10-103，表 10-104。

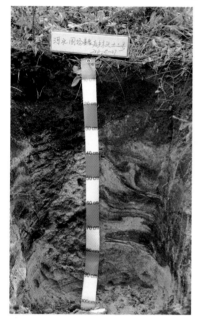

图 10-104 木头土系代表性单个
土体剖面照

Ah：0～30cm，向下波状清晰过渡，润，黑棕色（10YR3/2，润），暗棕色（10YR3/3，干），壤土，多量的中等团粒结构和少量的中等团块结构，中量细根、中根，疏松，稍黏着，稍塑。

AB：30～40cm，向下波状模糊过渡，润，黄棕色（2.5Y5/3，润），浊黄棕色（10YR5/3，干），壤土，弱的团粒结构，亦有冻融过程形成的片状结构，少量细根和中根，松散，稍黏着，稍塑，孔隙周围有少量明显的铁锰锈斑，有二氧化硫粉末，无石灰反应，氟化钠反应微弱。

Er/A：40～70cm，向下波状清晰过渡，润，浊黄色（2.5Y6/3，润），浅淡黄色（2.5Y8/4，干），砂质壤土，中发育 2～5mm 棱块结构、中发育 10～15mm 棱块结构，丰度 50%左右为漂白物质，有丰度 40%红褐色铁锰锈斑，很少量细根，松散，无石灰反应，氟化钠反应中等。

Er：70～90cm，向下平滑状逐渐过渡，润，亮黄棕色（10YR6/6，润），黄色（2.5Y8/6，干），砂质壤土，无结构，中发育 10～15mm 棱块结构，松散，有 80%红褐色铁锰锈斑，有机质淀积明显，无石灰反应，氟化钠反应中等。

Cr：>90cm，母质层，润，亮黄棕色（10YR6/6，润），黄色（2.5Y8/6，干），砂质壤土，松散，无石灰反应，氟化钠反应中等。

表 10-103 木头土系代表性单个土体物理性质

土层	深度 /cm	砾石* (>2mm, 体积 分数) /%	细土颗粒组成（粒径：mm）/（g/kg）			质地
			砂粒 2～0.05	粉粒 0.05～0.002	黏粒 <0.002	
Ah	0～30	0	447	344	209	壤土
AB	30～40	0	465	324	211	壤土
Er/A	40～70	0	547	289	164	砂质壤土
Er	70～90	0	614	294	91	砂质壤土

表 10-104　木头土系代表性单个土体化学性质

深度 /cm	pH (H₂O)	有机碳 / (g/kg)	全氮（N） / (g/kg)	全磷（P₂O₅） / (g/kg)	全钾（K₂O） / (g/kg)	CEC / (cmol/kg)
0～30	5.9	26.9	1.65	0.60	18.9	27.1
30～40	6.0	15.6	0.85	0.60	20.5	23.3
40～70	5.9	8.9	0.49	—	—	14.9
70～90	5.9	2.7	0.23	0.60	15.4	7.7

10.9　暗沃冷凉湿润雏形土

10.9.1　御道口脚系

土族：砂质硅质混合型非酸性-暗沃冷凉湿润雏形土
拟定者：刘　颖，穆　真，李　军

图 10-105　御道口脚系典型景观照

分布与环境条件　主要存在于围场县坝上地区的固定沙丘、起伏砂地之间的平洼处，植被为灌丛草原、贝加尔针茅草原（图 10-105）。成土母质是当地岩石风化后的残积物经风的搬运堆积而成，其矿物组成主要是石英、角闪石、绿帘石等，下部为洪冲积物，含有少量至中量砾石。周边高丘水分经常汇集于此，使得土壤下部周年有短暂的滞水期。分布区域属于中温带亚湿润气候，年平均气温 3.7～5.6℃，年降水量 228～663mm。

土系特征与变幅　诊断层有：暗沃表层、雏形层；诊断特性有：潮湿土壤水分状况、冷性土壤温度状况、氧化还原特征。成土母质系风积沙，有效土层厚度 200cm 以上，土壤质地上下较为均一，一般为砂土类；土壤有机质累积较强，腐殖质含量随深度增加而锐减；物理性状差，全剖面为弱团块结构，土壤疏松多孔，内外排水能力强；碳酸钙含量很低，无石灰反应；50cm 以下的底土层受周年短暂滞水影响，有铁锰锈纹、锈斑；土壤颗粒控制层段为 25～100cm，颗粒大小类型为砂质；控制层段内，石英矿物含量 40%以上，为硅质混合型矿物类型。

对比土系　和御道口顶系在空间上相互毗邻，气候条件基本相同，土壤剖面形态相似，野外容易混淆。但御道口脚系成土母质是风积物，腐殖质含量随深度增加而锐减，不具有均腐殖质特性，底土层有模糊的铁锰锈纹锈斑，颗粒大小类型为砂质。御道口顶系成土母质为流纹岩、花岗岩的残积风化物，腐殖质含量随深度增加而缓慢减少，具备均腐殖质特性，在土体中部可以见到少量亮白色的二氧化硅粉末。土壤颗粒大小类型为黏壤质。

利用性能综述　是中上等牧草土壤、林业土壤，宜发展林、灌、草复合植被，风蚀强烈，通体砂性，地形起伏，内外排水性能好，除风蚀外极易发生水蚀，土壤养分丰富，速效养分不足。

参比土种　砂质冲积草甸土。

代表性单个土体　位于河北省承德市围场满族蒙古族自治县御道口牧场（山脚），距离御道口牧场东北方向约 20km 的山脚下，剖面点 117°12′46.8″E，42°11′39.0″N，海拔 1528m，地势略起伏（图 10-106）。成土母质为风积物；草地夹杂有少量的灌木，植被主要为地榆、黄芩、柴胡等草本植物，夹杂有少量的山丁子树，覆盖度 100%。年平均气温 1.5℃，≥10℃积温为 2628℃，50cm 土壤温度年均 4.6℃；年降水量多年平均为 433mm；年均相对湿度为 56%；年干燥度为 1.2；年日照时数为 2758h。野外调查日期：2011 年 8 月 20 日。理化性质见表 10-105，表 10-106。

Ah1：0～22cm，向下平滑模糊过渡，稍润，灰色（10Y5/1，润），黑棕色（10YR3/2，干）-暗棕色（10YR3/4，干），极少量的新鲜岩石碎屑，壤质砂土，中发育 5～15mm 团块结构，多量的细根及很少量的中根，松散，无黏着，无塑，无石灰反应，氟化钠反应弱。

Ah2：22～45cm，砂壤土，稍润，灰色（10Y5/1，润），向下平滑状清晰过渡，少量细根、很少量中根，极少量的角状新鲜岩石碎屑，松散，无黏着，无塑，无石灰反应，氟化钠反应弱。

Ah3：45～68cm，砂壤土，稍润，灰色（10Y5/1，润），向下平滑状清晰过渡，少量细根、很少量中根，极少量的角状新鲜岩石碎屑，松散，无黏着，无塑，无石灰反应，氟化钠反应弱。

AC：68～100cm，向下平滑状模糊过渡，稍润，灰色（10Y5/1，润），棕色（10YR4/4，干），壤质砂土，弱发育 5～15mm 团块结构，松软，无黏着，无塑，可见少量模糊的铁锰锈纹锈斑，无石灰反应，氟化钠反应弱。

Br：100～125cm，向下平滑突然过渡，稍润，灰色（10Y5/1，润），浊黄棕色（10YR5/4-10YR5/3，干），壤质砂土，弱发育 5～15mm 团块结构，松软，无黏着，无塑，可见少量模糊的铁锰锈纹锈斑，无石灰反应，氟化钠反应弱。

图 10-106　御道口脚系代表性单个土体剖面照

C：>125cm，为母质层，潮，灰色（10Y6/1，润），砂土，松软，无黏着，无塑，可见少量模糊的铁锰锈纹锈斑，无石灰反应，氟化钠反应弱。

表 10-105　御道口脚系代表性单个土体物理性质

| 土层 | 深度/cm | 砾石*（>2mm，体积分数）/% | 细土颗粒组成（粒径：mm）/（g/kg） | | | 质地 |
			砂粒 2～0.05	粉粒 0.05～0.002	黏粒 <0.002	
Ah1	0～22	2	730	134	136	壤质砂土
Ah2	22～45	2	828	118	54	砂壤土
Ah2	45～68	2	840	93	68	砂壤土
AC	68～100	2	875	32	93	壤质砂土
Br	100～125	2	843	60	97	壤质砂土

表 10-106　御道口脚系代表性单个土体化学性质

深度 /cm	pH （H₂O）	有机碳 /（g/kg）	全氮（N） /（g/kg）	全磷（P₂O₅） /（g/kg）	全钾（K₂O） /（g/kg）	CEC /（cmol/kg）
0～22	6.0	23.7	1.78	2.2	115.8	13.3
22～45	6.1	9.5	0.75	—	—	7.9
45～68	6.1	5.1	0.45	—	—	6.0
68～100	6.2	2.2	0.29	2.1	114.4	3.9
100～125	6.2	2.6	0.15	—	—	4.5

10.10 斑纹冷凉湿润雏形土

10.10.1 李占地系

土族：壤质硅质混合型石灰性–斑纹冷凉湿润雏形土

拟定者：龙怀玉，李 军，穆 真

分布与环境条件 主要存在于坝上高原的下湿滩地及冲积低洼地，底层土壤水经常处于饱和状态，或有稀疏盐生植物，土壤含盐量 6g/kg，盐分组成以氯化物为主（图10-107）。分布区域属于中温带亚湿润气候，年平均气温 0.5～3.7℃，年降水量 245～591mm。

图 10-107 李占地系典型景观照

土系特征与变幅 诊断层有：淡薄表层、雏形层；诊断特性有：盐积现象、碱积现象、氧化还原特征（在土表 50cm 以下）、潮湿土壤水分状况、冷性土壤温度状况、石灰性。成土母质系河流冲积物，有效土层厚度大于 120cm；质地上下较为均一，皆为壤土，表层轻度碱化、盐化，形成了盐积现象、碱积现象；碳酸钙表聚性强，由上至下碳酸钙含量快速减少，一般在次表层形成钙积层，石灰反应由上至下逐渐减弱；地下水影响到了土壤，形成铁锰锈纹锈斑层；颗粒大小控制层段为 25～100cm，颗粒大小级别为壤质，层段内石英含量 50%～70%，硅质混合型矿物类型。

对比土系 和韩毡房系在地理位置上比较接近，分布的地形位置比较类似，成土母质相同，地表植被也基本一样，剖面形态也相似。但韩毡房系盐碱化要严重，具备了碱积层、盐积层，而李占地系盐碱化略轻，只是具备了盐积现象、碱积现象。韩毡房系颗粒大小级别为黏质，而李占地系颗粒大小级别为壤质。

利用性能综述 大部分为自然荒地，地势低洼，通常分布于下湿滩地，土壤渍水且经常处于饱和状态，多呈光板地，或有稀疏盐生植物，表土光滑较硬。容易发生盐害和涝灾。

参比土种 壤质氯化物草甸盐土。

代表性单个土体 李占地系典型单个土体剖面由位于河北省张家口市康保县丹清河乡李占地村，剖面点 114°45′16.7″E，41°41′21.3″N，海拔 1400m（图 10-108）。地势平坦，高原，冲积平原，凹凸地，有效土层厚度 70cm；草地，为天然低矮稀疏牧草，覆盖度 80%。年平均气温 2.6℃，≥10℃积温为 2287℃，50cm 土壤温度年均 5.5℃；年降水量多年平均为 412mm；年均相对湿度为 57%；年干燥度为 1.3；年日照时数为 2798h。野外调查日期：2011 年 9 月 19 日。理化性质见表 10-107，表 10-108。

图 10-108　李占地系代表性单个
土体剖面照

Ahz1：0～25cm，向下平滑渐变过渡，稍润，灰黄棕色（10YR5/2，润），淡棕灰色（YR7/1，干），壤土，中发育的 3～4cm 块状结构，少量细根及极细根，坚实，黏着，中塑，强石灰反应，无亚铁反应。

Ahz2：25～60cm，向下平滑清晰过渡，稍润，棕灰色（10YR5/1，润），灰棕色（YR6/2，干），壤土，弱发育的 3～4cm 块状结构，坚实，稍黏着、稍塑，强石灰反应，无亚铁反应。

AB：60～70cm，向下平滑清晰过渡，稍润，黑棕色（10YR3/1，润），有丰度 20%、大小 5mm 半风化不规则形状的石英，壤土，弱发育的 2cm 块状结构，有丰度为 5%、大小为 5mm 对比度清晰、边界扩散的铁锰斑纹，有丰度为 10%、大小 5cm 清晰黏粒胶膜，坚实，黏着、可塑，弱石灰反应，无亚铁反应。

Br：70～95cm，稍润，亮黄棕色（10YR6/6，润），浊黄橙色（10YR7/4，干），有丰度 20%、大小 5mm 半风化的不规则石英，壤土，弱发育的 2cm 块状结构，有丰度约 70%、大小约 10mm 的清晰扩散的铁锰斑纹，有丰度为 5%、大小 1mm、硬度为 3 的黑色圆形铁子，松散，稍黏，中塑，有弱石灰反应，无亚铁反应。

表 10-107　李占地系代表性单个土体物理性质

土层	深度 /cm	砾石[*] （>2mm，体积 分数）/%	细土颗粒组成（粒径：mm）/（g/kg）			质地
			砂粒 2～0.05	粉粒 0.05～0.002	黏粒 <0.002	
Ahz1	0～25	0	429	437	124	壤土
Ahz2	25～60	0	409	428	153	壤土
Br	70～95	20	523	343	131	壤土

表 10-108　李占地系代表性单个土体化学性质

深度 /cm	pH （H_2O）	有机碳 /（g/kg）	全氮（N） /（g/kg）	全磷（P_2O_5） /（g/kg）	全钾（K_2O） /（g/kg）	盐分 /（g/kg）	碳酸钙/ （g/kg）	CEC /（cmol/kg）	交换性钠/ （cmol/kg）
0～25	9.1	5.1	0.34	1.86	59.5	6.96	143.7	8.2	0.99
25～60	9.0	4.0	0.31	—	—	2.38	147.2	8.0	0.51
70～95	8.5	1.2	0.13	1.96	40.4	1.35	4.7	14.3	0.80

10.11 漂白简育湿润雏形土

10.11.1 南岔系

土族：壤质盖粗骨壤质硅质混合型非酸性冷性–漂白简育湿润雏形土
拟定者：龙怀玉，刘 颖，安红艳，穆 真

分布与环境条件 主要分布于坝上高原中山、丘陵坡地上，多数为落叶阔叶林和疏林灌丛（图 10-109）。分布区域属于中温带亚湿润气候，年平均气温 3.7～5.6℃，年降水量 247～696mm。

图 10-109 南岔系典型景观照

土系特征与变幅 诊断层有：暗沃表层、漂白层、雏形层；诊断特性有：湿润土壤水分状况、冷性土壤温度状况、石质接触面。是在安山岩残坡积物母质上发育的土壤，通体砾石含量在 30%左右，有效土层厚度小于 50cm，表土有机碳含量较高，并向下迅速锐减；表土层的黏粒含量较高，但在次表层存在黏粒漂洗过程，致使其黏粒含量快速减少；通体无碳酸钙；颗粒大小类型为粗骨壤质；控制层段内二氧化硅含量 60%～90%，为硅质混合型矿物类型。

对比土系 和木头土系在空间分布上相隔不远，气候基本相同，剖面上有许多相似之处，但木头土系成土母质为玄武岩河流洪冲积物，土体中下部有鳞片状结构的冻融特征，在心土层、底土层有大量的锈斑和极少量的软质铁锰结核，颗粒大小类型为砂质。南岔系成土母质是安山岩残坡积物，没有冻融特征，颗粒大小类型为粗骨壤质。

利用性能综述 有机质含量较高，土层较厚，土壤呈微酸性反应，质地适中，有良好的团粒结构，是保肥能力较强、供肥水平较高的土壤，是发展林牧业生产的良好土壤。

参比土种 薄腐中层暗实状灰色森林土。

代表性单个土体 南岔系位于河北省承德市隆化县步古沟镇大南岔村，剖面点 117°32′3.0″E，41°43′15.3″N，海拔 1063m，地势陡峭切割，山地，中切割中山，凸坡中部，坡度 28.3°（图 10-110）。林地，主要植被为针叶林和灌木，覆盖度>80%，植被中度扰乱；地表可见中度片蚀和沟蚀现象。地表有少量岩石露头、多量的粗碎块。成土母质为安山岩坡积残积物。由于土壤随水分顺着山坡侧向移动，在剖面上没有形成黏粒淀积，而形成一个弱的漂灰化层。年平均气温 4.2℃，≥10℃积温为 2894℃，50cm 土壤温

图 10-110　南岔系代表性单个
土体剖面照

度年均 6.8℃；年降水量多年平均为 455mm；年均相
对湿度为55%；年干燥度为1.2；年日照时数为2743h。
野外调查日期：2010 年 8 月 25 日。理化性质见表 10-109，
表 10-110。

Ah：0～20cm，向下平滑清晰过渡，润，黑棕色（7.5YR3/2，
润），含 20～50mm 砾石在 5%左右，壤土，团粒结构，中量
细根、中量粗根，疏松，稍黏着，稍塑。

AE：20～40cm，向下呈平滑状渐变过渡，润态，浊黄棕
色（10YR4/3，润），含 10mm 砾石在 60%左右，壤土，片状
结构，少量细根和中根、多量粗根，坚实，稍黏着，稍塑。

R/E：>40cm，润，浊黄棕色（10YR5/4，润），橙白色
（10YR8/2，干），80%以上是母岩大碎块，粉砂壤土，无结构，很少量细根，松散，无黏着，无塑。

表 10-109　南岔系代表性单个土体物理性质

| 土层 | 深度 /cm | 砾石* (>2mm，体积分数) /% | 细土颗粒组成（粒径：mm）/（g/kg） | | | 质地 |
			砂粒 2～0.05	粉粒 0.05～0.002	黏粒 <0.002	
Ah	0～20	5	338	467	195	壤土
AE	20～40	60	417	433	150	壤土
R/E	>40	80	423	505	72	壤土

表 10-110　南岔系代表性单个土体化学性质

深度 /cm	pH (H₂O)	有机碳 /（g/kg）	全氮（N） /（g/kg）	全磷（P₂O₅） /（g/kg）	全钾（K₂O） /（g/kg）	CEC /（cmol/kg）	游离铁 /（g/kg）
0～20	6.6	23.2	1.43	0.57	32.6	24.7	17.0
20～40	6.3	4.4	0.44	0.57	38.4	14.3	16.9
>40	6.4	2.1	0.19	0.62	18.1	6.9	10.4

10.11.2　九神庙系

土族：粗骨黏壤质长石型非酸性温性-漂白简育湿润雏形土

拟定者：龙怀玉，穆　真，李　军，罗　华

分布与环境条件　主要存在于冀东北地区海拔 650～1300m 中、低山的坡地上，成土母质为安山岩残坡积物，自然植被为针阔叶混交林及灌丛草被，主要植物有油松、山杨、栎树、桦树、酸枣、荆条、胡枝子、黄背草、白草、羊胡子草等，覆盖度较高（图 10-111）。分布区域属于中温带亚湿润气候，年平均气温 6.0～8.8℃，年降水量 340～935mm。

图 10-111　九神庙系典型景观照

土系特征与变幅　诊断层有：淡薄表层、雏形层、漂白层；诊断特性有：湿润土壤水分状况、温性土壤温度状况、石质接触面。是在安山岩残坡积物母质上发育的土壤，通体砾石含量在 30%左右的，有效土层 50～100cm，通体没有碳酸钙。在淀积层的结构体面上能看到清晰的黏粒胶膜。土壤颗粒控制层段为 25～100cm，颗粒大小类型为粗骨黏壤质。

对比土系　和下庙系在空间上镶嵌分布，地形部位、植被景、气候条件几乎相同，剖面形态也比较相似，但下庙系成土母质为花岗岩、花岗片麻岩等酸性岩残坡积物，具有暗沃表层，土体中没有土壤漂白物质，颗粒大小类型为黏壤质。九神庙系成土母质为安山岩残坡积物，具有淡薄表层，有漂白层，颗粒大小类型为粗骨黏壤质。

利用性能综述　土壤质地适中、土层较厚，水分条件较好，很是适宜发展森林植被，但地处低山、中山陡峭切割处，坡度大，易水土流失。

参比土种　漂白暗实状棕壤性土。

代表性单个土体　九神庙系典型单个土体剖面位于河北省承德市平泉县茅兰沟乡九神庙村，剖面点 118°49′27.4″E，41°9′35.2″N，海拔 747m（图 10-112）。地势强烈起伏，山地，低山浅切割，凸线坡中部，坡度 37°，母质为安山岩坡积物；林地，植被为松树，覆盖度 80%；地表有 10%～25%中度片蚀、沟蚀，有丰度 10%、大小 10～15cm 粗碎块。年平均气温 6.3℃，≥10℃积温为 3441℃，50cm 土壤温度年均 8.4℃；年降水量多年平均为 577mm；年均相对湿度为 57%；年干燥度为 1.1；年日照时数为 2712h。野外调查日期：2011 年 8 月 7 日。理化性质见表 10-111，表 10-112。

图 10-112　九神庙系代表性单个
土体剖面照

O：+5～0cm，草根层，向下平滑清晰过渡，棕色（7.5YR4/3，润）。

Ah：0～17cm，向下平滑清晰过渡，灰棕色（7.5YR4/2，润），暗红棕色（5YR，干），有丰度30%、大小1cm×2cm的块状岩石碎屑，粉砂壤土，中发育的5mm以下的团粒结构，中量细根及极细根、很少量中粗根，疏松，稍黏着，中塑，无石灰反应，氟化钠反应弱。

Ab：17～30cm，向下平滑清晰过渡，润，黑棕色（7.5YR3/2，润），有丰度30%、大小1cm×2cm的块状岩石碎屑，粉砂壤土，中发育的5mm以下的团粒结构，少量细根及极细根、很少量中粗根，疏松，稍黏着，中塑，无石灰反应，氟化钠反应弱。

Bt：30～65cm，向下平滑清晰过渡，润，棕色（7.5YR4/4，润），棕色（7.5YR4/3，干），土体内有丰度30%、大小1cm×2cm的块状岩石碎屑，粉砂质黏壤土，弱发育的3mm以下的粒状结构，有20%黏粒胶膜，少量细根及极细根、很少量中粗根，松散，稍黏着、稍塑，无斑纹、裂隙、结核，无石灰反应，氟化钠反应弱。

E/R：65～85cm，润，淡绿灰色（GLEY1 8/1，润），灰色（N6/9，干），砂壤土，土体内有丰度80%、大小5cm以下的块状岩石碎屑，弱发育的5mm以下的粒状结构，松散，无黏着、无塑，无石灰反应，氟化钠反应弱。

R：>85cm，安山岩母岩。

表 10-111　九神庙系代表性单个土体物理性质

土层	深度 /cm	砾石* （>2mm，体积 分数）/%	细土颗粒组成（粒径：mm）/（g/kg）			质地
			砂粒 2～0.05	粉粒 0.05～0.002	黏粒 <0.002	
Ah	0～17	30	206	541	254	粉砂壤土
Ab	17～30	30	155	595	250	粉砂壤土
Bt	30～65	30	109	605	286	粉砂质黏壤土

表 10-112　九神庙系代表性单个土体化学性质

深度 /cm	pH （H2O）	有机碳 /（g/kg）	全氮（N） /（g/kg）	CEC /（cmol/kg）	游离铁 /（g/kg）
0～17	6.5	9.5	0.69	24.0	9.3
17～30	6.6	18.3	0.96	26.3	7.4
30～65	6.5	6.5	0.55	23.6	9.7

10.12 斑纹简育湿润雏形土

10.12.1 袁庄系

土族：壤质硅质混合型石灰性温性-斑纹简育湿润雏形土
拟定者：龙怀玉，刘 颖，安红艳，陈亚宇

分布与环境条件 主要分布于河谷阶地、山麓平原低平部位、冲积扇中下部缓岗、河流故道，成土母质为河流多次冲积物，地下水埋深一般在 3m 左右（图 10-113）。90%以上已经开垦成耕地。分布区域属于暖温带亚干旱气候，年平均气温 12.1～14.4℃，年降水量 232～1083mm。

图 10-113 袁庄系典型景观照

土系特征与变幅 诊断层有：淡薄表层、雏形层；诊断特性有：氧化还原特征（50cm 以下）、碱积现象、钠质现象、潮湿土壤水分状况、温性土壤温度状况、石灰性。成土母质系近代多次壤质河流冲积物，质地上下差异不大的粉砂壤土被多个厚度较薄的胶泥层所隔断，整个剖面由多个黏粒含量相差较大的层次构成；土层深厚，有效土层厚度 150cm 以上；土体碳酸钙含量不高，但具有明显的剖面分异，底层含量是上层的 1.2～1.5 倍，但没有碳酸钙粉末或者假菌丝体，通体具有中或强石灰反应；心土层下部和底土层具有明显的铁锰锈纹、锈斑；土体有机碳含量较低；土壤颗粒大小控制层段为 25～100cm，有壤质、黏壤质两种大小颗粒构成，以壤质为主，石英含量 50%～70%，矿物类型为硅质混合型。

对比土系 和下平油系成土母质相同，剖面形态类似，但下平油系为盐化土，表土层盐分含量 2.0～5.0g/kg，而袁庄系为非盐化土壤，表土层盐分含量小于 2.0g/kg。

利用性能综述 土层深厚，通透性好，质地适中，微生物活动旺盛，耕性好，宜耕期长，耕后无坷垃，供肥性能较好，土壤熟化程度较高，各种养分含量均属于中等水平，适种作物较广，多为中高产土壤。

参比土种 壤质洪冲积潮褐土。

代表性单个土体 位于河北省邯郸市广平县广平镇袁庄村，剖面点 114°55′38.6″E，36°27′50.1″N，海拔 38m，地势平坦，泛滥平原（图 10-114）。母质为河流冲积物。水浇地，种植小麦。剖面可见多层的胶泥层，从上到下结构由棱块状为主到片状结构为主，

21cm 以下开始出现铁锰胶膜，80cm 以下可见明显的冲积层理。年平均气温 13.9℃，≥ 10℃积温为 4728℃，50cm 土壤温度年均 14.4℃；年降水量多年平均为 497mm；年均相对湿度为 61%；年干燥度为 1.8；年日照时数为 2458h。野外调查日期：2011 年 4 月 21 日。理化性质见表 10-113，表 10-114。

图 10-114　袁庄系代表性单个土体剖面照

Ap1：0～21cm，向下平滑状清晰过渡，稍润，暗棕色（7.5YR4/4，润），粉砂壤土，中发育的块状、棱块状结构，少量细根，坚实，中黏着，中可塑，土体中夹杂少量砖块、煤渣等侵入体，少量虫子，石灰反应强烈；19～21cm 有一薄层胶泥层，土壤呈团块状结构，有连续的板状、豆粒状胶结物质。

2Br：21～30cm，向下平滑模糊过渡，稍润，亮棕色（7.5YR5/6，润），粉砂壤土，弱发育的棱块状结构，结构面上有少量模糊的、边界扩散的铁锰斑纹，少量极细根，疏松，石灰反应强烈。29～31cm 有一薄层胶泥层。

3Br：30～52cm，向下平滑突变过渡，稍润，橙色（7.5YR6/6，润），粉砂壤土，弱发育的棱块状结构，结构面上有少量较为模糊的、边界向外扩散的铁锰斑纹，少量极细根，疏松，稍黏着，稍塑，有连续的板状、豆粒状胶结物质，中石灰反应。

4Br：52～80cm，向下平滑突变过渡，润，棕色（7.5YR4/3，润），粉砂壤土，强发育的棱块状结构及弱的片状结构，少量极细根，疏松，稍黏着，稍塑，有连续的板状、豆粒状胶结物质，石灰反应强烈。

5Br：80～98cm，向下平滑突变过渡，润，暗红棕色（5YR3/3，润），强发育的棱块状结构和片状结构，结构体上有中量明显的、边界向外扩散的铁锰斑纹，疏松，无石灰反应。

6Br：98～120cm，润，棕色（7.5YR4/6，润），粉砂壤土，弱发育的棱块结构，结构体上有中量明显的、边界清晰的铁锰斑纹，少量极细根，极坚实，极黏着，强可塑，有连续的板状、豆粒状胶结物质，石灰反应强烈。

表 10-113　袁庄系代表性单个土体物理性质

土层	深度/cm	砾石*（>2mm，体积分数）/%	细土颗粒组成（粒径：mm）/（g/kg）			质地
			砂粒 2～0.05	粉粒 0.05～0.002	黏粒 <0.002	
Ap1	0～19	0	151	628	221	粉砂壤土
Ap1	19～21	0	171	711	118	粉砂壤土
3Br	48～52	0	27	806	167	粉砂壤土
4Br	52～80	0	19	844	137	粉砂壤土
5Br	80～98	0	15	740	245	粉砂壤土
6Br	98～120	0	46	738	216	粉砂壤土

表 10-114 袁庄系代表性单个土体化学性质

深度 /cm	pH (H₂O)	有机碳 / (g/kg)	全氮（N） / (g/kg)	碳酸钙 / (g/kg)	CEC / (cmol/kg)	交换性钠 / (cmol/kg)	游离铁 / (g/kg)
0～19	7.5	10.3	0.89	51.1	18.7	1.45	12.9
19～21	9.2	1.5	0.18	51.0	9.7	1.14	11.0
48～52	9.2	1.8	0.41	58.8	14.1	2.12	11.6
52～80	9.2	1.9	0.18	45.1	12.4	2.08	11.1
80～98	9.0	2.3	0.27	63.1	20.8	3.44	14.5
98～	9.0	2.0	0.41	62.2	16.7	3.15	13.1

10.12.2 刘瓦窑系

土族：黏壤质硅质混合型石灰性温性–斑纹简育湿润雏形土
拟定者：龙怀玉，刘　颖，安红艳，陈亚宇

图 10-115　刘瓦窑系典型景观照

分布与环境条件　主要分布在山区河川阶地和冲积平原河流两侧，湖淀周边及古河道滩地，土壤母质系河流冲积或洪冲积物（图 10-115）。地下水埋深 2～3m，地下水质不良，多以碳酸氢盐型水为主，自然植物常见碱蓬、盐蒿等。分布区域属于暖温带亚干旱气候，年平均气温 11.4～14.7℃，年降水量 228～858mm。

土系特征与变幅　诊断层有：淡薄表层、雏形层、钙积层；诊断特性有：碱积现象、钠质现象、氧化还原特征（上界位于土表 50cm 以下）、潮湿土壤水分状况、温性土壤温度状况、石灰性。成土母质系多次河流冲积洪积物，土层深厚，有效土层厚度 120cm 以上，质地剖面构型一般为"上壤下黏"或者"上下壤中间黏"；地下水参与成土过程，土体氧化还原过程较强，底土层有较多的铁锰锈纹锈斑；心土层具有盐积现象和碱积现象；土体有机质含量较低，并且剖面上下土壤有机质含量差异不大；通体有中或强石灰反应。土壤颗粒大小控制层段为 25～100cm，一般有黏壤质、壤质两种颗粒大小类型，加权平均为黏壤质，石英含量 40%～60%，为硅质混合型矿物类型。

对比土系　与北虎系、闫家沟系、六道河系具有相似的剖面形态，但北虎系、闫家沟系、六道河系具有黏化层，不具有盐积现象和碱积现象。而刘瓦窑系没有黏化层，具有盐积现象和碱积现象。

利用性能综述　土壤质地砂黏适中，耕性较好，土壤水分较充足。不利因素是土壤碱化，物理性状不良，土粒分散，雨后易板结，渗水性差，旱季易返盐，容易死苗。

参比土种　壤质轻度苏打碱化潮土。

代表性单个土体　位于河北省衡水市冀州市南午村镇刘瓦窑村，剖面点 115°37′48.9″E，37°21′34.9″N，海拔 18m，地势平坦，平原，冲积平原，泛滥平原（图 10-116）。母质为多次河流冲积物。水浇地，主要种植棉花、小麦等作物，地表可见明显的龟裂现象；地表裂隙宽 1～2mm、阔度 10mm、长度 30cm、间距<10cm、连续。年平均气温 13.3℃，≥10℃积温为 4691℃，50cm 土壤温度年均 13.9℃；年降水量多年平均为 482mm；年均相对湿度为 64%；年干燥度为 2；年日照时数为 2507h。野外调查日期：2011 年 4 月 22 日。理化性质见表 10-115，表 10-117。

Ap: 0～19cm，向下平滑模糊过渡，润，浊黄棕色（10YR4/3，润），壤土，弱发育团块状结构，少量细根、少量粗根，疏松，稍黏着，稍塑，少量砖块，石灰反应极强，酚酞反应无。

2Bt: 19～50cm，向下平滑清晰过渡，润，棕色（10YR4/4，润），粉砂黏壤土，中量中度发育的棱块状结构，少量极细根，疏松，稍黏着，稍塑，石灰反应极强。

3Bknr: 50～72cm，向下平滑突变过渡，润，浊黄棕色（10YR4/3，润），粉砂壤土，中发育棱块状结构，结构体内外有中量对比度明显、边界清晰的铁锰斑纹，结构体面有对比度明显、边界模糊的铁锰胶膜，有连续豆粒状铁锰弱胶结层，坚实，黏着，中塑，极强石灰反应，无酚酞反应。

4Cnr: 72～105cm，润，浊黄橙色（10YR7/3，润），粉砂土，弱棱块状结构或无结构，土结构体内外少量对比度明显、边界扩散的铁锰斑纹，松散，稍黏着，稍塑，石灰反应强，酚酞反应无。

图 10-116 刘瓦窑系代表性单个土体剖面照

表 10-115 刘瓦窑系代表性单个土体物理性质

土层	深度 /cm	砾石* （>2mm，体积分数）/%	细土颗粒组成（粒径：mm）/（g/kg）			质地
			砂粒 2～0.05	粉粒 0.05～0.002	黏粒 <0.002	
Ap	0～19	0	394	457	148	壤土
2Bt	19～50	0	178	509	313	粉砂黏壤土
3Bknr	50～72	0	55	734	211	粉砂壤土
4Cnr	72～105	0	102	809	89	粉砂土

表 10-116 刘瓦窑系代表性单个土体化学性质

深度 /cm	pH （H₂O）	有机碳 /（g/kg）	全氮（N）/（g/kg）	全磷（P₂O₅）/（g/kg）	全钾（K₂O）/（g/kg）	碳酸钙 /（g/kg）	CEC /（cmol/kg）	交换性钠 /（cmol/kg）
0～19	8.7	6.2	0.63	0.96	26.8	69.1	7.9	0.35
19～50	9.2	3.2	0.44	—	—	75.2	7.4	0.44
50～72	9.5	3.3	0.49	1.09	25.4	127.1	12.8	3.91
72～105	9.7	1.1	0.29	—	—	63.0	4.7	0.90

10.12.3　三间房系

土族：壤质混合型非酸性温性-斑纹简育湿润雏形土
拟定者：龙怀玉，穆　真，李　军

分布与环境条件　主要存在于秦皇岛市郊区低山丘陵的山间平地，成土母质为冲积物，质地较粗（图10-117）。分布区域属于暖温带亚湿润气候，年平均气温 9.0～12.5℃，年降水量368～1182mm。

图 10-117　三间房系典型景观照

土系特征与变幅　诊断层有：淡薄表层、雏形层；诊断特性有：潮湿土壤水分状况、温性土壤温度状况、氧化还原特征（出现在 50cm 以下）。成土母质为多次冲积物，有效土层大于 80cm，并且腐殖质层深厚，厚度至少在 50cm 以上；有机碳含量较高，但是耕种后，表层土壤有机质退化，耕作层土壤颜色明度和彩度均有所增大，而发展成了淡薄表层；心土层黏粒含量是上覆土层的 1.2 倍以上，并至少多 3g/kg 以上，但黏粒剖面分异是不同时期冲积母质差异所致，因而不是黏化层；碳酸钙淋溶殆尽，全剖面无石灰反应；地下水影响到了土壤，在底土层有少量铁锰锈斑；颗粒大小控制层段为 25～100cm，颗粒大小级别为壤质，控制层段内二氧化硅含量为 40%～50%，为硅质混合型矿物类型。

对比土系　和庞各庄系的地形部位、成土母质相同，剖面形态相似。但庞各庄系土壤有机碳随深度锐减，诊断表层为淡薄表层，而三间房系土壤有机碳随深度逐渐减少，诊断表层为暗沃表层，具有均腐殖质特性。

利用性能综述　表层质地为砂壤土，疏松，适耕期长，通透性好，保水保肥性能较好，适于发展粮、菜间作。主要问题是养分含量低，缺磷，钾、氮不足。

参比土种　壤层砂质洪冲积潮棕壤。

代表性单个土体　位于河北省青龙县祖山镇三间房村，剖面点 119°27′52.9″E，40°16′25.3″N，海拔 408m（图 10-118）。地势起伏，丘陵，山麓平原，冲积扇下部，母质为冲积物，耕作层砾石明显要大于其土层，可以认为这是二元母质。耕地，植被玉米；地表有丰度 20%、大小 0.5～3cm 粗碎块；外排水良好（1986 年洪水泛滥过）。年平均气温 8℃，≥10℃积温为 3744℃，50cm 土壤温度年均 9.7℃；年降水量多年平均为 662mm；年均相对湿度为 60%。野外调查日期：2011 年 11 月 5 日。理化性质见表 10-117，表 10-118。

Ap1：0～22cm，向下平滑清晰过渡，稍润，浊黄棕色（10YR5/4，润），棕色（10YR4/4，干），有丰度5%、大小0.5～3cm 的岩石碎屑，砂质壤土，中发育1～5cm 团块结构和弱发育 2mm 以下团粒结构，中量细根及极细根、很少量中粗根，疏松，稍黏着，稍塑，无结核、裂隙，无石灰反应。

2Bh1：22～45cm，向下平滑模糊过渡，稍润，黑棕色（10YR3/2，润），暗棕色（10YR3/3，干），土体有丰度5%、大小 0.5～1cm 岩石碎屑，壤土，中发育 3cm 棱块结构，中量细根及极细根，坚实，稍黏着，稍塑，有丰度10%的黏粒胶膜，无石灰反应。

2Bh2：45～70cm，向下平滑模糊过渡，稍润，黑棕色（10YR3/2，润），暗棕色（10YR3/3，干），土体内有丰度5%、大小 0.5～1cm 的岩石碎屑，壤土，中发育 3cm 棱块结构，中量细根及极细根，坚实，稍黏着，稍塑，无石灰反应，无亚铁反应。

2Cr：>70cm，为细沙土和卵石的混合层，稍润，暗棕色（10YR3/3，润），有丰度40%、大小 0.5～1cm 的岩石碎屑，砂土，无结构，松散，无黏着，无塑，少量模糊铁锰锈纹锈斑，无石灰反应。

图 10-118 三间房系代表性单个土体剖面照

表 10-117 三间房系代表性单个土体物理性质

土层	深度/cm	砾石*（>2mm，体积分数）/%	细土颗粒组成（粒径：mm）/（g/kg）			质地
			砂粒 2～0.05	粉粒 0.05～0.002	黏粒 <0.002	
Ap1	0～22	5	660	256	84	砂壤土
2Bh1	22～45	5	508	376	116	壤土
2Bh2	45～70	5	529	360	112	壤土

表 10-118 三间房系代表性单个土体化学性质

深度/cm	pH（H_2O）	有机碳/（g/kg）	全氮（N）/（g/kg）	全磷（P_2O_5）/（g/kg）	全钾（K_2O）/（g/kg）	CEC/（cmol/kg）
0～22	5.2	11.1	1.27	1.94	40.6	13.3
22～45	6.3	13.1	1.33	—	—	18.3
45～70	6.5	16.6	1.32	1.93	46.0	19.5

10.13　普通砂姜潮湿雏形土

10.13.1　定州王庄系

土族：壤质混合型石灰性温性-普通砂姜潮湿雏形土
拟定者：龙怀玉，安红艳，刘　颖

图 10-119　定州王庄系典型景观照

分布与环境条件　主要分布在冲积平原低平洼地和河川阶地上（图 10-119）。成土母质系近代河流冲积物，地势低平，地下水埋深 2～3m，地下水矿化度 5～10g/L，土体内外排水较滞缓。分布区域属于暖温带亚干旱气候，年平均气温 11.2～13.1℃，年降水量 221～974mm。

土系特征与变幅　诊断层有：淡薄表层、钙积层；诊断特性有：氧化还原特征、潮湿土壤水分状况、温性土壤温度状况。土壤颗粒大小级别为壤质，成土母质系河流冲积物，土层深厚，有效土层厚度 100～200cm，通体壤性；地下水参与成土过程，土体中下部氧化还原过程较强，心土层和底土层有较多的铁锰锈纹、锈斑；土壤含盐量较高，且以苏打盐为主，旱季地表碱斑明显；土体有机质含量较低，没有随着深度增加土壤有机质锐减现象；通体有强石灰反应。土壤颗粒控制层段为 25～100cm，颗粒大小类型为壤质；控制层段内石英含量<40%，长石含量<20%，为混合型矿物类型。

对比土系　和南太平系的地形部位、成土母质、气候条件相差无几，土壤剖面形态相似。但南太平系表层土壤有机碳含量较高并向下锐减，形成了暗沃表层。定州王庄系剖面有机碳含量较低，没有锐减现象，诊断表层是淡薄表层。

利用性能综述　土层深厚，基本全部是农田，经过了长期开垦利用。但是土壤紧实，孔隙度 23.0%～36.6%，物理性状不良，透水性差，容易返盐。

参比土种　壤质中度苏打盐化潮土。

代表性单个土体　位于河北省保定市定州市留早镇北王庄村，剖面点 115°10′29.7″E，38°37′35.2″N，海拔 32m，地势平坦，平原平地（图 10-120）。河流冲积物母质，耕地，作物为玉米、小麦、白菜、红薯。地下水埋深>24m，偏碱。年平均气温 12.9℃，≥10℃积温为 4478℃，50cm 土壤温度年均 13.6℃；年降水量多年平均为 519mm；年均相对湿度为 62%；年干燥度为 1.8；年日照时数为 2550h。野外调查日期：2010 年 10 月 29 日。理化性质见表 10-119，表 10-120。

Ap：0～30cm，向下平滑清晰过渡，干，浊黄棕色（10YR4/3，干），壤土，弱发育的小团粒、团块状结构，坚实，稍黏着，稍塑，中量煤渣和砖屑，有中量蚯蚓粪，强石灰反应。

Bkr1：30～60cm，向下平滑清晰过渡，润，棕色（10YR4/4，润），有丰度10%、20～50mm的不规则新鲜石块，壤土，中发育小棱块状结构，有>10%的边界鲜明、对比度明显的铁锰斑纹，有>80%的灰白色不规则的、稍硬的碳酸钙灰浆和少量铁子，少量细根，坚实，黏着，中塑，强石灰反应。

Bkr2：60～80cm，向下平滑清晰过渡，润，浊黄棕色（10YR5/4，润），有丰度10%、20～50mm的不规则新鲜石块，壤土，中发育的小棱块状结构，有20%的边界扩散、对比度模糊的铁锰斑纹，坚实，稍黏着，稍塑，有少量不规则的稍硬的碳酸钙灰浆和少量铁子结核，强石灰反应。

Bkr3：80～88cm，向下平滑清晰过渡，润，浊黄棕色（10YR5/4，润），有丰度10%、20～50mm的不规则新鲜石块，壤土，中发育的小棱块状结构，有20%、边界扩散、对比度模糊的铁锰斑纹，坚实，黏着，中塑，有>80%不规则的、稍硬的碳酸钙灰浆和少量铁子结核，强石灰反应。

Bkr4：88～120cm，润，浊黄橙色（10YR5/3，润），有丰度10%、20～50mm的不规则新鲜石块，壤土，弱发育的棱块状结构，有50%、边界清楚、对比度明显的铁锰斑纹，疏松，稍黏着，稍塑，有少量不规则的、稍硬的碳酸钙灰浆，中量铁子结核，强石灰反应。

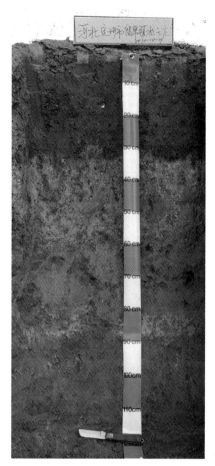

图 10-120　定州王庄系代表性单个土体剖面照

表 10-119　定州王庄系代表性单个土体物理性质

| 土层 | 深度/cm | 砾石*（>2mm，体积分数）/% | 细土颗粒组成（粒径：mm）/（g/kg） | | | 质地 |
			砂粒 2～0.05	粉粒 0.05～0.002	黏粒 <0.002	
Ap	0～30	—	285	477	238	壤土
Bkr1	30～60	>90	417	397	186	壤土
Bkr2	60～80	10	438	410	153	壤土
Bkr3	80～88	>90	375	396	229	壤土
Bkr4	88～120	10	562	306	132	砂质壤土

表 10-120　定州王庄系代表性单个土体化学性质

深度 /cm	pH (H₂O)	有机碳 / (g/kg)	全氮（N） / (g/kg)	全磷（P₂O₅） / (g/kg)	全钾（K₂O） / (g/kg)	CEC / (cmol/kg)	碳酸钙 / (g/kg)	游离铁 / (g/kg)
0～30	7.9	4.8	0.42	0.99	28.7	18.6	38.0	8.8
30～60	8.0	1.9	0.12	0.94	21.3	12.0	197.3	10.0
60～80	8.2	1.6	0.11	—	—	9.4	112.9	9.7
80～88	8.1	2.0	0.12	—	—	14.9	222.2	12.4
88～120	8.3	1.3	0.10	0.92	26.6	9.1	101.7	8.8

10.14 弱盐砂姜潮湿雏形土

10.14.1 李虎庄系

土族：黏质蛭石混合型非酸性温性-弱盐砂姜潮湿雏形土

拟定者：龙怀玉，穆 真，李 军

分布与环境条件 主要存在于扇缘洼地，地势低洼，海拔低于 5m，多数低于 2.5m，地下水位较浅，一般在 1～2m（图 10-121）。成土母质为静水沉积物，自然植被有芦草、蒲草、三棱草等湿生植被。分布区域属于暖温带亚湿润气候，

图 10-121 李虎庄系典型景观照

年平均气温 10.0～13℃，年降水量 300～1056mm。

土系特征与变幅 诊断层有：暗沃表层、雏形层；诊断特性有：氧化还原特征、潮湿土壤水分状况、温性土壤温度状况、盐积现象。成土母质系静水沉积物，有效土层厚度 150cm 以上；全剖面比较黏重，表层黏粒含量 300g/kg 以上，心土层黏粒含量是表土层的 1.2 倍以上，结构体面上有明显黏粒胶膜，但黏粒含量差异基本是不同时期沉积母质本身差异，因为不认为是黏化层。碳酸钙含量较低，全剖面没有石灰反应，但在心土层可见到 0.5～15cm 的砂姜状碳酸钙结核，丰度在 10%以上；地下水影响到了心土层、底土层，具有大量、中量的铁锰锈纹锈斑，中量、少量的铁锰结核；颗粒大小控制层段为 25～100cm，颗粒大小级别为黏质；颗粒大小控制层段内，黏粒中蛭石含量 30%以上，为蛭石混合型矿物类型。

对比土系 和孙老庄系的地形部位、成土母质、自然植被、气候条件等基本一致，剖面形态有诸多相同之处。但孙老庄系通体强石灰反应，而李虎庄系除了碳酸钙结核本身外，没有石灰反应。此外，李虎庄系表层和次表层土壤呈黑暗色，形成了暗沃表层。孙老庄系为淡薄表层。

利用性能综述 土壤的阳离子代换量较高，土壤有机质含量较高，土壤保水保肥能力强，但是地势低洼易涝，质地黏重，结构不良，通透性能差，耕性差，适耕期短，耕后易起坷垃，漏风失墒，影响作物出苗生长。此外，在 30cm 便出现的砂姜层对植物根系生长也有一定影响。

参比土种 黏质中位砂姜黑土。

代表性单个土体 位于河北省唐山市丰润区李钊庄镇李虎庄村，剖面点 117°49′31.8″E，

39°36′52.7″N，海拔−4m，地势平坦，平原，河流冲积物母质（图10-122）。从砾石情况、颜色看来，至少有一次河流快速冲积层次和三次河漫滩静水沉积层次。耕地，主要种植玉米。年平均气温11.8℃，≥10℃积温为4246℃，50cm土壤温度年均12.7℃；年降水量多年平均为611mm；年均相对湿度为61%；年干燥度为1.3；年日照时数为2588h。野外调查日期：2011年11月10日。理化性质见表10-121，表10-122。

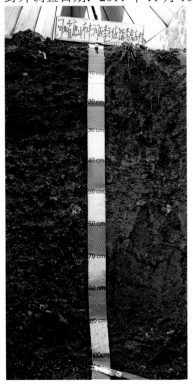

图10-122　李虎庄系代表性单个
土体剖面照

Ap：0～20cm，向下波状突变过渡，润，黑棕色（2.5Y3/1，润），灰黄棕色（10YR4/1，干），岩石矿物碎屑丰度10%、大小约10mm、扁平、半风化状态，粉砂黏壤土，强发育5～30mm块状结构、中弱1～3mm团粒状结构，细根及极细根约、很少量中粗根，疏松，黏着，中塑，有小海螺、蚯蚓，无石灰反应。

AB：20～35cm，向下平滑清晰过渡，润，黑棕色（2.5Y2.5/1，润），黑棕色（10YR3/1，干），岩石矿物碎屑极少，粉砂黏土，强发育5～30mm棱块结构和团块结构，有丰度40%的黏粒胶膜，细根及极细根约、很少量中粗根，土壤极疏松，黏着，中塑，无石灰反应。

2Bkr：35～55cm，向下清晰平滑过渡，润，橄榄棕色（2.5Y4/3，润），橄榄灰色（2.5GY6/1，干），极少量岩石矿物碎屑，粉砂质黏土，强发育5～30mm棱块结构，有丰度20%的明显铁锰锈纹锈斑，丰度10%明显黏粒胶膜，丰度5%、暗褐色的、5mm的铁锰结核，丰度10%、长约5～10cm、宽约2～3cm的黄白色姜状碳酸钙硬结核，细根及极细根约、很少量中粗根，疏松，极黏着，极塑，无石灰反应。

3Bkr：55～75cm，向下清晰平滑过渡，润，青灰色（GLEY2 5/5BG，润），极少岩石矿物碎屑，粉砂质黏土，中发育的块状结构，有丰度40%～50%的铁锰斑纹，丰度8%的黑色铁瘤状结核，丰度5%、长约5～10cm、宽约2～3cm的黄白色碳酸钙结核砂姜，疏松，极黏着，极塑，弱石灰反应。

4Bkr：75～100cm，向下平滑清晰过渡，润，浊棕色（7.5YR5/4，润），极少岩石矿物碎屑，强发育的棱状结构，有丰度85%～90%的铁锰斑纹、丰度15%的黑色铁瘤状结核、丰度10%、长约10cm、宽约5cm的黄白色碳酸钙结核砂姜，疏松，极黏着，极塑，弱石灰反应。

表10-121　李虎庄系代表性单个土体物理性质

土层	深度 /cm	砾石[*] (>2mm，体积分数) /%	细土颗粒组成（粒径：mm）/（g/kg）			质地
			砂粒 2～0.05	粉粒 0.05～0.002	黏粒 <0.002	
Ap	0～20	—	81	554	365	粉砂黏壤土
AB	20～35	—	42	538	419	粉砂黏土
2Bkr	35～55	10	35	442	523	粉砂黏土
4Bkr	75～100	10	36	543	421	粉砂黏土

表 10-122　李虎庄系代表性单个土体化学性质

深度 /cm	pH (H₂O)	有机碳 / (g/kg)	全氮 (N) / (g/kg)	全磷 (P₂O₅) / (g/kg)	全钾 (K₂O) / (g/kg)	CEC / (cmol/kg)
0～20	8.0	17.7	1.38	—	—	34.5
20～35	7.8	13.1	1.07	—	—	38.4
35～55	7.7	6.2	0.71	1.43	88.9	37.1
75～100	7.8	3.5	0.46	0.91	77.3	28.3

第11章 新 成 土

11.1 石灰干润砂质新成土

11.1.1 西杜系

土族：砂质混合型温性-石灰干润砂质新成土
拟定者：龙怀玉，刘 颖，安红艳，陈亚宇

图 11-1 西杜系典型景观照

分布与环境条件 成土母质系河流冲积物通过再次风力搬运堆积而成，主要分布于河漫滩地，地形微微起伏（图 11-1）。分布区域属于暖温带亚干旱气候，年平均气温 12.1～14.4℃，年降水量 228～1220mm。

土系特征与变幅 诊断层有：淡薄表层；诊断特性有：半干润土壤水分状况、温性土壤温度状况、砂质沉积物岩性特征、石灰性。成土母质系风积沙覆盖于河流冲积物之上，土体深厚，有效土层超过 150cm，但土体剖面特征发育微弱，几乎没有腐殖质积累，土壤通体显示出母质特征，通体为砂土，有时夹杂一层或多层但总厚度不超过 30cm 的壤土层，有石灰反应的亚层、无石灰反应的亚层经常相间排列，土壤颗粒控制层段为 25～100cm，颗粒大小类型为砂质，为混合型矿物类型。

对比土系 和熊户系的剖面形态非常相似。但熊户系仍受现代河流影响，为潮湿土壤水分状况，土壤颗粒大小级别为多层粗骨质盖壤质。西杜系已经脱离了地下水影响，为半干润土壤水分状况，土壤颗粒大小类型为砂质。

利用性能综述 土壤通体为砂壤土，疏松，保肥保水能力差，养分贫瘠，不适宜农用。可兴牧种草。

参比土种 砂壤质固定草甸风沙土。

代表性单个土体 西杜系典型单个土体剖面位于河北省邢台市沙河市西杜村，剖面点114°33′52.7″E，36°54′14.6″N，海拔49m，地势平坦，泛滥平原（图 11-2）。母质为风积物+河流冲积物。自然植被，稀疏草地，树木，覆盖度30%。有80%中等风蚀。90cm 以下可见明显的冲积层理。年平均气温 13.9℃，≥10℃积温为 4769℃，50cm 土壤温度年均 14.4℃；年降水量多年平均为 516mm；年均相对湿度为 62%；年干燥度为 1.8；年日照时数为 2432h。野外调查日期：2011 年 4 月 18 日。理化性质见表 11-1，表 11-2。

CA1：0～5cm，向下平滑清晰过渡，浊棕色（7.5YR5/4，干），砂土，无结构，少量细根，中等碳酸钙反应。

CA2：5～29cm，向下平滑模糊过渡，黑棕色（7.5YR3/2，干），壤质砂土，无结构，少量极细根，有石灰反应。

C：29～57cm，向下平滑突变过渡，稍润，棕色（7.5YR4/3，润），砂土，无结构，少量极细根，多量蚯蚓粪，中等石灰反应。

2C：57～79cm，向下平滑突变过渡，棕色（7.5YR4/4，润），粉砂壤土，无结构，少量极细根，极疏松，稍黏着，稍塑，无石灰反应。

3C：79～82cm，向下平滑突变过渡，浊棕色（7.5YR5/4，润），砂土，无结构，少量极细根，多量蚯蚓粪，弱石灰反应。

4C：82～90cm，向下平滑突变过渡，稍润，暗棕色（7.5YR3/3，润），砂土，无结构，少量极细根，多量蚯蚓粪，弱石灰反应。

5C：90～105cm，向下平滑清晰过渡，稍润，棕色（7.5YR4/4，润），砂土，无结构，少量极细根，多量蚯蚓粪，无石灰反应。

6C：105～120cm，稍润，淡棕灰色（7.5YR7/2，润），砂土，无结构，少量极细根，多量蚯蚓粪，无石灰反应。

图 11-2　西杜系代表性单个土体剖面照

表 11-1　西杜系代表性单个土体物理性质

土层	深度/cm	砾石[*]（>2mm，体积分数）/%	细土颗粒组成（粒径：mm）/（g/kg）			质地
			砂粒 2～0.05	粉粒 0.05～0.002	黏粒 <0.002	
CA	5～29	0	763	118	104	砂质壤土
C	29～57	0	865	50	86	壤质砂土
2C	57～79	0	177	660	163	粉砂壤土

表 11-2　西杜系代表性单个土体化学性质

深度/cm	pH（H₂O）	有机碳/（g/kg）	全氮（N）/（g/kg）	全磷（P₂O₅）/（g/kg）	全钾（K₂O）/（g/kg）	碳酸钙/（g/kg）	CEC/（cmol/kg）
5～29	7.8	4.5	0.35	1.03	40.2	69.0	8.3
29～57	7.9	1.2	0.12	—	—	—	5.2
57～79	7.9	4.7	0.54	—	—	—	18.9

11.2　普通干润砂质新成土

11.2.1　杨达营系

土族：砂质硅质混合型石灰性冷性-普通干润砂质新成土
拟定者：龙怀玉，李　军，穆　真

分布与环境条件　主要存在于坝上高原漫岗丘陵区（图 11-3）。分布区域属于中温带亚湿润气候，年平均气温 2.6～5.0℃，年降水量 252～604mm。

图 11-3　杨达营系典型景观照

土系特征与变幅　诊断层有：淡薄表层；诊断特性有：半干润土壤水分状况、温性土壤温度状况。成土母质系固定风积沙，往往直接覆盖在基岩上，含有 3～10mm 的砾石，土体深厚，有效土层超过 150cm，但土体剖面特征发育微弱，几乎没有腐殖质积累，土壤通体显示出母质特征，质地为壤质砂土、砂质壤土，土壤颗粒控制层段为 25～100cm，颗粒大小类型为粗骨砂质，部分层次有非常弱的石灰反应。

对比土系　和侯营坝系的地形部位、气候条件、成土母质、植被景观等基本一致。但侯营坝系土壤有机碳含量高而且深厚，形成了暗沃表层和雏形层，全剖面无石灰反应，颗粒大小类型为砂质。杨达营系通体显示出母质特征，部分层次可能有非常弱的石灰反应，颗粒大小类型为粗骨砂质。

利用性能综述　大部分为天然牧草地，风大砂粗，养分贫瘠，土壤通体为砂壤土，疏松，保肥保水能力差，不宜农用，可兴牧种草。

参比土种　草原固定风沙土。

代表性单个土体　杨达营系典型单个土体剖面由位于河北省张家口市尚义县八道沟镇杨达营村，剖面点 114°5′23.5″E，41°14′19.3″N，海拔 1468m，地势起伏，高原，低丘，沙丘，坡度 8°（图 11-4）。天然牧草地，覆盖度 80%。有丰度 10%、距离约 2m 的岩石露头，有丰度 15%、大小 3～5cm、间距 20cm 的地表粗碎块。年平均气温 3.0℃，≥10℃积温为 2420℃，50cm 土壤温度年均 5.8℃；年降水量多年平均为 413mm；年均相对湿度为 57%；年干燥度为 1.3；年日照时数为 2799h。野外调查日期：2011 年 9 月 19 日。理化性质见表 11-3，表 11-4。

AC1：0～17cm，向下平滑模糊过渡，暗灰黄色（2.5Y4/2，润），稍润，壤质砂土，极弱发育 1～3cm 团块结构，少量细根及极细根、很少量中粗根，松散，无黏着，无塑，极弱石灰反应。

AC2：17～80cm，向下平滑清晰过渡，暗灰黄色（2.5Y4/2，润），稍润，很少量细根及极细根，壤质砂土，无结构，松散，无黏着，无塑，有极弱石灰反应。

C1：80～110cm，向下平滑渐变过渡，橄榄棕色（2.5Y4/3，润），稍润，砂质壤土，无结构，松散，无黏着，无塑，有极弱石灰反应。

C2：110～140cm，橄榄棕色（2.5Y4/3，润），稍润，砂质壤土，无结构，松散，无黏着，无塑，极弱石灰反应。

图 11-4 杨达营系代表性单个土体剖面照

表 11-3 杨达营系代表性单个土体物理性质

土层	深度 /cm	砾石* （>2mm，体积分数）/%	细土颗粒组成（粒径：mm）/（g/kg）			质地
			砂粒 2～0.05	粉粒 0.05～0.002	黏粒 <0.002	
AC	0～80	30	892	8	100	壤质砂土
C2	110～140	30	708	147	145	砂质壤土

表 11-4 杨达营系代表性单个土体化学性质

深度 /cm	pH （H$_2$O）	有机碳 /（g/kg）	全氮（N） /（g/kg）	CEC /（cmol/kg）
0～80	7.8	4.5	0.40	8.0
110～140	7.9	3.6	0.34	12.6

11.2.2　水泉沟系

土族：砂质硅质混合型非酸性冷性–普通干润砂质新成土

拟定者：刘　颖，穆　真，李　军

分布与环境条件　主要存在于坝上高原东部坝缘低山岗坡，成土母质为风积沙（下垫基岩主要是石英正长斑岩之类的中性岩浆岩）（图 11-5）。分布区域年平均气温 0.7～3.6℃，年降水量 226～659mm。

图 11-5　水泉沟系典型景观照

土系特征与变幅　诊断层有：暗沃表层；诊断特性有：砂质沉积物岩性特征、半干润土壤水分状况、冷性土壤温度状况。成土母质系风积细沙，土壤质地上下无明显差异，腐殖质层小于 50cm；除土壤有机质累积较强外，几乎没有其他成土过程发生；除表层为极弱团块结构外，全剖面呈现为单粒结构，土壤疏松多孔，无石灰反应；土壤颗粒控制层段为 25～100cm，颗粒大小类型为砂质；控制层段内，石英含量 40%以上，为硅质混合型矿物类型。

对比土系　和塞罕坝系镶嵌分布，气候条件、植被景观相同。但塞罕坝系土壤有机质累积较强，表层腐殖质含量高而且淋溶淀积过程明显，腐殖质含量随深度增加而缓慢减少，腐殖质染色层深达 1m 以上。水泉沟系腐殖质染色深度≤50cm。

利用性能综述　土体深厚，通体砂质黏壤土，土壤通透性能好，微生物活动较强，土壤有机质含量较高，年降水量 400～500mm，是比较优良的森林土壤资源。

参比土种　厚腐中层风积灰色森林土。

代表性单个土体　水泉沟系典型单个土体剖面位于河北省承德市围场满族蒙古族自治县塞罕坝机械林场千层板林场水泉沟（山顶），剖面点 117°15′32.2″E，42°23′35.7″N，地势起伏，地形为中山，海拔 1568m，坡度 18°，坡向西南（图 11-6）。林地，主要植被为白桦，林下灌木、草类生长茂盛，地表可见苔藓，覆盖度 100%。土层深厚，成土母质为风积沙。年平均气温 1.2℃，≥10℃积温为 2580℃，50cm 土壤温度年均 4.4℃；年降水量多年平均为 430mm；年均相对湿度为 56%；年干燥度为 1.2；年日照时数为 2760h。野外调查日期：2011 年 8 月 25 日。理化性质见表 11-5，表 11-6。

O：+2～0cm，枯枝落叶层，波状清晰过渡。

Ah1：0～8cm，波状清晰过渡，稍干，灰黄棕色（10YR4/2，干），灰橄榄色（5Y5/2，润），壤砂土，弱发育5～10mm团块结构、0.5～2mm单粒结构，多量细根，松软，稍黏，稍塑，无石灰反应。

Ah2：8～22cm，平滑模糊过渡，稍润，灰橄榄色（5Y4/2，润），灰黄棕色（10YR4/2，干），弱发育的团粒结构及团块结构，极疏松，稍黏，稍塑，无石灰反应。

Ah3：22～38cm，向下平滑清晰过渡，润，橄榄黑色（5Y3/2，润），壤砂土，弱发育5～15mm团块结构、0.5～2mm单粒结构，少量细根、极少量中根，极疏松，稍黏，稍塑，无石灰反应。

C：38～120cm，浅淡黄色（5Y8/3，润），浊黄橙色（10YR7/4，干），细砂粒，无结构，松散，少量细根、极少量中根，松散，稍黏，稍塑，无石灰反应。

图 11-6　水泉沟系代表性单个
土体剖面照

表 11-5　水泉沟系代表性单个土体物理性质

土层	深度 /cm	砾石* (>2mm，体积分数) /%	细土颗粒组成（粒径：mm）/（g/kg）			质地
			砂粒 2～0.05	粉粒 0.05～0.002	黏粒 <0.002	
Ah1	0～8	0	832	63	105	壤砂土
Ah2	8～22	0	812	75	114	壤砂土
Ah3	22～38	0	825	67	108	壤砂土
C	38～120	0	918	12	71	砂土

表 11-6　水泉沟系代表性单个土体化学性质

深度 /cm	pH (H$_2$O)	有机碳 /（g/kg）	全氮（N） /（g/kg）	全磷（P$_2$O$_5$） /（g/kg）	全钾（K$_2$O） /（g/kg）	CEC /（cmol/kg）
0～8	6.5	17.1	2.01	1.89	105.0	10.7
8～22	6.6	19.3	1.41	—	—	12.3
22～38	6.6	14.0	1.03	2.23	103.2	10.6
38～120	6.4	1.6	0.32	2.03	80.7	3.1

11.3　普通湿润冲积新成土

11.3.1　麻家营系

土族：粗骨壤质混合型石灰性冷性-普通湿润冲积新成土
拟定者：龙怀玉，刘　颖，安红艳，穆　真

分布与环境条件　主要分布在河流两侧或岛状河床上，是河流冲积物在河漫滩上堆积形成的，雨季高水位时会被河水淹没（图 11-7）。分布区域属于中温带亚湿润气候，年平均气温 3.7～5.7℃，年降水量 233～674mm。

图 11-7　麻家营系典型景观照

土系特征与变幅　诊断层有：淡薄表层；诊断特性有：潮湿土壤水分状况、冷性土壤温度状况、冲积物岩性特征。是在河流中上游砂质沉积物上形成的土壤，在常水位时，河漫滩上无流水经过，到夏季洪水上涨，水流漫溢其上，故河漫滩上的沉积物以砂质物质为主，地下水埋深较浅，多在 50～100cm，土层厚度 10～50cm，土体内含有卵石，下部为卵石层。土壤 pH 为 7.7～8.7，石灰反应中或强烈，有机碳含量 0.5～10g/kg，通体砂土或砂壤土，呈单粒结构，浅灰棕色，植物根系极少，全氮、速效磷的含量极低，土壤剖面发育微弱。

对比土系　和鹿尾山系的地形部位相同，剖面外观差别不大。但鹿尾山系为温性土壤温度状况，麻家营系为冷性土壤温度状况。

利用性能综述　分布于河漫滩上，成土时间短，砂土或砂质壤土，土壤瘠薄，不宜垦种，但不缺水分，低矮草本植物可以生长，应该任其自然发展，促进腐殖质累积等成土过程发展。

参比土种　砾质冲积土。

代表性单个土体　位于河北省承德市围场满族蒙古族自治县牌楼乡麻家营村，剖面点 117°22′29.1″E，41°56′29.1″N，海拔 938m，河谷（图 11-8）。自然草地，覆盖度 50%左右；粗碎块占地表面积 5%～15%；每年长期饱和，一年一次泛滥，积水深度约 50cm，渗透很快，地下水位约 0.5m。成土母质为现代河流冲积物，土壤发育较慢，成土过程较弱，只有一个弱 A 层。土壤通体可见冲积而来的鹅卵石。CA 层有明显的冲积层理。年平均气温 4.6℃，≥10℃积温为 2734℃，50cm 土壤温度年均 7.1℃；年降水量多年平均为 441mm；年均相对湿度为 56%；年干燥度为 1.2；年日照时数为 2754h。野外调查日期：2010 年 8 月 25 日。理化性质见表 11-7，表 11-8。

CA：0～20cm，向下平滑清晰过渡，灰棕色（7.5YR4/2，润），有少量新鲜的鹅卵石，砂质壤土，无结构，多量中根，松散，有明显的冲积层理，石灰反应中等。

2C：>20cm，砂质冲积物，石块含量达 99%，均为鹅卵石，暗棕色（10YR3/3，润），砂土。

图 11-8　麻家营系代表性单个土体剖面照

表 11-7　麻家营系代表性单个土体物理性质

| 土层 | 深度 /cm | 砾石[*] （>2mm，体积 分数）/% | 细土颗粒组成（粒径：mm）/（g/kg） | | | 质地 |
			砂粒 2～0.05	粉粒 0.05～0.002	黏粒 <0.002	
CA	0～20	10	450	420	130	砂质壤土
2C	>20	99	—	—	—	砂土

表 11-8　麻家营系代表性单个土体化学性质

深度 /cm	pH （H₂O）	有机碳 /（g/kg）	全氮（N） /（g/kg）	全磷（P₂O₅） /（g/kg）	全钾（K₂O） /（g/kg）	CEC /（cmol/kg）
0～20	7.9	9.6	0.78	—	—	13.4

11.3.2 熊户系

土族：多层粗骨质盖壤质混合型石灰性温性-普通湿润冲积新成土

拟定者：龙怀玉，刘　颖，安红艳，陈亚宇

分布与环境条件　是河流冲积物在河漫滩上堆积形成的，地下水埋深较浅，多在 1~1.5m 左右，雨季高水位时会被河水淹没，所以主要分布在河流两侧或岛状河床上（图 11-9）。分布区域属于暖温带亚干旱气候，年平均气温 12.1~15.4℃，年降水量 227~1251mm。

图 11-9　熊户系典型景观照

土系特征与变幅　诊断层有：淡薄表层；诊断特性有：潮湿土壤水分状况、温性土壤温度状况、冲积物岩性特征。有效土层至少 100cm 以上，至少由两层以上具有明显差异的冲积物构成，呈单粒状结构，往往是砂土和砂壤土相间排列，砂土层内含有 80%以上石砾，而砂壤土层石砾含量不超过 30%，下部为卵石层，颜色因为冲积物层次的不同而不同。石灰反应中或强烈，几乎没有成土过程，不同层次的理化性质几乎全部源自母质。颗粒控制层段厚度 75~125cm，土壤颗粒大小级别为多层粗骨质盖壤质。

对比土系　和西杜系的剖面形态非常相似。但是西杜系已经脱离了地下水影响，为半干润土壤水分状况，土壤颗粒大小类型为砂质。熊户系为潮湿土壤水分状况，土壤颗粒大小级别为多层粗骨质盖壤质。

利用性能综述　分布于河漫滩上，成土时间短，砂土，土壤瘠薄，不宜垦种，但不缺水分，低矮草本植物可以生长，应该任其自然发展，促进腐殖质累积等成土过程发展。

参比土种　砂质冲积土。

代表性单个土体　典型单个土体剖面位于河北省邢台市邢台县将军墓镇熊户村，剖面点 114°04′21.2″E，37°09′19.3″N，海拔 297m，低山丘陵，高丘，河谷底（图 11-10）。母质为河流洪积物。灌木，覆盖度>80%，切沟侵蚀。剖面下方可见高度磨圆的岩石，30~80cm 可见明显的冲积层理。年平均气温 11.8℃，≥10℃积温为 4731℃，50cm 土壤温度年均 12.7℃；年降水量多年平均为 525mm；年均相对湿度为 61%；年干燥度为 1.8；年日照时数为 2439h。野外调查日期：2011 年 4 月 15 日。理化性质见表 11-9，表 11-10。

CA：0～21cm，向下平滑突变过渡，有丰度 80%以上的次圆新鲜碎块岩石，灰红色（2.5Y6/2，干），砂土，无结构，少量细根、粗根、松散，无黏着，无塑，弱石灰反应。

2C：21～32cm，向下平滑突变过渡，浊黄棕色（10YR5/4，干），有丰度 80%以上的次圆新鲜碎块岩石，砂土，无结构，少量细根、粗根、松散，无黏着，无塑，中石灰反应。

3C：32～55cm，向下平滑突变过渡，稍润，黄棕色（2.5Y5/3，润），有 10%～15%次圆新鲜碎块岩石，砂土，无结构，少量细根、中根，松散，无黏着，无塑，弱石灰反应。

4C：55～75cm，棕色（10YR4/4，润），向下平滑突变过渡，有15%次圆新鲜碎块岩石，粉砂壤土，中发育的团块状结构，少量细根，疏松，黏着，中塑，强石灰反应。

5C：>75cm，灰红色（2.5Y6/2，干），有风度 80%以上的扁平新鲜岩石碎块，砂土，无结构，极少量中根，松散，无黏着，无可塑，中石灰反应。

图 11-10　熊户系代表性单个
土体剖面照

表 11-9　熊户系代表性单个土体物理性质

土层	深度 /cm	砾石* （>2mm，体积分数）/%	细土颗粒组成（粒径：mm）/（g/kg）			质地
			砂粒 2～0.05	粉粒 0.05～0.002	黏粒 <0.002	
CA	0～21	80	884	31	84	壤质砂土
2C	21～32	80	820	84	97	壤质砂土
4C	55～75	15	378	398	224	壤土

表 11-10　熊户系代表性单个土体化学性质

深度 /cm	pH （H₂O）	有机碳 /（g/kg）	全氮（N） /（g/kg）	CEC /（cmol/kg）
0～21	8.5	7.2	0.46	4.38
21～32	8.6	2.4	0.20	6.34
55～75	8.2	1.6	0.21	17.0

11.4　普通黄土正常新成土

11.4.1　龙耳系

土族：壤质硅质混合型石灰性温性–普通黄土正常新成土
拟定者：刘　颖，安红艳，陈亚宇

分布与环境条件　成土母质系黄土母质，主要分布于花岗岩低山丘陵地带，地形起伏（图11-11）。分布区域属于暖温带亚干旱气候，年平均气温11.4～13.7℃，年降水量225～1209mm。

图11-11　龙耳系典型景观照

土系特征与变幅　诊断层有：淡薄表层；诊断特性有：半干润土壤水分状况、温性土壤温度状况、黄土状沉积物岩性特征、石灰性。成土母质系黄土母质，土层深厚，有效土层大于150cm，土体剖面特征发育微弱，腐殖质积累较弱，土壤阳离子代换量、黏粒含量等土壤理化性质没有明显的剖面分异，土壤颗粒控制层段为25～100cm，颗粒大小类型为壤质，整个剖面有非常强的石灰反应。

对比土系　和白岭系的地形部位非常类似，气候条件基本相同，剖面形态相似。但白岭系成土母质系黄土状母质，发生了一定程度的残积黏化过程，碳酸钙发生了微弱的淋溶淀积，颗粒大小类型为黏壤质。龙耳系成土母质系黄土母质，土壤理化性质没有明显的剖面分异，土壤颗粒大小类型为壤质。

利用性能综述　土壤通体为粉砂壤土，无砾石，保肥保水能力较好，但是地势不平，雨水资源、灌溉条件较差，严重缺水。龙耳系目前大部分为非耕作土壤，已经开垦成耕地的，主要种植冬小麦，产量低下。可在该土壤上兴牧种草、营造防护林网。

参比土种　黄绵土。

代表性单个土体　位于河北邯郸市涉县涉城镇龙耳村，剖面点113°39′40.2″E，36°36′06.6″N，海拔505m（图11-12）。山地，陡峭切割地势，不远处有一条干旱的河流，主要为旱地，自然植被有榆树、野酸枣树等，农作物主要为玉米、小麦，亩产量很低。地表80%有中等强度的切沟侵蚀。年平均气温13.1℃，≥10℃积温为4734℃，50cm土壤温度年均13.7℃；年降水量多年平均为508mm；年均相对湿度为60%；年干燥度为1.8；年日照时数为2441h。野外调查日期：2011年4月15日。理化性质见表11-11，表11-12。

AC：0～11cm，向下平滑清晰过渡，干，棕色（7.5YR4/3，干），粉砂壤土，中发育的团块状结构，中量细根，可见间断的土壤裂隙，稍硬，黏着，中塑，石灰反应极强。

Ck1：11～49cm，向下平滑状模糊过渡，干，亮棕色（7.5YR5/6，干），粉砂壤土，少量细根，无结构，稍硬，黏着，中塑，可见间断的土壤裂隙，石灰反应极强烈。

Ck2：49～147cm，向下平滑模糊过渡，稍干，浊红棕色（5YR5/4，干），少量半风化的岩石和矿物碎屑，粉砂壤土，无结构，少量细根，紧实，黏着，中塑，可见间断的土壤裂隙，石灰反应极强。

Ck3：147～170cm：稍润，亮红棕色（5YR5/6，润），粉砂壤土，无结构，极少量细根，弱紧实，黏着，中塑，可见间断的土壤裂隙，有少量的碳酸钙假菌丝体，石灰反应极强。

图 11-12 龙耳系代表性单个
土体剖面照

表 11-11 龙耳系代表性单个土体物理性质

| 土层 | 深度 /cm | 砾石* (>2mm，体积分数)/% | 细土颗粒组成（粒径：mm）/（g/kg） | | | 质地 |
			砂粒 2～0.05	粉粒 0.05～0.002	黏粒 <0.002	
AC	0～11	0	55	745	200	粉砂壤土
Ck1	11～49	0	92	734	174	粉砂壤土
Ck2	49～147	0	99	704	197	粉砂壤土
Ck3	147～170	0	36	755	209	粉砂壤土

表 11-12　龙耳系代表性单个土体化学性质

深度 /cm	pH (H_2O)	有机碳 /（g/kg）	全氮（N） /（g/kg）	全磷（P_2O_5） /（g/kg）	全钾（K_2O） /（g/kg）	碳酸钙 /（g/kg）	CEC /（cmol/kg）
0～11	8.4	2.6	1.62	0.96	38.8	92.4	17.0
11～49	8.2	1.6	0.22	0.96	44.1	83.9	15.6
49～147	8.2	1.4	0.33	—	—	69.2	17.2
147～170	7.9	1.6	0.42	1.03	44.7	56.4	15.7

11.5 饱和红色正常新成土

11.5.1 达衣岩系

土族：壤质混合型非酸性温性-饱和红色正常新成土

拟定者：龙怀玉，刘 颖，安红艳，陈亚宇

分布与环境条件 成土母质为砂岩残积风化物，主要分布于低山、中山地带，地形陡峭切割（图 11-13）。植被稀疏矮小，一般是白草、荆条、酸枣、野山桃之类的灌木和矮乔木。分布区域属于暖温带亚干旱气候，年平均气温 11.6～14.8℃，年降水量 226～1250mm。

图 11-13 达衣岩系典型景观照

土系特征与变幅 诊断层有：淡薄表层；诊断特性有：半干润土壤水分状况、温性土壤温度状况、红色砂岩岩性特征、石质接触面、盐基饱和。成土母质系红色砂岩（包含长石石英砂岩）残坡积风化物，从矿质土壤表层突然过渡到破碎成大石块的母岩，土层浅薄，有效土层小于 30cm，腐殖质积累较高，无碳酸钙反应，土壤颗粒控制层段为 0～30cm，颗粒大小类型为壤质。

对比土系 和皁家店系的地形部位、成土母质、气候条件等基本一致，剖面形态和理化性质相差不大。但皁家店系石砾含量多于 25%，颗粒大小类型为粗骨壤质，达衣岩系颗粒大小类型为壤质。

利用性能综述 地处低山、中山陡峭切割处，坡度大，易水土流失，土层薄，砾石含量高。但砂岩能够储藏一定的水分，低矮乔木也能够生长，可以发展林业。

参比土种 中性石质土。

代表性单个土体 达衣岩系典型单个土体剖面位于河北省邯郸市武安市活水乡达衣岩村，剖面点 113°55′58.9″E，36°53′41.4″N，海拔 674m，地势陡峭切割，山地，中切割低山，山体下部，坡度 54.1°（图 11-14）。母质为砂岩、砾岩的残积风化物。自然灌木和草地，覆盖度为 80%。有 50%的地表存在轻微的沟蚀；有丰度 50%的岩石露头，平均间距 0.5m；有丰度 60%的地表粗碎块，大小约 0.5～2cm，平均间距 20cm。年平均气温 10℃，≥10℃积温为 4717℃，50cm 土壤温度年均 11.3℃；年降水量多年平均为 519mm；年均相对湿度为 60%；年干燥度为 1.8；年日照时数为 2440h。野外调查日期：2011 年 4 月 20 日。理化性质见表 11-13，表 11-14。

图 11-14　达衣岩系代表性单个
土体剖面照

O：+2～0cm，枯枝落叶层。

Ah：0～20cm，向下平滑突变过渡，浊黄棕色（10YR/4/3，干），干，壤土，中发育的棱块状结构，少量细根，有丰度20%、大小 2～20mm 左右的不规则新鲜岩石，粉砂壤土，中发育棱块状结构、团块结构，少量细根，松软，黏着，可塑，无石灰反应，极弱氟化钠反应，盐基饱和度52%。

R：>20cm，母岩，主要为黄色、紫色砂岩。

表 11-13　达衣岩系代表性单个土体物理性质

土层	深度 /cm	砾石* （>2mm，体积 分数）/%	细土颗粒组成（粒径：mm）/（g/kg）			质地
			砂粒 2～0.05	粉粒 0.05～0.002	黏粒 <0.002	
Ah	0～20	20	503	343	154	壤土

表 11-14　达衣岩系代表性单个土体化学性质

深度 /cm	pH （H₂O）	有机碳 /（g/kg）	全氮（N） /（g/kg）	全磷（P₂O₅） /（g/kg）	全钾（K₂O） /（g/kg）	CEC /（cmol/kg）
0～20	6.3	8.9	0.73	0.92	29.7	10.6

11.5.2　卑家店系

土族：粗骨壤质硅质混合型非酸性温性–饱和红色正常新成土

拟定者：龙怀玉，穆　真，李　军

分布与环境条件　成土母质系红色砂岩残积风化物，主要存在于中低山丘陵地带，地形起伏（图 11-15）。分布区域属于暖温带亚湿润气候，年平均气温 9.4～12.6℃，年降水量 330～1103mm。

图 11-15　卑家店系典型景观照

土系特征与变幅　诊断层有：淡薄表层；诊断特性有：半干润土壤水分状况、温性土壤温度状况、红色砂岩岩性特征、石质接触面。成土母质系砂岩残积风化物，土层浅薄，有效土层 10～30cm，土体剖面特征发育微弱，腐殖质积累较强，石砾含量多于 25%，土壤颗粒控制层段为全部土层，颗粒大小类型为粗骨壤质，整个剖面无石灰反应。

对比土系　和达衣岩系的地形部位、成土母质、气候条件等基本一致，剖面形态和理化性质相差不大。但达衣岩系的土壤颗粒大小类型为壤质，卑家店系的土壤颗粒大小类型为粗骨壤质。

利用性能综述　土壤养分贫瘠，土层薄，坡度陡，砾石含量大，保肥保水能力差，不能农业利用，但可兴牧种草。

参比土种　中性石质土。

代表性单个土体　卑家店系典型单个土体剖面位于河北省唐山市古冶区卑家店乡水峪村，剖面点 118°26′19.7″E，39°47′30.3″N，海拔 93m（图 11-16）。地势起伏明显，低山丘陵，低丘，直线坡中部，坡度 27°，坡形凸形，成土母质为红色铁质细砂岩（海绿石砂岩）残积物。草地，主要植被为草本植物，覆盖度 70%，地表有轻度风蚀、水蚀，丰度 20%的粗碎块，丰度 5%的岩石露头。10cm 以下为石质接触面，为 R 层。年平均气温 10.3℃，≥10℃积温为 4089℃，50cm 土壤温度年均 11.5℃；年降水量为 641mm；年均相对湿度为 62%；年干燥度为 1.2；年日照时数为 2593h。野外调查日期：2011 年 11 月 9 日。理化性质见表 11-15，表 11-16。

Ah：0～10cm，向下不规则突然过渡，岩石矿物碎屑丰度30%、大小约 0.5～1mm、角状、半风化状态，干，橄榄棕色（2.5Y4/3，干），粉砂壤土，中发育的团粒结构、弱发育的团块结构，中量细根及极细根、很少量中粗根，松散，稍黏着，稍塑，无石灰反应。

R：>10cm，为红色砂岩母岩。

图 11-16　卑家店系代表性单个
土体剖面照

表 11-15　卑家店系代表性单个土体物理性质

土层	深度 /cm	砾石* (>2mm，体积分数) /%	细土颗粒组成（粒径：mm）/（g/kg）			质地
			砂粒 2～0.05	粉粒 0.05～0.002	黏粒 <0.002	
Ah	0～10	30	325	519	156	粉砂壤土

表 11-16　卑家店系代表性单个土体化学性质

深度 /cm	pH (H$_2$O)	有机碳 /（g/kg）	全氮（N） /（g/kg）	CEC /（cmol/kg）
0～10	7.4	33.3	2.62	20.5

11.6 普通干旱正常新成土

11.6.1 庙沟门子系

土 族：砂质硅质混合型石灰性冷性-普通干旱正常新成土

拟定者：龙怀玉，刘 颖，安红艳，穆 真

分布与环境条件 主要分布于冀北坝上高原（图 11-17）。海拔在 1100～1300m，土壤母质系固定风沙，坡度一般在 3°～13°。分布区域属于中温带亚湿润气候，年平均气温 3.3～5.3℃，年降水量 224～657mm。

图 11-17 庙沟门子系典型景观照

土系特征与变幅 诊断层有：淡薄表层；诊断特性有：半干润土壤水分状况、冷性土壤温度状况。成土母质系风积沙，剖面无明显的发育层次，有效土层厚度 60～200cm，全剖面有石灰反应；土壤颗粒控制层段为整个土体，颗粒大小类型为粗骨砂质；控制层段内二氧化硅含量 40%～60%，为硅质混合型矿物类型。

对比土系 和小拨系的分布空间有较多重叠，地形部位、土壤母质、气候条件基本相同，剖面形态相似。但小拨系全剖面无石灰反应，颗粒大小类型为砂质，而庙沟门子系全剖面有石灰反应，颗粒大小类型为粗骨砂质。

利用性能综述 壤通体呈砂性，无土壤结构，土壤肥力瘠薄、保肥保水能力差，该地区降雨量偏少，蒸发量大于降雨量，植被严重缺水。

参比土种 砂质固定草原风沙土。

代表性单个土体 位于河北省承德市丰宁满族自治县小坝子乡庙沟门子村，剖面点 116°20′49.4″E，41°28′28.7″N，海拔 1105m，地形为中山，山坡下部，坡度 23.4°（图 11-18）。母质为风积沙。草地和旱耕地，植被稀疏，旱耕农作物主要为玉米、向日葵等，而且植被类型较少，植被覆盖度较低，约 30%。地表可见中度浅沟侵蚀；岩石露头占地表面积 30% 左右，粗碎块占 30%～40%。年平均气温 3.4℃，≥10℃积温为 2895℃，50cm 土壤温度年均 6.1℃；年降水量多年平均为 438mm；年均相对湿度为 54%；年干燥度为 1.3；年日照时数为 2769h。野外调查日期：2010 年 8 月 31 日。理化性质见表 11-17，表 11-18。

Ah：0～10cm，向下平滑清晰过渡，干，浊黄色（2.5Y6/4，干），含有少量新鲜的不规则石块，砂壤土，无结构，少量细根，松散，无黏着，无塑，石灰反应强烈。

AC：10～31cm，向下平滑渐变过渡，干，少量的新鲜石块，黄棕色（2.5Y5/4，干），砂壤土，无结构，少量细根和中根，松软，无黏着，无塑，石灰反应强烈。

C1：31～60cm，母质层，向下突然过渡（水分含量不同引起的），稍润，浊黄色（2.5Y6/3，润），砂土，无结构，松散，无黏着，无塑，石灰反应强烈。

C2：>60cm，为母质层，淡黄色（2.5Y7/3，干），无结构，松散，无黏着，无塑，石灰反应中等。

图 11-18　庙沟门子系代表性单个
土体剖面照

表 11-17　庙沟门子系代表性单个土体物理性质

土层	深度 /cm	砾石* （>2mm，体积分数）/%	细土颗粒组成（粒径：mm）/（g/kg）			质地
			砂粒 2～0.05	粉粒 0.05～0.002	黏粒 <0.002	
Ah	0～10	2	729	157	114	砂质壤土
AC	10～31	2	774	127	98	砂质壤土
C1	31～60	2	841	78	81	砂壤土
C2	>60	2	924	18	59	砂土

表 11-18　庙沟门子系代表性单个土体化学性质

深度 /cm	pH （H_2O）	有机碳 /（g/kg）	全氮（N） /（g/kg）	全磷（P_2O_5） /（g/kg）	全钾（K_2O） /（g/kg）	CEC /（cmol/kg）	碳酸钙 /（g/kg）
0～10	7.9	10.1	1.21	0.57	15.9	9.8	4.8
10～31	8.4	6.3	0.54	—	—	7.8	7.5
31～60	8.7	2.9	0.22	—	—	3.9	2.4
>60	8.9	1.2	—	—	—	2.6	—

11.7 钙质干润正常新成土

11.7.1 北沟系

土族：粗骨质硅质混合型石灰性温性-钙质干润正常新成土

拟定者：龙怀玉，刘 颖，安红艳，陈亚宇

分布与环境条件 广泛分布于太行山及燕山区石灰岩类中低山及丘陵中上部及山顶部（图 11-19）。分布区域属于暖温带亚干旱气候，年平均气温 11.6～14.8℃，年降水量 227～1257mm。

图 11-19 北沟系典型景观照

土系特征与变幅 诊断层有：淡薄表层；诊断特性有：半干润土壤水分状况、温性土壤温度状况、石质接触面、碳酸盐岩岩性特征、石灰性。成土母质系白云岩类残积风化物，土层浅薄，有效土层厚度不到 30cm，成土过程微弱，强石灰反应，2～30mm 的砾石含量 75%～90%，黏壤土，土壤颗粒大小级别为粗骨质。

对比土系 与草碾华山系的地形部位、气候类型、植被类型基本相同，剖面相似。但草碾华山系的有效土层厚度可达 50cm，通体无石灰反应，细土质地为黏土。北沟系有效土层厚度最多只有 30cm，强石灰反应，细土质地为黏壤土。

利用性能综述 多为荒山秃岭，土层薄，砾石多，侵蚀严重，地处气候干旱区，植被稀疏，多为矮小灌木，立地条件差。在利用上应以种草养草、增加植被、防止水土流失为主。

参比土种 钙质石质土。

代表性单个土体 位于河北省邢台市沙河市刘石岗乡北沟村，剖面点 114°10′45.2″E，36°55′58.5″N，海拔 281m，地势强度起伏，丘陵山地，低丘，直线型低坡下部，坡度 30.5°（图 11-20）。成土母质为白云岩残积物，自然植被为灌木、草丛，覆盖度约为 30%，地表有 50%左右的中度切沟侵蚀；岩石露头丰度约 90%，平均间距<2m，地表粗碎块丰度约 90%，大小约 6cm，间距 2cm。年平均气温 12.4℃，≥10℃积温为 4746℃，50cm 土壤温度年均 13.2℃；年降水量多年平均为 520mm；年均相对湿度为 61%；年干燥度为 1.8；年日照时数为 2433h。野外调查日期：2011 年 4 月 18 日。理化性质见表 11-19，表 11-20。

图 11-20　北沟系代表性单个
土体剖面照

Ah：0～5cm，向下平滑清晰过渡，有丰度80%左右、2～5mm的不规则半风化小石砾，暗红棕色（5YR3/3，干），砂质黏壤土，无结构，少量极细根，松散，无黏着，无塑，石灰反应极强。

CA：5～20cm，岩石碎屑层，向下平滑清晰过渡，有丰度90%左右、2～10mm的不规则半风化石块，干，浊黄橙色（10YR6/4，干），细土质地为砂质黏壤土，少量细根，强石灰反应。

R：>20cm，为母岩。白云岩类石灰岩，有强烈的石灰反应。

表 11-19　北沟系代表性单个土体物理性质

土层	深度 /cm	砾石* （>2mm，体积分数）/%	细土颗粒组成（粒径：mm）/（g/kg）			质地
			砂粒 2～0.05	粉粒 0.05～0.002	黏粒 <0.002	
Ah	0～5	80	524	260	216	砂质黏壤土
CA	5～20	90	—	—	—	—

表 11-20　北沟系代表性单个土体化学性质

深度 /cm	pH （H$_2$O）	有机碳 /（g/kg）	全氮（N） /（g/kg）	CEC /（cmol/kg）	碳酸钙 /（g/kg）
0～5	8.0	16.2	1.08	12.4	120.7
5～20	8.2	8.49	0.64	—	148.0

11.7.2 关防系

土族：粗骨壤质混合型石灰性温性-钙质干润正常新成土

拟定者：龙怀玉，刘　颖，安红艳，陈亚宇

分布与环境条件　成土母质为石灰岩残积风化物，主要分布于海拔 400～600m 之间低山丘陵地带，地形强烈起伏（图 11-21）。植被稀疏矮小，一般是白草、荆条、酸枣之类的灌木和矮乔木。分布区域属于暖温带亚干旱气候，年平均气温 11.4～13.7℃，年降水量 225～1207mm。

图 11-21　关防系典型景观照

土系特征与变幅　诊断层有：淡薄表层；诊断特性有：半干润土壤水分状况、温性土壤温度状况、碳酸盐岩岩性特征、石质接触面、盐基饱和、石灰性。关防系地区气候干旱，植被稀疏，多为矮小灌木和草类，地表岩石露头较多，土壤多发育在植被根系下方，呈垛状，裸露地区多为岩石露头。成土母质系石灰岩残积风化物，从矿质土壤表层突然过渡到母岩，土层浅薄，有效土层小于 30cm，土体剖面特征发育微弱，但腐殖质积累较高，碳酸钙反应微弱，颗粒大小类型为粗骨壤质，矿物类型为混合型。

对比土系　与平房沟系的分布区域有较多重叠，成土母质、地形部位、气候条件相同，剖面形态也基本一样。但平房沟系土层有强石灰反应，细土质地为粉砂壤土，而关防系石灰反应弱，细土质地为粉砂质黏壤土。

利用性能综述　地处低山、中山陡峭切割处，坡度大，易水土流失，土层薄，砾石含量高，石灰岩母岩储水能力弱，土壤容易干旱。

参比土种　钙质石质土。

代表性单个土体　关防系典型单个土体剖面位于河北省邯郸市涉县关防乡关防村，剖面点 113°51′35.9″E，36°27′23.4″N，海拔 386m，地势陡峭切割，山地，中山，山体下部，坡度 35°（图 11-22）。母质为石灰岩残积物。自然植被，灌木和草丛，覆盖度为 40%。有 50%的地表存在轻度的沟蚀；有丰度 50%的岩石露头，平均间距 1m；有丰度 98%的地表粗碎块，大小约 0.5～2cm，平均间距 2～15cm。年平均气温 10.6℃，≥10℃积温为 4689℃，50cm 土壤温度年均 11.8℃；年降水量多年平均为 508mm；年均相对湿度为 60%；年干燥度为 1.8；年日照时数为 2452h。野外调查日期：2011 年 4 月 20 日。理化性质见表 11-21，表 11-22。

图 11-22　关防系代表性单个
土体剖面照

Ah：0～30cm，向下平滑突变过渡，有丰度 40%的、2～100mm 左右的不规则新鲜石灰岩岩石碎块，干，暗棕色（10YR/3/3，干），细土质地为粉砂质黏壤土，中发育的屑粒结构，中量细根，疏松，黏着，中塑，弱石灰反应。

R：>30cm，石质接触面，石灰岩，石灰反应极强。

表 11-21　关防系代表性单个土体物理性质

土层	深度/cm	砾石*（>2mm，体积分数）/%	细土颗粒组成（粒径：mm）/（g/kg）			质地
			砂粒 2～0.05	粉粒 0.05～0.002	黏粒 <0.002	
Ah	0～30	40	74	632	294	粉砂质黏壤土

表 11-22　关防系代表性单个土体化学性质

深度/cm	pH（H$_2$O）	有机碳/（g/kg）	全氮（N）/（g/kg）	全磷（P$_2$O$_5$）/（g/kg）	全钾（K$_2$O）/（g/kg）	CEC/（cmol/kg）	碳酸钙/（g/kg）
0～30	7.8	22.2	1.93	1.05	30.7	31.7	43.7

11.7.3　平房沟系

土族：粗骨壤质混合型温性-钙质干润正常新成土

拟定者：龙怀玉，刘　颖，安红艳，陈亚宇

分布与环境条件　主要分布于石灰岩区的低山、中山地带，地形陡峭切割（图 11-23）。植被稀疏矮小，一般是白草、荆条、酸枣之类的灌木。气候干旱，缺水，植被覆盖度较低，而且植被多为矮小灌木和草类，偶尔有几棵柏树，土壤发育在植被下方，呈一垛一垛的状态，没有植被的地方，地表裸露岩石。成土母质为白云岩化硅质石灰岩。表层为有机质层，有弱的有

图 11-23　平房沟系典型景观照

机质累积过程，土体浅薄。分布区域属于暖温带亚干旱气候，年平均气温 11.4～13.7℃，年降水量 225～1238mm。

土系特征与变幅　诊断层有：淡薄表层；诊断特性有：半干润土壤水分状况、温性土壤温度状况、碳酸盐岩岩性特征、石质接触面、石灰性。成土母质系石灰岩残积风化物，从矿质土壤表层突然过渡到母岩，土层浅薄，有效土层小于 30cm，土体剖面特征发育微弱，但腐殖质积累较高，强碳酸钙反应，土壤颗粒控制层段为整个有效土体，颗粒大小类型为粗骨壤质，为混合型矿物类型。

对比土系　与关防系的成土母质、地形部位、气候条件、植被景观等基本相同，剖面形态也基本相同。但关防系石灰反应弱，细土质地为粉砂质黏壤土，而平房沟系土层有强石灰反应，细土质地为粉砂壤土。

利用性能综述　地处低山、中山陡峭切割处，坡度大，易水土流失，土层薄，砾石含量高，水分条件差，干旱严重。应发展林业生产，保护现有植被。

参比土种　钙质石质土。

代表性单个土体　平房沟系典型单个土体剖面位于河北省邯郸市涉县偏城镇平房沟村，剖面点 113°43′34.9″E，36°46′41.0″N，海拔 924m，地势陡峭切割，山地，中山坡下部，坡度 52.4°（图 11-24）。母质为白云岩类硅质石灰岩。自然植被，主要是灌木，覆盖度为 30%。现有 70% 的地表存在强的沟蚀；有丰度 80% 的岩石露头，平均间距 10m；有丰度 95% 的地表粗碎块，大小约 2～6cm，平均间距 2～5cm。年平均气温 8.3℃，≥10℃ 积温为 4689℃，50cm 土壤温度年均 10℃；年降水量多年平均为 517mm；年均相对湿度为 60%；年干燥度为 1.8；年日照时数为 2448h。野外调查日期：2011 年 4 月 20 日。理化

图 11-24　平房沟系代表性单个
土体剖面照

性质见表 11-23，表 11-24。

Ah：0～18cm，向下波状突变过渡，干，暗棕色（7.5YR3/3，干），有丰度 50%、5～10mm 左右的不规则半风化岩石，粉砂壤土，弱屑粒状结构，向下平滑清晰过渡，中量细根，松散，稍黏着，稍塑，极强石灰反应，碳酸钙含量 322.8g/kg。

R：＞18cm，母岩层，石质接触面。

表 11-23　平房沟系代表性单个土体物理性质

土层	深度 /cm	砾石* （>2mm，体积 分数）/%	细土颗粒组成（粒径：mm）/（g/kg）			质地
			砂粒 2～0.05	粉粒 0.05～0.002	黏粒 <0.002	
Ah	0～18	50	226	676	98	粉砂壤土

表 11-24　平房沟系代表性单个土体化学性质

深度 /cm	pH （H₂O）	有机碳 /（g/kg）	全氮（N） /（g/kg）	全磷（P₂O₅） /（g/kg）	全钾（K₂O） /（g/kg）	CEC /（cmol/kg）	碳酸钙 /（g/kg）
0～18	7.9	21.6	2.00	0.92	34.5	23.4	322.8

11.8　石质干润正常新成土

11.8.1　石砬棚系

土族：粗骨质硅质混合型非酸性冷性-石质干润正常新成土
拟定者：龙怀玉，刘　颖，安红艳，穆　真

分布与环境条件　广泛分布于太行山、燕山山脉和冀西北、冀北山区中低山及丘陵的坡面上，土壤母质为花岗岩类残坡积的风化碎屑物，地势相对陡峭，排水极快，自然植被稀少，多呈荒山秃岭景观（图 11-25）。海拔一般在 1000～1300m，坡度一般在 8°～18°。分布区域属于中温带亚湿润气候，年平均气温 2.7～5.6℃，年降水量 243～693mm。

图 11-25　石砬棚系典型景观照

土系特征与变幅　诊断层有：淡薄表层；诊断特性有：半干润土壤水分状况、冷性土壤温度状况、准石质接触面。是在花岗岩残坡积风化碎屑物上发育的土壤，有效土层厚度 50～100cm，土壤发育微弱，通体砾石含量 80%以上，但细土部分的有机碳含量较高；全剖面无石灰反应；颗粒大小控制层段为整个有效土层，颗粒大小级别为砂质盖粗骨质；控制层段内二氧化硅含量 40%～60%，为硅质混合型矿物类型。

对比土系　和茶叶沟门系的剖面形态非常相似。但茶叶沟门系成土母质系变粒岩坡积风化物，有效土层厚度 120cm 以上，表层以下中强石灰反应，土壤颗粒大小级别为粗骨质。而石砬棚系成土母质是花岗岩残坡积风化碎屑物，有效土层厚度 50～100cm，全剖面无石灰反应，土壤颗粒大小级别为砂质盖粗骨质。

利用性能综述　表层质地砾石及碎石较多，坡度大，植被稀疏，土壤侵蚀严重，应保护现有植被，培育草灌，可种植橡树、油松、泊松、板栗等，减少水土流失。

参比土种　酸性粗骨土。

代表性单个土体　石砬棚系单个土体位于河北省承德市围场满族蒙古族自治县四合永镇石砬棚村，剖面点 117°44′38.2″E，41°50′49.5″N，海拔 1081m（图 11-26）。地势起伏，山地，中山，直线形坡下部，坡度为 38.9°。土壤母质为花岗岩残坡积物。植被为灌丛，主要是杏树、蒿草等，覆盖度大于 80%。地表有中度的浅沟蚀、中量的岩石露头、中量的地表粗碎块。年平均气温 2.9℃，≥10℃积温为 2806℃，50cm 土壤温度年均 5.7℃；年降水量多年平均为 451mm；年均相对湿度为 56%；年干燥度为 1.2；年日照时数为 2748h。

图 11-26　石砬棚系代表性单个
土体剖面照

野外调查日期：2010 年 8 月 29 日。理化性质见表 11-25，
表 11-26。

AC：0～20cm，平滑清晰过渡，稍润，黄棕色（2.5Y5/3，
润），砾石含量 80%～95%，细土质地为砂壤土，含有少量的
细根以及极少量的粗根，松散，无黏着，无塑，少量的蚂蚁，
无石灰反应。

CAb1：20～65cm，向下平滑状渐变过渡，润，橄榄黑色
（5Y2.5/1，润），石块含量大于 95%，呈新鲜状态，细土质地
为壤土，极少量的中根，松散，无黏着，无塑，无石灰反应。

CAb2：>65cm，砾石含量 90%以上，润态，橄榄黑色（5Y3/1，
润），细土质地为砂壤土，含极少量的细根，松散，无黏着，
无塑，无石灰反应。

表 11-25　石砬棚系代表性单个土体物理性质

土层	深度 /cm	砾石* (>2mm，体积分数) /%	细土颗粒组成（粒径：mm）/（g/kg）			质地
			砂粒 2～0.05	粉粒 0.05～0.002	黏粒 <0.002	
AC	0～20	80～95	651	216	132	砂质壤土
CAb1	20～65	>95	371	483	146	壤土
CAb2	>65	>90	674	220	106	砂质壤土

表 11-26　石砬棚系代表性单个土体化学性质

深度 /cm	pH (H₂O)	有机碳 /（g/kg）	全氮（N） /（g/kg）	CEC /（cmol/kg）
0～20	6.5	32.9	2.22	20.7
20～65	6.8	38.6	1.85	22.6
>65	6.8	21.5	0.88	19.9

11.8.2　姜家店系

土族：壤质硅质混合型非酸性冷性-石质干润正常新成土

拟定者：龙怀玉，刘　颖，安红艳，穆　真

分布与环境条件　主要分布在冀北中低山顶部或山坡，安山岩残积物，坡度在 5°～15°，海拔 1500～1800m，自然植被为草地（图 11-27）。该地区植被较稀疏，地表受到侵蚀，而且岩石露头和粗碎块较多，土壤发育慢，没有淀积层，成土过程不明显，土壤处于幼年阶段。分布区域属于中温带亚湿润气候，年平均气温 3.7～5.6℃，年降水量 231～675mm。

图 11-27　姜家店系典型景观照

土系特征与变幅　诊断层有：暗沃表层；诊断特性有：半干润土壤水分状况、冷性土壤温度状况、石质接触面。土壤母质为安山岩残坡积物等。质地较粗，砾石含量大，土层较薄，有效土层厚度 20～50cm，但土腐殖质累积较强，表层土壤有机碳含量较高；碳酸钙含量很低，几乎没有石灰反应；土壤颗粒控制层段为整个土体，颗粒大小类型为壤质；控制层段内二氧化硅含量 60%～90%，为硅质混合型矿物类型。

对比土系　和谢家堡系、羊点系的剖面形态相似。但谢家堡系、羊点系由于山高雾重，水分相对要多些，形成了一定的滞水条件，存在一定程度氧化还原过程，在基岩表面有明显的有机胶膜和铁锰胶膜，为潮湿土壤水分状况，而姜家店系水分相对要少，不存在氧化还原过程，在基岩表面没有明显的有机胶膜和铁锰胶膜。

利用性能综述　坡度大，立地条件差，容易侵蚀，土层薄，植被稀疏，可以种植牧草，适当发展牧业。

参比土种　中性石质土。

代表性单个土体　位于河北省承德市围场满族蒙古族自治县姜家店乡大南岔村，剖面点 117°31′55.1″E，42°28′27.3″N，海拔 1573m（图 11-28）。地形为中山，坡中部，坡度 35°。成土母质为安山岩坡积残积物。草地，以草甸植被为主，杂有白桦树等林木，覆盖度 50%；地表有中等强度的水蚀和片蚀；岩石露头和粗碎块较多。年平均气温 4.9℃，≥10℃积温为 2597℃，50cm 土壤温度年均 3.6℃；年降水量多年平均为 434mm；年均相对湿度为 57%；年干燥度为 1.2；年日照时数为 2757h。野外调查日期：2010 年 8 月 28 日。理化性质见表 11-27，表 11-28。

Ah1：0～20cm，向下平滑模糊过渡，黑棕色（7.5YR2.5/1，润），多量的新鲜安山岩石块，壤土，多量团块结构、中量的团粒结构，多量细根、少量中根，疏松，稍黏着，中塑。

Ah2：20～40cm，润，黑棕色（2.5Y3/1，润），多量的新鲜安山岩石块，壤土，大量的团粒结构、中量的团块结构，少量细根，少量中根，松散，稍黏着，稍塑。

R：＞40cm，为母岩，石质接触面。

图 11-28　姜家店系代表性单个
土体剖面照

表 11-27　姜家店系代表性单个土体物理性质

| 土层 | 深度 /cm | 砾石* （>2mm，体积 分数）/% | 细土颗粒组成（粒径：mm）/（g/kg） | | | 质地 |
			砂粒 2～0.05	粉粒 0.05～0.002	黏粒 <0.002	
Ah	0～40	20	407	403	190	壤土

表 11-28　姜家店系代表性单个土体化学性质

深度 /cm	pH （H₂O）	有机碳 /（g/kg）	全氮（N） /（g/kg）	全磷（P₂O₅） /（g/kg）	全钾（K₂O） /（g/kg）	CEC /（cmol/kg）	游离铁 /（g/kg）
0～40	6.7	35.2	2.40	0.59	16.5	33.8	—

11.8.3 台子水系

土族：砂质盖粗骨质硅质混合型非酸性冷性-石质干润正常新成土
拟定者：龙怀玉，刘 颖，安红艳，穆 真

分布与环境条件 主要分布于围场县坝下伊逊河洪积扇缘和坝上高原丘陵坡地、河谷低阶地等处，土壤母质为近代洪冲积物，地势相对平坦，地下水埋深 1～2.5m（图 11-29）。草甸草原植被，覆盖度 70% 以上，主要植物有青苗、委陵菜、裂叶菊等。海拔一般在 1200～1600m，坡度一般在 6°～16°。分布区域属于中温带亚湿润气候，

图 11-29 台子水系典型景观照

年平均气温 1.7～4.6℃，年降水量 231～671mm。

土系特征与变幅 诊断层有：暗沃表层；诊断特性有：半干润土壤水分状况、冷性土壤温度状况、氧化还原特征。是在近代洪冲积物上发育的土壤，有效土层厚度 30～50cm，土壤发育微弱，土体砾石含量较高，底层土壤 2～75mm 砾石含量 80%～90%，但表层细土有机碳含量较高，形成了暗沃表层；全剖面无石灰反应；颗粒大小控制层段为整个有效土层，颗粒大小级别为砂质盖粗骨质；控制层段内二氧化硅含量 40%～60%，为硅质混合型矿物类型。

对比土系 和马蹄坑顶系气候条件基本相同，剖面形态相似。但马蹄坑顶系成土母质系中性岩浆岩残积坡积风化物，森林植被，在土体中下部可以见到明显亮白色二氧化硅粉末，土壤颗粒大小类型为砂质。台子水系土壤母质为近代洪冲积物，草甸草原植被，地下水影响到了土壤；土壤颗粒大小级别为砂质盖粗骨质。

利用性能综述 土层深厚，土壤疏松，有机质含量较高，土壤水分状况较好，适宜牧草生长。但目前不少地方由于超载放牧，出现沙化、盐渍化、沼泽化的威胁。

参比土种 砂壤质洪积草甸土。

代表性单个土体 位于河北省承德市围场满族蒙古族自治县哈里哈乡台子水，剖面点 117°28′34.6″E，42°12′58.8″N，海拔 1319m（图 11-30）。地形为中山，冲积沟脚部，坡度 7.8°，为冲积沟走向。洪积母质。草地和耕地，周围山坡上有林地，植被主要为中草地和玉米等，覆盖度 100%，地表有中等强度的沟蚀；地表有中量的岩石露头和少量的粗碎块。年平均气温 2℃，≥10℃ 积温为 2641℃，50cm 土壤温度年均 5℃；年降水量多年平均为 435mm；年均相对湿度为 56%；年干燥度为 1.2；年日照时数为 2756h。野外

图 11-30　台子水系代表性单个
土体剖面照

调查日期：2010 年 8 月 28 日。理化性质见表 11-29，
表 11-30。

Ah1：0～20cm，向下平滑清晰过渡，稍润，黑棕色（2.5Y3/2，
润），少量的新鲜石块，砂质壤土，大量团粒结构、少量团块
结构，多量细根，少量粗根，大量蚂蚁，稍硬，稍黏着，稍塑，
无石灰反应。

Ah2：20～30cm，向下平滑清晰过渡，稍润，黑棕色（2.5Y3/1，
润），少量石块，砂质壤土，大量团粒结构、少量团块结构，
多量细根，稍硬，稍黏着，稍塑，大量蚂蚁，无石灰反应。

C1：30～40cm，卵石层夹砂土层，稍干，暗灰黄色（2.5Y4/2，
干），中量细根，多量的大石块，石块含量 80%以上，稍硬。

C2：40～50cm，卵石层夹砂土层，稍干，黑棕色（2.5Y3/1，
干），少量细根，多量的大石块，石块含量 80%以上，稍硬。

Cr：>50cm，为卵石层，卵石面上有少量干枯的红褐色铁
锰淀积物。

表 11-29　台子水系代表性单个土体物理性质

| 土层 | 深度 /cm | 砾石* (>2mm，体积 分数) /% | 细土颗粒组成（粒径：mm）/（g/kg） | | | 质地 |
			砂粒 2～0.05	粉粒 0.05～0.002	黏粒 <0.002	
Ah1	0～20	5	683	206	111	砂质壤土
Ah2	20～30	5	683	212	105	砂质壤土

表 11-30　台子水系代表性单个土体化学性质

深度 /cm	pH （H₂O）	有机碳 /（g/kg）	全氮（N） /（g/kg）	CEC /（cmol/kg）
0～20	6.5	20.5	1.69	18.1
20～30	6.5	17.7	1.35	17.7

11.8.4 马蹄坑顶系

土族：粗骨砂质硅质混合型酸性冷性-石质干润正常新成土

拟定者：刘 颖，穆 真，李 军

分布与环境条件 主要存在于坝上高原中山、高原丘陵体上部，下垫基岩为中性岩浆岩（石英正长斑岩），森林植被茂密，主要是紫桦等乔木。在围场县有成片分布（图 11-31）。分布区域属于中温带亚湿润气候，年平均气温−0.7～2.6℃，年降水量 228～668mm。

图 11-31 马蹄坑顶系典型景观照

土系特征与变幅 诊断层有：暗沃表层；诊断特性有：半干润土壤水分状况、冷性土壤温度状况、石质接触面。成土母质系中性岩浆岩残坡积风化物，有效土层厚度≤50cm；土壤腐殖质含量高而具有暗沃表层；具有一定的腐殖质-硅酸螯合淋溶过程，在土体中下部可以见到明显亮白色的二氧化硅粉末；土壤颗粒控制层段为整个土层，颗粒大小类型为砂质；控制层段内，石英含量 40%以上，为硅质混合型矿物类型。

对比土系 和台子水系气候条件基本相同，剖面形态相似。但台子水系土壤母质为近代洪冲积物，草甸草原植被，地下水影响到了土壤，土壤颗粒大小级别为砂质盖粗骨质。马蹄坑顶系成土母质系中性岩浆岩残坡积风化物，森林植被，在土体中下部可以见到明显亮白色的二氧化硅粉末，土壤颗粒大小类型为砂质。

利用性能综述 具有较好的造林立地条件，通体砂质黏壤土，土壤通透性能好，微生物活动较强，土壤有机质含量较高，年降水量 400～500mm。适宜针阔混交林生长，是比较优良的森林土壤资源。

参比土种 粗散状灰色森林土性土。

代表性单个土体 马蹄坑顶系典型单个土体剖面位于河北省承德市围场满族蒙古族自治县塞罕坝机械林场马蹄坑作业区（山顶），剖面点117°20′43.5″E，42°23′56.2″N，地势陡峭，山地，中山，海拔1714m，坡度58°（图11-32）。成土母质为安山岩坡积物。林地，植被主要为紫桦、落叶松、蒿草类，覆盖度100%。冬季土壤冻层可达2m多深，1月份最低气温约−40℃，7月份气温很少达到30℃。土体内岩石碎屑较多，土层浅薄。年平均气温0.3℃，≥10℃积温为2592℃，50cm 土壤温度年均3.7℃；年降水量多年平均为432mm；年均相对湿度为57%；年干燥度为1.2；年日照时数为2758h。野外调查日期：2011年8月22日。理化性质见表11-31，表11-32。

图 11-32　马蹄坑顶系代表性单个
土体剖面照

O：+5～0cm，枯枝落叶层。

Ah：0～22cm，向下波状清晰过渡，稍润，暗棕色（10YR3/4，润），棕色（10YR4/4，干），约 40%的新鲜石块，砂质黏壤土，弱 3～15mm 团块结构、团粒结构，多量细根，极少量中根，疏松，稍黏着，稍润，可见二氧化硅粉末淀积，无石灰反应。

C：>22cm，母质层，砂土，稍润，亮黄棕色（10YR6/6，润），岩石和矿物碎屑 80%左右，均为新鲜的石块，松散，稍黏着，稍塑，无石灰反应及氟化钠反应。

表 11-31　马蹄坑顶系代表性单个土体物理性质

土层	深度 /cm	砾石* （>2mm，体积 分数）/%	细土颗粒组成（粒径：mm）/（g/kg）			质地
			砂粒 2～0.05	粉粒 0.05～0.002	黏粒 <0.002	
Ah	0～22	40	596	228	176	砂黏壤土
C	>22	80	790	110	100	砂壤土

表 11-32　马蹄坑顶系代表性单个土体化学性质

深度 /cm	pH （H₂O）	有机碳 /（g/kg）	全氮（N） /（g/kg）	CEC /（cmol/kg）
0～22	5.3	14.5	1.3	16.9
>22	5.9	4.6	0.6	7

11.8.5 闸扣系

土族：粗骨黏质埃洛石混合型非酸性温性-石质干润正常新成土

拟定者：龙怀玉，穆 真，李 军

分布与环境条件 成土母质系石灰岩白云岩残积风化物，主要存在于迁安市、迁西县的白云岩石灰岩分布的中低山丘陵地带，地形起伏（图11-33）。分布区域属于暖温带亚湿润气候，年平均气温 8.0～12.2℃，年降水量 357～1123mm。

图 11-33 闸扣系典型景观照

土系特征与变幅 诊断层有：淡薄表层；诊断特性有：半干润土壤水分状况、温性土壤温度状况、石质接触面。成土母质系白云质细砂岩残积风化物，土层浅薄，有效土层 10～30cm，土体剖面特征发育微弱，腐殖质积累较强，石砾含量多于30%，土壤颗粒控制层段为表土至其下 10～30cm，颗粒大小类型为粗骨黏质，整个剖面无石灰反应。

对比土系 和城外系相邻分布，地形部位、气候条件、地表植被基本相同，剖面形态相似。但城外系成土母质系角闪片麻岩残积风化物，石砾含量多于80%，颗粒大小类型为粗骨质。而闸扣系成土母质系石灰岩白云岩残积风化物，土壤石砾含量多于30%，颗粒大小类型为粗骨黏质。

利用性能综述 土层薄，坡度陡，砾石含量大，保肥保水能力差，不能农业利用，但可兴牧种草。

参比土种 钙质石质土。

代表性单个土体 闸扣系典型单个土体剖面位于河北省迁西县滦阳镇闸扣村，剖面点 118°18′51.5″E，40°24′46.7″N，海拔 296m，地势陡峭切割，山地，低山，直线形坡中部，坡度37°（图11-34）。母质为钙质细砂岩残积物；草灌混交，植被为野山枣和草本植被，覆盖度60%，地表有丰度 10%、间距4m 的岩石露头，有丰度 40%、大小 3cm×5cm、间距30cm 的粗碎块。年平均气温 8.2℃，≥10℃积温为 3920℃，50cm 土壤温度年均9.9℃；年降水量多年平均为 682mm；年均相对湿度为59%；年干燥度为1.1；年日照时数为2658h。野外调查日期：2010 年 11 月 4 日。理化性质见表 11-33，表 11-34。

图 11-34　闸扣系代表性单个
土体剖面照

Ah：0～10cm，向下不规则突然过渡，稍润，亮棕色（7.5YR5/8，润），浊黄橙色（10YR7/4，干），有丰度 50%、大小 1cm×1cm 的角状半风化岩石碎屑，黏壤土，中发育 1～3mm 团粒结构和中发育的 2cm×3cm 团块结构，中量细根及极细根、很少量中粗根，坚实，稍黏着，稍塑，无石灰反应。

R：＞10cm，为钙质细砂岩，为母岩层。

表 11-33　闸扣系代表性单个土体物理性质

土层	深度 /cm	砾石[*] （>2mm，体积 分数）/%	细土颗粒组成（粒径：mm）/（g/kg）			质地
			砂粒 2～0.05	粉粒 0.05～0.002	黏粒 <0.002	
Ah	0～10	50	244	312	444	壤黏土

表 11-34　闸扣系代表性单个土体化学性质

深度 /cm	pH （H$_2$O）	有机碳 /（g/kg）	全氮（N） /（g/kg）	全磷（P$_2$O$_5$） /（g/kg）	全钾（K$_2$O） /（g/kg）	CEC /（cmol/kg）
0～10	7.7	16.9	1.52	1.71	31.7	24.7

11.8.6　司格庄系

土族：粗骨壤质硅质混合型非酸性温性-石质干润正常新成土

拟定者：龙怀玉，安红艳，刘　颖

分布与环境条件　主要分布在太行山区为闪长岩的残积风化物，地势陡峭，排水极快，土层浅薄，发育微弱，自然植被稀少，多呈荒山秃岭景观（图 11-35）。分布区域属于暖温带亚干旱气候，年平均气温 6.5～10.2℃，年降水量 214～845mm。

图 11-35　司格庄系典型景观照

土系特征与变幅　诊断层有：淡薄表层；诊断特性有：半干润土壤水分状况、温性土壤温度状况、准石质接触面。成土母质系闪长岩残积风化物，土层浅薄，有效土层厚度（A）小于 10cm，无石灰反应，土壤盐基非饱和，酸碱反应呈中性至微碱性；颗粒控制层段为地表至准石质接触面，即控制层段厚度为 5～10cm，土壤颗粒大小级别为粗骨质壤质。

对比土系　和义和庄系同属一个土族，但义和庄系的成土母质为白云岩残积风化物，司格庄系为闪长岩残积风化物。义和庄系表土层细土质地为粉砂壤土，司格庄系为壤土。

利用性能综述　土层浅薄，土壤表层砾石及碎石较多，坡度大，植被稀疏，土壤侵蚀严重。应保护现有植被，培育酸枣、荆条及白草等草灌，减少水土流失。

参比土种　酸性粗骨土。

代表性单个土体　司格庄系典型单个土体剖面位于河北省保定市涞源县银坊镇司格庄村，剖面点 114°48′54.3″E，39°10′53.3″N，海拔 507m，地势陡峭切割，山地，中切割低山，直线坡下部，坡度48°（图 11-36）。成土母质为闪长岩残积物，自然植被为草地、灌木（荆条、蒿草、隐子草），覆盖度 40%，现有 30%的地表存在轻微的片蚀；岩石露头丰度 30%、平均间距 1m，地表粗碎块丰度大于 80%，大小为 1cm，间距为 1～2cm。年平均气温 10.0℃，≥10℃积温为 4009℃，50cm 土壤温度年均 11.3℃；年降水量多年平均为 475mm；年均相对湿度为 59%。野外调查日期：2010 年 10 月 28 日。理化性质见表 11-35，表 11-36。

Ah：0～10cm，向下平滑清晰过渡，润，棕色（10YR4/4，润），有丰度40%左右的2～4mm的不规则新鲜石块，细土质地为砂质壤土，弱发育的小团块和中发育的团粒状结构，少量细根、中根，疏松，稍黏着，无塑，无石灰反应。

C：>10cm，干，浊黄橙色（10YR5/3，干），有丰度>80%的、5mm的不规则新鲜石块，松散，无黏着，无塑，无石灰反应。

图 11-36　司格庄系代表性单个
土体剖面照

表 11-35　司格庄系代表性单个土体物理性质

土层	深度 /cm	砾石* （>2mm，体积分数）/%	细土颗粒组成（粒径：mm）/（g/kg）			质地
			砂粒 2～0.05	粉粒 0.05～0.002	黏粒 <0.002	
Ah	0～10	40	507	387	106	壤土
C	>10	>80	—	—	—	

表 11-36　司格庄系代表性单个土体化学性质

深度 /cm	pH （H₂O）	有机碳 /（g/kg）	全氮（N） /（g/kg）	全磷（P₂O₅） /（g/kg）	全钾（K₂O） /（g/kg）	CEC /（cmol/kg）
0～10	6.6	16.7	1.90	0.64	34.1	15.3

11.8.7 义和庄系

土族：粗骨壤质硅质混合型非酸性温性-石质干润正常新成土

拟定者：龙怀玉，安红艳，刘　颖

分布与环境条件　主要分布于丘陵顶部和中上部的阳坡（图 11-37）。土壤母质系白云岩残积风化物，地势陡峭，坡度一般在 20°以上，植被覆盖度为 30%左右，一般为灌丛。分布区域属于暖温带亚干旱气候，年平均气温 8.4～13.4℃，年降水量 204～732mm。

图 11-37　义和庄系典型景观照

土系特征与变幅　诊断层有：淡薄表层；诊断特性有：半干润土壤水分状况、温性土壤温度状况、石质接触面、碳酸盐岩岩性特征。土壤颗粒大小级别为粗骨壤质，成土母质系白云岩类残积风化物，土层浅薄，成土过程微弱，有效土层厚度（A 层）一般不到 30cm。

对比土系　和司格庄系同属一个土族，但司格庄系的成土母质为闪长岩残积风化物，义和庄系为白云岩残积风化物。司格庄系表土层细土质地为粉砂壤土，义和庄系为壤土。

利用性能综述　多为荒山秃岭，土层薄，砾石多，侵蚀严重，立地条件差，故在利用上应当以种草养草、增加植被、防止水土流失为主。

参比土种　钙质石质土。

代表性单个土体　义和庄系典型单个土体剖面位于河北省保定市涞水县三坡镇义和庄村，剖面点 115°27′44.1″E，39°43′19.8″N，海拔 490m，地势为陡峭切割，山地，低山坡中下部，坡度 54.7°（图 11-38）。成土母质为白云岩风化物，灌木林地，植被为低矮灌丛，主要是荆条等，覆盖度为 20%～30%，有 30%的地表存在强烈的沟蚀；有丰度>90%的岩石露头，地表有丰度约 90%、大小 2～10cm、平均间距 10cm 的地表粗碎块。石质接触面为块状白云岩。土壤基本上形成在灌木根附近，表现为直径 80～100cm 的土垛，每个土垛上生长着 1～3 株灌木。年平均气温 8.8℃，≥10℃积温为 3914℃，50cm 土壤温度年均 10.4℃；年降水量多年平均为 439mm；年均相对湿度为 56%；年干燥度为 1.7；年日照时数为 2760h。野外调查日期：2010 年 10 月 26 日。理化性质见表 11-37，表 11-38。

Ah：0～15cm，向下平滑模糊过渡，润，棕色（10YR4/4，润），有丰度30%的新鲜大石块，细土质地粉砂壤土，弱团块状结构，少量细根、中量粗根，疏松，无黏着，无塑，无石灰反应。

R：>15cm，为母岩层。

图 11-38　义和庄系代表性单个
土体剖面照

表 11-37　义和庄系代表性单个土体物理性质

| 土层 | 深度 /cm | 砾石* （>2mm，体积 分数）/% | 细土颗粒组成（粒径：mm）/（g/kg） | | | 质地 |
			砂粒 2～0.05	粉粒 0.05～0.002	黏粒 <0.002	
Ah	0～15	30	213	592	195	粉砂壤土

表 11-38　义和庄系代表性单个土体化学性质

深度 /cm	pH （H$_2$O）	有机碳 /（g/kg）	全氮（N） /（g/kg）	全磷（P$_2$O$_5$） /（g/kg）	全钾（K$_2$O） /（g/kg）	CEC /（cmol/kg）
0～15	7.7	28.7	2.70	0.57	43.0	26.8

11.8.8 良岗系

土族：粗骨砂质硅质混合型非酸性温性-石质干润正常新成土

拟定者：龙怀玉，安红艳，刘　颖

分布与环境条件　主要分布于太行山、燕山山脉和冀西北山区中低山及丘陵上（图11-39）。土壤母质为花岗岩片麻岩的残积风化物，土层浅薄，发育微弱。分布区域属于暖温带亚干旱气候，年平均气温 6.5～9.2℃，年降水量 211～767mm。

图 11-39　良岗系典型景观照

土系特征与变幅　诊断层有：淡薄表层；诊断特性有：半干润土壤水分状况、温性土壤温度状况、石质接触面。成土母质系花岗岩片麻岩残积风化物，土层浅薄，有效土层厚度（A）小于 10cm，无石灰反应，土壤颗粒控制层段为整个有效土层，颗粒大小类型为粗骨砂质；控制层段内二氧化硅含量 50%～70%，为硅质混合型矿物类型。

对比土系　和梁家湾系、塔黄旗系属于同一土族，剖面形态、理化性质、分布环境也基本差不多，但梁家湾系的成土母岩为花岗岩，塔黄旗系的成土母岩为变粒岩，良岗系的成土母岩为片麻岩；而梁家湾系、塔黄旗系的下垫面为准石质接触面，良岗系的下垫面为石质接触面。

利用性能综述　土壤表层砾石及碎石较多，坡度大，植被稀疏，土壤侵蚀严重，培育酸枣、荆条、白草等草灌植物，减少水土流失。

参比土种　酸性石质土。

代表性单个土体　良岗系典型单个土体剖面位于河北省保定市易县良岗镇，剖面点 115°01′20.3″E，39°13′31.1″N，海拔 138m，地势起伏，丘陵，直线坡下部，坡度 48°（图11-40）。成土母质为花岗岩片麻岩风化物，自然植被为草地，覆盖度>90%，有<50%的地表存在轻微的片蚀；岩石露头约 10%、平均间距 10cm，地表粗碎块丰度约 60%、大小约 10cm、间距为 2cm。年平均气温 7.8℃，≥10℃积温为 3858℃，50cm 土壤温度年均 9.6℃；年降水量多年平均为 452mm；年均相对湿度为 57%；年干燥度为 1.7；年日照时数为 2719h。野外调查日期：2010 年 10 月 28 日。理化性质见表 11-39，表 11-40。

图 11-40　良岗系代表性单个
土体剖面照

Ah：0～10cm，向下平滑模糊过渡，干，黑棕色–橄榄黑色（5Y2.5/2，干），有丰度大于50%的2mm的不规则新鲜石块，细土质地为砂质壤土，弱发育的细小团粒状结构，少量细根，松散，无黏着，无塑，无石灰反应。

R：>10cm，母岩。为石质接触面。

表 11-39　良岗系代表性单个土体物理性质

| 土层 | 深度 /cm | 砾石* (>2mm，体积分数) /% | 细土颗粒组成（粒径：mm）/（g/kg） | | | 质地 |
			砂粒 2～0.05	粉粒 0.05～0.002	黏粒 <0.002	
Ah	0～10	50	750	161	89	砂质壤土

表 11-40　良岗系代表性单个土体化学性质

深度 /cm	pH (H$_2$O)	有机碳 /（g/kg）	全氮（N） /（g/kg）	全磷（P$_2$O$_5$） /（g/kg）	全钾（K$_2$O） /（g/kg）	CEC /（cmol/kg）
0～10	6.5	28.7	2.22	0.66	32.1	13.7

11.8.9 梁家湾系

土族：粗骨砂质硅质混合型非酸性温性-石质干润正常新成土

拟定者：龙怀玉，穆　真，李　军

分布与环境条件　主要存在于低山坡中部，地势陡峭切割，植被为草本植物，成土母质为花岗岩坡积残积物（图 11-41）。分布区域属于暖温带亚湿润气候，年平均气温 9.0～12.1℃，年降水量 364～1211mm。

图 11-41　梁家湾系典型景观照

土系特征与变幅　诊断层有：淡薄表层；诊断特性有：半干润土壤水分状况、温性土壤温度状况、准石质接触面。成土母质系花岗岩残积风化物，从矿质土壤层突然过渡到母岩层，土层较薄，有效土层厚度小于 30cm，碳酸钙含量甚微，无石灰反应，土体剖面特征发育微弱，但腐殖质积累较高，土壤颗粒控制层段为全部土体，颗粒大小类型为粗骨砂质。

对比土系　和良岗系、塔黄旗系属于同一土族，但良岗系的成土母岩为片麻岩，塔黄旗系的成土母岩为变粒岩，而梁家湾系的成土母岩为花岗岩。良岗系的下垫面为石质接触面，而梁家湾系、塔黄旗系的下垫面为准石质接触面。

利用性能综述　多为荒山秃岭，土层薄，砾石多，侵蚀严重，立地条件差，故应种草养草，增加植被，防止水土流失为主。

参比土种　酸性石质土。

代表性单个土体　梁家湾系典型单个土体剖面位于河北省抚宁区大新寨镇梁家湾村，剖面点 119°19′57.9″E，40°5′38.5″N，海拔 171m，地势陡峭切割，山地，中山中部，凸型坡，坡度 76°（图 11-42）。母质为花岗岩坡积物；荒地，植被为野山枣、草本植物，覆盖度 60%；地表有 20%轻度风蚀、水蚀，地表有 50%、间距 2m 的岩石露头，有丰度 50%、大小 2～20cm 的粗碎块。年平均气温 9.8℃，≥10℃积温为 3825℃，50cm 土壤温度年均 11.1℃；年降水量 364～1211mm，多年平均为 665mm；年均相对湿度为 61%；年干燥度为 1.1；年日照时数为 2659h。野外调查日期：2010 年 11 月 15 日。理化性质见表 11-41，表 11-42。

图 11-42　梁家湾系代表性单个
　　　　　土体剖面照

AC：0～15cm，向下平滑突变过渡，稍干，浊红棕色（2.5YR5/3，润），浊黄棕色（10YR5/4，干），有丰度 30%、大小 1～8cm 的棱块状半风化花岗岩碎屑，壤土，中发育 1～3mm 团粒结构和弱发育 2cm×3cm 的团块结构，中量细根及极细根、很少量中粗根，疏松，稍黏着，稍塑，无石灰反应。

R：>15cm，花岗岩母岩风化层。为准石质接触面。

表 11-41　梁家湾系代表性单个土体物理性质

| 土层 | 深度 /cm | 砾石* （>2mm，体积分数）/% | 细土颗粒组成（粒径：mm）/（g/kg） | | | 质地 |
			砂粒 2～0.05	粉粒 0.05～0.002	黏粒 <0.002	
AC	0～15	30	587	310	103	砂壤土

表 11-42　梁家湾系代表性单个土体化学性质

深度 /cm	pH （H₂O）	有机碳 /（g/kg）	全氮（N） /（g/kg）	CEC /（cmol/kg）
0～15	6.0	27.8	2.18	20.8

11.8.10　塔黄旗系

土族：粗骨砂质硅质混合型非酸性温性-石质干润正常新成土
拟定者：龙怀玉，刘　颖，安红艳，穆　真

分布与环境条件　分布于太行山和燕山山脉石质中低山丘陵（图 11-43）。海拔变幅较大，在 400～700m 均有分布，土壤母质系花岗片麻岩、花岗岩变粒岩等酸性变质岩残坡积物。坡度大于 10°。植被稀疏，以灌草丛植被为主，如栎树、柞树、山榆、绣线菊、毛草、荆条等。分布区域属于中温带亚湿润气候，年平均气温 5.8～8.2℃，年降水量 246～748mm。

图 11-43　塔黄旗系典型景观照

土系特征与变幅　诊断层有：淡薄表层；诊断特性有：准石质接触面、半干润土壤水分状况、温性土壤温度状况。成土母质系花岗岩变粒岩等酸性岩变质岩残积风化物，土体颜色呈黄棕色，土石混杂，表层砾石含量 5%～30%，剖面无明显的发育层次，土壤与母岩间没有明显的界线，有效土层厚度 30～50cm，全剖面没有石灰反应；土壤颗粒控制层段为整个土体，颗粒大小类型为粗骨砂质；控制层段内二氧化硅含量 40%～60%，为硅质混合型矿物类型。

对比土系　和良岗系、梁家湾系属于同一土族，但塔黄旗系的成土母岩为变粒岩，良岗系的成土母岩为片麻岩，梁家湾系的成土母岩为花岗岩。良岗系的下垫面为石质接触面，而梁家湾系、塔黄旗系的下垫面为准石质接触面。

利用性能综述　土薄石多，坡度大，植被稀疏，水土流失严重，养分贫瘠，不宜农用。可以植树种草，发展山楂、柿子等林果。

参比土种　酸性粗骨土。

代表性单个土体　位于河北省承德市丰宁满族自治县胡麻营乡塔黄旗村，剖面点所处位置为 116°53′39.5″E，41°05′19.0″N，海拔 508m，地形为低山，道路旁边的山坡中部，坡度为 31.5°，坡向为 62°（图 11-44）。自然草灌植被，灌木和草地的覆盖度为 60%，地表有中度沟蚀现象；岩石露头占地表面积的 20%～30%，粗碎块约占地表面积的 10%～20%。成土母质为变质岩（花岗片麻岩或者花岗岩变粒岩），土壤通体含有黑白相间的岩石碎屑，属于角闪石高度风化的产物。年平均气温 8℃，≥10℃积温为 3315℃，50cm 土壤温度年均 9.7℃；年降水量多年平均为 485mm；年均相对湿度为 54%；年干燥度为 1.3；年日照时数为 2735h，野外调查日期：2010 年 8 月 31 日。理化性质见表 11-43，表 11-44。

Ah：0～15cm，向下平滑清晰过渡，润，橄榄棕色（2.5Y4/4，润），含有丰度为 40%、大小约 2～4cm 的黑白色岩石碎屑，呈半风化到风化状态，细土质地为砂质壤土，中量细根、极少量粗根，松散，无黏着，无塑，无石灰反应，氟化钠反应中。

C1：15～23cm，向下平滑状模糊过渡，润，浊黄色（2.5Y6/4，润），含有丰度 60%、大小约 0.3～1cm 的半风化到风化状态的岩石碎屑，少量中根和粗根，颗粒要比下层细，含有少量的土粒，松散，无黏着，无塑，见到 1～2 条的蚯蚓。

C2：23～50cm，向下平滑清晰过渡，稍润，黄棕色（2.5Y5/3，润），含有大量高度风化的岩石碎屑，而且岩石保留了原有的片状结构，坚实，氟化钠反应中弱。

C/R：＞50cm，为岩石碎屑层，母质层，浊黄色（2.5Y6/4，润），氟化钠反应强。

图 11-44 塔黄旗系代表性单个
土体剖面照

表 11-43 塔黄旗系代表性单个土体物理性质

土层	深度 /cm	砾石* （>2mm，体积 分数）/%	细土颗粒组成（粒径：mm）/（g/kg）			质地
			砂粒 2～0.05	粉粒 0.05～0.002	黏粒 <0.002	
Ah	0～15	40	711	226	63	砂质壤土
C1	15～23	60	733	223	44	砂质壤土

表 11-44 塔黄旗系代表性单个土体化学性质

深度 /cm	pH （H₂O）	有机碳 /（g/kg）	全氮（N） /（g/kg）	全磷（P₂O₅） /（g/kg）	全钾（K₂O） /（g/kg）	CEC /（cmol/kg）
0～15	6.4	7.3	0.69	0.60	68.2	19.9
15～23	6.6	2.2	0.46	—	—	20.5

11.8.11 菜地沟系

土族：粗骨质硅质混合型非酸性温性-石质干润正常新成土

拟定者：龙怀玉，穆 真，李 军

分布与环境条件 主要存在于低山坡中部，地势陡峭切割，植被为草本植物，成土母质为片岩坡积残积物（图11-45）。目前仅在青龙县发现有较大面积分布。分布区域属于暖温带亚湿润气候，年平均气温 7.8～10.6℃，年降水量 382～1142mm。

图 11-45 菜地沟系典型景观照

土系特征与变幅 诊断层有：淡薄表层；诊断特性有：半干润土壤水分状况、温性土壤温度状况、石质接触面。成土母质系云母片岩残积风化物，从矿质土壤层突然过渡到母岩，土层较薄，有效土层厚度小于 30cm，成土作用微弱，碳酸钙含量甚微，通体无石灰反应，土体剖面特征发育微弱，但腐殖质积累较高，土壤颗粒控制层段为全部土体，颗粒大小类型为粗骨质。

对比土系 和厂房子系、城外系和贾庄系均属同一土族，和它们的区别在于：表土层的细土质地不同，菜地沟系为砂土，厂房子系为壤土，城外系为砂壤土，贾庄系为黏壤土；成土母质不同，菜地沟系成土母质为片岩坡积残积物，城外系成土母质为片麻岩残积物风化物，厂房子系成土母质为砂岩坡积残积物，贾庄系成土母质为花岗岩坡积残积物。根系限制层出现深度不同，厂房子系、菜地沟系的根系限制层出现深度小于 30cm，城外系、贾庄系的根系限制层出现深度大于 30cm。

利用性能综述 多为荒山秃岭，土层薄，砾石多，侵蚀严重，立地条件差，故以种草养草为主，增加覆被，防止水土流失。

参比土种 中性石质土。

代表性单个土体 菜地沟系典型单个土体剖面位于河北省秦皇岛市青龙县朱丈子乡菜地沟，剖面点 119°5′32.3″E，40°22′16.8″N，海拔 246m，地势陡峭切割，低山丘陵，凸形坡中部，坡度 40°（图 11-46）。成土母质为片岩残积物。草地，主要植被为草本植物，覆盖度 70%，地表有丰度 5%的岩石露头、丰度 60%的粗碎块，地表无侵蚀。年平均气温8.9℃，≥10℃积温为 3719℃，50cm 土壤年均温度 10.4℃；年降水量多年平均为 683mm；年均相对湿度为 60%；年均干燥度为 1.0；年均日照时数为 2699h。野外调查日期：2011年 11 月 5 日。理化性质见表 11-45，表 11-46。

图 11-46　菜地沟系代表性单个
　　　　　土体剖面照

O：+2～0cm，枯枝落叶物层。

A：0～15cm，向下平滑清晰过渡，干，黄棕色（2.5Y5/3，干），浊黄棕色（10YR5/3，干），岩石矿物碎屑丰度 70%、大小约 5～10mm、角状、半风化状态，细土质地为砂壤土，极弱发育的团粒结构、极弱发育的团块结构，中量细根及极细根、很少量中粗根，松散，稍黏着，无塑性，无石灰反应。

R：>15cm，为母岩层，片岩，为石质接触面。

表 11-45　菜地沟系代表性单个土体物理性质

土层	深度 /cm	砾石* （>2mm，体积分数）/%	细土颗粒组成（粒径：mm）/（g/kg）			质地
			砂粒 2～0.05	粉粒 0.05～0.002	黏粒 <0.002	
A	0～15	70	600	316	84	砂壤土

表 11-46　菜地沟系代表性单个土体化学性质

深度 /cm	pH （H₂O）	有机碳 /（g/kg）	全氮（N） /（g/kg）	全磷（P₂O₅） /（g/kg）	全钾（K₂O） /（g/kg）	CEC /（cmol/kg）
0～15	5.5	30.2	2.36	—	—	23.2

11.8.12　厂房子系

土族：粗骨质硅质混合型非酸性温性–石质干润正常新成土

拟定者：龙怀玉，穆　真，李　军

分布与环境条件　主要存在于低山坡中部，地势陡峭切割，植被为草本植物，成土母质为砂岩坡残积物（图11-47）。分布区域属于暖温带亚湿润气候，年平均气温 7.8～10.6℃，年降水量 373～1173mm。

图 11-47　厂房子系典型景观照

土系特征与变幅　诊断层有：淡薄表层；诊断特性有：半干润土壤水分状况、温性土壤温度状况、石质接触面。成土母质系砂岩残积风化物，从矿质土壤层突然过渡到母岩，土层较薄，有效土层厚度小于 30cm，成土作用微弱，碳酸钙含量甚微，通体无石灰反应，土体剖面特征发育微弱，但腐殖质积累较高，土壤颗粒控制层段为全部土体，颗粒大小类型为粗骨质。

对比土系　和菜地沟系、城外系、贾庄系均属于同一土族，和它们之间的区别在于：表土层的细土质地不同，菜地沟系为砂土，厂房子系为壤土，城外系为砂壤土，贾庄系为黏壤土；成土母质不同，菜地沟系成土母质为片岩坡积残积物，城外系成土母质为片麻岩残积物风化物，厂房子系成土母质为砂岩坡积残积物，贾庄系成土母质为花岗岩坡积残积物。根系限制层出现深度不同，厂房子系、菜地沟系的根系限制层出现深度小于 30cm，城外系、贾庄系的根系限制层出现深度大于 30cm。

利用性能综述　多为荒山秃岭，土层薄，砾石多，侵蚀严重，立地条件差，故以种草养草为主，增加植被，防止水土流失。

参比土种　中性石质土。

代表性单个土体　厂房子系典型单个土体剖面位于河北省秦皇岛市青龙县官场乡厂房子村，剖面点 119°04′35″E，40°12′23.3″N，海拔 183m，山地，地势陡峭切割，凸形坡的中部，坡度 75°（图 11-48）。成土母质为砂岩坡积残积物。主要植被为板栗树、小灌木，覆盖度 80%。地表有中度风蚀、水蚀，有丰度 30%的岩石露头、丰度 30%的粗碎块。年平均气温 9.5℃，≥10℃积温为 3803℃，50cm 土壤温度年均 10.9℃；年降水量多年平均为 680mm；年均相对湿度为 61%；年均干燥度为 1.1；年均日照时数为 2673h。野外调查日期：2011 年 11 月 5 日。理化性质见表 11-47，表 11-48。

图 11-48　厂房子系代表性单个
土体剖面照

A：0～10cm，向下平滑清晰过渡，干，浊黄色（2.5Y6/3，干），浊黄棕色（10YR5/3，干），岩石矿物碎屑丰度 80%、大小约 5～10mm，角状、半风化状态，细土质地为壤土，弱发育的团粒结构、屑粒结构，中量细根及极细根、很少量中粗根，松散，稍黏着，稍塑，无石灰反应。

R：>10cm，母岩，见大块砂岩石块，为石质接触面。

表 11-47　厂房子系代表性单个土体物理性质

| 土层 | 深度/cm | 砾石*（>2mm，体积分数）/% | 细土颗粒组成（粒径：mm）/（g/kg） | | | 质地 |
			砂粒 2～0.05	粉粒 0.05～0.002	黏粒 <0.002	
A	0～10	80	489	384	127	壤土

表 11-48　厂房子系代表性单个土体化学性质

深度/cm	pH（H₂O）	有机碳/（g/kg）	全氮（N）/（g/kg）	全磷（P₂O₅）/（g/kg）	全钾（K₂O）/（g/kg）	CEC/（cmol/kg）
0～10	5.5	22.5	1.92	—	—	17.5

11.8.13　城外系

土族：粗骨质硅质混合型非酸性温性-石质干润正常新成土

拟定者：龙怀玉，穆　真，李　军

分布与环境条件　成土母质系角闪片麻岩残积风化物，主要存在于迁安市、迁西县的角闪片麻岩中低山丘陵地带，地形起伏（图 11-49）。分布区域属于暖温带亚湿润气候，年平均气温 9.0～12.2℃，年降水量 357～1123mm。

图 11-49　城外系典型景观照

土系特征与变幅　诊断层有：淡薄表层；诊断特性有：半干润土壤水分状况、温性土壤温度状况、石质接触面。成土母质系片麻岩残积风化物，土层浅薄，有效土层 30～50cm，土体剖面特征发育微弱，腐殖质积累较强，石砾含量多于 80%，土壤颗粒控制层段为整个有效土层，颗粒大小类型为粗骨质，整个剖面无石灰反应。

对比土系　和厂房子系、菜地沟系、贾庄系均属于同一土族，和它们的区别在于：表土层的细土质地不同，菜地沟系为砂土，厂房子系为壤土，城外系为砂壤土，贾庄系为黏壤土；成土母质不同，菜地沟系成土母质为片岩坡积残积物，城外系成土母质为片麻岩残积物风化物，厂房子系成土母质为砂岩坡积残积物，贾庄系成土母质为花岗岩坡积残积物。根系限制层出现深度不同，厂房子系、菜地沟系的根系限制层出现深度小于 30cm，城外系、贾庄系的根系限制层出现深度大于 30cm。

利用性能综述　土壤养分贫瘠，土层薄，坡度陡，砾石含量大，保肥保水能力差，不能耕作利用，但可在该土壤上兴牧种草。

参比土种　中性石质土。

代表性单个土体　城外系典型单个土体剖面位于河北省迁西县滦阳镇城外村，剖面点 118°19′31.6″E，40°24′18.4″N，海拔 262m，地势陡峭切割，山地，中山，凹形坡中部，坡度 37°（图 11-50）。母质为片麻岩残积物；林地，植被为板栗，覆盖度 80%。地表有丰度 60%、大小 3cm×2cm、间距 10cm 的粗碎块。年平均气温 8.2℃，≥10℃积温为 3920℃，50cm 土壤年均温度 9.9℃；年降水量多年平均为 682mm；年均相对湿度为 59%；年干燥度为 1.1；年日照时数为 2658h。野外调查日期：2011 年 11 月 4 日。理化性质见表 11-49，表 11-50。

图 11-50　城外系代表性单个
　　　　土体剖面照

Ah：0～30cm，向下不规则突然过渡，稍干，浊黄棕色（10YR5/4，干），棕色（10YR4/6，干），有丰度80%、大小1～3cm的角状新半风化石碎屑，细土质地为砂质壤土，中发育1～3mm团粒结构和弱发育的2cm×3cm团块结构，中量细根及极细根、很少量中粗根，稍硬，稍黏着，稍塑，无石灰反应。细土速效磷1.0mg/kg，无石灰反应。

R：>30cm，为母岩（片麻岩）。

表 11-49　城外系代表性单个土体物理性质

| 土层 | 深度/cm | 砾石*（>2mm，体积分数）/% | 细土颗粒组成（粒径：mm）/（g/kg） | | | 质地 |
			砂粒2～0.05	粉粒0.05～0.002	黏粒<0.002	
Ah	0～30	80	606	272	123	砂壤土

表 11-50　城外系代表性单个土体化学性质

深度/cm	pH（H$_2$O）	有机碳/（g/kg）	全氮（N）/（g/kg）	全磷（P$_2$O$_5$）/（g/kg）	全钾（K$_2$O）/（g/kg）	CEC/（cmol/kg）
0～30	6.9	11.6	0.92	1.72	63.1	28

11.8.14　贾庄系

土族：粗骨质硅质混合型非酸性温性-石质干润正常新成土

拟定者：龙怀玉，刘　颖，安红艳，陈亚宇

分布与环境条件　主要分布在低山阳坡和丘陵顶部，成土母质为花岗岩坡残积物，植被稀疏，主要植物为旱生灌丛草本（图 11-51）。分布区域属于暖温带亚干旱气候，年平均气温 11.8～14.4℃，年降水量 224～1027mm。

图 11-51　贾庄系典型景观照

土系特征与变幅　诊断层有：淡薄表层；诊断特性有：半干润土壤水分状况、温性土壤温度状况、准石质接触面。成土母质系花岗岩残积风化物，土层较薄，有效土层厚度（AC、C）50～80cm，成土作用微弱，但碳酸钙含量甚微，通体无石灰反应，土壤盐基饱和度较高。颗粒控制层段为 25cm 至准石质接触面，即控制层段厚度为 25～55cm，土壤颗粒大小级别为粗骨质，控制层段内二氧化硅含量 50%～70%，为硅质混合型矿物类型。

对比土系　和菜地沟系、厂房子系、城外系均属于同一土族，和它们的区别在于：表土层的细土质地不同，菜地沟系为砂土，厂房子系为壤土，城外系为砂壤土，贾庄系为黏壤土；成土母质不同，菜地沟系成土母质为片岩坡积残积物，城外系成土母质为片麻岩残积物风化物，厂房子系成土母质为砂岩坡积残积物，贾庄系成土母质为花岗岩坡积残积物。根系限制层出现深度不同，厂房子系、菜地沟系的根系限制层出现深度小于 30cm，城外系、贾庄系的根系限制层出现深度大于 30cm。

利用性能综述　土壤表层砾石及碎石较多，植被稀疏，自然植被为酸枣、荆条、白草等，土壤侵蚀严重，肥力低。应保护现有植被，培育草灌，封山护坡，增加覆被，减少水土流失。

参比土种　酸性粗骨土。

代表性单个土体　贾庄系典型单个土体剖面位于河北省石家庄市灵寿县塔上镇贾庄村，剖面点 114°13′29.6″E，38°25′40.5″N，海拔 192m，地势略起伏，丘陵，低丘，直线坡中部，坡度 14°，坡向为 0°（图 11-52）。母质为花岗岩片麻岩残积物。自然林地，主要为荆条、酸枣树、榆树等灌木林，覆盖度为 100%，有 10% 的地表存在弱的水蚀；有丰度 90% 的地表粗碎块，大小约 5cm。年平均气温 12.5℃，≥10℃积温为 4427℃，50cm 土壤温度年均 13.3℃；年降水量多年平均为 517mm；年均相对湿度为 60%；年干燥度为 1.8；年日照时数为 2538h。野外调查日期：2011 年 4 月 15 日。理化性质见表 11-51，表 11-52。

O：+2～0cm，枯枝落叶层。

Ah：0～20cm，向下平滑模糊过渡，干态，浊黄棕色（10YR5/4，干），棕色（7.5YR4/6，干），有丰度80%左右、10～20mm、不规则半风化的小石砾，细土质地为黏壤土，无结构，少量细根、粗根，松散，无黏着，无塑，无石灰反应。

C：20～70cm，干态，浊棕色（7.5YR5/4，干），棕色（7.5YR4/6，干），有丰度90%左右、10～20mm的不规则半风化小石砾，细土质地砂质黏壤土，无结构，少量细根，松散，无黏着，无塑，无石灰反应。

R：>70cm，是母岩风化碎屑物，为准石质接触层。

图 11-52　贾庄系代表性单个
土体剖面照

表 11-51　贾庄系代表性单个土体物理性质

土层	深度 /cm	砾石* (>2mm，体积 分数) /%	细土颗粒组成（粒径：mm）/（g/kg）			质地
			砂粒 2～0.05	粉粒 0.05～0.002	黏粒 <0.002	
Ah	0～20	80	233	385	382	黏壤土
C	20～70	90	601	187	212	砂质黏壤土

表 11-52　贾庄系代表性单个土体化学性质

深度 /cm	pH (H$_2$O)	有机碳 /（g/kg）	全氮（N） /（g/kg）	全磷（P$_2$O$_5$） /（g/kg）	全钾（K$_2$O） /（g/kg）	CEC /（cmol/kg）
0～20	6.0	15.5	1.45	0.99	35.3	25.1
20～70	7.6	4.16	0.28	—	—	15.9

11.8.15　大杨树沟系

土族：砂质硅质混合型非酸性温性-石质干润正常新成土
拟定者：龙怀玉，安红艳，刘　颖

分布与环境条件　主要分布在太行山、燕山山脉和冀西北山区中低山及丘陵上（图 11-53），土壤母质为花岗岩片麻岩的残积风化物，土壤多分布在中陡坡的山坡、岗丘及沟谷，土层浅薄，发育微弱。分布区域属于暖温带亚干旱气候，年平均气温 8.1～13.5℃，年降水量 205～802mm。

图 11-53　大杨树沟系典型景观照

土系特征与变幅　诊断层有：暗沃表层；诊断特性有：半干润土壤水分状况、温性土壤温度状况、准石质接触面。成土母质系片麻岩残积风化物，土层较薄，有效土层厚度（A、C）20～50cm，成土作用微弱，但碳酸钙含量甚微，通体无石灰反应，土壤盐基饱和度较高，酸碱反应呈中性至微碱性；土壤颗粒控制层段为整个土体，颗粒大小类型为砂质；控制层段内二氧化硅含量 50%～70%，为硅质混合型矿物类型。

对比土系　和帅家梁系所处地形部位类似，成土母质相同，土体剖面特征相似。但帅家梁系强石灰反应，土壤 pH 8.0 以上，土壤反应为石灰性，颗粒大小类型为壤质。大杨树沟系通体无石灰反应，土壤 pH 6.0～7.0，土壤酸碱反应为碱性，颗粒大小类型为砂质。

利用性能综述　表层质地砾石及碎石较多，坡度大，植被稀疏，土壤侵蚀严重，难以农业利用。可以发展酸枣、荆条及白草等自然植被，土层稍厚，坡度缓处，可种植油松、板栗等。

参比土种　酸性粗骨土。

代表性单个土体　大杨树沟系典型单个土体剖面位于河北省保定市易县西陵镇大杨树沟，剖面点 115°21′04.2″E，39°25′10.2″N，海拔 158m，地势陡峭，丘陵，低山直线坡中部，坡度 48°，坡向 67°（图 11-54）。成土母质为片麻岩风化物，自然植被为灌木（荆条等），覆盖度 80%，有 50%的地表存在轻微的片蚀；岩石露头丰度 5%，地表粗碎块丰度 5%。岩石以物理风化为主，形成半风化的碎屑风化层，粗骨性强。年平均气温 11.5℃，≥10℃积温为 4047℃，50cm 土壤温度年均 12.5℃；年降水量多年平均为 462mm；年均相对湿度为 58%；年干燥度为 1.7；年日照时数为 2692h。野外调查日期：2010 年 10 月 27 日。理化性质见表 11-53，表 11-54。

图 11-54 大杨树沟系代表性单个
土体剖面照

O：+2～0cm，枯枝落叶层。

Ah1：0～13cm，向下平滑模糊过渡，润，黑棕色（10YR3/2，润），有丰度10%、大小2cm、不规则新鲜岩石屑粒，细土质地为砂质壤土，中发育的小团粒状结构，少量细根，疏松，稍黏着，稍塑，无石灰反应。

Ah2：13～23cm，向下平滑清晰过渡，润，棕色（10YR4/4，润），有丰度20%、大小2cm、不规则新鲜岩石屑粒，砂质壤土，弱发育的团粒结构，有极少量粗根、少量细根，松散，无黏着，无塑，无石灰反应。

C1：23～38cm，母质层，润，浊黄棕色（10YR4/3，润），砂土，无结构，向下平滑清晰过渡，有极少量细根，松散，无黏着，无塑，无石灰反应，弱氟化钠反应。

C2：38～50cm，岩石碎屑层，母岩物理风化物，基本上保持着岩石的构造形态，但可以用刀子挖开，浊黄棕色（10YR5/4，润），无结构，松散，无黏着，无塑，无石灰反应，弱氟化钠反应。

R：＞50cm，为片麻岩基岩。

表 11-53 大杨树沟系代表性单个土体物理性质

土层	深度/cm	砾石*（>2mm，体积分数）/%	细土颗粒组成（粒径：mm）/（g/kg）			质地
			砂粒 2～0.05	粉粒 0.05～0.002	黏粒 <0.002	
Ah1	0～13	10	552	355	93	砂质壤土
Ah2	13～23	20	637	274	89	砂质壤土
C1	23～38	—	748	196	56	壤质砂土

表 11-54 大杨树沟系代表性单个土体化学性质

深度/cm	pH（H$_2$O）	有机碳/（g/kg）	全氮（N）/（g/kg）	全磷（P$_2$O$_5$）/（g/kg）	全钾（K$_2$O）/（g/kg）	CEC/（cmol/kg）
0～13	6.8	33.3	2.25	0.64	26.4	18.5
13～23	6.6	12.5	1.09	—	—	17.6
23～38	6.7	4.5	0.37	—	—	8.6

11.8.16 踏山系

土族：粗骨质混合型非酸性温性-石质干润正常新成土

拟定者：龙怀玉，穆　真，李　军，罗　华

分布与环境条件　成土母质为安山岩质砂砾岩残积风化物，主要分布于砂岩区的低山、中山地带，地形陡峭切割（图 11-55）。植被稀疏矮小，一般是白草、荆条、酸枣、野山桃之类的灌木和矮乔木。分布区域属于中温带亚湿润气候，年均平均气温 7.5～10.5℃，年降水量 356～1057mm。

图 11-55　踏山系典型景观照

土系特征与变幅　诊断层有：淡薄表层；诊断特性有：半干润土壤水分状况、温性土壤温度状况、石质接触面。成土母质系安山质砂砾岩残积风化物，从矿质土壤表层突然过渡到母岩，土层浅薄，有效土层小于 10cm，土体剖面特征发育微弱，但腐殖质积累较高，无碳酸钙反应，土壤颗粒控制层段为整个有效土层，颗粒大小类型为粗骨质。

对比土系　与高庙李虎系同属一个土族，但高庙李虎系的成土母质为砾岩残积风化物，踏山系的成土母质为安山质砂砾岩的残积风化物。

利用性能综述　地处低山、中山陡峭切割处，坡度大，易水土流失，土层薄，砾石含量高，不能农业利用。但砂岩能够储藏一定的水分，低矮乔木也能够生长，可以发展林业。

参比土种　中性石质土。

代表性单个土体　踏山系典型单个土体剖面位于河北省承德市宽城县踏山乡踏山村，剖面点 118°17′48.7″E，40°35′15.1″N，海拔 284m，地势陡峭切割，山地，低山，山体中部，坡度 37°（图 11-56）。母质为褐红色砂岩残积物；土石界线分明；土体中有大量岩石碎屑，林地，主要植被为矮小灌木，覆盖度 80%。地表有 5%轻度风蚀；有 10%的岩石露头；有丰度 30%、大小 5cm×7cm 的粗碎块。年平均气温 9.1℃，≥10℃积温为 3830℃，50cm 土壤温度年均 10.6℃；年降水量多年平均为 650mm；年均相对湿度为 58%；年干燥度为 1.1；年日照时数为 2672h。野外调查日期：2011 年 8 月 6 日。理化性质见表 11-55，表 11-56。

Ah：0～5cm，向下平滑突变过渡，干，浊黄橙色（10YR5/3，干），有丰度 80%、大小 0.5cm×1cm 半风化块状的岩石碎屑，细土质地黏壤土，弱发育的 3mm 屑粒结构，中量细根及极细根、很少量中粗根，稍硬，无石灰反应。

R：>5cm，为母岩。

图 11-56　踏山系代表性单个
土体剖面照

表 11-55　踏山系代表性单个土体物理性质

| 土层 | 深度 /cm | 砾石* (>2mm，体积分数)/% | 细土颗粒组成（粒径：mm）/（g/kg） | | | 质地 |
			砂粒 2～0.05	粉粒 0.05～0.002	黏粒 <0.002	
Ah	0～5	80	432	297	271	黏壤土

表 11-56　踏山系代表性单个土体化学性质

深度 /cm	pH (H₂O)	有机碳 /（g/kg）	全氮（N）/（g/kg）	全磷（P₂O₅）/（g/kg）	全钾（K₂O）/（g/kg）	CEC /（cmol/kg）
0～5	6.3	13.0	1.08	0.99	16.7	23.1

11.8.17　高庙李虎系

土族：粗骨质混合型非酸性温性-石质干润正常新成土

拟定者：龙怀玉，李　军，穆　真

分布与环境条件　存在于高原丘陵的中缓坡处，成土母质为河床相砾岩残积风化物，海拔一般在 1000～1300m，干燥少雨，土壤水分条件较差，植被为稀疏干草地（图 11-57）。目前仅在万全县发现有成片面积分布。分布区域属于中温带亚湿润气候，年

图 11-57　高庙李虎系典型景观照

平均气温 6.0～9.5℃，年降水量 235～618mm。

土系特征与变幅　诊断层有：淡薄表层；诊断特性有：半干润土壤水分状况、温性土壤温度状况、石质接触面。成土母质系砾岩残积风化物，从矿质土壤表层逐渐过渡到母岩，土层浅薄，有效土层小于 15cm，土体剖面特征发育微弱，但腐殖质积累较高，无碳酸钙反应，土壤颗粒控制层段为整个有效土层，颗粒大小类型为粗骨质。

对比土系　与踏山系同属一个土族，但踏山系的成土母质为安山质砂砾岩的残积风化物，高庙李虎系的成土母质为河床相砾岩残积风化物。

利用性能综述　地处高原丘陵的中缓坡处，土层浅薄，易水土流失，砾石含量高，难以发展农业。但砾岩能够储藏一定的水分，低矮乔木也能够生长，可以发展林业和牧业。

参比土种　中性石质土。

代表性单个土体　高庙李虎系典型单个土体剖面位于河北省张家口市万全县高庙堡乡李虎庄村，剖面点 114°37′30.4″E，40°49′29.7″N，海拔 1130m，地势起伏，山地，中山（图 11-58）。母质为砾岩、紫色页岩的残积物；草地，植被主要为青蒿，覆盖度 60%，地表 30%有中等强度沟蚀、片蚀；地表有丰度 35%、大小 3～5cm 的粗碎块。年平均气温 6.2℃，≥10℃积温为 3120℃，50cm 土壤温度年均 8.3℃；年降水量多年平均为 397mm；年均相对湿度为 51%；年干燥度为 1.6；年日照时数为 2810h。野外调查日期：2011 年 9 月 22 日。理化性质见表 11-57，表 11-58。

图 11-58　高庙李虎系代表性单个
　　　　　土体剖面照

Ah：0～10cm，向下平滑清晰过渡，稍干，亮红棕色（5YR5/6，干），有大小为 10mm、丰度 80%的半风化、次圆矿物和岩石，细土质地黏壤土，弱发育的 3.5cm 团粒结构，中量细根及极细根、很少量中粗根，疏松，稍黏着，稍塑，无石灰反应。

R：＞10cm，为母岩，砾岩（鹅卵石胶结硬化而形成的砾岩）。

表 11-57　高庙李虎系代表性单个土体物理性质

土层	深度 /cm	砾石* （>2mm，体积 分数）/%	细土颗粒组成（粒径：mm）/（g/kg）			质地
			砂粒 2～0.05	粉粒 0.05～0.002	黏粒 <0.002	
Ah	0～10	80	442	266	293	黏壤土

表 11-58　高庙李虎系代表性单个土体化学性质

深度 /cm	pH （H$_2$O）	有机碳 /（g/kg）	全氮（N） /（g/kg）	CEC /（cmol/kg）
0～10	7.3	13.6	1.01	30.3

11.8.18 圣寺驼系

土族：粗骨质长石型非酸性温性-石质干润正常新成土
拟定者：龙怀玉，刘 颖，安红艳，陈亚宇

分布与环境条件 成土母质为闪长岩残积物，主要分布于涉县的闪长岩低山、中山地带，地形陡峭切割（图 11-59）。分布区域属于暖温带亚干旱气候，年平均气温 8.2～13.7℃，年降水量 225～1238mm。

图 11-59 圣寺驼系典型景观照

土系特征与变幅 诊断层有：淡薄表层；诊断特性有：半干润土壤水分状况、温性土壤温度状况、准石质接触面。成土母质系闪长岩残积风化物，从矿质土壤表层经岩石风化碎屑层逐渐过渡到母岩，土层浅薄，有效土层小于 30cm，土体剖面特征发育微弱，腐殖质积累较弱，没有碳酸钙反应，土壤颗粒控制层段为整个有效土体，颗粒大小类型为粗骨质，长石含量＞40%，石英含量小于 20%，矿物类型为长石型。

对比土系 和杏树园系的地形部位、植被景观、气候条件相差不大，剖面形态相似。但杏树园系成土母质系花岗岩残积风化物，土壤酸碱反应为酸性。圣寺驼系成土母质为闪长石残积物，土壤酸碱反应为非酸性。

利用性能综述 地处低山、中山陡峭切割处，坡度大，易水土流失；土层薄，砾石含量高，水分条件差，干旱严重，只能发展林牧业。

参比土种 中性粗骨土。

代表性单个土体 圣寺驼系典型单个土体剖面位于河北省邯郸市涉县偏城镇圣寺驼村，剖面点 113°43′45.0″E，36°46′05.6″N，海拔 1022m，地势强度起伏，山地，中山，直线型坡中部，坡度 30°（图 11-60）。母质为闪长岩残积物。自然植被，主要是柏树、杨树，覆盖度为>60%，有 5%的地表存在弱的片蚀；有丰度 70%、平均间距 50cm 的岩石露头；有丰度 30%、大小约 10cm、平均间距 20cm 的地表粗碎块。年平均气温 8.3℃，≥10℃积温为 4689℃，50cm 土壤温度年均 10℃；年降水量多年平均为 517mm；年均相对湿度为 60%；年干燥度为 1.8；年日照时数为 2448h。野外调查日期：2011 年 4 月 20 日。理化性质见表 11-59，表 11-60。

图 11-60　圣寺驼系代表性单个
土体剖面照

O：+2～0cm，枯枝落叶层。

Ah：0～15cm，向下平滑清晰过渡，干，棕色（10YR4/4，干），有丰度>90%左右的 1mm 的次圆半风化小石砾，细土质地砂质壤土，弱发育团粒状结构，有极少量细根，松散，稍黏着，无塑，无石灰反应。

C：15～40cm，母岩风化碎屑层，准石质接触面，干，少量粗根，无石灰反应。

R：>40cm，为母岩，整块石头。

表 11-59　圣寺驼系代表性单个土体物理性质

土层	深度/cm	砾石*（>2mm，体积分数）/%	细土颗粒组成（粒径：mm）/（g/kg）			质地
			砂粒 2～0.05	粉粒 0.05～0.002	黏粒 <0.002	
Ah	0～15	>90	645	195	160	砂质壤土

表 11-60　圣寺驼系代表性单个土体化学性质

深度/cm	pH（H₂O）	有机碳/（g/kg）	全氮（N）/（g/kg）	全磷（P₂O₅）/（g/kg）	全钾（K₂O）/（g/kg）	CEC/（cmol/kg）
0～15	7.6	13.8	1.06	1.01	34	21.6

11.8.19　帅家梁系

土族：壤质硅质混合型石灰性温性-石质干润正常新成土

拟定者：龙怀玉，穆　真，李　军

分布与环境条件　成土母质系麻粒岩残积物风化物，主要分布于片麻岩、变粒岩的中低山丘陵地带，地形起伏（图 11-61）。分布区域属于中温带亚湿润气候，年平均气温 5.7～9.4℃，年降水量 228～643mm。

图 11-61　帅家梁系典型景观照

土系特征与变幅　诊断层有：淡薄表层；诊断特性有：半干润土壤水分状况、温性土壤温度状况、石质接触面、石灰性。成土母质系片麻岩或变粒岩残积风化物，土层浅薄，有效土层 10～50cm，土体剖面特征发育微弱，腐殖质积累较强，石砾含量少于 20%，土壤颗粒控制层段为表土至其下 10～50cm，颗粒大小类型为壤质，整个剖面有非常强的石灰反应。

对比土系　和大杨树沟系所处地形部位类似，成土母质相同，剖面形态相似。但大杨树沟系通体无石灰反应，土壤 pH 为 6.0～7.0，土壤酸碱反应为非酸性，颗粒大小类型为砂质。帅家梁系强石灰反应，土壤 pH 为 8.0 以上，土壤酸碱反应为石灰性，颗粒大小类型为壤质。

利用性能综述　土壤通体为砂壤土，土层薄，坡度陡，砾石含量大，养分贫瘠，保肥保水能力差，用于种牧草较宜。

参比土种　钙质石质土。

代表性单个土体　帅家梁系典型单个土体剖面位于河北省阳原县揣骨疃镇帅家梁村，剖面点 114°8′19.2″E，39°56′49.8″N，海拔 1046m，地势陡峭切割，山地，中山，山体下部，坡度 80°（图 11-62）。母质为片麻岩、变粒岩坡积物和残积物；草地，植被为耐旱草本植物，覆盖度 10%。地表 80%有强度的沟蚀、片蚀，有丰度 60%、间距 15m 的岩石露头，有丰度 70%、大小 3～10cm、间距 10cm 的岩石碎屑。年平均气温 5.8℃，≥10℃积温为 3215℃，50cm 土壤温度年均 8℃；年降水量多年平均为 412mm；年均相对湿度为 55%；年干燥度为 1.6；年日照时数为 2809h。野外调查日期：2011 年 10 月 26 日。理化性质见表 11-61，表 11-62。

图 11-62　帅家梁系代表性单个
土体剖面照

AC：0～30cm，向下平滑突变过渡，稍干，浊黄棕色（10YR5/4，干），有丰度 30%、大小 0.5～10cm、硬度为 6 的新鲜角状岩石、长石碎屑，细土质地为砂质壤土，中发育的 5cm 团粒结构、团块结构，中量细根及极细根、很少量中粗根，坚实，稍黏着，稍塑，石灰反应强烈。

R：>30cm，为母岩层，片麻岩、变粒岩。

表 11-61　帅家梁系代表性单个土体物理性质

土层	深度 /cm	砾石* (>2mm，体积分数) /%	细土颗粒组成（粒径：mm）/（g/kg）			质地
			砂粒 2～0.05	粉粒 0.05～0.002	黏粒 <0.002	
AC	0～30	30	539	371	91	砂壤土

表 11-62　帅家梁系代表性单个土体化学性质

深度 /cm	pH （H₂O）	有机碳 /（g/kg）	全氮（N） /（g/kg）	CEC /（cmol/kg）	碳酸钙 /（g/kg）
0～30	8.1	12.2	1.05	17.2	54.8

11.8.20　北王庄系

土族：粗骨质混合型石灰性温性-石质干润正常新成土
拟定者：龙怀玉，刘　颖，安红艳，陈亚宇

分布与环境条件　成土母质
为泥质页岩石灰岩残积风化
物，主要分布于磁县的泥质
页岩石灰岩区海拔 500～
700m 低山丘陵地带，地形陡
峭切割，地表岩石露头较多，
且坡度较陡（图 11-63）。植
被稀疏矮小，一般是白草、
荆条、酸枣之类的灌木。分
布区域属于暖温带亚干旱气
候，年平均气温 11.1～15.4℃，
年降水量 225～1202mm。

图 11-63　北王庄系典型景观照

土系特征与变幅　诊断层有：淡薄表层；诊断特性有：半干润土壤水分状况、温性土壤
温度状况、碳酸盐岩岩性特征、石质接触面、盐基饱和。成土母质系泥质页岩石灰岩残
积风化物，从矿质土壤表层突然过渡到母岩，土层浅薄，有效土层小于 30cm，砾石含量
80%以上，土体剖面特征发育微弱，但腐殖质积累较高，碳酸钙反应中或强，土壤颗粒
控制层段为整个有效土体，颗粒大小类型为粗骨质，为混合型矿物类型。

对比土系　和姬庄系属于同一土族，但姬庄系的成土母质系花岗岩坡积残积风化物与黄
土状物质的混合物，北王庄系的成土母质系石灰质页岩的残积风化物。

利用性能综述　地处低山、中山陡峭切割处，坡度大，易水土流失，土层薄，砾石含量
高，石灰岩母岩储水能力弱，土壤容易干旱。

参比土种　中性石质土。

代表性单个土体　北王庄系典型单个土体剖面位于河北省邯郸市磁县北王庄村，剖面点
113°57′27.0″E，36°25′40.9″N，海拔 520m，地势陡峭切割，山地，中切割低山，坡，剖
面点部位为中部，坡度 42.1°（图 11-64）。母质为砂页岩。自然植被，主要是灌木和草
地，覆盖度 20%，现仍有 80%的地表存在轻的沟蚀；有丰度 80%的岩石露头，平均间距
1m；有丰度 98%的地表粗碎块，大小约 1cm，平均间距 2～15cm，年平均气温 11.3℃，
≥10℃积温为 4695℃，50cm 土壤温度年均 12.3℃；年降水量多年平均为 507mm；年均
相对湿度为 60%；年干燥度为 1.8；年日照时数为 2451h。野外调查日期：2011 年 4 月
20 日。理化性质见表 11-63，表 11-64。

图 11-64　北王庄系代表性单个
土体剖面照

Ah：0～30cm，黑棕色（2.5Y/3/2，干），有丰度 80%的 2～10cm 的不规则新鲜砂页岩岩石碎块，细土质地为粉砂壤土中发育的屑粒状结构，少量细根，疏松，黏着，中塑，中石灰反应。

R：>30cm，石灰岩母岩层，为石质接触面。

表 11-63　北王庄系代表性单个土体物理性质

土层	深度 /cm	砾石* (>2mm，体积 分数)/%	细土颗粒组成（粒径：mm）/（g/kg）			质地
			砂粒 2～0.05	粉粒 0.05～0.002	黏粒 <0.002	
Ah	0～30	80	292	526	182	粉砂壤土

表 11-64　北王庄系代表性单个土体化学性质

深度 /cm	pH (H₂O)	有机碳 /（g/kg）	全氮（N） /（g/kg）	全磷（P₂O₅） /（g/kg）	全钾（K₂O） /（g/kg）	CEC /（cmol/kg）	碳酸钙 /（g/kg）
0～30	7.6	28.8	2.42	1.05	38.5	19.2	102.0

11.8.21 姬庄系

土族：粗骨质混合型石灰性温性-石质干润正常新成土

拟定者：安红艳，刘 颖，陈亚宇

分布与环境条件 成土母质系花岗岩坡积物风化物和黄土状物质之混合物，主要分布于花岗岩低山丘陵地带，地形起伏（图 11-65）。分布区域属于暖温带亚干旱气候，年平均气温 12.5～15.4℃，年降水量 225～1209mm。

图 11-65 姬庄系典型景观照

土系特征与变幅 诊断层有：淡薄表层；诊断特性有：半干润土壤水分状况、温性土壤温度状况、准石质接触面、石灰性。成土母质系花岗岩坡积残积风化物与黄土状物质的混合物，土层浅薄，有效土层厚度小于 30cm，土体剖面特征发育微弱，腐殖质积累较弱，石砾含量大于 70%，整个剖面有非常强的石灰反应，土壤颗粒控制层段整个有效土层，颗粒大小类型为粗骨质，为混合型矿物类型。

对比土系 和北王庄系属于同一土族，但北王庄系的成土母质系灰质页岩的残积风化物，姬庄系的成土母质系花岗岩坡积残积风化物与黄土状物质的混合物。

利用性能综述 土壤通体为砂壤土，砾石含量大，养分贫瘠，保肥保水能力差。

参比土种 酸性粗骨土。

代表性单个土体 位于邯郸市邯郸县康庄乡姬庄村，剖面点113°39′40.2″E，36°36′06.6″N，海拔505m，丘陵，坡顶部，坡度 11.2°（图 11-66）。成土母质为砂岩残积物。自然植被，主要为灌木、蒿草，覆盖度大于 90%，地表可见弱的片蚀、沟蚀；地表岩石露头约占地表面积的 20%，粗碎块占地表面积的 90%以上。气候较为干旱，植被均为旱生植被；周围有很多煤矿和煤场，地表多岩石露头和粗碎块。年平均气温 13.1℃，≥10℃积温为 4734℃，50cm 土壤温度年均13.7℃；年降水量多年平均为508mm；年均相对湿度为60%；年干燥度为 1.8；年日照时数为 2441h。野外调查日期：2011 年 4 月 19 日。理化性质见表 11-65，表 11-66。

Ah：0～10cm，向下平滑清晰过渡，壤土，棕色（7.5YR4/4，干），有60%半风化的岩石和矿物碎屑物，细土质地为砂质壤土中发育的棱块状结构，少量极细根，较硬，黏着，中塑，强石灰反应。

C/R：＞12cm，母质、岩石混合层，干，亮红棕色（5YR5/6，干），岩石和矿物碎屑约为98%，为半风化物，少量细根，细土石灰反应强烈。

图 11-66　姬庄系代表性单个
土体剖面照

表 11-65　姬庄系代表性单个土体物理性质

| 土层 | 深度 /cm | 砾石* （>2mm，体积 分数）/% | 细土颗粒组成（粒径：mm）/（g/kg） | | | 质地 |
			砂粒 2～0.05	粉粒 0.05～0.002	黏粒 <0.002	
Ah	0～8	60	451	367	182	砂质壤土

表 11-66　姬庄系代表性单个土体化学性质

深度 /cm	pH （H$_2$O）	有机碳 /（g/kg）	全氮（N） /（g/kg）	全磷（P$_2$O$_5$） /（g/kg）	全钾（K$_2$O） /（g/kg）	CEC /（cmol/kg）
0～8	8.2	5.2	0.44	0.89	35	13.4

11.8.22 杏树园系

土族：粗骨质硅质混合型酸性温性-石质干润正常新成土
拟定者：龙怀玉，穆　真，李　军

分布与环境条件 主要存在于低山坡中部，地势陡峭切割，植被为草本植物，成土母质为花岗岩坡积残积物（图 11-67）。分布区域属于暖温带亚湿润气候，年平均气温 9.5～13.0℃，年降水量 364～1211mm。

图 11-67 杏树园系典型景观照

土系特征与变幅 诊断层有：淡薄表层；诊断特性有：半干润土壤水分状况、温性土壤温度状况、石质接触面。成土母质系花岗岩残积风化物，从矿质土壤层突然过渡到母岩，土层较薄，有效土层厚度小于 30cm，碳酸钙含量甚微，通体无石灰反应，土体剖面特征发育微弱，但腐殖质积累较高，土壤颗粒控制层段为全部土体，颗粒大小类型为粗骨砂质。

对比土系 和圣寺驼系的地形部位、植被景观、气候条件相差不大，剖面形态相似，但是圣寺驼系成土母质为闪长石残积物，A 层 pH 为 7.5～8.0，土壤酸碱反应为非酸性。杏树园系成土母质系花岗岩残积风化物，A 层 pH 为 5.0～5.5，土壤酸碱反应为酸性。

利用性能综述 多为荒山秃岭，土层薄，砾石多，侵蚀严重，立地条件差，故以种草养草为主，增加植被，防止水土流失为主。

参比土种 酸性石质土。

代表性单个土体 杏树园系典型单个土体剖面位于河北省秦皇岛市昌黎县两山乡杏树园村，剖面点 119°8′35.3″E，39°44′32.7″N，海拔 128m，陡峭切割，丘陵低山，直线坡中部，坡度 45°（图 11-68）。成土母质为花岗岩残积坡积物。林地，主要植被为松树，覆盖度 50%。地表有轻度风蚀、水蚀，丰度 70%的粗碎块，丰度 20%的岩石露头。年平均气温 9.8℃，≥10℃积温为 3825℃，50cm 土壤温度年均 11.1℃；年降水量多年平均为 665mm；年均相对湿度为 61%；年干燥度为 1.1；年日照时数为 2659h。野外调查日期：2011 年 11 月 7 日。理化性质见表 11-67，表 11-68。

图 11-68　杏树园系代表性单个
　　　　　　土体剖面照

AC：0～5cm，向下平滑模糊过渡，干，浊棕色（7.5YR5/4，干），岩石矿物碎屑丰度 90%、大小约 3mm、角状、高度风化状态，细土质地砂质壤土，无结构，少量细根及极细根、很少量中粗根，松散，无黏着，无塑，无石灰反应。

C：5～70cm，花岗岩碎屑/母岩层，是母岩大碎块及母岩高度风化物，基本上保持了岩石构造。

R：>70cm，花岗岩母岩。

表 11-67　杏树园系代表性单个土体物理性质

| 土层 | 深度 /cm | 砾石* （>2mm，体积 分数）/% | 细土颗粒组成（粒径：mm）/（g/kg） | | | 质地 |
			砂粒 2～0.05	粉粒 0.05～0.002	黏粒 <0.002	
AC	0～5	90	639	224	137	砂壤土

表 11-68　杏树园系代表性单个土体化学性质

深度 /cm	pH （H₂O）	有机碳 /（g/kg）	全氮（N） /（g/kg）	CEC /（cmol/kg）
0～5	5.4	17.5	0.84	12.1

11.9 普通干润正常新成土

11.9.1 小拨系

土族：砂质硅质混合型非酸性冷性-普通干润正常新成土

拟定者：龙怀玉，刘 颖，安红艳，穆 真

分布与环境条件 主要分布于坝上高原低平地带（图11-69）。分布区域属于中温带亚湿润气候，年平均气温 3.7～5.6℃，年降水量229～662mm。

图 11-69 小拨系典型景观照

土系特征与变幅 诊断层有：淡薄表层；诊断特性有：半干润土壤水分状况、冷性土壤温度状况。成土母质系风积砂积物，有效土层厚度大于150cm，除了微弱的腐殖质化过程外，观测不到其他成土过程，剖面无明显的发育层次，土壤质地全剖面为砂土或者壤质砂土，全剖面无石灰反应，土壤颗粒控制层段为25～100cm，颗粒大小类型为砂质。

对比土系 和庙沟门子系分布空间有较多重叠，地形部位、成土母质、气候条件相差无几，剖面形态相似。但庙沟门子系全剖面有石灰反应，颗粒大小类型为粗骨砂质。小拨系全剖面无石灰反应，颗粒大小类型为砂质。

利用性能综述 土壤通体为砂壤土，疏松，保肥保水能力差，养分贫瘠。不宜农用，可以种植牧草。

参比土种 砂质固定草原风沙土。

代表性单个土体 位于河北省承德市围场满族蒙古族自治县西龙头乡小拨村，剖面点116°56′27.1″E，41°55′43.3″N，海拔1048m，高原山地，中山，斜坡顶，坡度15.5°（图11-70）。草地，主要植被为稀疏草原植被，覆盖度约40%；地表可见轻度的水蚀和风蚀现象。地表岩石露头和粗碎块含量均大于50%。成土母质为古河流冲积物，在河流冲积物基础上被风搬运过，现在已经稳定，形成了固定风沙丘。年平均气温3.8℃，≥10℃积温为2716℃，50cm 土壤温度年均6.4℃；年降水量多年平均为437mm；年均相对湿度为55%；年干燥度为1.2；年日照时数为2758h。野外调查日期：2010年8月26日。理化性质见表11-69，表11-70。

CA：1～10cm，向下平滑清晰过渡，棕色（10YR4/4，干），有 20%、2～5mm 的新鲜石块，砂土，多量细根，中量中根、粗根，松散，无黏着，无塑，中量蚂蚁。无石灰反应。

1C：10～40cm，母质层，向下平滑模糊过渡，润，暗棕色（10YR3/3，润），有 20%、2～5mm 的新鲜石块，砂土，多量细根、中量中根、少量粗根，松散。无石灰反应。

2C：＞40cm，为母质层，润，暗棕色（10YR3/3，润），有 10%、2～5mm 的新鲜石块，砂土，多量细根，松散。无石灰反应。

图 11-70　小拨系代表性单个
土体剖面照

表 11-69　小拨系代表性单个土体物理性质

| 土层 | 深度 /cm | 砾石* (>2mm，体积分数) /% | 细土颗粒组成（粒径：mm）/（g/kg） | | | 质地 |
			砂粒 2～0.05	粉粒 0.05～0.002	黏粒 <0.002	
CA	0～10	20	886	45	69	砂土
2C	＞40	10	865	57	78	砂土

表 11-70　小拨系代表性单个土体化学性质

深度 /cm	pH (H₂O)	有机碳 /（g/kg）	全氮（N） /（g/kg）	CEC /（cmol/kg）
0～10	7.4	3.4	0.58	4.4
＞40	7.3	6.6	0.41	5.6

11.10　石质湿润正常新成土

11.10.1　谢家堡系

土族：壤质硅质混合型非酸性冷性-石质湿润正常新成土
拟定者：龙怀玉，穆　真，李　军

分布与环境条件　主要存在于小五台山等中高山森林线以上，山高坡陡，海拔大于1500m，湿生草甸植被繁茂，成土母质为安山岩坡残积物（图11-71）。分布区域属于暖温带亚干旱气候，年平均气温 3.9～5.2℃，年降水量 203～646mm。

图11-71　谢家堡系典型景观照

土系特征与变幅　诊断层有：草毡表层、暗沃表层；诊断特性有：湿润土壤水分状况、冷性土壤温度状况、石质接触面。直接发育在安山岩的残坡积物上，表土层薄，一般在30～50cm，砾石含量很少。山高雾重，加上基岩的顶托，在与基岩的接触处，形成了一定的滞水条件，在基岩表面有明显的有机胶膜和铁锰胶膜，没有碳酸钙反应。

对比土系　和姜家店系、羊点系的地形部位、自然植被非常类似，剖面形态相似。与姜家店系的区别在于：姜家店系水分相对要少，在基岩表面没有明显的铁锰锈斑胶膜，为半干润土壤水分状况。谢家堡系由于山高雾重，形成了一定的滞水条件，在基岩表面有明显的铁锰锈斑胶膜，为湿润土壤水分状况。与羊点系的区别在于：羊点系的成土母质为花岗岩、片麻岩、硅质岩类的残坡积物，颗粒大小级别为黏壤质。谢家堡系成土母质皆为安山岩残坡积物，颗粒大小级别为壤质。

利用性能综述　所处地区海拔较高，高寒潮湿，无霜期短，热量不足，山高坡陡，不宜垦殖。风多风大，树木难以生长，但土壤肥沃。结构性能好，草被茂密，是优良的天然放牧场，适度放牧。

参比土种　中性石质土。

代表性单个土体　谢家堡系典型单个土体剖面位于河北省张家口市涿鹿县谢家堡乡梨园村，剖面点 115°17′43″E，40°0′5.7″N，海拔 1585m，地势陡峭切割，山地，中山，直线形坡中部，坡度65°（图11-72）。成土母质为安山岩坡积物。草地，主要植被为草甸、矮小灌丛，覆盖度85%。地表有轻度水蚀、丰度5%的粗碎块、丰度20%的岩石露头。由

图 11-72　谢家堡系代表性单个
土体剖面照

于受高山水汽影响，可见大量铁锰、黏粒胶膜交织覆盖于安山岩石表面。年平均气温 4.0℃，≥10℃积温为 3731℃，50cm 土壤温度年均 6.6℃；年降水量多年平均为 411mm；年均相对湿度为 54%；年干燥度为 1.7；年日照时数为 2829h。野外调查日期：2011 年 10 月 28 日。理化性质见表 11-71，表 11-72。

O：　+5～0cm，草根层，由细根交结而成，细根占体积的 50%～60%，黑棕色（10YR3/2，干），矿物土壤呈团粒结构。

Ah1：0～10cm，向下不规则突然过渡，稍润，黑棕色（2.5Y2.5/1，润），黑棕色（10YR3/2，干），极少岩石矿物碎屑，粉砂壤土，中发育的团粒结构、弱发育的团块结构，中量细根及极细根、很少量中粗根，疏松，稍黏着，稍塑，无石灰反应。

Ah2：10～25cm，稍润，暗灰黄色（2.5Y4/2，润），岩石矿物碎块丰度 80%、大小约 10～20cm、新鲜状态，岩石表面覆有有机胶膜及铁锰胶膜，粉砂壤土，中量细根及极细根、很少量中粗根，松散，稍黏着，稍塑，无石灰反应。

R：＞25cm，母岩大碎块，为石质接触面。90% 以上是 10cm 以上的母岩大碎块，在碎块缝隙中填塞着矿质土壤，在岩石面有明显的铁锰锈斑胶膜和有机胶膜。

表 11-71　谢家堡系代表性单个土体物理性质

土层	深度 /cm	砾石* （>2mm，体积 分数）/%	细土颗粒组成（粒径：mm）/（g/kg）			质地
			砂粒 2～0.05	粉粒 0.05～0.002	黏粒 <0.002	
Ah	0～25	80	233	582	185	粉砂壤土

表 11-72　谢家堡系代表性单个土体化学性质

深度 /cm	pH （H₂O）	有机碳 /（g/kg）	全氮（N） /（g/kg）	全磷（P₂O₅） /（g/kg）	全钾（K₂O） /（g/kg）	CEC /（cmol/kg）	游离铁 /（g/kg）
0～25	4.0	45.1	3.12	0.84	50.6	40.4	—

11.10.2 羊点系

土族：黏壤质硅质混合型非酸性冷性-石质湿润正常新成土
拟定者：龙怀玉，刘 颖，安红艳，穆 真

分布与环境条件 主要分布在丰宁、平山、灵寿、赤城等县境内 1500m 以上的中山上部，气温低、空气潮湿。母质为花岗岩、片麻岩、硅质岩类的残坡积物（图11-73）。植被极差，侵蚀严重，基岩裸露，土少石多，散生少量耐寒的杂草灌木。分布区域属于中温带亚湿润气候，年平均气温 0.3～5.2℃，年降水量 222～645mm。

图 11-73 羊点系典型景观照

土系特征与变幅 诊断层有：草毡表层、暗沃表层；诊断特性有：湿润土壤水分状况、冷性土壤温度状况、石质接触面。直接发育在花岗岩、片麻岩、硅质岩类的残坡积物上，表土层薄，一般在 10～30cm，砾石含量 20%～50%。山高雾重，加上基岩的顶托，在与基岩的接触处，形成了一定的滞水条件，使得土壤有少量模糊的铁锰锈斑；土壤黏粒含量 200～350g/kg，并有一定的淋溶淀积，在基岩表面以及与其接近的土壤结构体面上有明显的黏粒胶膜，全剖面没有石灰反应。颗粒大小级别为黏壤质；控制层段内二氧化硅含量 60%～90%，为硅质混合型矿物类型。

对比土系 和谢家堡系、姜家店系的地形部位、自然植被基本相同，剖面形态相似。和姜家店系的区别在于：姜家店成土母质皆为安山岩残坡积物，颗粒大小级别为壤质。羊点系的成土母质为花岗岩、片麻岩、硅质岩类的残坡积物，颗粒大小级别为黏壤质。羊点系由于山高雾重，形成了一定的滞水条件，在基岩表面有明显的有机胶膜和铁锰胶膜，为湿润土壤水分状况。而姜家店系水分相对要少，在基岩表面没有明显的有机胶膜和铁锰胶膜，为半干润土壤水分状况。和谢家堡系的区别在于，谢家堡系成土母质皆为安山岩残坡积物，颗粒大小级别为壤质。羊点系的成土母质为花岗岩、片麻岩、硅质岩类的残坡积物，颗粒大小级别为黏壤质。

利用性能综述 多为荒山秃岭，土层薄，砾石多，侵蚀严重，立地条件差。需要特别注意防止水土流失。

参比土种 中腐中层粗散状山地草甸土。

代表性单个土体 位于河北省丰宁满族自治县大滩镇羊点村，剖面点所在位置为116°07′38.4″E，41°22′08.2″N，海拔 1846m（图 11-74）。高原山地，中山，坡上部，

图 11-74　羊点系代表性单个
土体剖面照

坡度 10°。草地，主要植被为草甸植被，覆盖度大于 80%；地表有水蚀、片蚀现象，但强度很弱；地表有少量的粗碎块。成土母质为花岗岩残积物。年平均气温 0.8℃，≥10℃ 积温为 2941℃，50cm 土壤温度年均 4.1℃；年降水量多年平均为 430mm；年均相对湿度为 54%；年干燥度为 1.3；年日照时数为 2781h。野外调查日期：2010 年 8 月 23 日。理化性质见表 11-73，表 11-74。

O：+5～0cm，草根盘结层，向下平滑模糊过渡，由细根交结而成，细根占土体体积的 50%～60%，润，黑棕色（10YR3/1，润），矿质部分的质地为壤土，中等团粒结构，多量细根，疏松，稍黏着，稍塑。

Ah：0～15cm，向下清晰过渡，黑棕色（10YR3/1，润），含 20～75mm 的砾石 10% 左右，黏壤土，中等团粒结构、团块结构，润态，多量细根，疏松，稍黏着，稍塑，有少量蚯蚓。无石灰反应。

C/A：15～35cm，90% 以上是 10cm 以上的母岩大碎块，在碎块缝隙中填塞着矿质土壤，在岩石面上有明显的黏粒胶膜以及少量的铁锰锈斑。润，浊黄棕色（10YR4/3，润），细土质地为粉砂壤土，无石灰反应，多量细根，松散。

R：>35cm，花岗岩基岩。

表 11-73　羊点系代表性单个土体物理性质

土层	深度 /cm	砾石* (>2mm，体积分数) /%	细土颗粒组成（粒径：mm）/（g/kg）			质地
			砂粒 2～0.05	粉粒 0.05～0.002	黏粒 <0.002	
Ah	0～15	10	282	458	259	壤土
C/A	15～35	90	278	481	242	壤土

表 11-74　羊点系代表性单个土体化学性质

深度 /cm	pH (H₂O)	有机碳 /（g/kg）	全氮（N） /（g/kg）	全磷（P₂O₅） /（g/kg）	全钾（K₂O） /（g/kg）	CEC /（cmol/kg）	盐基饱和度 /%
0～15	6.6	44.4	3.19	1.03	27.1	42.7	57
15～35	6.5	11.3	0.90	1.09	23.8	20.5	57

11.10.3　鹿尾山系

土族：粗骨质混合型石灰性温性-石质湿润正常新成土
拟定者：龙怀玉，穆　真，李　军

分布与环境条件　主要存在
于河流两侧或岛状河床上，
是河流冲积物在河漫滩上堆
积发育而成，雨季高水位时
会被河水淹没（图 11-75）。
除冀北、冀西北外，几乎每
个地区都有分布，以石家庄
地区覆盖面积最大。分布区
域属于暖温带亚湿润气候，

图 11-75　鹿尾山系典型景观照

年平均气温 9.6～12.2℃，年降水量 365～1180mm。

土系特征与变幅　诊断层有：淡薄表层；诊断特性有：潮湿土壤水分状况、温性土壤温
度状况、冲积物岩性特征、石灰性。是由河流砂质沉积物发育形成的土壤，在常水位时，
河漫滩上无流水经过，到夏季洪水上涨水流漫溢其上，地下水埋深较浅，多在 50～100cm；
有效土层小于 30cm，土层内含有 80%以上石砾，下部为卵石层。强石灰反应，剖面发育
微弱，几乎没有成土过程，植物根系极少，全氮、速效磷的含量极低。土壤颗粒大小级
别为粗骨质。

对比土系　和麻家营系的成土母质相同，剖面形态相似。但麻家营系为冷性土壤温度状
况，鹿尾山系为温性土壤温度状况。

利用性能综述　分布于河漫滩上，成土时间短，砂土或砂质壤土，土壤瘠薄，不宜垦种，
但不缺水分，低矮草本植物可以生长，应该任其自然发展，促进腐殖质累积等成土过程
发展。

参比土种　砾质冲积土。

代表性单个土体　鹿尾山系典型单个土体剖面位于河北省卢龙县刘家营乡鹿尾山村，剖
面点 118°59′41.5″E，40°6′13.4″N，海拔 64m（图 11-76）。地势起伏，山地，低山，河
漫滩中部；母质为河床相鹅卵石、河床相冲积物；荒地，植被为草本植物，覆盖度 30%，
植被轻度扰乱，地表有丰度 60%、间距 0.3m 的岩石露头，地表有 60%、大小 4cm×3cm
的粗碎块。年平均气温 10.2℃，≥10℃积温为 3859℃，50cm 土壤温度年均 11.5℃；年
降水量多年平均为 676mm；年均相对湿度为 61%；年干燥度为 1.1；年日照时数为 2654h。
野外调查日期：2011 年 11 月 4 日。理化性质见表 11-75，表 11-76。

图 11-76　鹿尾山系代表性单个
土体剖面照

Ac：0～1cm，向下平滑突变过渡，橙白色（10YR 8/1，干），有丰度 20% 大小、1cm 圆形岩石碎屑壤土，疏松，黏着，可塑，石灰反应强烈。

CA：1～10cm，河床冲积物，向下平滑突变过渡，干，浊黄橙色（10YR7/3，干），有丰度 95%、大小 1～20cm 的鹅卵石，细土质地为壤土，无结构，呈现为单粒状，中量细根及极细根，松散，无黏着，无塑，石灰反应强烈，无亚铁反应。

C：＞10cm，河床相卵石层，为卵石和沙。

表 11-75　鹿尾山系代表性单个土体物理性质

土层	深度 /cm	砾石* （>2mm，体积分数）/%	细土颗粒组成（粒径：mm）/（g/kg）			质地
			砂粒 2～0.05	粉粒 0.05～0.002	黏粒 <0.002	
CA	1～10	95	536	358	106	壤土

表 11-76　鹿尾山系代表性单个土体化学性质

深度 /cm	pH （H₂O）	有机碳 /（g/kg）	全氮（N） /（g/kg）	CEC /（cmol/kg）	碳酸钙 /（g/kg）
1～10	7.7	17.7	1.45	19	70.6

11.11　普通湿润正常新成土

11.11.1　南双洞系

土族：壤质硅质混合型非酸性温性-普通湿润正常新成土

拟定者：龙怀玉，穆　真，李　军，罗　华

分布与环境条件　主要存在于河流阶地、河漫滩上，地下水埋深 1～3m（图11-77）。分布区域属于中温带亚湿润气候，年平均气温 6.5～8.9℃，年降水量312～1041mm。

图 11-77　南双洞系典型景观照

土系特征与变幅　诊断层有：暗沃表层；诊断特性有：潮湿土壤水分状况，温性土壤温度状况。成土母质系河流洪冲积物，土层浅薄，有效土层厚度小于 50cm，腐殖质层以下便是卵石和冲积砂混合物；地下水埋深较浅，经常浸润到沙石层，在沙石层具有多量的、模糊的锈斑；通体无石灰反应；颗粒控制层段为表层土壤，土壤颗粒大小级别为壤质。

对比土系　和梓椤树系镶嵌分布，地形部位、气候条件相同，耕作层的结构、颜色等形态特征非常相似。但梓椤树系土层较厚，有效土层厚度 50～150cm，整个土壤剖面强石灰反应，土壤酸碱反应为石灰性。南双洞系土层浅薄，有效土层厚度小于 50cm，土体没有石灰反应，土壤 pH 为 7.0～8.0，土壤酸碱反应为非酸性。

利用性能综述　质地适中，通透性好，土性温暖，土壤水分状况良好，土壤微生物活动能力强，养分转化快，供肥及时，土壤耕性好，宜耕期长，熟化程度较高，有水浇条件，适种作物较广。但因为砾石层，保水保肥能力差，后劲小，作物后期易脱肥。

参比土种　砾石层壤质非石灰性潮土。

代表性单个土体　南双洞系典型单个土体剖面位于河北省承德市兴隆县兴隆镇南双洞村，剖面点 117°34′11.8″E，40°23′6.9″N，海拔 648m（图 11-78）。地势略起伏，山地，低山，河谷阶地、河堤，河流冲积物母质；耕地，种植玉米，地表有 30%、大小 5～10cm 的粗碎块。年平均气温 7.3℃，≥10℃积温为 3982℃，50cm 土壤温度年均 9.2℃；年降水量多年平均为 634mm；年均相对湿度为 57%；年干燥度为 1.2；年日照时数为 2660h。野

图 11-78　南双洞系代表性单个
　　　　　土体剖面照

外调查日期：2011 年 8 月 5 日。理化性质见表 11-77，表 11-78。

Ap：0～22cm，向下平滑清晰过渡，稍润，暗红棕色（5YR3/2，润），有丰度 10%、大小 1～3cm 的块状半风化岩石碎屑，壤土，中发育 3mm 团粒结构和弱发育 1cm 团块结构，中量细根及极细根、很少量中粗根，坚实，稍黏着，稍塑，少量蚯蚓，无石灰反应。

Cr：＞22cm，河流冲积砂、卵石层，润，棕色（7.5YR4/3，润），大量岩石碎屑，砾石上可见一些模糊的多量锈纹锈斑。

表 11-77　南双洞系代表性单个土体物理性质

土层	深度/cm	砾石*（>2mm，体积分数）/%	细土颗粒组成（粒径：mm）/（g/kg）			质地
			砂粒2～0.05	粉粒0.05～0.002	黏粒<0.002	
Ap	0～22	10	295	498	207	壤土

表 11-78　南双洞系代表性单个土体化学性质

深度/cm	pH（H₂O）	有机碳/（g/kg）	全氮（N）/（g/kg）	全磷（P₂O₅）/（g/kg）	全钾（K₂O）/（g/kg）	CEC/（cmol/kg）	游离铁/（g/kg）
0～22	7.7	34.3	2.81	1.26	39.4	30.2	18

11.11.2 影壁山系

土族：粗骨砂质硅质混合型非酸性冷性–普通干润正常新成土

拟定者：龙怀玉，刘 颖，安红艳，穆 真

分布与环境条件 主要分布在坝上高原坝缘山地和疏缓丘陵地带的阳坡及山丘顶部，成土母质为花岗岩等酸性岩浆岩的风化物，海拔1500m以上（图11-79）。分布区域属于中温带亚湿润气候，年平均气温0.4～3.7℃，年降水量223～633mm。

图 11-79 影壁山系典型景观照

土系特征与变幅 诊断层有：暗沃表层；诊断特性有：半干润土壤水分状况、冷性土壤温度状况、石质接触面。土壤母质为花岗岩等酸性岩浆岩的残坡积物。质地较粗，砾石含量大，土层较薄，有效土层厚度50～80cm，但土壤腐殖质累积较强，表层土壤有机碳含量较高；几乎没有石灰反应；土壤颗粒控制层段为25～80cm，颗粒大小类型为粗骨质；控制层段内二氧化硅含量60%～90%，为硅质混合型矿物类型。

对比土系 和北湾系的剖面形态相似。但北湾系成土母质系砂砾岩残积风化物，有效土层小于30cm，颗粒大小类型为粗骨壤质，为温性土壤温度状况。影壁山系成土母质为花岗岩等酸性岩浆岩的风化物，有效土层厚度大于50cm，颗粒大小类型为粗骨质，为冷性土壤温度状况。

利用性能综述 地形部位较高，坡度大，质地粗，土层薄，植被覆盖度低，易发生大面积片状侵蚀、沟蚀。不宜农用，在阴坡水分条件较好地方可栽种锦鸡儿、沙棘等灌木，在缓坡地条件较好的土壤可种植多年生牧草。

参比土种 粗散状栗钙土性土。

代表性单个土体 位于河北省丰宁满族自治县大滩镇影壁山村，剖面点 116°04′43″E，41°35′46.1″N，海拔 1588m，地形为中山，坡中部，坡度 22.5°（图 11-80）。成土母质为花岗岩风化物。草地，覆盖度约 60%～70%，地表可见中度的水蚀和片蚀现象。地表粗碎块丰度30%左右。年平均气温 1.4℃，≥10℃积温为 2761℃，50cm 土壤温度年均 4.6℃；年降水量多年平均为 426mm；年均相对湿度为 55%；年干燥度为 1.3；年日照时数为 2780h。野外调查日期：2010 年 8 月 22 日。理化性质见表 11-79，表 11-80。

Ah：0～30cm，向下平滑清晰过渡，润态，黑棕色（7.5YR2.5/1，润），含有 25～75mm 的砾石 50%左右，砂质壤土，中度团块结构，中量细根，结构体内有多量粒间孔和根孔，疏松，稍黏着，稍塑，无石灰反应。

C1：30～60cm，润态，棕色（10YR4/4，润），含有 25～75mm 的砾石 50%左右，壤质砂土，无结构，少量细根，无石灰反应，松散，无黏着，无塑。

C2：>60cm，岩石风化碎屑物和细土的混合物，无结构，砂质，砾石含量超过 80%。

图 11-80　影壁山系代表性单个
土体剖面照

表 11-79　影壁山系代表性单个土体物理性质

土层	深度 /cm	砾石* （>2mm，体积分 数）/%	细土颗粒组成（粒径：mm）/（g/kg）			质地
			砂粒 2～0.05	粉粒 0.05～0.002	黏粒 <0.002	
Ah	0～30	50	577	269	154	砂质壤土
C1	30～60	50	867	77	56	砂土

表 11-80　影壁山系代表性单个土体化学性质

深度 /cm	pH （H_2O）	有机碳 /（g/kg）	全氮（N） /（g/kg）	全磷（P_2O_5） /（g/kg）	全钾（K_2O） /（g/kg）	CEC /（cmol/kg）
0～30	8.1	30.3	3.08	1.17	52.3	25.5
30～60	8.2	4.9	0.48	1.19	31.5	6.2

参 考 文 献

安红艳, 龙怀玉, 刘颖, 等. 2013. 承德市坝上高原典型土壤的系统分类研究. 土壤学报, 50(3): 448-458.

安红艳, 龙怀玉, 张认连, 等. 2012. 冀北山地5个土壤发生学分类代表性剖面在系统分类中的归属研究. 河北农业大学学报, 35(4): 25-32.

鲍士旦. 2000. 土壤农化分析. 北京: 中国农业出版社.

曹祥会, 雷秋良, 龙怀玉, 等. 2015. 河北省土壤温度与干湿状况的时空变化特征. 土壤学报, 52(3): 528-537.

陈贵. 2008. 河北概览. 石家庄: 河北人民出版社.

陈咸吉. 1982. 中国气候区划新探. 气象学报, 40(1): 35-47.

龚子同, 张甘霖, 陈志诚, 等. 2007. 土壤发生与系统分类. 北京: 科学出版社.

国家统计局, 环境保护部. 2016. 中国环境统计年鉴. 北京: 中国统计出版社.

何群, 陈家坊. 1983. 土壤中游离铁和络合态铁的测定. 土壤, 15(6): 44-46.

河北省地方志编撰委员会. 1993. 河北省志第3卷自然地理志. 石家庄: 河北科学技术出版社.

河北省人民政府办公厅. 2016. 河北经济年鉴. 北京: 中国统计出版社.

河北省人民政府新闻办公室. 2009. 时代河北. 石家庄: 河北美术出版社.

河北省土壤普查办公室. 1990. 河北土壤. 石家庄: 河北科学技术出版社.

河北省土壤普查办公室. 1992. 河北土种志. 石家庄: 河北科学技术出版社.

河北植被编辑委员会, 河北省农业区划委员会办公室. 1996. 河北植物. 北京: 科学出版社.

胡启慧. 2010. 张家口市宣化区乡土地理. 石家庄: 河北人民出版社.

李军, 龙怀玉, 张杨珠, 等. 2013. 冀北地区盐碱化土壤系统分类的归属研究. 土壤学报, 50(6): 1071-1081.

李学垣. 1997. 土壤化学及实验指导. 北京: 中国农业出版社.

李酉开. 1984. 土壤农业化学常规分析方法. 北京: 科学出版社.

刘颖. 2013. 冀北灰色森林土与黑土灰化过程研究. 北京: 中国农业科学院.

鲁如坤. 2000. 土壤农业化学分析方法. 北京: 中国农业科技出版社.

吕贻忠, 李保国. 2006. 土壤学. 北京: 中国农业出版社.

马步州, 张凤荣. 1989. 土壤剖面描述指南. 北京: 北京农业大学出版社.

孟猛, 倪健, 张治国. 2004. 地理生态学的干燥度指数及其应用评述. 植物生态学报, 28(6): 853-861.

钱金平, 魏立涛, 冯忠江. 2003. 河北省山区水土流失现状及其成因分析. 水土保持研究, 10(4):131-133.

全国土壤普查办公室. 1992. 中国土壤普查技术. 北京: 中国农业出版社.

全国土壤普查办公室. 1998. 中国土壤. 北京: 中国农业出版社.

苏剑勤. 1996. 河北气候. 北京: 气象出版社.

唐金江. 2009. 河北地理读本. 石家庄: 河北人民出版社.

王春泽, 乔光建. 2012. 河北水文基础知识与应用. 北京: 中国水利水电出版社.

王卫. 2008. 河北地理. 北京: 北京师范大学出版社.

王秀红. 2001. 我国水平地带性土壤中有机质的空间变化特征. 地理科学, 21(1):19-23.

徐全洪. 2011. 河北地貌景观与旅游. 北京: 地质出版社.

许祖诒, 陈家坊. 1980. 土壤中无定形氧化铁的测定. 土壤通报, (6): 34-37.

张宝堃, 朱岗昆. 1959. 中国气候区划(初稿). 北京: 科学出版社: 1-297.

张保华, 刘道辰, 王振健, 等. 2004. 河北省秦皇岛市石门寨区域土壤系统分类. 土壤通报, 35(1): 1-3.

张凤荣. 2003. 土壤地理学. 北京: 中国农业出版社.

张凤荣, 李连捷. 1988. 北京山地与山前土壤的系统分类. 中国农业大学学报, (4): 357-366.

张凤荣, 王数, 孙鲁平. 1999. 北京低山与山前地带土壤发生过程及不同分类系统的对比. 土壤通报, 30(4): 145-148.

张甘霖, 等. 2000. 土系研究与制图表达. 合肥: 中国科学技术大学出版社.

张甘霖, 龚子同. 2012. 土壤调查实验室分析方法. 北京: 科学出版社.

张甘霖, 王秋兵, 张凤荣, 等. 2013. 中国土壤系统分类土族和土系划分标准. 土壤学报, 50(4): 826-834.

张慧智, 史学正, 于东升, 等. 2008. 中国土壤温度的空间插值方法比较. 地理研究, 27(6): 1299-1307.

中国科学院南京土壤研究所, 中国科学院西安光学精密机械研究所. 1989. 中国土壤标准色卡. 南京: 南京出版社.

中国科学院南京土壤研究所土壤系统分类课题组, 中国土壤系统分类课题研究协作组. 2001. 中国土壤系统分类检索. 3 版. 合肥: 中国科学技术大学出版社.

中国科学院中国自然地理编辑委员会. 1985. 中国自然地理: 气候. 北京: 科学出版社: 1-161.

中国科学院自然区划工作委员会. 1959. 中国综合自然区划（初稿）. 北京: 科学出版社.

中国土壤学会农业化学专业委员会. 1983. 土壤农业化学常规分析方法. 北京: 科学出版社.

中华人民共和国民政部. 2015. 中华人民共和国行政区划简册. 2015. 北京: 中国地图出版社.

中央气象局. 1979. 中华人民共和国气候图集. 北京: 地图出版社: 222-223.

中国气象局. 1994. 中国气候资源地图集. 北京: 中国地图出版社: 277-278.

朱安宁, 张佳宝, 张玉铭. 2003. 栾城县土系划分及其基本性状. 土壤, 35(6): 476-480.

朱韵芬, 王振权. 1985. 土壤络合态铁测定中某些问题的探讨. 土壤, 17(5): 269-272.

朱韵芬, 王振权. 1986. 土壤中硅的比色法测定中若干问题. 土壤, 18(5): 267-270.

Lundström U S, van Breemen N, Bain D C. 2000a. The podzolization process: a review. Geoderma, 94: 91-107.

Lundström U S, van Breemen N, Bain D C, et al. 2000b. Advances in understanding the podzolization process resulting from a multidisciplinary study of three coniferous forest soils in the Nordic Countries. Geoderma, 94(2-4): 335-353.

Mckeague J A, Day J H. 1966. Dithionite and oxalate extractalble Fe and Al as aides in differentiating various classes of soils. Canadian Journal of Soil Science, 46(1): 13-22.

Mehra O P, Jackson M L. 1960. Iron oxide removal from soils and clays by a dithionite citrate system buffered with sodium bicarbonate. Chays and Clay Minerals, 7: 313-317.

van Reeuwijk L P. 1995. Procedures for Soil Analysis. Wageningen, The Netherlands: ISRIC: 121-128.

附录　河北省土系与土种参比表

土系	土种	土系	土种
安定堡系	厚腐厚层暗实状暗栗钙土	富河系	钙积壤质中碱化栗钙土
白岭系	黄土状褐土	高庙李虎系	中性石质土
白土岭系	中层灰质石灰性褐土	沟门口系	薄腐中层粗散状褐土性土
卑家店系	中性石质土	沟脑系	中腐厚层粗散状黄棕壤
北沟系	钙质石质土	关防系	钙质石质土
北虎系	黏层黏壤质洪冲积潮褐土	滚龙沟系	薄腐中层粗散状褐土
北田家窑系	白云岩薄腐厚层灰质淋溶褐土	韩毡房系	黏质深位硫酸盐草甸碱土
北湾系	中性粗骨土	行乐系	黄土状石灰性褐土
北王庄系	中性石质土	红草河系	壤性洪冲积潮褐土
北杖子系	黄土状淋溶褐土	红松洼顶系	厚腐厚层暗实状山地草甸土
边墙山系	中性粗骨土	红松洼腰系	厚腐厚层暗实状黑土
梓椤树系	砾石层壤质潮土	洪家屯系	薄腐厚层灰质淋溶褐土
菜地沟系	中性石质土	鸿鸭屯系	老红黏土
曹家庄系	壤质潜育性水稻土	侯营坝系	砂质固定草原风沙土
草碾华山系	钙质粗骨土	后保安系	厚腐厚层粗散状暗栗钙土
茶叶沟门系	酸性粗骨土	后补龙湾系	壤质氯化物碱化盐土
厂房子系	中性石质土	后东峪系	薄腐中层粗散状褐土
陈家房系	中层粗散状栗褐土	后梁系	壤质黄土状栗褐土
城外系	中性石质土	后小脑包系	砂壤质洪冲积暗栗钙土
城子沟系	厚腐中层粗散状森林灰化土	胡家屯系	砂质灌淤土
达衣岩系	中性石质土	胡太沟系	中腐厚层粗散状棕壤
大架子系	厚腐中层粗散状灰色森林土	桦林子系	薄层粗散状棕壤性土
大老虎沟系	砂壤质洪冲积暗栗钙土	黄銮庄系	壤质灌淤土
大蟒沟系	中层粗散状栗褐土	黄峪铺系	厚腐中层灰质淋溶褐土
大苇子沟系	黄土状淋溶褐土	黄杖子系	中性粗骨土
大杨树沟系	酸性粗骨土	姬庄系	酸性粗骨土
大赵屯系	黏质潮土	贾庄系	酸性粗骨土
定州王庄系	壤质中度苏打盐化潮土	架大子系	砂壤质风积草甸土
端村系	黏质湖积草甸沼泽土	姜家店系	中性石质土
二间房系	壤质冲积草甸沼泽土	九神庙系	漂白暗实状棕壤性土
二盘系	厚腐厚层暗实状黑土	鹫岭沟系	黄土状石灰性褐土
付杖子系	薄腐厚层灰质淋溶褐土	克马沟系	厚腐中层砂壤质风积灰色森林土

续表

土系	土种	土系	土种
老王庄系	黏壤质滨海盐土	平房沟系	钙质石质土
李虎庄系	黏质中位砂姜黑土	乔家宅系	壤质脱潮土
李土系	壤质非石灰性潮土	热水汤顶系	厚腐厚层暗实状黑土
李肖系	壤质重度氯化物盐化潮土	热水汤脚系	厚腐厚层暗实状黑土
李占地系	壤质氯化物草甸盐土	热水汤腰系	厚腐厚层粗散状棕壤性土
良岗系	酸性石质土	塞罕坝系	厚腐厚层砂壤质风积灰色森林土
梁家湾系	酸性石质土	三道河系	薄腐厚层粗散状棕壤性土
刘瓦窑系	壤质轻度苏打碱化潮土	三间房系	壤层砂质洪冲积潮棕壤
留守营系	壤质淹育水稻土	山前系	薄腐厚层粗散状棕壤
六道河系	砾石层黏壤质洪冲积潮褐土	山湾子系	黄土状褐土
龙耳系	黄绵土	上薄荷系	薄腐厚层粗散状淋溶褐土
楼家窝铺系	薄腐中层粗散状棕壤性土	神仙洞系	砂壤质冲积性沼泽土
芦花系	砂性冲积草甸栗钙土	圣寺驼系	中性粗骨土
芦井系	黏质盐渍水稻土	石砬棚系	酸性粗骨土
鹿尾山系	砾质冲积土	淑阳系	黏层壤质潮土
罗卜沟门系	砂质非石灰性潮土	帅家梁系	钙质石质土
麻家营系	砾质冲积土	双树系	黏壤质轻度硫酸盐盐化灌淤土
马圈系	壤质黄土状栗褐土	水泉沟系	厚腐中层风积灰色森林土
马蹄坑顶系	粗散状灰色森林土性土	司格庄系	酸性粗骨土
马蹄坑脚系	冲积砂质草甸沼泽土	松窑岭系	厚腐厚层粗散状棕壤性土
马营子系	冲积物壤质弱碱化栗钙土	宋官屯系	黏层壤质潮土
美义城系	壤质硫酸盐盐化草甸盐土	孙老庄系	黏质轻度氯化物盐化砂姜黑土
庙沟门子系	砂质固定草原风沙土	塔儿寺系	厚层灰质石灰性褐土
木头土系	厚腐中层冲积性黑土	塔黄旗系	酸性粗骨土
南岔系	薄腐中层暗实状灰色森林土	踏山系	中性石质土
南井沟系	厚腐厚层粗散状暗栗钙土	台子水系	砂壤质洪积草甸土
南排河系	壤质湖积盐化沼泽土	瓦窑系	壤质冲积石灰性草甸土
南申庄系	黏层壤质脱潮土	王官营系	壤质非石灰性潮土
南十里铺系	砂层壤质潮土	文庄系	黏层壤质潮土
南双洞系	砾石层壤质非石灰性潮土	西杜系	砂壤质固定草甸风沙土
南太平系	壤质深位石灰性砂姜黑土	西双台系	砾石层壤质潮土
南张系	黏层壤质潮土	西长林后山系	厚腐厚层暗实状灰色森林土
碾子沟系	黄土状褐土	西赵家窑系	砂壤质黄土状栗褐土
牛家窑系	黏壤质灌淤土	西直沃系	壤层砂质潮土
庞各庄系	壤层砂质洪冲积潮棕壤	下庙系	薄腐中层棕壤性土
平地脑包系	壤质轻度氯化物盐化栗钙土	下平油系	壤质轻度苏打盐化潮土

土系	土种	土系	土种
下桥头系	壤质洪冲积淋溶褐土	窑洞系	厚腐厚层灰质淋溶褐土
小拨系	砂质固定草原风沙土	义和庄系	钙质石质土
谢家堡系	中性石质土	影壁山系	粗散状栗钙土性土
杏树园系	酸性石质土	御道口顶系	厚腐厚层粗散状灰色森林土
熊户系	砂质冲积土	御道口脚系	砂质冲积草甸土
徐枣林系	壤质洪冲积潮褐土	御道口腰系	厚腐厚层粗散状灰色森林土
压带系	砂性潜育性草甸土	袁庄系	壤质洪冲积潮褐土
闫家沟系	壤质洪冲积潮褐土	闸扣系	钙质石质土
羊点系	中腐中层粗散状山地草甸土	张庄子系	黏层砂壤质盐渍水稻土
阳坡系	厚层灰质栗褐土	长岭峰系	壤质洪冲积淋溶褐土
阳台系	砂层壤质潮土	周家营系	壤质中度氯化物盐化潮土
杨达营系	草原固定风沙土	子大架系	厚腐厚层砂壤质风积灰色森林土
仰山系	砂壤质洪冲积淋溶褐土	虾蚍口系	壤质灌淤土

(P-3372.01)

ISBN 978-7-03-054315-8

9 787030 543158 >

定价：198.00 元